中国特色高水平高职学校项目建设成果

供配电技术

GONGPEIDIAN JISHU

刘卫民◎主　编
张春研　贾思宇◎副主编
吴显亭◎主　审

中国铁道出版社有限公司
CHINA RAILWAY PUBLISHING HOUSE CO., LTD.

内 容 简 介

本书是中国特色高水平高职学校项目建设成果之一，根据国际先进的 CDIO 工程教育理念，应 CDIO 课程改革的需要而编写。主要包括供配电系统主电路的设计、供配电系统控制与保护电路的设计、电力负荷及短路电流的计算三个项目。项目设置结合实际工程，内容系统、简洁，图文并茂，实用性较强，是供配电技术类针对职业教育的 CDIO 项目式教材。

本书针对供配电技术的应用，选取来自企业的真实项目，并将知识和技能融入项目中，可使学生在完成项目构思、设计、实现和运行的过程中，学到知识，掌握技术和技能。

本书适合作为高职高专电气自动化技术、机电一体化技术等专业的教材，也可供电气自动化技术及机电一体化技术等工程技术人员参考。

图书在版编目（CIP）数据

供配电技术 / 刘卫民主编. -- 北京 ：中国铁道出版社有限公司，2025. 4. -- ISBN 978-7-113-31913-7

Ⅰ. TM72

中国国家版本馆 CIP 数据核字第 2024GS8403 号

书　　名： 供配电技术
作　　者： 刘卫民

策　　划： 祁　云　　　　**编辑部电话：**（010）63549458
责任编辑： 祁　云　彭立辉
封面设计： 刘　莎
责任校对： 安海燕
责任印制： 赵星辰

出版发行： 中国铁道出版社有限公司（100054，北京市西城区右安门西街 8 号）
网　　址： https://www.tdpress.com/51eds
印　　刷： 河北宝昌佳彩印刷有限公司
版　　次： 2025 年 4 月第 1 版　2025 年 4 月第 1 次印刷
开　　本： 850 mm×1 168 mm　1/16　**印张：** 16. 25　**字数：** 413 千
书　　号： ISBN 978-7-113-31913-7
定　　价： 58. 00 元

中国特色高水平高职学校项目建设成果系列教材

编审委员会

编写说明

实施中国特色高水平高职学校和专业建设计划（简称“双高计划”）是教育部、财政部为建设一批引领改革、支撑发展、中国特色、世界水平的高等职业学校和骨干专业（群）而做出的重大决策。哈尔滨职业技术大学（原哈尔滨职业技术学院）入选“双高计划”建设单位。为了切实有效落实“双高计划”，学校对中国特色高水平学校建设进行顶层设计，编制了站位高端、理念领先的建设方案和任务书，并扎实开展了人才培养高地、特色专业群、高水平师资队伍与校企合作等项目建设，借鉴国际先进的教育教学理念，开发中国特色、国际水准的专业标准与规范，深入推动“三教”改革，组建模块化教学创新团队，实施“课程思政”，开展“课堂革命”，校企双元开发活页式、工作手册式、新形态教材。为适应智能时代先进教学手段应用，学校加大优质在线资源的建设，丰富教材的信息化载体，为开发优质特色教材奠定基础。

按照教育部印发的《职业院校教材管理办法》要求，教材编写总体思路是：依据学校双高建设方案中教材建设规划、国家相关专业教学标准、专业相关职业标准及职业技能等级标准，服务学生成长成才和就业创业，以立德树人为根本任务，融入课程思政，对接相关产业发展需求，将企业应用的新技术、新工艺和新规范融入教材之中。教材编写遵循技术技能人才成长规律和学生认知特点，适应相关专业人才培养模式创新和课程体系优化的需要，注重以真实生产项目、典型工作任务及典型工作案例等为载体开发教材内容体系，实现理论与实践有机融合，满足“做中学、做中教”的需要。

本系列教材是哈尔滨职业技术大学中国特色高水平高职学校项目建设的重要成果之一，也是哈尔滨职业技术大学教材建设和教法改革成效的集中体现。教材体例新颖，具有以下特色：

第一，教材研发团队组建创新。按照学校教材建设统一要求，遴选教学经验丰富、课程改革成效突出的专业教师担任主编，邀请相关企业作为联合建设单位，形成了一支学校、行业、企业高水平专业人才参与的开发团队，共同参与教材编写。

第二，教材内容整体构建创新。精准对接国家专业教学标准、职业标准、职业技能等级标准确定教材内容体系，参照行业企业标准，有机融入新技术、新工艺、新规范，构建基于职业岗位工作需要的体现真实工作任务、流程的内容体系。

第三，教材编写模式形式创新。与课程改革相配套，按照“工作过程系统化”“项目+任务式”“任务驱动式”“CDIO式”四类课程改革需要设计四大教材编写模式，创新新形态、活页式及工作手册式教材三大编写形式。

第四，教材编写实施载体创新。依据本专业教学标准和人才培养方案要求，在深入企业调研、岗位工作任务和职业能力分析基础上，按照“做中学、做中教”的编写思路，以企业典型工作任务为载体进行教学内容设计，将企业真实工作任务、真实业务流程、真实生产过程纳入教材之中。开发了教学内容配套的教学资源①，满足教师线上线下混合式教学的需要，本教材配套资源同时在相关平台上线，可随时下载相应资源，满足学生在线自主学习课程的需要。

第五，教材评价体系构建创新。从培养学生良好的职业道德、综合职业能力与创新创业能力出发，设计并构建评价体系，注重过程考核和学生、教师、企业等参与的多元评价，在学生技能评价上借助社会评价组织的“1+X”考核评价标准和成绩认定结果进行学分认定，每部教材均根据专业特点设计了综合评价标准。

为确保教材质量，哈尔滨职业技术大学组建了中国特色高水平高职学校项目建设成果系列教材编审委员会，教材编审委员会由职业教育专家和企业技术专家组成。学校组织了专业与课程专题研究组，对教材持续进行培训、指导、回访等跟踪服务，有常态化质量监控机制，能够为修订完善教材提供稳定支持，确保教材的质量。

本系列教材是我校在国家骨干院校教材建设的基础上，经过几轮修订，融入课程思政内容和课堂革命理念，既具积累之深厚，又具改革之创新，凝聚了校企合作编写团队的集体智慧。本系列教材的出版，充分展示了课程改革成果，为更好地推进中国特色高水平高职学校项目建设做出积极贡献！

哈尔滨职业技术大学中国特色高水平高职
学校项目建设成果系列教材编审委员会
2025年1月

① 2024年6月，教育部批复同意以哈尔滨职业技术学院为基础设立哈尔滨职业技术大学（教发函〔2024〕119号）。本书配套教学资源均是在此之前开发的，故署名均为“哈尔滨职业技术学院”。

前言

本书是中国特色高水平高职学校哈尔滨职业技术大学机电专业群电气自动化技术专业进行CDIO项目式课程改革而编写的系列教材之一。该书以电气自动化技术专业“订单培养、德技并重”人才培养模式为指导，引入国际先进的CDIO工程教育理念，采用“项目驱动”教学模式，是高职院校进行供配电类课程项目式改革非常实用的配套教材。其主要特色如下：

(1) 通过对企业变电所的深入调研，与相关企业合作共同开发。从岗位工作分析着手，引入新技术，结合供配电技术特点，精选教学内容，突出工程应用，确定了3个项目，这些项目都来自供配电企业的真实项目。将供配电技术所涉及的知识点和技能点有效地融入项目之中，同时加入了供配电系统的国家标准和企业常用的相关制度，使学生的学习和训练更加有的放矢。

(2) 引入国际先进的CDIO工程教育理念。按照供配电产品研发到产品运行的生命周期，将项目分为构思（conceive）、设计（design）、实现（implement）和运作（operate）4个阶段。学生以团队的方式完成项目，以主动的、实践的、课程之间有机联系的方式学习工程。不仅让学生在完成项目的过程中学习知识、掌握技能，更重要的是培养学生系统工程技术能力，尤其是项目的构思、设计、开发和实施能力，以及较强的自学能力、组织沟通能力和协调能力，力争将学生培养成高端技术技能型人才。

(3) 实践性和完整性。按照技术技能型人才的培养目标，在强调培养学生实践操作技能的同时，还保持供配电技术的完整性，使学生通过项目的学习和训练，掌握完整的供配电技术，为学生今后的可持续发展奠定基础。

本书按照企业供配电系统的结构组成和设计要求，设置了3个项目：

项目一　供配电系统主电路的设计。通过完成供配电系统主电路的设计，学习电力系统、供配电系统（包括照明供电系统）的组成，初步了解供配电系统图。知道系统供配电质量的主要指标及其保障措施，掌握电力系统中性点的运行方式及特点。了解电力变压器、互感器、断路器、熔断器、隔离开关及高低压开关柜等常用一次设备的功能、原理、结构、参数及选择。掌握供配电一次系统的设计规范和方法，掌握供配电一次系统的装配、调试和运行维护技能，初步具备 CDIO 工程项目的实践能力。

项目二 供配电系统控制与保护电路的设计。通过完成供配电系统控制与保护电路的设计，学习供配电系统保护的基本知识，掌握高压供电线路的继电保护、电力变压器的继电保护、供配电系统二次回路及二次接线图的绘制，了解供配电系统的绝缘监视装置和电气测量仪表，从而进一步掌握供配电二次系统的装配、调试和运行维护技能，提高 CDIO 工程项目的实践能力。

项目三 电力负荷及短路电流的计算。通过某变电站的电力负荷及短路电流的计算，学习需要系数法、标幺值法等常用的计算方法。电力负荷及短路电流计算是供配电一、二次系统设计中的重要依据，将其单独列出来，是希望学生通过学习和训练熟练掌握这些方法，并能够将这些方法应用于工程实践，从而使自己的 CDIO 工程实践能力得到进一步提升。

本书适合作为高职高专电气自动化技术、机电一体化技术等专业的教材，也可供电气技术及机电一体化技术等工程技术人员参考。

本书由刘卫民任主编，张春妍、贾思宇任副主编，马乐、肖迎俊参与编写。具体编写分工：哈尔滨职业技术大学刘卫民编写项目一，黑龙江省建筑设计研究院贾思宇编写项目二，哈尔滨职业技术大学张春妍编写项目三，哈尔滨职业技术大学马乐、肖迎俊参与项目部分内容的编写。全书由刘卫民统稿，哈尔滨热电有限责任公司吴显亭主审。

本书在编写过程中，与哈尔滨热电有限责任公司、哈尔滨电机厂有限责任公司等企业进行合作，得到企业专家和专业技术人员的大力支持，在此表示衷心的感谢。

由于时间仓促，编者水平所限，书中疏漏与不妥之处在所难免，恳请广大读者提出宝贵意见，我们将及时调整和改进。

编　者

2024 年 12 月

目 录

项目一

供配电系统主电路的设计

项目名称	供配电系统主电路的设计	参考学时	24 学时
项目导入	发电厂和变电所中的一次设备、按一定要求和顺序连接成的电路，称为电气主接线，也称主电路。它把各电源送来的电能汇集起来，并分给各用户。它表明各种一次设备的数量和作用、设备间的连接方式，以及与电力系统的连接情况。所以，电气主接线是电力系统接线组成中的一个重要组成部分。主接线的确定，对电力系统的安全、稳定、灵活、经济运行，以及变电所电气设备的选择、配电装置的布置、继电保护和控制方法的拟定将会产生直接的影响		
学习目标	1. 知识目标 ①熟悉企业供配电系统。 ②掌握供配电主线路的系统、设备、结构、接线。 ③掌握变、配电设备选用的基本知识。 2. 能力目标 ①掌握供配电技术的基础知识和基本技能，初步具备电力系统图、设备图纸的识读能力。 ②能正确进行电力线路的安装、排故。 ③基本具备供配电系统运行管理、操作维护、日常保养的能力及规范。 3. 素质目标 ①对供配电系统的设计、运行与维护工作充满热情，养成良好的职业习惯。 ②能够使用所学供配电技术解决生产实际问题。具有克服困难的信心和决心，从战胜困难、实现目标、完善成果中体验喜悦。 ③具有实事求是的科学态度，乐于通过亲历实践，检验、判断各种技术问题。 ④具有自学和可持续发展的能力。 ⑤在工作实践中，有与他人合作的团队精神，敢于提出与别人不同的见解，也勇于放弃或修正自己的错误观点		
项目要求	完成 35 kV 变电所主电路的设计，包括： ①查找资料，初步了解供配电系统。 ②选择合适的供配电系统一次设备。 ③正确选择导线和电缆的截面积。 ④根据需求设计主接线图。 ⑤采用恰当的敷设方式		
实施思路	构思（C）：项目构思与任务分解，学习相关知识，制订计划与流程，建议参考学时为 4 学时。 设计（D）：学生分组设计项目方案，建议参考学时为 12 学时。 实现（I）：绘图、元器件安装与布线，建议参考学时为 6 学时。 运作（O）：调试运行与项目评价，建议参考学时为 2 学时		

项目构思

一、项目分析

变电所作为电力系统的重要组成部分，它直接影响整个电力系统的安全与经济运行，是联系发电厂和用户的中间环节，起着变换和分配电能的作用。对其进行设计势在必行，合理的变电所不仅能充分地满足当地的供电需求，还能有效地减少投资和资源浪费。

根据我国能源部DL/T 5218—2012《220 kV～750 kV变电站设计技术规程》规定："变电所的电气主接线应根据该变电所在电力系统中地位，变电所的规划容量、负荷性质、线路、变压器连接元件总数、设备特点等条件确定。并应综合考虑供电可靠、运行灵活、操作检修方便、投资节约和便于过渡或扩建等要求。"因此，对主接线的设计要求可以归纳为以下三点：可靠性、灵活性、经济性。

从我国的电网相关供电流程可以看出，大型发电厂所生产的电能主要是通过110 kV的大截面架空线路输送到500 kV枢纽变电站或220 kV、110 kV的地区中心变电站，输送之后再通过电缆或者架空线路进行分配。所以，110 kV的变电站是目前电网系统中非常重要的供电节点。

变电所主电路的设计步骤包括主变压器选择、主接线选择、设备选择和校验等，并依据相关规程进行设计，以满足一般变电所的需求。

根据我国变电所目前现有电气设备状况以及今后发展趋势，应选用新型号、低损耗、低噪声的电力变压器及性能好、时间长、免维护的断路器及高压开关柜。

提示：在开始设计供配电系统主电路之前，需要先了解一下什么是供配电系统。

视频

企业供配电的意义、任务及基本要求

二、相关知识

（一）企业供配电的意义、任务及基本要求

供配电技术，就是研究电力的供应和分配问题。电力是现代工业生产的主要能源和动力，是人类现代文明的物质技术基础。没有电力，就没有工业现代化，就没有整个国民经济的现代化。现代社会的信息技术和其他高新技术的应用，都是建立在电气技术应用的基础之上的，因此电力工业被誉为国民经济的"先行官"。如果电力供应突然中断，将对企业生产和社会生活造成严重的后果，不只是会打乱生产和生活秩序，有时甚至可能发生重大的设备损坏事故或人身伤亡事故。因此做好供配电工作，对于保证企业生产和社会生活的正常进行和实现整个国民经济的现代化具有十分重要的意义。

企业供配电系统，就是指工厂所需电能的供应和分配，亦称工厂配电。这里主要讲述电能供应和分配问题，使学生初步掌握中小型工厂供电系统运行维护和简单设计计算所必需的基本理论和基本知识，为今后从事工厂供电技术工作奠定基础。工厂供电的要求：

①安全：在电力的供应、分配和使用中，应避免发生人身事故和设备事故。

②可靠：应满足电力用户对供电可靠性即连续供电的要求。

③优质：应满足电力用户对电压质量和频率质量等方面的要求。

④经济：在满足安全、可靠和电能质量的前提下，应尽量使供配电系统的投资少，运行费用低，并尽可能地节约电能和减少有色金属消耗量。

（二）电力系统、供配电系统的组成

视　频

电力系统、供配电系统的组成

1. 电力系统的组成

由各种电压的电力线路将一些发电厂、变电所和电力用户联系起来的一个发电、输电、变电、配电和用电的整体，称为电力系统。

为了充分利用动力资源，减少燃料运输，降低发电成本，有必要在有水力资源的地方建设水电站，而在有燃料资源的地方建设火电厂，但这些有动力资源的地方，往往离用电中心较远，所以必须用高压输电线进行远距离输电，如图 1-1 所示。

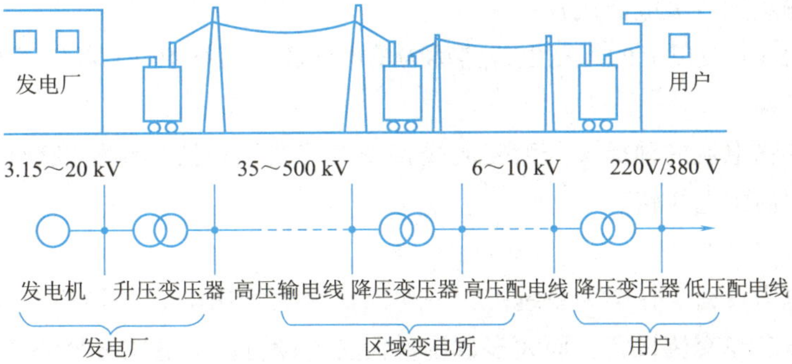

图 1-1　高压输电线路

电力系统中各级电压的电力线路及其联系的变电所，称为电力网或电网（power network）。但习惯上，电网或系统往往以电压等级来区分，如 10 kV 电网或 10 kV 系统。这里所说的电网或系统，实际上是指某一电压的相互联系的整个电力线路。

电网可按电压高低和供电范围大小分为区域电网和地方电网。区域电网的供电范围大，电压一般在 220 kV 及以上。地方电网的供电电压一般不超过 110 kV。工厂供电系统属于地方电网。

电力系统加上发电厂的动力部分及其热能系统和热能用户，称为动力系统。现在各国建立的电力系统越来越大，甚至建立跨国的联合电力系统。建立大型电力系统（联合电网）有以下优越性：可以更经济合理地利用动力资源，例如在有水力资源的地方建设水电站，在有煤炭资源的地方建设坑口火电厂，在有地热资源的地方建设地热发电厂等，这样可大幅降低发电成本，减少电能损耗。

由于电能的生产、输送、分配和使用的全过程，实际上是在同一瞬间实现的，彼此互相影响，因此除了了解工厂供电系统外，还需要了解工厂供电系统电源方向的发电厂和电力系统及自备电源的一些基本知识。

（1）发电厂

电力用户所需的电力是由发电厂生产的。发电厂又称发电站，是将自然界蕴藏的各种天然能源（又称“一次能源”）转换为电能（属“二次能源”，即人工能源）的工厂。按其所利用的能源不同，分为水力发电厂、火力发电厂、核能发电厂，以及风力发电厂、地热发电厂和太阳能发电厂。

（2）变配电所

变电所的任务是接受电能、变换电压和分配电能，即受电—变压—配电。

配电所的任务是接受电能和分配电能，但不改变电压，即受电—配电。

变电所可分为升压变电所和降压变电所两大类：升压变电所一般建在发电厂，主要任务是将低电压变换为高电压；降压变电所一般建在靠近负荷中心的地点，主要任务是将高电压变换到一个合理的电压等级。降压变电所根据其在电力系统中的地位和作用不同，又分为枢纽变电站、地区变电所和工业企业变电所等。

(3) 电力线路

电力线路又称输电线，其作用是输送和分配电能。根据电力线路功能的不同，可以将电力线路分为输电线路和配电线路。

水力发电厂须建在水力资源丰富的地方，火力发电厂一般多建在燃料产地，即所谓的“坑口电站”，因此，发电厂一般距电能用户均较远，所以需要多种不同电压等级的电力线路，将发电厂生产的电能源源不断地输送到各级电能用户。

通常把电压在35 kV及以上的高压电线路称为输电线路，而把10 kV及以下的电力线路，称为配电线路。

电力线路按其传输电流的种类又分为交流线路和直流线路；按其结构及敷设方式又可分为架空线路、电缆线路及户内配电线路。

(4) 电能用户

电能用户又称电力负荷。在电力系统中，一切消费电能的用电设备均称为电能用户。用电设备按电流可分为直流设备与交流设备，而大多数设备为交流设备；按电压可分为低压设备与高压设备，1 000 V及以下的属低压设备，高于1 000 V的属高压设备；按频率可分为低频（50 Hz以下）、工频（50 Hz）及中、高频（50 Hz以上）设备，绝大部分设备采用工频；按工作制分为连续运行、短时运行和反复短时运行设备三类；按用途可分为动力用电设备（如电动机）、电热用电设备（如电炉、干燥箱、空调器等）、照明用电设备、试验用电设备、工艺用电设备（如电解、电镀、冶炼、电焊、热处理等）。用电设备分别将电能转换为机械能、热能和光能等不同形式的适于生产、生活需要的能量。

2. 企业供配电系统的组成

供配电系统是指工厂企业所需的电力从进厂起到所有用电设备入端止的整个供配电线路及其中所有变配电设备和控制、保护等设备，包括二次变压的企业供配电系统和一次变压的企业供配电系统。主要有以下几种类型：

(1) 具有高压配电所的一次供配电系统

图1-2所示为一个有代表性的中型企业供配电系统简图。按国家标准GB/T 6988.1—2024《电气技术用文件的编制　第1部分：规则》定义，电气简图是采用电气图形符号和带注释的框来表示包括连接线在内的一个系统或设备的多个部件或零件之间关系的图示形式。图1-2所示简图中只绘出高低压母线上和低压联络线上的联络开关，未绘出高低压开关设备。为使电路图简明，这类主电路图（又称主接线图）通常只用一根线来表示其三相线路，即绘成“单线图”的形式。由图1-2可以看出，该企业高压配电所有两路10 kV电源进线，分别接在高压配电所的两段母线上。所谓“母线”就是用来汇集和分配电能的导体，又称汇流排。这种采用一台开关分隔开的单母线接线，称为“单母线分段制”。当一路电源进线发生故障或进行检修而被切除时，可以闭合分段开关，由另一路电源进线来恢复对整个配电所即全厂负荷的供电。这种具有双路电源的高压配电所最常见的运行方式是：分段开关在正常情况下闭合，整个配电所由一路电源供电，通常这一路是来自公共的高压电网；而另一路电源则作为备用，通常备用电源由邻近单位取得。

图1-2所示高压配电所有四条高压配电线，供电给三个车间变电所。车间变电所装有电力变压器

（通称“主变压器”），将高压降为低压用电设备所需的220 V/380 V电压（220 V为相电压，380 V为线电压）这里的2号车间变电所，其两台电力变压器分别由配电所的两段母线供电，而其低压侧，也采用单母线分段制，从而使供电可靠性大幅提高。各车间变电所的低压侧，又都通过低压联络线相互连接，以提高供配电系统运行的可靠性和灵活性。此外，该配电所有一条高压配电线，直接供电给一组高压电动机；另有一条高压配电线，直接连接一组高压并联电容器。3号车间变电所的低压母线上也连接有一组低压并联电容器。这些并联电容器都是用来补偿系统中的无功功率、提高功率因数用的。

（2）具有总降压变电所的供配电系统

图1-3所示为一个比较典型的具有总降压变电所的大中型企业供配电系统简图。该企业的总降压变电所有两路35 kV及以上的电源进线，采用“桥形接线”。35 kV及以上的电压经电力变压器降为10 kV电压，再经10 kV高压配电线将电能送到各车间变电所。车间变电所又经电力变压器将10 kV电压降为一般低压用电设备所需的220 V/380 V电压。为了补偿系统的无功功率，提高功率因数，通常也在10 kV母线上或380 V母线上装设并联电容器。

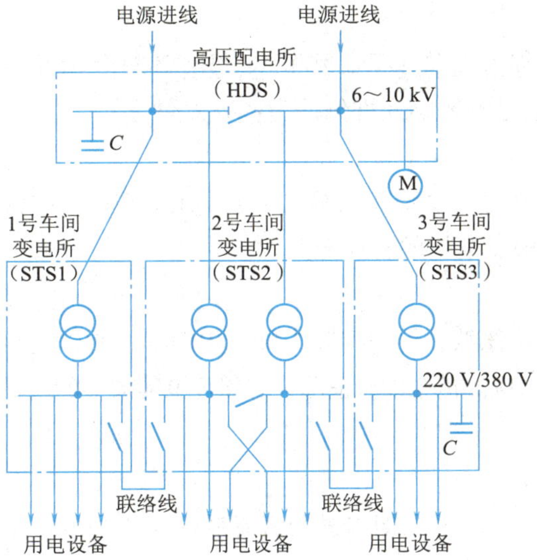

图1-2　具有高压配电所的企业供配电系统简图

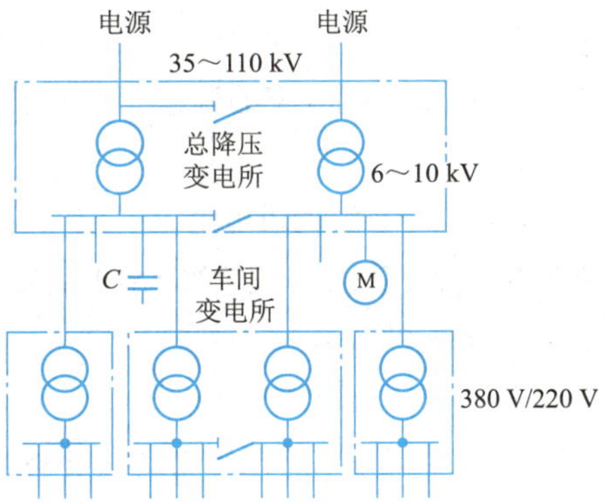

图1-3　具有总降压变电所的企业供配电系统简图

（三）电力系统的额定电压

视 频

电力系统的
额定电压

1. 供配电质量的主要指标

影响供配电质量的主要指标有电压、频率、波形；具体指标主要有频率偏差、电压偏差、电压波动和闪变、电压波形畸变引起的高次谐波及三相电压不平衡度等。供电可靠性可用供电企业对电力用户全年实际供电小时数与全年总小时数（8 760 h）的百分比值来衡量，也可用全年的停电次数和停电持续时间来衡量。2024年公布实施的《供电营业规则》规定：供电设备计划检修时，对35千伏及以上电压供电的用户的停电次数，每年不应超过一次；对10（6、20）千伏供电的用户，每年不应超过三次。

（1）电压

对工厂供电系统来说，提高电能质量主要涉及提高电压质量问题。电压质量是按照国家标准或规范对电力系统电压的偏差、波动和波形及其三相的对称性（平衡性）等的一种质量评估。

电压偏差是指电气设备的端电压与额定电压之差，通常以其对额定电压的百分值来表示。GB 50052—2009《供配电系统设计规范》规定：正常运行情况下，用电设备端子处的电压偏差允许值（以 U_N 的百分值表示）宜符合下列要求：

电动机规定为±5%，电气照明在一般工作场所为±5%；对于远离变电所的小面积一般工作场所、难以满足上述要求时，可为+5%、-10%；应急照明、道路照明和警卫照明等为+5%、-10%。其他用电设备无特殊要求时，为±5%。

电压波动是指电网电压有效值（方均根值）的快速变动。电压波动值以用户公共供电点在时间上相邻的最大与最小电压方均根值之差对电网电压的百分值来表示。电压波动的频率用单位时间内电压波动（变动）的次数来表示。

电压波形的好坏，以其对正弦波形的畸变程度来衡量。三相电压的平衡情况，以其不平衡度来衡量。此外，三相系统中三相电压或三相电流是否平衡也是衡量电能质量的一个指标。

（2）频率

一般交流电力设备的额定频率为 50 Hz，此频率通称为工频（工业频率）。我国 2024 年公布实施的《供电营业规则》规定，在电力系统正常状况下，供电频率的允许偏差为：

①电网装机容量在 300 万千瓦及以上的为±0. 2 Hz。

②电网装机容量在 300 万千瓦以下的为±0. 5 Hz 。在电力系统非正常状况下，供电频率允许偏差不应超过±1. 0 Hz。但频率的调整，主要依靠发电厂调整发电机的转速来实现。

（3）波形

通常要求电力系统的供电电压（或电流）的波形为正弦波。但在实际中常发生畸变，所以在运行中必须严格执行有关规程，注意对出现的异常情况采取相应的措施加以消除，以保证电能波形的质量。

2. 额定电压的标准

（1）电力线路的额定电压

电网（电力线路）的额定电压（标称电压）等级，是国家根据国民经济发展的需要和电力工业发展的水平，经全面的技术经济分析后确定的，它是确定各类电力设备额定电压的基本依据。

（2）用电设备的额定电压

用电设备的额定电压：线路首端与末端的平均电压即电网的额定电压。用电设备的额定电压规定与同级电网的额定电压相同。

按 GB/T 11022—2020《高压开关设备和控制设备标准的共用技术要求》规定，高压开关设备和控制设备的额定电压按其允许的最高工作电压来标注，即其额定电压不得小于它所在系统可能出现的最高电压，见表 1-1。我国现在生产的高压设备大多按此规定标注。

表 1-1　系统的额定电压、最高电压和高压设备的额定电压　（单位：kV）

系统额定电压	系统最高电压	高压开关、互感器及支柱绝缘子的额定电压	穿墙套管额定电压	熔断器额定电压
3	3. 5	3. 6	—	3. 5
6	6. 9	7. 2	6. 9	6. 9

续表

系统额定电压	系统最高电压	高压开关、互感器及支柱绝缘子的额定电压	穿墙套管额定电压	熔断器额定电压
10	11.5	12	11.5	12
35	40.5	40.5	40.5	40.5

电气设备的额定频率和额定电压是其正常工作且能获得最佳经济效果的频率和电压。频率和电压是衡量电能质量的两个基本参数。

(3) 发电机的额定电压

由于电力线路允许的偏差一般为±5%，即整个线路允许有10%的电压损耗，因此为了维持线路的平均电压在额定电压值，线路首端（电源端）的电压应较线路额定电压高5%，而线路末端电压则较线路额定电压低5%，如图1-4所示。发电机额定电压规定高于同级电网额定电压5%。

(4) 电力变压器的额定电压

①电力变压器一次绕组的额定电压。分两种情况：

• 当变压器直接与发电机相连时（见图1-5中的变压器T1），一次绕组的额定电压高于同级电网额定电压5%。

• 当变压器不与发电机相连而是连接在线路上时（见图1-5中的变压器T2），则可将其看作线路的用电设备，因此其一次绕组额定电压应与电网额定电压相同。

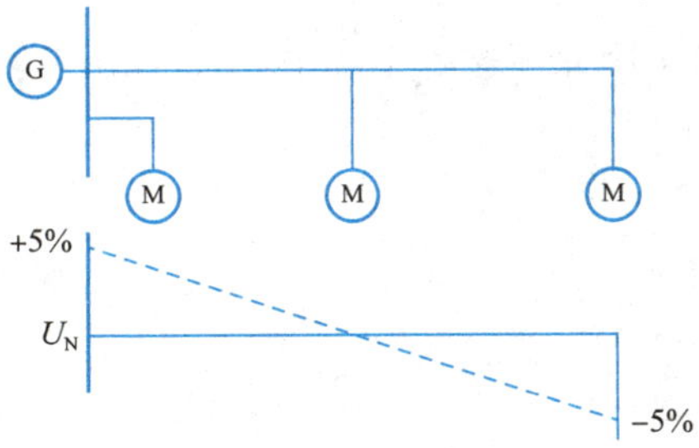

图1-4　用电设备和发电机的额定电压

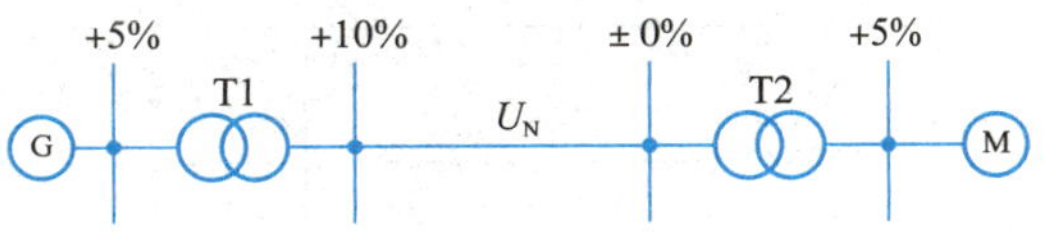

图1-5　电力变压器的额定电压

②电力变压器二次绕组的额定电压。也分两种情况：

• 变压器二次侧供电线路较长：当为较大的高压电网时，图1-5中的变压器T1，其二次绕组额定电压应比相连电网额定电压高10%。其中，5%是用于补偿变压器满负荷时绕组内部约5%的电压降，因为变压器二次绕组的额定电压是指变压器一次绕组加上额定电压时二次绕组的开路电压；此外，变压器满负荷时输出的二次电压还要高于电网额定电压5%，以补偿线路上的电压损耗。

• 变压器二次侧供电线路不长：当为低压电网或直接供电给高低压用电设备时，如图1-5中的变压器T2，其二次绕组额定电压只需高于所连电网额定电压5%。仅考虑补偿变压器满负荷时绕组内部5%的电压降。

视频

电力系统的中性点运行方式

(四) 电力系统的中性点运行方式

在三相交流电力系统中，作为供电电源的发电机和变压器的中性点有三种运行方式：电源中性点不接地、中性点经消弧线圈接地、中性点直接接地。

1. 中性点不接地的电力系统

图 1-6 所示为电源中性点不接地的电力系统在正常运行时的电路图和相量图。

三相线路的相间及相与地间都存在着分布电容，但相间电容与这里讨论的问题无关，因此只考虑相与地间的分布电容，且用集中电容 C 来表示，如图 1-6（a）所示。系统正常运行时，三个相电压 $\dot{U}_A$、$\dot{U}_B$、$\dot{U}_C$是对称的，三相对地电容电流 $\dot{I}$ 也完全对称，如图 1-6（b）所示。这时三相对地电容电流的相量和为零，因此没有电流在地中流过。各相对地电压均为相电压。

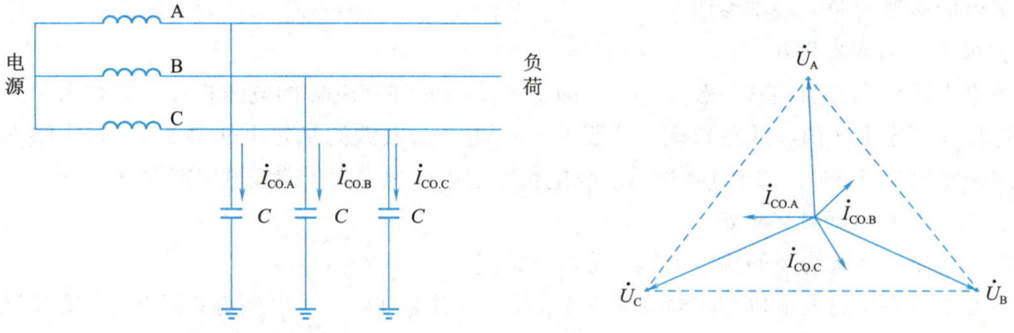

图 1-6　中性点不接地的电力系统正常运行时的电路图和相量图

当系统发生单相接地故障时，假设 C 相接地，如图 1-7（a）所示。A、B 两相对地电压值均由原来的相电压值升高到线电压值，即升高为原对地电压的$\sqrt{3}$倍。因此，这种系统中设备的相绝缘，不能只按相电压来考虑，而要按线电压来考虑。

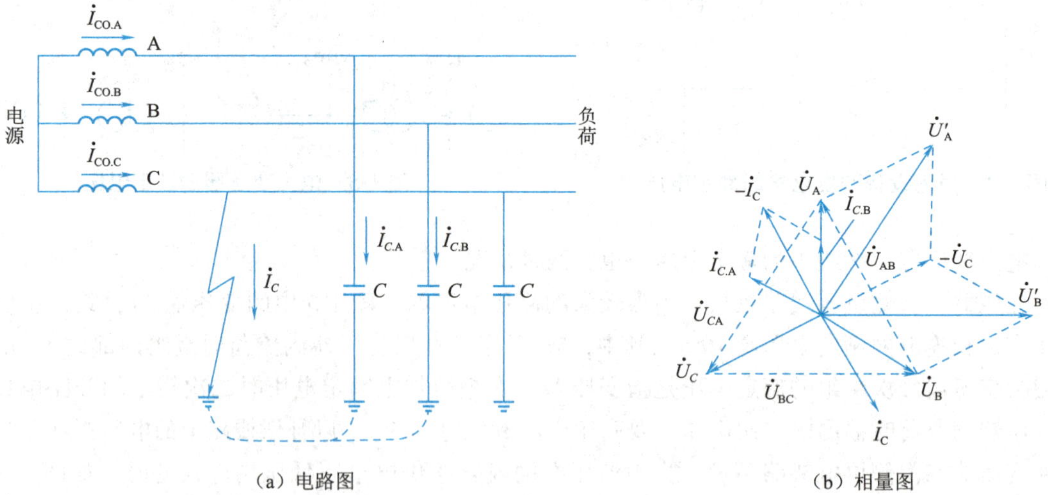

图 1-7　C 相对地短路时中性点不接地的电力系统

必须指出：当中性点不接地的电力系统发生单相接地时，由图 1-7（b）的相量图看出，系统的三个线电压不论其相位还是量值都没有改变，因此系统中的所有设备仍可照常运行。但是这种状态不能长此下去，以免在另一相又接地时形成两相接地短路，这将产生很大的短路电流，可能损坏线路和设备。因此，这种中性点不接地系统必须装设单相接地保护或装设绝缘监视装置，当系统发生单相接地故障时，发出报警信号或指示，以提醒运行值班人员注意，及时采取措施，查找和消除接地故障；如果有备用线路，则可将重要负荷转移到备用线路上。当发生单相接地故障危及人身和设备安全时，单相接地保护应动作于跳闸。

这种中性点不接地系统，高压多用于 3~10 kV 系统，低压则用于三相三线制的 IT 系统。

2. 中性点经消弧线圈接地的电力系统

在中性点不接地系统中，当单相接地电流超过规定数值时（3~10 kV 系统中，接地电流大于 30 A、20 kV 及以上系统中接地电流大于 10 A 时），将产生断续电弧，从而在线路上引起危险的过电压，因此须采用经消弧线圈接地的措施来减小这一接地电流，熄灭电弧，避免过电压的产生。这种接地方式称为中性点经消弧线圈接地方式，如图 1-8 所示。

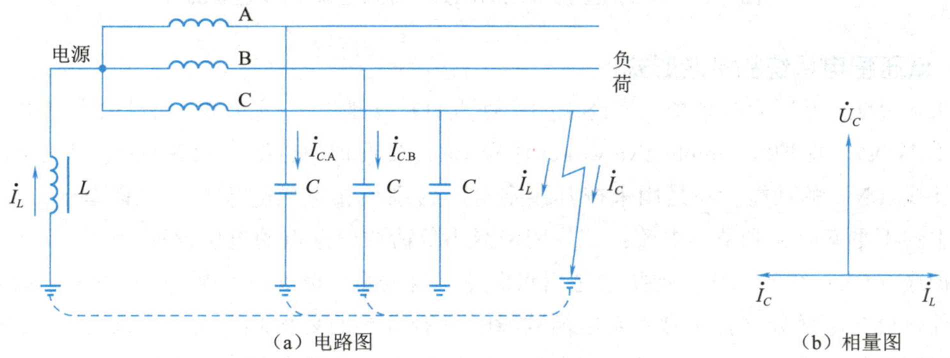

图 1-8　中性点经消弧线圈接地的电力系统发生单相接地故障

在正常情况下，三相系统是对称的，中性点电流为零，消弧线圈中没有电流通过。

当系统发生单相接地时，流过接地点的电流是接地电容电流 $\dot{I}_C$ 与流过消弧线圈的电感电流 $\dot{I}_L$ 之和。由于 $\dot{I}_C$ 超前 $\dot{U}_C 90°$，而 $\dot{I}_L$ 滞后 $\dot{U}_C 90°$，所以 $\dot{I}_L$ 与 $\dot{I}_C$ 在接地点互相补偿。如果消弧线圈电感选用合适，会使接地电流减到小于发生电弧的最小生弧电流时，电弧就不会发生，从而也不会产生过电压。

中性点经消弧线圈接地的系统中发生单相接地时，与中性点不接地的系统中发生单相接地时一样，相间电压的相位和量值关系均未改变，因此三相设备仍可照常运行。但也不能长期运行，以免发展为两相接地短路，因此必须装设单相接地保护或绝缘监视装置，在出现单相接地故障时发出报警信号或指示，以便运行值班人员及时处理。

这种中性点经消弧线圈接地的运行方式，主要用于 35~66 kV 的电力系统。

3. 中性点直接接地或经低电阻接地的电力系统

这种系统的单相接地，即通过接地中性点形成单相短路，单相短路电流比线路的正常负荷电流大许多倍，如图 1-9 所示。因此，在系统发生单相短路时保护装置应动作于跳闸，切除短路故障，使系统的其他部分恢复正常运行。

中性点直接接地的系统发生单相接地时，其他两完好相的对地电压不会升高，这与上述中性点不直接接地的系统不同，因此，凡中性点直接接地的系统中的供电设备的绝缘只需要按相电压考虑，而无须按线电压考虑。这对 110 kV 以上的超高压系统是很有经济技术价值的。目前，我国 110 kV 以上电力网均采用中性点直接接地方式。

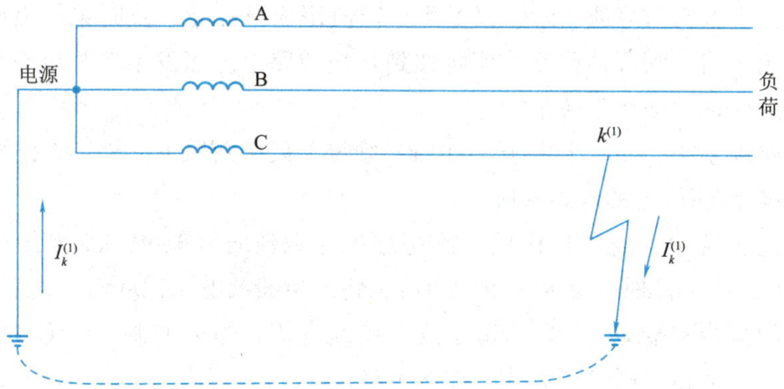

图 1-9　中性点直接接地的电力系统发生单相接地故障

（五）低压配电系统的接地形式

我国 220/380 V 低压配电系统，广泛采用中性点直接接地的运行方式，而且引出有中性线（neutral wire，代号 N）、保护线（protective wire，代号 PE）或保护中性线（PEN wire，代号 PEN）。

①中性线（N）的功能：一是用来按其额定电压为系统相电压的单相用电设备；二是用来传导三相系统中的不平衡电流和单相电流；三是用来减小负荷的中性点的电位偏移。

②保护线（PE）线的功能：保护线是用来保障人身安全、防止发生触电事故的接地线。系统中所有设备外露可导电部分（指正常不带电但故障时可能带电的易被触及的导电部分，如设备的金属外壳、金属框架等）通过保护线接地，可在设备发生接地故障时减少触电危险。

③保护中性线（PEN）的功能：它兼有中性线（N 线）和保护线（PE 线）的功能。PEN 线在我国通称为“零线”，俗称为“地线”。

低压配电系统，按保护接地形式，分为 TN 系统、TT 系统和 IT 系统。

1. TN 系统

TN 系统的中性点直接接地，并从中性点引出中性线（N 线）、保护线（PE 线）或将 N 线与 PE 线合而为一的保护中性线（PEN 线）。所有设备的外露可导电部分均接公共保护线（PE 线）或公共的保护中性线（PEN 线）。这种接公共 PE 线或 PEN 线的方式，通称“接零”。TN 系统又分 TN-C 系统、TN-S 系统和 TN-C-S 系统。

①TN-C 系统：这种系统的 N 线和 PE 线合用一根导线 PEN 线，所有设备外露可导电部分（如金属外壳等）均与 PEN 线相连，如图 1-10（a）所示。保护中性线（PEN 线）兼有中性线（N 线）和保护线（PE 线）的功能，当三相负荷不平衡或接有单相用电设备时，PEN 线上均有电流通过。

这种系统一般能够满足供电可靠性的要求，而且投资较低，节约有色金属，过去在我国低压配电系统中应用最为普遍。但是当 PEN 断线时，其设备外露可导电部分带电，对人有触电危险。所以，现在在安全要求较高的场所和要求抗电磁干扰的场所均不允许采用。

②TN-S 系统：这种系统的 N 线和 PE 线是分开的，所有设备的外露可导电部分均与公共 PE 线相连，如图 1-10（b）所示。这种系统的特点是公共 PE 线在正常情况下没有电流通过，因此不会对接在 PE 线上的其他用电设备产生电磁干扰。此外，由于其 N 线与 PE 线分开，因此其 N 线即使断线也并不影响接在 PE 线上的用电设备的安全。该系统多用于环境条件较差、对安全可靠性要求较高，以及用电设备对抗电磁干扰要求较严的场所。

③TN-C-S 系统：这种系统前一部分为 TN-C 系统，后一部分为 TN-S 系统（或部分为 TN-S 系统），如图 1-10（c）所示。它兼有 TN-C 系统和 TN-S 系统的优点，常用于配电系统末端环境条件较差且要求无电磁干扰的数据处理或具有精密检测装置等设备的场所。

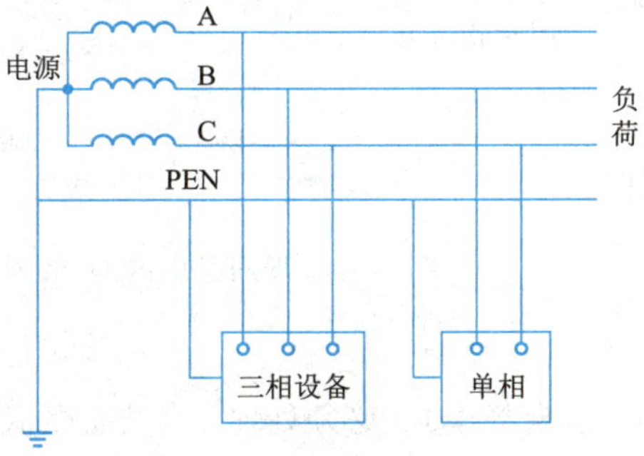

（a）TN-C系统

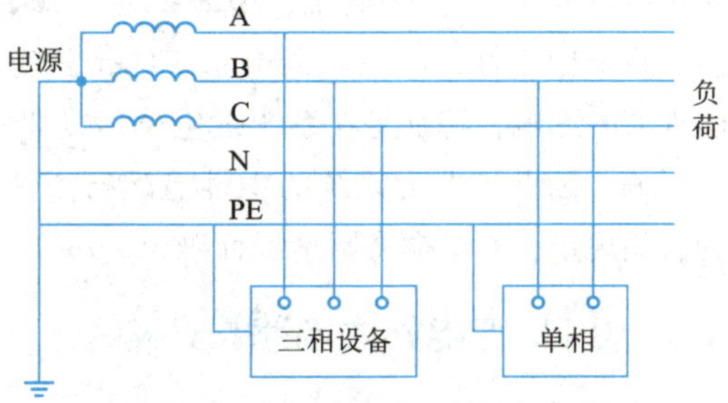

（b）TN-S系统

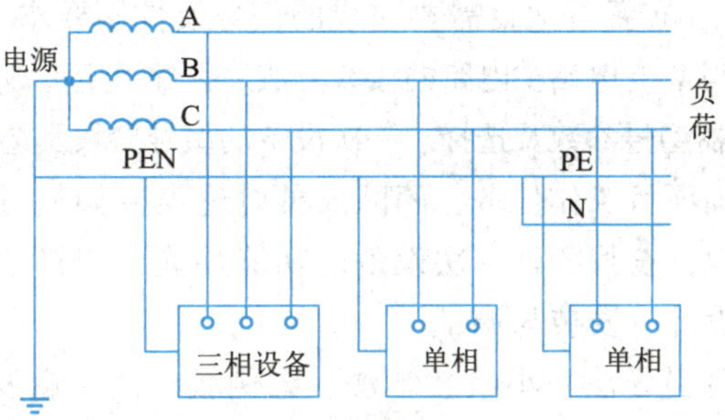

（c）TN-C-S系统

图 1-10　TN 系统接地形式

2. TT 系统

TT 系统的中性点直接接地，并从中性点引出一根中性线（N），以通过三相不平衡电流和单相电流，但该系统中电气设备的外露可导电部分均经各自的 PE 线单独接地。由于各设备的 PE 线之间没有直接的电气联系，互相之间不会发生电磁干扰，因此这种系统也适用于对抗电磁干扰要求较高的场所。但是，这种系统中若有设备因绝缘不良或损坏使其外露可导电部分带电时，由于其漏电电流一般很小，往往不足以使线路上的过电流保护装置（熔断器或低压断路器）动作，从而增加了触电危险。因此为保障人身安全，这种系统中必须装设灵敏的漏电保护装置，如图 1-11 所示。

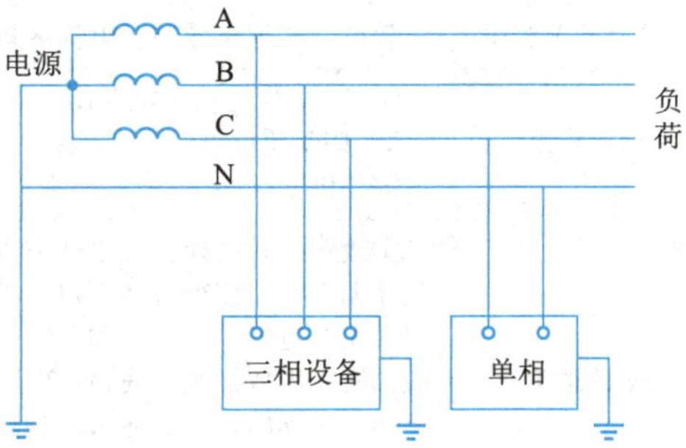

图 1-11　低压配电的 TT 系统

3. IT 系统

IT 系统的电源中性点不接地，或经高阻抗（约 1 000 Ω）接地，它没有中性线（N）。该系统中设备的外露可导电部分与 TT 系统一样，均经各自的 PE 线单独接地。此系统中各设备之间也不会发生电磁干扰，而且在发生单相接地故障时，仍可短时继续运行，但需要装设单相接地保护，以便在发生单相接地故障时发出报警信号。这种 IT 系统主要用于对连续供电要求较高或对抗电磁干扰要求较高及有易燃易爆危险的场所，如矿山、井下等地，如图 1-12 所示。

电力系统的中性点运行方式，是一个涉及面很广的问题。它对于供电可靠性、过电压、绝缘配合、短路电流、继电保护、系统稳定性，以及对弱电系统的干扰等诸方面都有不同程度的影响，特别是在系统发生单相接地故障时，有明显的影响。因此，电力系统的中性点运行方式，应依据国家的有关规定，并根据实际情况而确定。

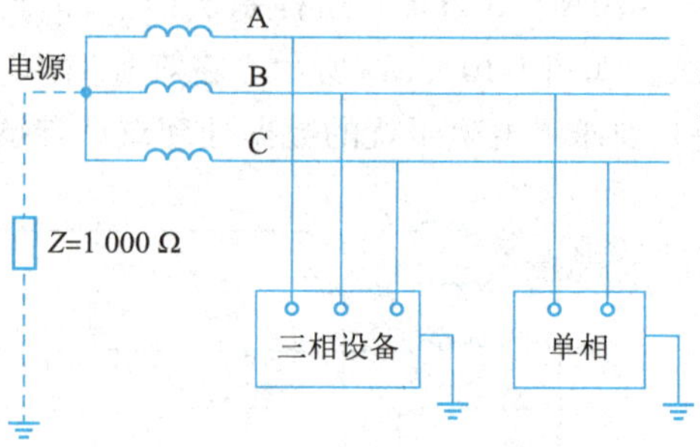

图 1-12 低压配电的 IT 系统

三、 110 kV 变电站主电路设计构思

主接线方案确定了该变电站的总体规模（包括近期及远期规模），必须处理好各方面的关系，全面分析有关影响因素，通过技术经济比较，合理确定主接线方案。

首先，教师下发项目工单，布置本项目需要完成的任务及控制要求，介绍本项目的应用情况，进行项目分析，引导学生分析 35 kV 变电站主电路的接线方法。引导学生完成项目所需准备的知识、能力及软硬件，应查找的资料是变压器型号参数及选择、一次设备的型号参数及选择、一次系统的接线方法等。

学生进行小组分工，明确项目工作任务，团队成员讨论项目如何进行设计和实施，进行任务分解，学习完成项目所需的知识，查找各种一次设备的功能用途，制订项目设计实施工作计划、制订出工艺流程，然后进行电路设计、安装与调试。

项目教学方法建议为项目引导法、小组教学法、案例教学法、启发式教学法、实物教学法。本项目工单见表 1-2。

表 1-2 项目工单

课程名称	供配电技术						总学时
项 目 一	供配电系统主电路的设计						
班 级		组别		团队负责人		团队成员	
相关资料及资源	教材、实训指导书、电气设备手册、PPT 课件、电气安装工艺及标准等						
项目成果	①35 kV 变电站主电路图。 ②CDIO 项目报告。 ③评价表						
设计思路	①接线方式选择：变电站主接线设计应在确保供电可靠性的前提下使得设计规范化、自动化、简单化和无人化，使得占地面积尽可能减少。负荷性质是变电站电气主接线选择的依据，除此之外，影响因素还有电气设备特点和上级电网强弱。对于终端变电站高压侧主接线形式主要采用以下三种：单母线接线、内桥接线、线路-变压器组接线。 ②变压器的选择：在满足相同的供电能力和供电可靠性的条件下，变电站安装变压器的台数是多少，应该从经济和技术方面根据城区供电条件、运行方式及负荷性质来考虑，包括主变总容量、占地面积、变压器制造容量限制、配电装置的投资、短路电流水平、变压器投资						

项目设计

提示：图 1-13 所示为某电站电气主接线图，读者通过努力学习本项目后，也可以设计出这样的变电站主接线图。

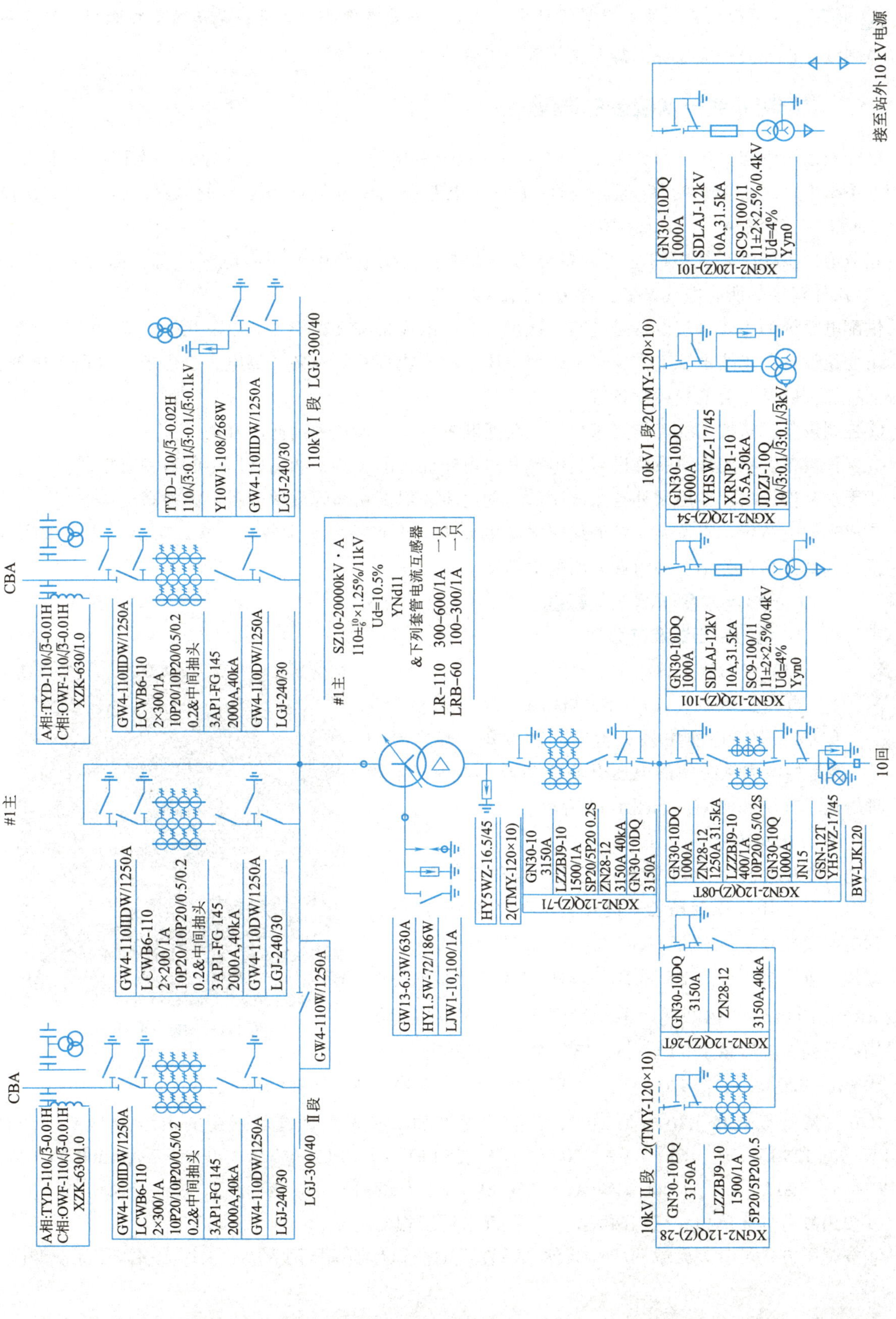

图 1-13　某电站电气主接线图

提示：在供配电系统主电路的设计中，还有一项非常重要的工作，就是设备的选型，为了能够选择到适合系统的一次设备，需要先了解一下常用的一次设备。

一、供配电系统一次设备的选型

供配电系统中担负输送和分配电力这一主要任务的电路，称为“一次电路”，也称“主电路”。供配电系统中用来控制、指示、监测和保护一次电路及其中电气设备运行的电路，称为“二次电路”，通称“二次回路”。

相应地，供配电系统中的电气设备分为两大类：一次电路中的所有电气设备，称为“一次设备”；二次回路中的所有电气设备，称为“二次设备”。

供配电系统的主要电气设备是指其一次设备。一次设备按其功能可分以下几类：

①变换设备：指按系统工作要求来改变电压、电流或频率的设备，如电力变压器、电压互感器、电流互感器，以及变流或变频设备等。

②控制设备：指按系统工作要求控制电路通断的设备，如各种高低压开关。

③保护设备：指用来对系统进行过电流和过电压保护的设备，如高低压熔断器和避雷器。

④无功补偿设备：指用来补偿系统中的无功功率、提高功率因数的设备，如并联电容器。

⑤成套配电装置：指按照一定的线路方案的要求，将有关一次设备和二次设备组合为一体的电气装置，如高低压开关柜、动力和照明配电箱等。

视频

电力变压器

（一）电力变压器与互感器

1. 电力变压器及其分类

（1）电力变压器

电力变压器（power transformer，文字符号为 T 或 TM）是变电所中最关键的一次设备，其主要功能是将电力系统中的电压升高或降低，以利于电能的合理输送、分配和使用，如图 1-14 所示。

图 1-14 电力变压器

（2）电力变压器分类

①电力变压器按功能可分为升压变压器和降压变压器。工厂变电所都采用降压变压器。终端变电所的降压变压器，也称为配电变压器。

②按容量系列可分为 R8 和 R10 系列。R8 是指容量等级是按 $R8=\sqrt[8]{10}\approx1.33$ 倍数递增的。我国老的变压器容量等级采用此系列，如容量 100 kV·A、135 kV·A、180 kV·A、240 kV·A、320 kV·A、420 kV·A、560 kV·A、750 kV·A、1 000 kV·A 等。

R10 容量等级是按 $R10=\sqrt[10]{10}\approx1.26$ 倍数递增的。我国采用国际通用的 R10 容量系列。如 100 kV·A、125 kV·A、160 kV·A、200 kV·A、250 kV·A、315 kV·A、400 kV·A、500 kV·A、630 kV·A、800 kV·A、1 000 kV·A、1 250 kV·A、1 600 kV·A、2 000 kV·A、2 500 kV·A。

③按相数可分为单相和三相两大类，工厂都采用三相变压器。

④按调压方式可分为无载调压（又称无励磁调压）和有载调压两大类。工厂大多采用无载调压。

⑤按绕组导体可分为铜绕组变压器和铝绕组变压器两大类型。工厂变电所以往大多采用较价廉的铝绕组变压器，如 SL7 型等；现在一般采用更为节能的 S9、SC9 等系列铜绕组变压器。

⑥按绕组类型可分为双绕组、三绕组和自耦变压器。工厂一般采用双绕组变压器。

⑦按绕组绝缘及冷却方式可分为油浸式、树脂绝缘干式和充气式（SF_6）等变压器等，其中油浸式变压器又分为油浸自冷式、油浸风冷式、油浸水冷式和强迫油循环冷却方式等，而干式变压器又分为浇注式、开启式、封闭式等。

油浸式变压器具有较好的绝缘和散热性能，且价格较低，便于检修，因此被广泛地采用，但由于油的可燃性，不便用于易燃易爆和安全要求较高的场合。

干式变压器结构简单，体积小，重量轻，且防火、防尘、防潮，但价格较同容量的油浸式变压器高，在安全防火要求较高的场所，尤其是大型建筑物内的变电所、地下变电所和矿井内变电所被广泛使用。

充气式变压器是利用充填的气体进行绝缘和散热，具有优良的电气性能，主要用于安全防火要求较高的场所，并常与其他充气电器配合，组成成套装置。

普通的中小容量的变压器采用自冷式结构，即变压器产生的损耗热经自然通风和辐射逸散；大容量的油浸式变压器采用水冷式和强迫油循环冷却方式；风冷式是利用通风机来加强变压器的散热冷却，一般用于大容量变压器（2 000 kV · A 及以上）和散热条件较差的场所。

⑧按用途可分为普通电力变压器、全封闭变压器和防雷变压器。工厂大多采用普通电力变压器。

图 1-15 和图 1-16 所示为各种常用电力变压器实物图。

图 1-15　ZGS11-H(Z) · R-200~1000/10 系列卷铁芯组合式变压器

2. 电力变压器的结构、型号和联结组别

(1) 电力变压器的结构和型号

电力变压器是利用电磁感应原理进行工作的，因此其最基本的结构组成是电路和磁路部分。变压器的电路部分就是它的绕组，对于降压变压器，与系统电路和电源连接的称为一次绕组，与负载连接的称为二次绕组；变压器的铁芯构成了它的磁路，铁芯由铁轭和铁芯柱组成，绕组套在铁芯柱上；为了减少变压器的涡流和磁滞损耗，采用表面涂有绝缘漆膜的硅钢片交错叠成铁芯。图 1-17 所示为普通三相油浸式电力变压器的结构图。

图 1-16　S11-M・R-30～1000/10 系列三相卷铁芯全密封配电变压器

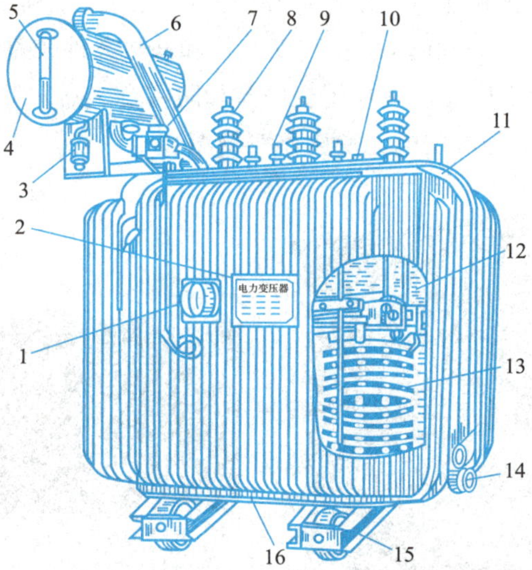

1—信号温度计；2—铭牌；3—吸湿器；4—油枕（储油柜）；5—油位指示器（油标）；6—防爆管；
7—瓦斯（气体）继电器；8—高压出线套管和接线端子；9—低压出线套管和接线端子；10　分接开关；
11—油箱及散热油管；12—铁芯；13—绕组及绝缘；14—放油阀；15—小车；16—接地端子。

图 1-17　三相油浸式电力变压器的结构

图 1-18 所示为环氧树脂浇注绝缘的三相干式电力变压器的结构图。环氧树脂浇注绝缘的干式变压器又称树脂绝缘干式变压器，它的高低压绕组各自用环氧树脂浇注，并同轴套在铁芯柱上；高低压绕组间有冷却气道，使绕组散热；三相绕组间的连线也由环氧树脂浇注而成，因此其所有带电部分都不暴露在外。其容量从 30 kV·A 到几千千伏安，最高可达上万千伏安，高压侧电压有 6 kV、10 kV、35 kV，低压侧电压为 230/400 V。目前，我国生产的干式变压器有 SC 系列和 SG 系列等。

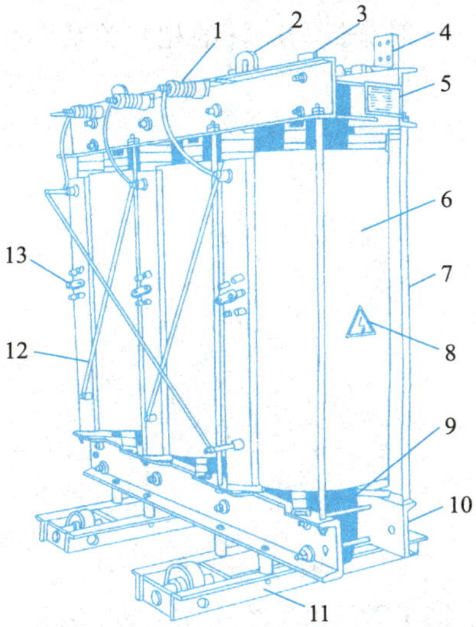

1—高压出线套管和接线端子；2—吊环；3—上夹件；4—低压出线接线端子；5—铭牌；6—环氧树脂浇注绝缘绕组；7—上下夹件拉杆；8—警示标牌；9—铁芯；10—下夹件；11—小车；12—三相高压绕组间的连接导体；13—高压分接头连接片。

图 1-18　环氧树脂浇注绝缘的三相干式电力变压器结构图

（2）电力变压器的联结组别

电力变压器的联结组别，是指变压器一次、二次（或一、二、三次）绕组因采取不同的联结方式而形成变压器一次、二次（或一、二、三次）侧对应的线电压之间不同的相位关系。常用的联结组别有 Yyn0、Dyn11、Yzn11、Yd11、YNd11 等。下面分析变压器的某些常见联结组别的特点和应用。

①常用配电变压器的联结组别：

6~10 kV 变压器在其低压侧为三相四线制系统时，其联结组别有 Yyn0 和 Dyn11 两种。变压器 Yyn0 联结组的接线和示意图如图 1-19 所示。其一次侧线电压与对应的二次线电压之间的相位关系，同时钟在零点（12 点）时分针与时针的相互关系一样。

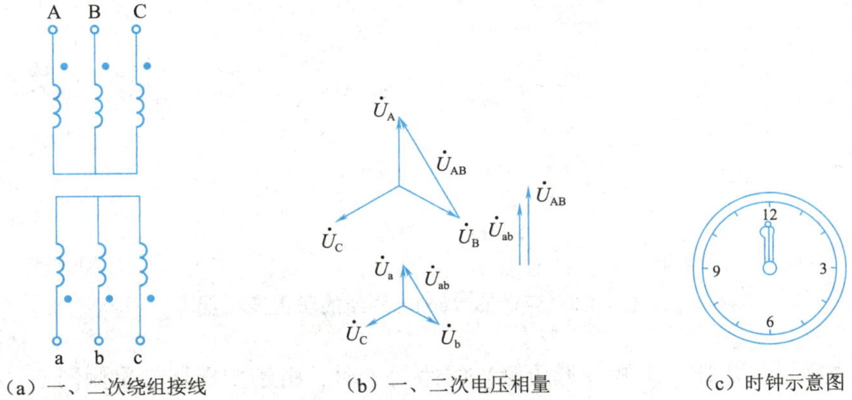

（a）一、二次绕组接线　　（b）一、二次电压相量　　（c）时钟示意图

图 1-19　变压器 Yyn0 联结组

变压器 Dyn11 联结组的接线和示意图如图 1-20 所示。其一次侧线电压与对应的二次线电压之间的相位关系，同时钟在零点（11 点）时分针与时针的相互关系一样。

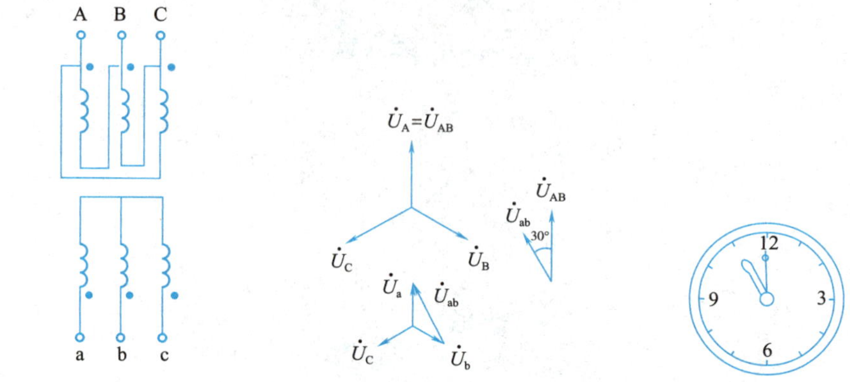

（a）一、二次绕组接线　（b）一、二次电压相量　（c）时钟示意图

图 1-20　变压器 Dyn11 联结组别

Dyn11 较 Yyn0 优点：更有利于抑制高次谐波；更有利于单相短路接地故障的切除；承受单相不平衡负荷能力强。

这是因为，Dyn11 的一次绕组为三角形联结，3n 次谐波电流在其三角形的一次绕组中形成环流，不致注入公共电网，有抑制高次谐波的作用；其二次绕组为带中性线的星形联结，按规定，中性线电流容许达到相电流的 75%，因此其承受单相不平衡电流的能力远远大于 Yyn0 联结组别的变压器。对于现代供电系统中单相负荷急剧增加的情况，尤其在 TN 和 TT 系统中，Dyn11 联结的变压器得到大力推广和应用。

②防雷变压器的联结组别：

防雷变压器通常采用 Yzn11 联结组别，如图 1-21（a）所示，其正常时的电压相量图如图 1-21（b）所示。其一次绕组采用星形联结，二次绕组分成两个匝数相同的绕组，并采用曲折形（Z）联结，在同一铁芯柱上的两半个绕组的电流正好相反，使磁动势相互抵消。

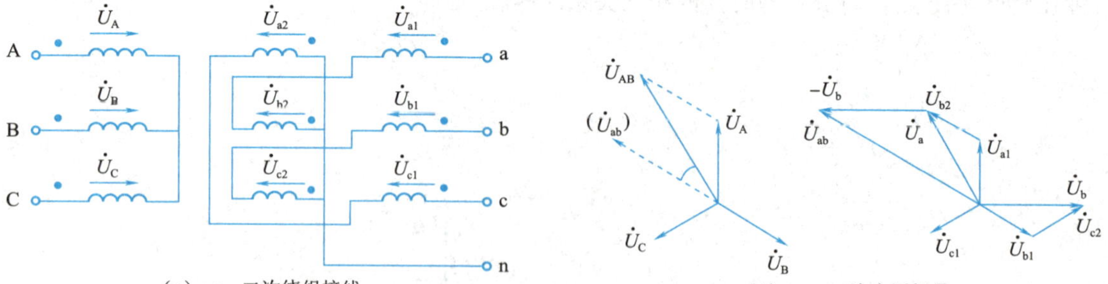

（a）一、二次绕组接线　（b）一、二次电压相量

图 1-21　变压器 Yzn11 联结的防雷变压器

当雷电过电压沿变压器二次侧（低压侧）线路侵入时，由于变压器二次侧同一芯柱上的两个绕组的电流方向正好相反，其磁动势互相抵消，因此过电压不会感应到一次侧（高压侧）线路上去。同样地，假如雷电过电压沿变压器一次侧（高压侧）线路侵入时，由于变压器二次侧（低压侧）同

一芯柱上的两个绕组的感应电势互相抵消，二次侧也不会出现过电压。由此可见，采用 Yzn11 联结的变压器有利于防雷。在多雷地区宜选用这类防雷变压器，但这种变压器二次绕组的用材量比 Yyn0 型的增加 15% 以上。

(3) 电力变压器的铭牌及主要技术数据

①额定电压：一次侧的额定电压为 U_{1N}，二次侧的额定电压为 U_{2N}。对于三相变压器，U_{1N} 和 U_{2N} 都是线电压值，一般用 kV 表示，低压也可用 V 表示。

②额定电流：变压器的额定电流指变压器在容许温升下一、二次绕组长期工作所容许通过的最大电流，分别用 I_{1N} 和 I_{2N} 表示。对于三相变压器，I_{1N} 和 I_{2N} 都表示线电流，单位是 A。

③额定容量：变压器的额定容量，是指它在规定的环境条件下，室外安装时，在规定的使用年限（一般以 20 年计）内能连续输出的最大视在功率，通常用 kV・A 作单位。按 GB 1094. 1—2013《电力变压器　第 1 部分：总则》规定，电力变压器正常使用的环境温度条件：最高气温为+40 ℃，最高日平均气温为+30 ℃，最高年平均气温为+20 ℃；最低气温，户内变压器为-5 ℃，户外变压器为-30 ℃。油浸式变压器顶层油温的温升，规定不得超过周围气温 55 ℃按规定的工作环境最高温度为+40 ℃计，则变压器顶层油温不得超过+95 ℃。

(4) 电力变压器的并列运行条件

两台及以上的变压器一、二次绕组的接线端分别并联连接投入运行，即为变压器的并列运行。并列运行时必须符合以下条件才能保证供配电系统的安全、可靠和经济性。

①所有并列变压器的电压比必须相同，即额定一次电压和额定二次电压必须对应相等，容许差值不得超过±5%。

②并列变压器的联结组别必须相同。

③并列变压器的短路电压（阻抗电压）须相等或接近相等，容许差值不得超过±10%。

④并列变压器的容量应尽量相同或相近，其最大容量和最小容量之比不宜超过 3∶1。

3. 电流互感器和电压互感器

视　频

互感器

(1) 互感器及其主要功能

电流互感器（current transformer，缩写 CT，文字符号 TA），又称仪用变流器；电压互感器（voltage transformer，缩写 VT，文字符号 TV），又称仪用变压器。它们合称为仪用互感器，简称互感器。从基本结构和原理来说，互感器就是一种特殊变压器。

互感器的主要功能如下：

①用来使仪表、继电器等二次设备与主电路绝缘。这可避免主电路的高电压直接引入仪表、继电器等二次设备，又可防止仪表、继电器等二次设备的故障影响主电路，提高一、二次电路的安全性和可靠性，并有利于人身安全。

②扩大仪表、继电器等二次设备的使用范围。例如，用一块 5 A 的电流表，通过不同电流比的电流互感器就可测量任意大的电流。同样，用一块 100 V 的电压表，通过不同电压比的电压互感器就可测任意高的电压。由于采用了互感器，可使二次仪表、继电器等设备的规格统一，有利于设备的批量生产。

(2) 电流互感器

①电流互感器的基本结构原理和接线方案。

电流互感器的基本结构原理如图 1-22 所示。

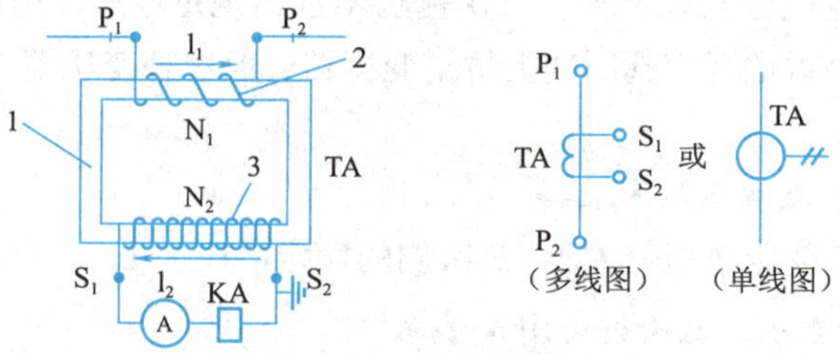

1—铁芯；2——次绕组；3—二次绕组

图 1-22　电流互感器

其结构特点是：一次绕组匝数少，导体材料粗，有的电流互感器（如母线式）还没有一次绕组，而是利用穿过其铁芯的一次电路（如母线）作为一次绕组（相当于匝数为 1）；二次绕组匝数多，导体材料较细。

其接线特点是：一次绕组串联在被测的一次电路中，而二次绕组则与仪表、继电器等的电流线圈串联，形成一个闭合回路。由于这些电流线圈的阻抗小，因此电流互感器工作时其二次回路接近于短路状态。二次绕组的额定电流一般为 5 A。电流互感器的变流比用 K_i 表示，则

$$K_i = I_{1N}/I_{2N} \approx N_2/N_1 \tag{1-1}$$

式中，I_{1N}、I_{2N}分别为电流互感器一次侧和二次侧的额定电流值；N_1、N_2 为其一次和二次绕组匝数。变流比一般表示成如 100/5 A 的形式。

电流互感器在三相电路中的常用四种接线方案如图 1-23 所示。

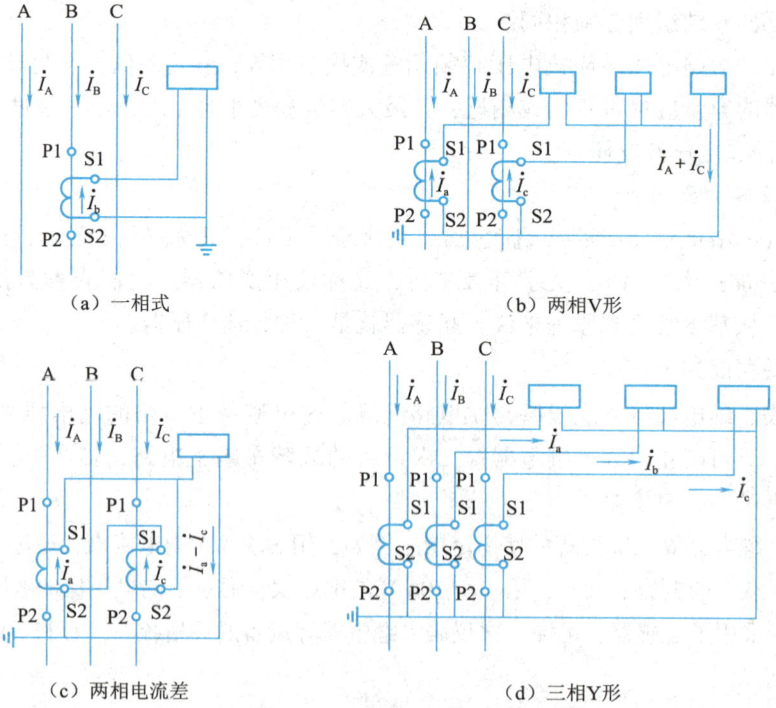

图 1-23　电流互感器接线方案

• 一相式接线，如图 1-23（a）所示，互感器通常接在 B 相，电流互感器二次线圈中流过的是对应相一次电流的二次电流值，反映的是该相的电流。这种接线通常用于三相负荷平衡的系统中，供测量电流或过负荷保护装置用。

• 两相 V 形接线，如图 1-23（b）所示，这种接线也称为两相不完全星形接线，电流互感器通常接在 A、C 相上，在中性点不接地的三相三线制系统中，广泛用于测量三相电流、电能及作过电流继电保护之用（称为两相两继电器式接线）。这种接线二次侧公共线上的电流为 $\dot{I}_a+\dot{I}_C=-\dot{I}_b$，反映的正是未接互感器的那一相的电流。

• 两相电流差接线，如图 1-23（c）所示，流过电流继电器线圈的电流为相电流的$\sqrt{3}$倍。这种接线适用于中性点不接地的三相三线制线路，供接过电流保护装置用。此接线称为两相一继电器接线。

• 三相 Y 形接线，如图 1-23（d）所示，这种接线中的三个电流线圈正好反映了各相电流，因此被广泛用于三相负荷不平衡的三相四线制系统中，也用在负荷可能不平衡的三相三线制系统中作三相电流、电能测量及过电流继电保护之用。

②电流互感器的类型和型号。

• 按一次绕组可分为单匝式（包括母线式、芯柱式、套管式）和多匝式（包括线圈式、线环式、串级式）。

• 按用途可为分测量用和保护用两大类。

• 按其准确度等级可分为测量用电流互感器（有 0.1，0.2，0.5，1，3，5 等级）、保护用电流互感器（一般为 5P 和 10P 两级）。

• 按电压可分为高压和低压两大类。

• 按其绝缘和冷却方式可分为油浸式和干式两大类，油浸式主要用于户外装置中。现在应用最普遍的是环氧树脂浇注绝缘的干式电流互感器，特别是在户内装置中，油浸式电流互感器已基本上被淘汰。

图 1-24 所示为户内高压 LQJ-10 型电流互感器的外形图。它有两个铁芯和两个二次绕组，准确度等级有 0.5 级和 3 级，0.5 级用于测量，3 级用于继电保护。

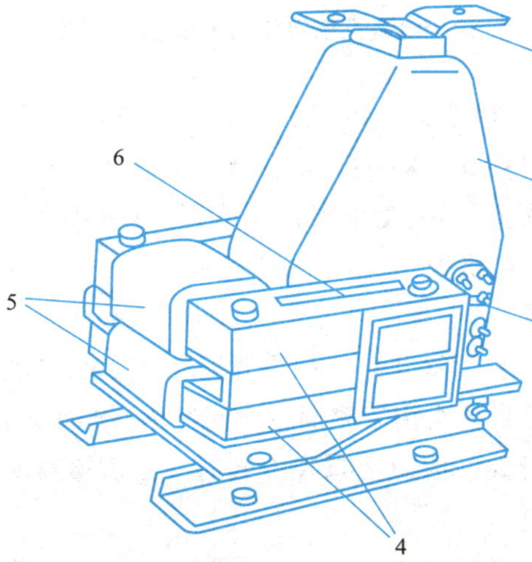

1—一次接线端子；2—一次绕组（树脂浇注）；3—二次接线端子；4—铁芯；5—二次绕组；
6—警示牌（上写“二次侧不得开路”等字样）。

图 1-24　LQJ-10 型电流互感器的外形图

图 1-25 所示为户内低压 LMZJ1-0. 5 型（500~800/5 A）电流互感器的外形图。它不含一次绕组，穿过其铁芯的母线就是其一次绕组（相当于 1 匝）。它用于 500 V 及以下的低压配电装置中。

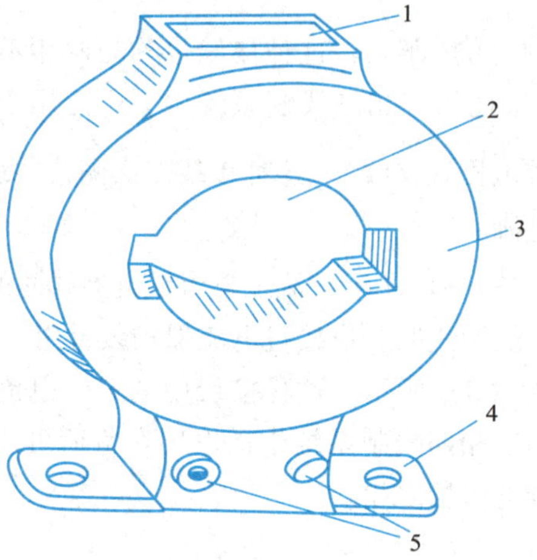

1—铭牌；2—一次母线穿孔；3—铁芯（外绕二次绕组，树脂浇注）；4—安装板；5—二次接线端子。

图 1-25　LMZJ1-0. 5 型电流互感器

电流互感器型号的表示及含义如图 1-26 所示。

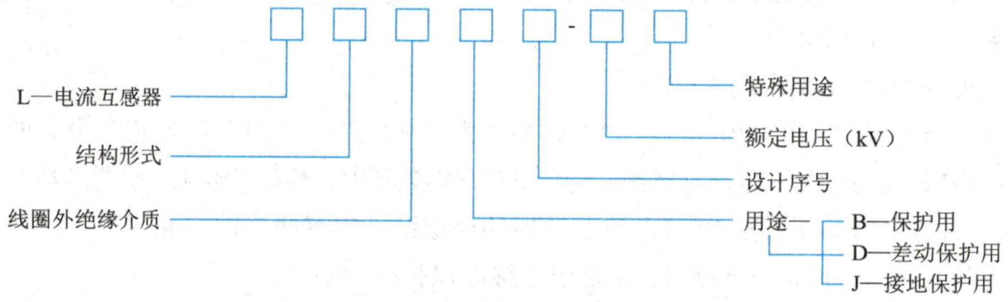

图 1-26　电流互感器型号的表示及含义

图 1-26 中，“结构形式”的字母含义：R—套管式；Z—支柱式；Q—线圈式；F—贯穿式（复匝）；D—贯穿式（单匝）；M—母线式；K—开合式；V—倒立式；A—链式。

“线圈外绝缘介质”的字母含义：J—变压器油不表示；G—空气（干式）；C—瓷（主绝缘）；Q—气体；Z—浇注成型固体；K—绝缘壳。

③电流互感器的使用注意事项。

- 电流互感器在工作时其二次侧不得开路。如果开路，二次侧可能会感应出危险的高电压，危及人身和设备安全；同时，互感器铁芯会由于磁通剧增而过热，产生剩磁，导致互感器准确度降低。因此，电流互感器二次侧不允许开路。因此要求在安装时，二次接线必须可靠、牢固，决不允许在二次回路中接入开关或熔断器。
- 电流互感器的二次侧有一端必须接地。这是为了防止一、二次绕组间绝缘击穿时，一次侧高电压窜入二次侧，危及设备和人身安全。
- 电流互感器在连接时，要注意其端子的极性。

按照 GB/T 20840.2—2014《互感器　第 2 部分：电流互感器的补充技术要求》规定，我国互感器和变压器的绕组端子，均采用“减极性”标号法。所谓“减极性”标号法，就是互感器或变压器的一、二次侧绕组端子分别用 P1、P2 和 S1、S2 表示，对应的 P1 和 S1，P2 和 S2 为“同名端”，又称“同极性端”（因其在同一瞬间，同名端同为高电平或低电平）。在安装和使用电流互感器时，一定要注意其端子极性，否则将造成不良后果或事故。电流互感器的 S1 和 S2 如果接反，则二次侧公共线中的电流就不是相电流，而是相电流的$\sqrt{3}$倍，可能使电流表烧毁。

(3) 电压互感器

①基本结构原理和接线方案。

电压互感器的基本结构原理图如图 1-27 所示，它由一次绕组、二次绕组和铁芯组成。

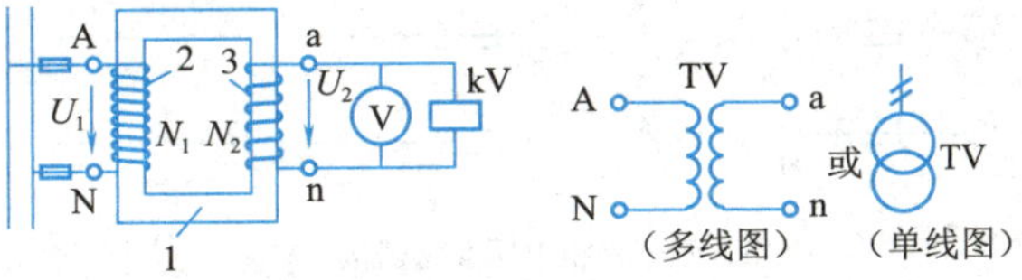

1—铁芯；2—一次绕组；3—二次绕组。

图 1-27　电压互感器

其结构特点是：一次绕组匝数很多，而二次绕组匝数很少，相当于降压变压器。

其接线特点是：一次绕组并联在一次电路中，而二次绕组则并联仪表、继电器的电压线圈。由于电压线圈的阻抗一般很大，所以电压互感器工作时其二次侧接近于空载状态。二次绕组的额定电压一般为 100 V。

电压互感器的变压比用 K_u 表示：

$$K_u = U_{1N}/U_{2N} \approx N_1/N_2 \tag{1-2}$$

式中，U_{1N}、U_{2N}分别为电压互感器一次绕组和二次绕组额定电压，N_1、N_2 为一次绕组和二次绕组的匝数。变压比通常表示成如 10/0.1 kV 的形式。电压互感器有单相和三相两类，在成套装置内，采用单相电压互感器较为常见。

电压互感器的接线方案（见图 1-28）如下：

• 一个单相电压互感器接成 V/V 形。适用于电压对称的三相线路，供仪表、继电器接于一个线电压。

• 两个单相电压互感器接成 V/V 形。适用于三相三线制线路，供仪表、继电器接于各个线电压，广泛用于高压系统中，作为电压、电能测量。

• 三个单相电压互感器接成 Y0/Y0 形。适用于三相三线制和三相四线制，可供接要求线电压的仪表、继电器，并可供接要求相电压的绝缘监察电压表。

• 三个单相三绕组电压互感器或一个三相五芯柱三绕组电压互感器接成 Y0/Y0/△（开口三角）形。其中一组二次绕组接成 Y0 的二次绕组，供电给需要线电压的仪表、继电器和绝缘监视用电压表；另一组绕组（辅助二次绕组）接成开口三角形（△），接作绝缘监视用的电压继电器（KV）。当线路正常工作时，开口三角两端的零序电压接近于零；而当线路上发生单相接地故障时，开口三角两端的零序电压接近 100 V，使电压继电器 KV 动作，发出故障信号。此辅助二次绕组又称“剩余电压绕组”。这类电压互感器适用于三相三线制系统。

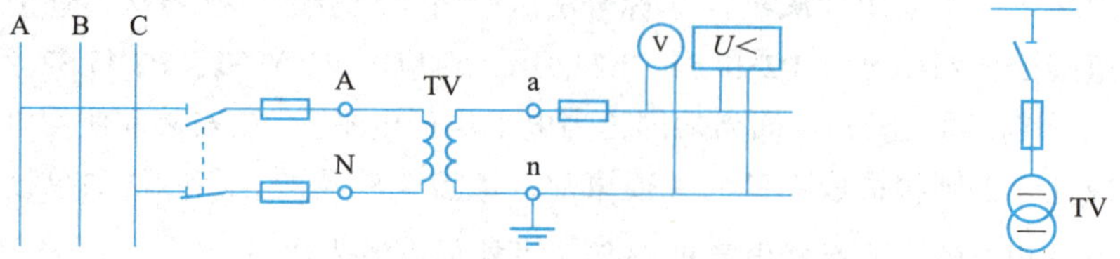

(a) 一个单相电压互感器

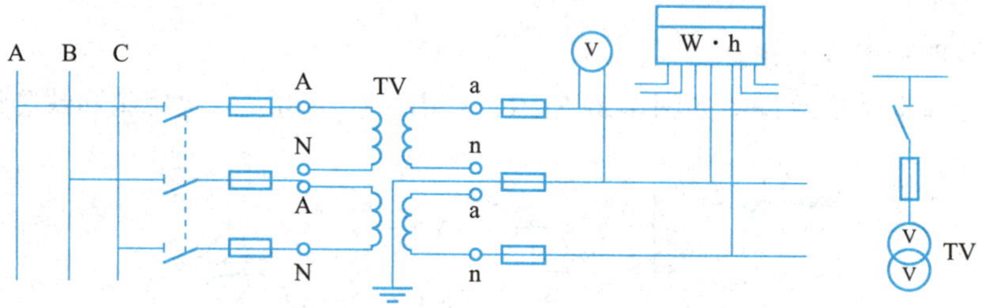

(b) 两个单相电压互感器接成V/V

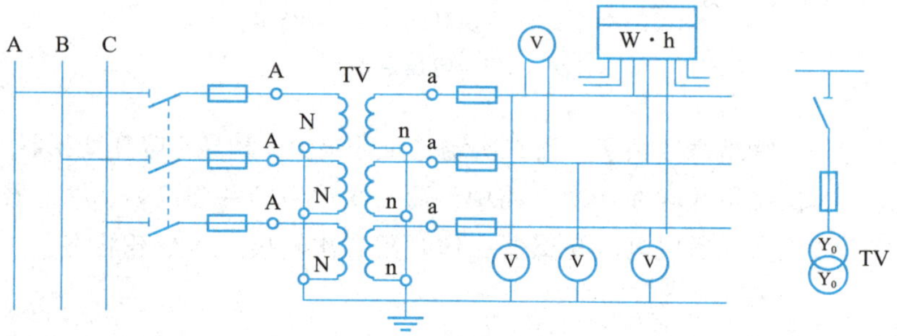

(c) 三个单相电压互感器接成Y0/Y0形

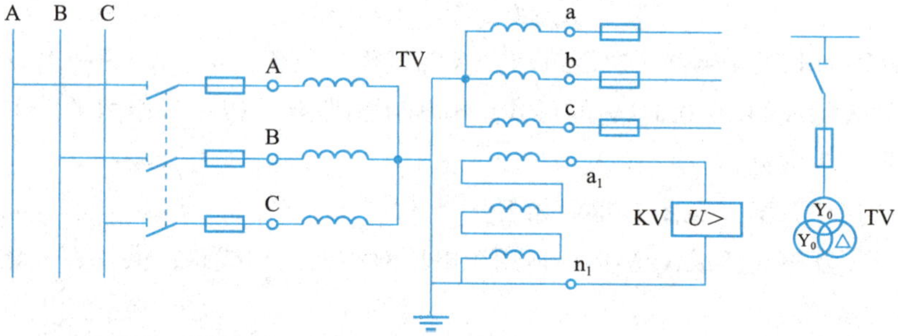

(d) 三个单相三绕组电压互感器或一个三相五芯柱式三绕组电压互感器接成 Y0/Y0△形

图 1-28 电压互感器的接线方案

②电压互感器的类型和型号。

电压互感器按绝缘介质可分为油浸式、干式（含环氧树脂浇注式）两类；按使用场所可分为户内式和户外式；按相数可分为三相式、单相式；按电压可分为高压（1 kV 以上）和低压（0.5 kV 及以下）；按绕组可分为三绕组、双绕组；按用途可分为测量用的（其准确度要求较高，规定为 0.1、0.2、0.5、1、3）、保护用的（准确度较低，一般有 3P 级和 6P 级），其中用于小接地系统电压互感器（如三相五心柱式）的辅助二次绕组准确度级规定为 6P 级；按结构原理可分为有电容分压式、电磁感应式。此外，还有气体电压互感器、电流电压组合互感器等高压类型。

电压互感器型号的表示及含义如图 1-29 所示。

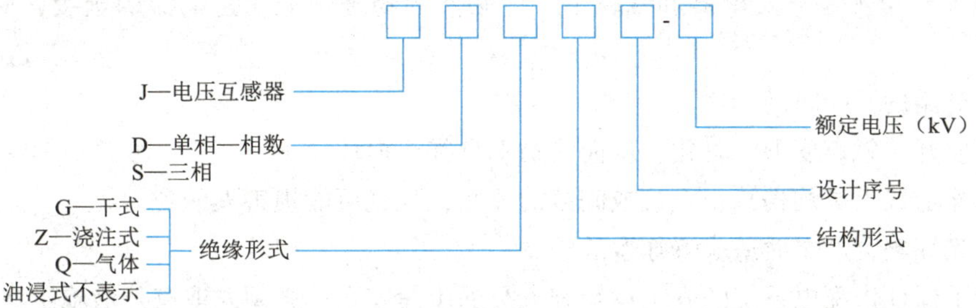

图 1-29　电压互感器型号的表示及含义

图 1-30 所示为应用广泛的 JDZJ-10 型单相三绕组、环氧树脂浇注绝缘的户内电压互感器外形。

广泛采用环氧树脂浇注绝缘的干式互感器。例：JDZJ-10 为单相三绕组环氧树脂浇注绝缘电压互感器。

③使用注意事项。

• 电压互感器在工作时，其二次侧不得短路。

由于电压互感器一、二次绕组都是在并联状态下工作的，如果二次侧短路，将生产很大的短路电流，有可能烧毁互感器，甚至影响一次电路的安全运行。因此，电压互感器的一、二次侧都必须装设熔断器进行短路保护。

• 电压互感器的二次侧有一端必须接地。

这与电流互感器二次侧有一端必须接地的目的相同，也是为了防止当一、二次绕组间的绝缘击穿时，一次侧的高压窜入二次侧，危及人身和设备的安全。

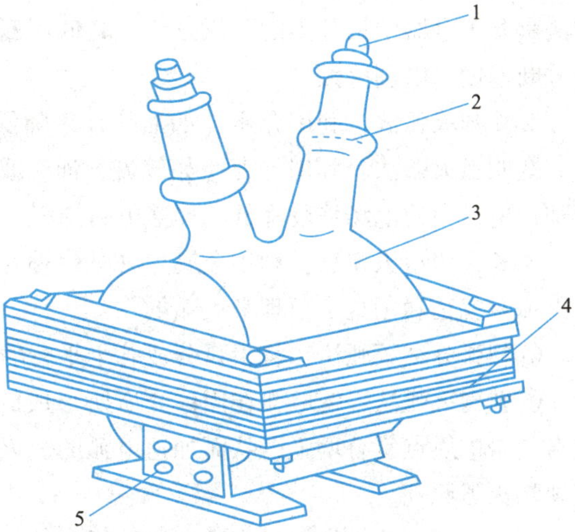

1——一次接线端子；2—高压绝缘套管；
3——、二次绕组、树脂浇注绝缘；
4—铁芯；5—二次接线端子。

图 1-30　JDZJ-10 型电压互感器外形

• 电压互感器在连接时，也要注意其端子的极性。

三相电压互感器一次绕组两端标成 A、B、C、N，对应的二次绕组同名端标为 a、b、c、n；单相电压互感器的对应同名端分别标为 A、N 和 a、n。在接线时，若将其中的一相绕组接反，二次回路中的线电压将发生变化，会造成测量误差和保护误动作（或误信号），甚至可能对仪表造成损害。因此，必须注意其一、二次极性的一致性。

视　频

高压一次设备、高压配电柜

（二）高压一次设备、高压配电柜

1. 电弧的产生及灭弧方法

（1）电弧及其主要危害

电弧是一种高温、强光的电游离现象。当开关电器切断（包括正常操作和误操作）

有电流的线路时，或线路、触点、绕组发生短路时，就可能产生电弧。产生电弧的根本原因是开关触点在分断电流时，触点间电场强度很大，使触点本身的电子及触点周围介质中的电子被游离而形成电弧电流。电弧是开关电器和线路中一种必然的物理现象，是电流的延续，它的主要危害有以下几种：

①延长了电路的开断时间。

②高温可使开关触点变形、熔化，从而接触不良甚至损坏。

③高温可能造成人员灼伤甚至直接或间接的死亡，强光可能损害人的视力。

④引起弧光短路，严重时造成爆炸事故。

因此，为了保证供配电系统的安全运行和人员的生命安全，必须采取有效措施迅速熄灭电弧。

（2）开关电器中常用的灭弧方法

①速拉灭弧法：即迅速拉长触点间的电弧，使电场强度骤减，达到加速灭弧的目的。这种灭弧方法是开关电器中最基本的灭弧方法。高低压断路器中都装有强力的断路弹簧，目的就是加速触点的分断速度，以利灭弧。

②冷却灭弧法：利用介质（如油等）来降低电弧的温度从而增强去游离来加速电弧的熄灭。

③吹弧灭弧法：利用外力（如气流、油流或电磁力）来吹动电弧，使电弧拉长，同时也使电弧冷却，电弧中的电场强度降低，加速电弧熄灭。

④长弧切短灭弧法：利用金属片（如钢栅片）将长弧切成若干短弧。低压断路器和部分刀开关的灭弧罩就是利用这个原理来灭弧的。

⑤粗弧分细灭弧法：将粗弧分成若干平行的细小电弧，使电弧加速熄灭。

⑥狭沟灭弧法：使电弧在固体介质所形成的狭沟中燃烧，冷却条件改善，同时电弧与介质表面接触使带电质点复合增强，从而加速电弧的熄灭。例如，有的熔断器在熔管中充填石英砂，就是利用狭沟灭弧原理。

⑦真空灭弧法：真空具有较高的绝缘强度，若将开关触点装在真空容器内，在此间产生的电弧（真空电弧）较小，且在电流第一次过零时就能将电弧熄灭。真空断路器就是利用这种原理来熄灭电弧的。

⑧六氟化硫（SF_6）灭弧法：SF_6气体具有优良的绝缘性能和灭弧性能，其绝缘强度约为空气的3倍，而绝缘强度的恢复速度约比空气快100倍，因此采用SF_6可极大地提高开关的断流容量和减少灭弧所需的时间。

在现代的开关电器中，通常是综合利用上述几种灭弧方式的组合来达到灭弧的目的，而且越是重要的电气设备，其灭弧措施越完善。同时，电气设备的灭弧性能往往是衡量其运行可靠性和安全性的重要指标之一。

2. 高压熔断器（FU）

在输配电系统中，对容量小且不太重要的负荷，广泛采用高压熔断器作为高压输配电线路、电力变压器、电压互感器和电力电容器等电气设备的短路和过负荷保护。户内广泛采用RN系列的高压管式限流熔断器，户外则广泛使用RW4、RW10F等型号的高压跌开式熔断器，或RW10-35型的高压限流熔断器。高压熔断器全型号的表示及含义如图1-31所示。注：对于自爆式熔断器，在R前面加字母B。

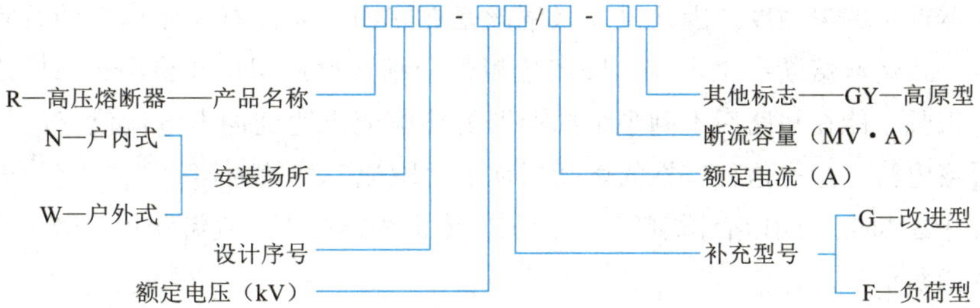

图 1-31　高压熔断器全型号的表示及含义

（1）RN1 和 RN2 型户内高压管式熔断器

RN 系列户内高压管式熔断器 RN 系列户内高压熔断器有 RN1、RN2、RN3、RN4、RN5 及 RN6 等，主要用于 3~35 kV 配电系统中作短路保护和过负荷保护用。其中，RN1 型用于高压电力线路及其设备和电力变压器的短路保护，也能作过负荷保护；RN2、RN4、RN5 则用于电压互感器的短路保护；RN6 型主要用于高压电动机的短路保护。RN3 和 RN1 相似，RN4 和 RN2 相似，只是技术数据有所差别；RN5 和 RN6 是以 RN1 和 RN2 为基础的改进型，具有体积小、重量轻、防尘性能好、维修和更换方便等特点。

RN1 和 RN2 的外形和结构基本相同，灭弧原理也基本相同。图 1-32 和图 1-33 所示为 RN1、RN2 型高压熔断器的外形和熔管内部结构剖面图。其主要组成部分是：瓷熔管、触座、动作指示器、支柱瓷瓶子和底座。熔管一般为瓷质管，熔丝由单根或多根镀银的细铜丝并联绕成螺旋状，熔丝埋放在石英砂填料中，熔丝上焊有小锡球。

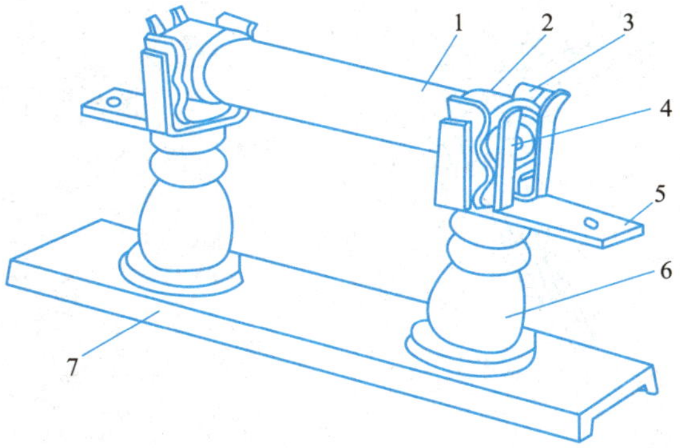

1—瓷熔管；2—金属管帽；3—触座；4—动作指示器；5—接线端子；6—支柱瓷瓶；7—底座。

图 1-32　RN1、RN2 型高压熔断器外形

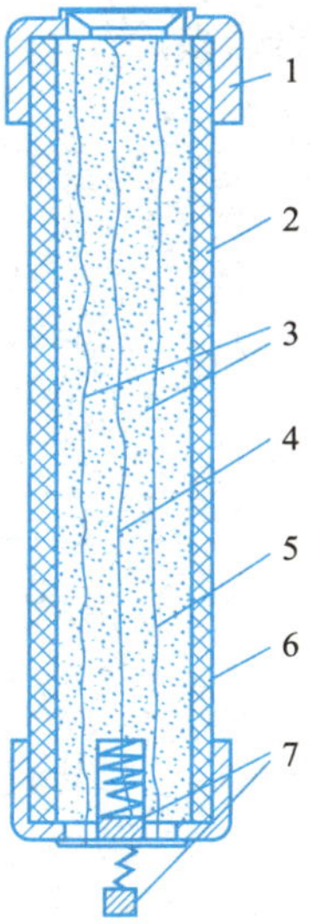

1—金属管帽；2—瓷熔管；3—工作熔体；4—指示熔体；5—锡球；6—石英砂填料；7—熔断指示器（熔断后弹出状态）。

图 1-33　熔管内部结构剖面图

当过负荷电流通过时，铜丝上锡球受热熔化，铜锡分子相互渗透形成熔点较低的铜锡合金（冶金效应），使铜熔丝能在较低的温度下熔断，从而使熔断器能在过负荷电流或较小短路电流时也能动

作，提高了熔断器保护的灵敏度。因几根并联铜丝是在密闭的充满石英砂填料的熔管内工作，当短路电流发生时，一旦熔丝熔断产生电弧，即产生粗弧分细、长弧切短和狭沟灭弧的现象，因此，熔断器的灭弧能力很强，能在短路后不到半个周期即短路电流未达到冲击电流值（i_{sh}）时就能完全熄灭电弧、切断短路电流。具有这种特性的熔断器称为“限流”式熔断器。

当过电流通过熔体时，工作熔体熔断后，指示熔体也相继熔断，其熔断指示器弹出（见图 1-34），给出熔体熔断的指示信号。

RN2 型与 RN1 型的区别主要是：它由三种不同截面的一根康铜丝绕在陶瓷芯上，并且无熔断指示器，由电压互感器二次侧仪表的读数来判断其熔体的熔断情况；而且，由于电压互感器的二次侧近于开路状态，RN2 型的额定电流一般为 0.5 A，而 RN1 型的额定电流为 2～300 A 不等。

（2）RW 系列户外高压跌开式熔断器

RW 系列跌开式熔断器，又称跌落式熔断器，广泛用于环境正常的户外场所，作高压线路和设备的短路保护用。有一般跌开式熔断器（如 RW4、RW7 型等）、负荷型跌开式熔断器（如 RW10-10（F）型）、限流型户外熔断器（如 RW10-35、RW11 型等）及 RW-B 系列的爆炸式跌开式熔断器。它们的结构和功能特点如下：

①一般户外高压跌开式熔断器（文字符号为 FD）。图 1-34 所示为 RW4-10（G）型跌开式熔断器结构。它串接在线路中，可利用绝缘钩棒（俗称“令克棒”）直接操作熔管（含熔体）的分、合，此功能相当于“隔离开关”。RW4 型熔断器没有带负荷灭弧装置，因此不允许带负荷操作；同时，它的灭弧能力不强，速度不快，不能在短路电流达到冲击电流（i_{sh}）前熄灭电弧，属于“非限流”式熔断器。常用于额定电压 10 kV，额定容量 315 kV · A 及以下的电力变压器的过电流保护，尤其以居民区，街道等场合居多。

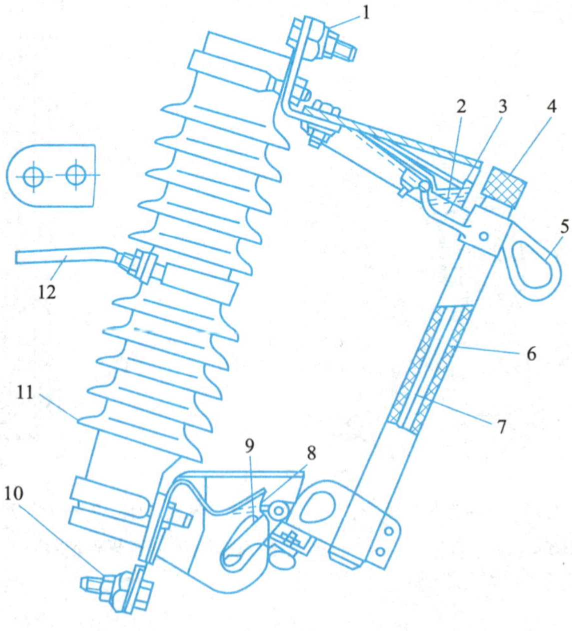

1—上接线端子；2—上静触点；3—上动触点；4—管帽（带薄膜）；5—操作扣环；6—熔管（外层为酚醛纸管或环氧玻璃布管，内套纤维质消弧管）；7—铜熔丝；8—下动触点；9—下静触点；10—下接线端子；11—绝缘瓷瓶；12—固定安装板。

图 1-34 RW4-10（G）型跌开式熔断器的结构

②负荷型跌开式熔断器（文字符号为 FDL）。图 1-35 所示为 RW10-10(F)跌开式熔断器的结构。

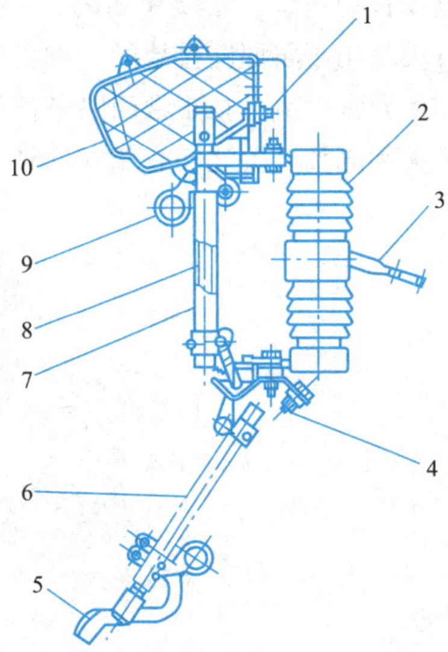

1—上接线端子；2—绝缘瓷瓶；3—固定安装板；4—下接线端子；5—动触点；6、7—熔管（内消弧管）；8—铜熔丝；9—操作扣环；10—灭弧罩（内有静触点）。

图 1-35　RW10-10(F)型跌开式熔断器的结构

RW10-10(F)跌开式开熔断器是在一般跌开式熔断器的上静触点上加装了简单的灭弧室，因而能带负荷操作，其操作要求和“负荷开关”相同。但该类型虽然有灭弧室，能有效开断大、小短路电流，但灭弧能力不是很强，灭弧速度也不快，不能在短路电流达到冲击值之前熄灭电弧，因此也属“非限流”式熔断器。

3. 高压隔离开关（QS）

高压隔离开关的主要功能是隔离高压电源，以保证对其他电器设备及线路的安全检修及人身安全。因此，其结构特点是断开后具有明显可见的断开间隙，且断开间隙的绝缘及相间绝缘都是足够可靠的。但是隔离开关没有灭弧装置，所以不允许带负荷操作。但可允许通断一定的小电流，如励磁电流不超过 2 A 的 35 kV、1 000 kV · A 及以下的空载变压器电路、电容电流不超过 5 A 的 10 kV 及以下长 5 km 的空载输电线路，以及电压互感器和避雷器回路等。

高压隔离开关按安装地点，分为户内式和户外式两大类；按有无接地开关可分为不接地、单接地、双接地三类。高压隔离开关的全型号的表示及含义如图 1-36 所示。

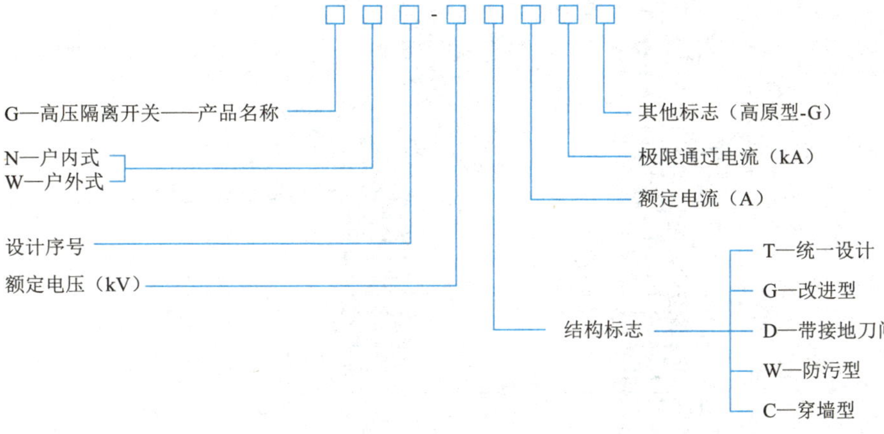

图 1-36　高压隔离开关的全型号的表示及含义

10 kV 高压隔离开关型号较多，常用的有 GN8、GN19、GN24、GN28、GN30 等户内式系列。其中，图 1-37 所示为 GN8-10/600 型户内高压隔离开关的外形结构，它的三相闸刀安装在同一底座上，闸刀均采用垂直回转运动方式。GN 型高压隔离开关一般采用手动操动机构进行操作。

户外高压隔离开关常用的有 GW4、GW5、GW2 和 GW1 等系列，为了熄灭小电流电弧，该隔离开关安装有灭弧角条。采用的是三柱式结构。带有接地开关的隔离开关称为接地隔离开关，是用来进行电气设备的短接、连锁和隔离，一般用来将退出运行的电气设备和成套设备部分接地和短接。而接地开关是用于将回路接地的一种机械式开关装置。在异常条件（如短路）下，可在规定时间内承载规定的异常电流；在正常回路条件下，不要求承载电流。大多与隔离开关构成一个整体，并且在接地开关和隔离开关之间有相互连锁装置。

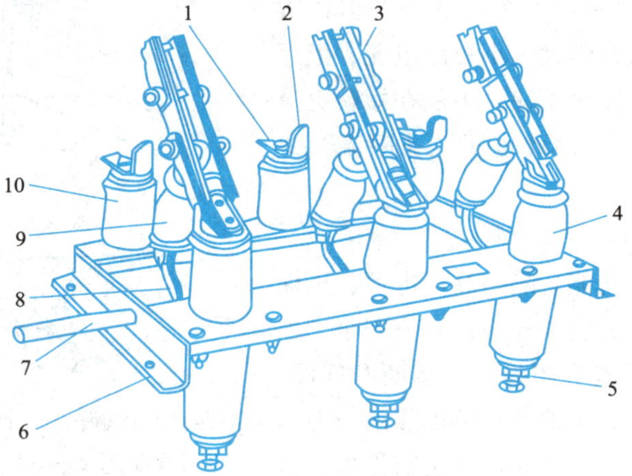

1—上接线端子；2—静触点；3—闸刀；4—绝缘套管；5—下接线端子；
6—框架；7—转轴；8—拐臂；9—升降瓷瓶；10—支柱瓷瓶。

图 1-37　GN8-10/600 型户内高压隔离开关的外形结构

图 1-38 所示为 GW2-35 型户外高压隔离开关的外形结构。

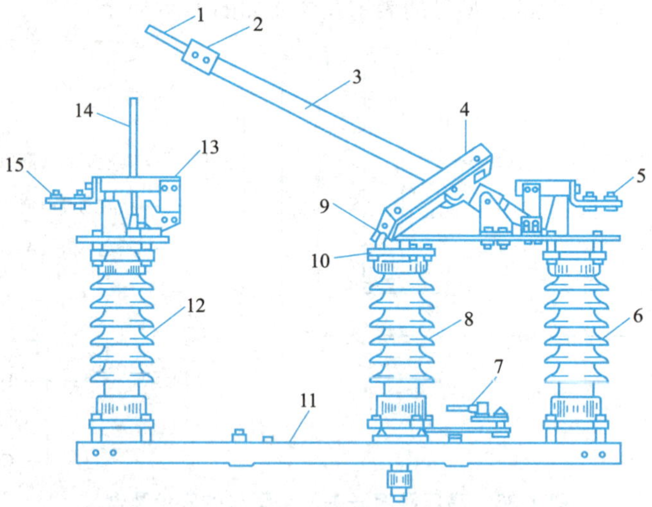

1、14—灭弧角条；2—工作触点；3—管形闸刀；4—传动框架；5、15—接线端子；6、12—支柱瓷绝缘子；
7—曲柄传动机构；8—旋转瓷绝缘子；9—轴套；10—曲柄；11—角钢架；13—插座。

图 1-38　GW2-35 型户外高压隔离开关的外形结构

4. 高压负荷开关（QL）

高压负荷开关具有简单的灭弧装置，能通断一定的负荷电流和过负荷电流；但是不能用它来断开短路电流，因此必须借助熔断器来切断短路电流，故负荷开关常与熔断器一起使用。高压负荷开关大多还具有隔离高压电源，保证其后的电气设备和线路安全检修的功能，因为它断开后通常有明显的断开间隙，与高压隔离开关一样，所以这种负荷开关有“功率隔离开关”之称。

高压负荷开关根据所采用的灭弧介质不同，可分为固体产气式、压气式、油浸式、真空式和六氟化硫（SF_6）等；按安装场所分有户内式和户外式两种。高压负荷开关全型号的表示及含义如图 1-39 所示。

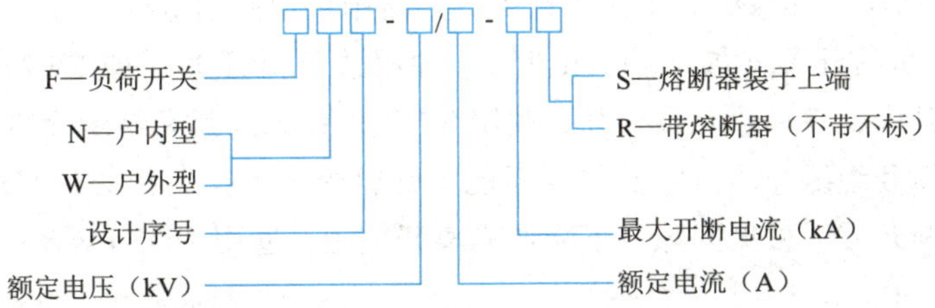

图 1-39　高压负荷开关全型号的表示及含义

户内目前多采用 FN2-10RT 及 FN3-10RT 型的户内压气式负荷开关。图 1-40 所示为 FN3-10RT 型户内压气式负荷开关外形结构。负荷开关上端的绝缘子是一个简单的灭弧室，它不仅起到支持绝缘子的作用，而且其内部是一个气缸，装有操动机构主轴传动的活塞，绝缘子上部装有绝缘喷嘴和弧静触点。当负荷开关分闸时，闸刀一端的弧动触点与弧静触点之间产生电弧，同时分闸时主轴转动而带动活塞，压缩气缸内的空气，从喷嘴向外吹弧，使电弧迅速熄灭。同时，其外形与户内式隔离开关相似，也具有明显的断开间隙。因此，它同时具有隔离开关的作用。

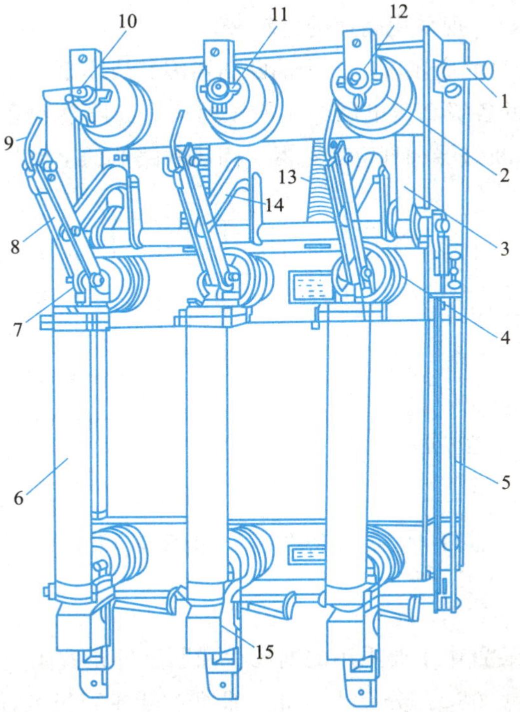

1—主轴；2—上绝缘子兼气缸；3—连杆；4—下绝缘子；5—框架；6—RN1 型高压熔断器；7—下触座；8—闸刀；9—弧动触点；10—绝缘喷嘴（内有弧静触点）；11—主静触点；12—上触座；13—断路弹簧；14—绝缘拉杆；15—热脱扣器。

图 1-40　FN3-10RT 型户内压气式负荷开关外形结构

FN1、FN5 和 FW5 型等为固体产气式负荷开关，它们主要是利用开断电弧的能量使灭弧室内的产气材料分解所产生的气体进行吹弧灭弧。和户内压气式负荷开关一样，它们的灭弧能力较小，可开断负荷电流、电容电流、环流和过负荷电流，但必须与熔断器串联，借助熔断器断开短路电流。它们适用于 35 kV 及以下的电力系统，尤其是城市电网改造和农村电网。一般配用 CS 型手动操动机构或 CJ 系列电动操动机构，如果配装了接地开关，只能用手力操动机构。

六氟化硫（SF_6）负荷开关（如 FW11-10 型）、油浸式负荷开关（如 FW2、FW4 型）的基本结构都为三相共箱式。其中，六氟化硫负荷开关利用 SF_6气体作为灭弧和绝缘介质，而油浸式负荷开关是利用绝缘油作为灭弧和绝缘介质。它们的灭弧能力强，容量大，但都必须与熔断器串联使用才能断开短路电流，而且断开后无可见间隙，不能作隔离开关用，适用于 35 kV 及以下的户外电网。

5. 高压断路器（QF）

高压断路器（文字符号为 QF）是高压输配电线路中最为重要的电气设备，它的选用和性能直接关系到线路运行的安全性和可靠性。高压断路器具有完善的灭弧装置，不仅能通断正常的负荷电流和过负荷电流，而且能通断一定的短路电流，并能在保护装置作用下，自动跳闸，切断短路电流。

高压断路器按其采用的灭弧介质分，有油断路器、六氟化硫断路器、真空断路器、压缩空气断路器和磁吹断路器等，其中油断路器按油量大小又分为少油和多油两类。多油断路器的油量多，兼有灭弧和绝缘的双重功能；少油断路器的油量少，只作灭弧介质用。

高压断路器按使用场合可分为户内型和户外型；按分断速度可分为高速（<0.01 s）、中速（0.1~0.2 s）、低速（>0.2 s），现采用高速的比较多。

SF_6断路器和真空断路器目前应用较广，少油断路器因其成本低，结构简单，依然被广泛应用于不需要频繁操作及要求不高的各级高压电网中，但压缩空气断路器和多油断路器已基本淘汰。下面将主要介绍少油断路器、SF_6断路器和真空断路器。高压断路器的全型号表示及含义如图 1-41 所示。

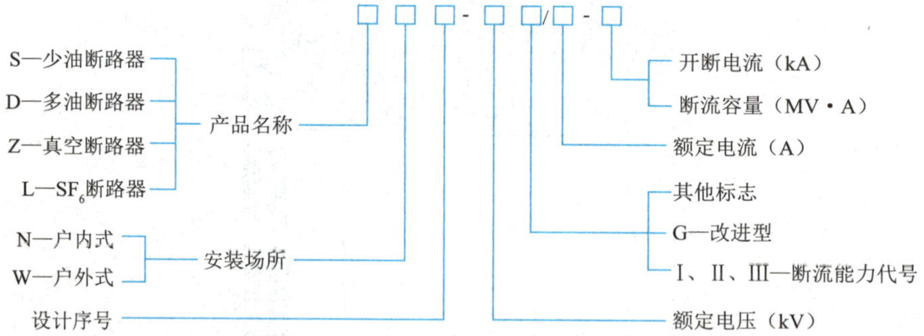

图 1-41　高压断路器的全型号表示及含义

（1）高压少油断路器

一般 6~35 kV 户内配电装置中主要采用的高压少油断路器是我国统一设计、推广应用的一种新型少油断路器。按其断流容量（S_{oc}）分有Ⅰ、Ⅱ、Ⅲ型。断流容量 SN10-10Ⅰ型 S_{oc}为 300 MV·A；SN10-10Ⅱ型 S_{oc}为 500 MV·A；SN10-10Ⅲ型 S_{oc}为 750 MV·A。

图 1-42、图 1-43 分别为 SN10-10 型高压少油断路器的外形结构和油箱内部结构图。

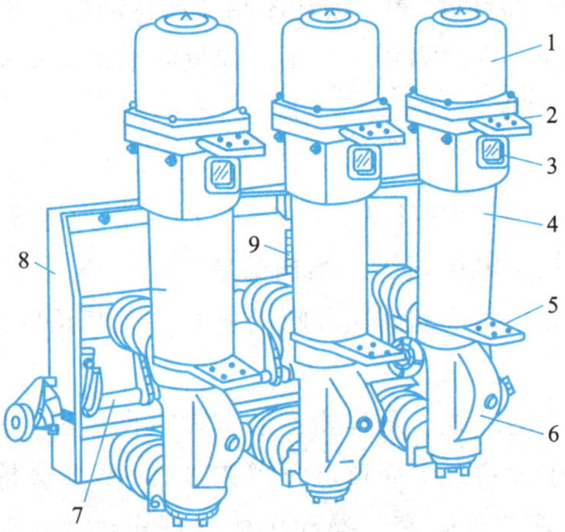

1—铝帽；2—上接线端子；3—油标；4—绝缘筒；5—下接线端子；6—基座；7—主轴；8—框架；9—断路弹簧。

图 1-42　SN10-10 型高压少油断路器的外形结构

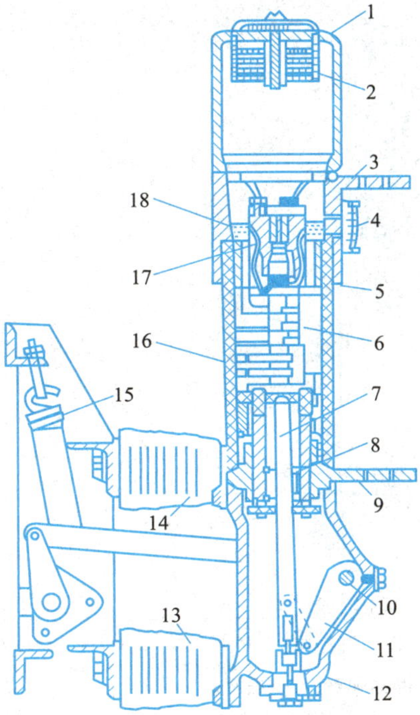

1—铝帽；2—油气分离器；3—上接线端子；4—油标；5—静触点；6—灭弧室；7—动触点；8—中间滚动触点；9—下接线端子；10—转轴；11—拐臂；12—基座；13—下支柱瓷瓶；14—上支柱瓷瓶；15—断路弹簧；16—绝缘筒；17—逆止阀；18—绝缘油。

图 1-43　SN10-10 型高压少油断路器的油箱内部结构

少油断路器的油量少，绝缘油只起灭弧作用而无绝缘功能，因此，在通电状态下，油箱外壳带电，必须与大地绝缘，人体不能触及，但燃烧爆炸的危险性小。不过在运行时，要注意观察油标，以确定绝缘油的油量，防止因油量的不足使电弧无法正常熄灭而导致产生油箱爆炸事故。

SN10-10 型断路器可配用 CS2 型手动操动机构、CD 型电磁操动机构或 CT 型弹簧操动机构。CD

和 CT 型操动机构内部都有跳闸和合闸线圈，通过断路器的传动机构使断路器动作。电磁操动机构需要用直流电源操作，也可以手动，远距离跳、合闸。弹簧储能操动机构，可交、直流操作电源两用，可以手动，也可以远距离跳、合闸。

（2）高压真空断路器

高压真空断路器是利用“真空”（气压为 $10^{-2}\sim10^{-6}$ Pa）作为绝缘和灭弧介质，具有无爆炸、低噪声、体积小、重量轻、寿命长、电磨损少、结构简单、无污染、可靠性高、维修方便等优点，因此，虽然价格较高，仍在要求频繁操作和高速开断的场合，尤其是安全要求较高的工矿企业、住宅区、商业区等被广泛采用。

真空断路器根据其结构分为落地式、悬挂式、手车式三种形式；按使用场合分为户内式和户外式。它是实现无油化改造的理想设备。下面重点介绍 ZN3-10 型真空断路器。

ZN3-10 真空断路器主要由真空灭弧室、操动机构（配电磁或弹簧操动机构）、绝缘体传动件、底座等组成。其外形结构如图 1-44 所示。真空断路器灭弧室由圆盘状的动静触点、屏蔽罩、波纹管、波纹管屏蔽罩、绝缘外壳（陶瓷或玻璃制成外壳）等组成，其结构如图 1-45 所示。

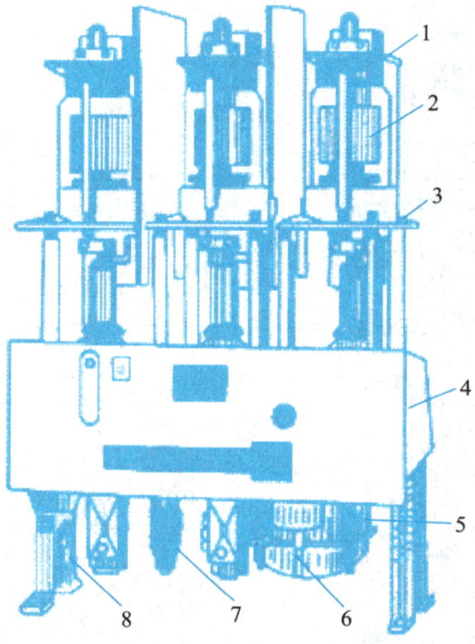

1—上接线端子（后出线）；2—真空灭弧室；
3—下接线端子（后出线）；4—操动机构箱；
5—合闸电磁铁；6—分闸电磁铁；7—断路弹簧；8—底座。

图 1-44 ZN3-10 型真空断路器外形结构

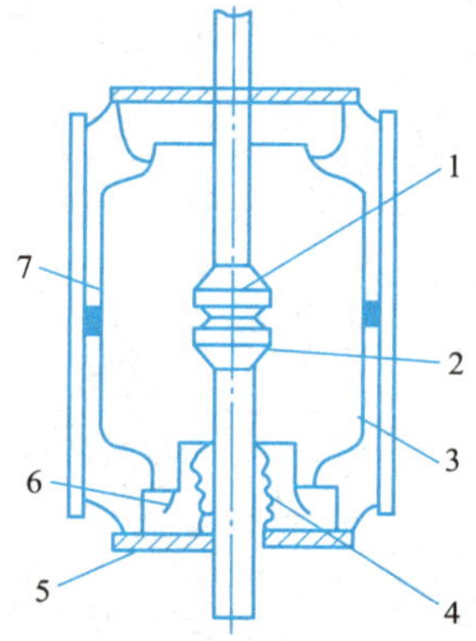

1—静触点；2—动触点；3—屏蔽罩；
4—波纹管；5—与外壳封接的金属法兰盘；
6—波纹管屏蔽罩；7—绝缘外壳。

图 1-45 真空断路器灭弧室结构

在触点刚分离时，由于真空中没有可被游离的气体，只有高电场发射和热电发射使触点间产生真空电弧。电弧的温度很高，使金属触点表面产生金属蒸气，由于触点的圆盘状设计使真空电弧在主触点表面快速移动，其金属离子在屏蔽罩内壁凝聚，以致电弧在自然过零后极短的时间内，触点间隙又恢复了原有的高真空度。因此，电弧暂时熄灭，触点间的介质强度迅速恢复；电流过零后，外加电压虽然很快恢复，但触点间隙不会再被击穿，真空电弧在电流第一次过零时就能完全熄灭。

ZN3-10 型系列真空断路器可配用 CD 系列电磁操动机构或 CT 系列弹簧操动机构。

(3) 高压六氟化硫断路器

六氟化硫（SF_6）断路器是利用SF_6气体作灭弧和绝缘介质的断路器。SF_6是一种无色、无味、无毒且不易燃的惰性气体，在150 ℃以下时，其化学性能相当稳定。由于SF_6中不含碳（C）元素，对于灭弧和绝缘介质来说，具有极为优越的特性，不需要像油断路器那样要经常检修；SF_6又不含氧（O）元素，因此不存在触点氧化问题，所以其触点磨损少，使用寿命长。除此之外，SF_6还具有优良的电绝缘性能，在电流过零时，电弧暂时熄灭后，SF_6能迅速恢复绝缘强度，从而使电弧很快熄灭。但在电弧的高温作用下，SF_6会分解出氟（F_2），具有较强的腐蚀性和毒性，且能与触点的金属蒸气化合为一种具有绝缘性能的白色粉末状的氟化物，因此，SF_6断路器的触点一般都设计成具有自动净化的作用。这些氟化物在电弧熄灭后的极短时间内能自动还原。对残余杂质可用特殊的吸附剂清除，基本上对人体和设备没有什么危害。

SF_6断路器灭弧室的结构形式有压气式、自能灭弧式（旋弧式、热膨胀式）和混合灭弧式（以上几种灭弧方式的组合，如压气+旋弧式等）。我国生产的LN1、LN2型为压气式，LW3型户外式采用旋弧式灭弧结构。LN2-10型高压SF_6断路器的外形结构如图1-46所示，其灭弧室的工作原理如图1-47所示。

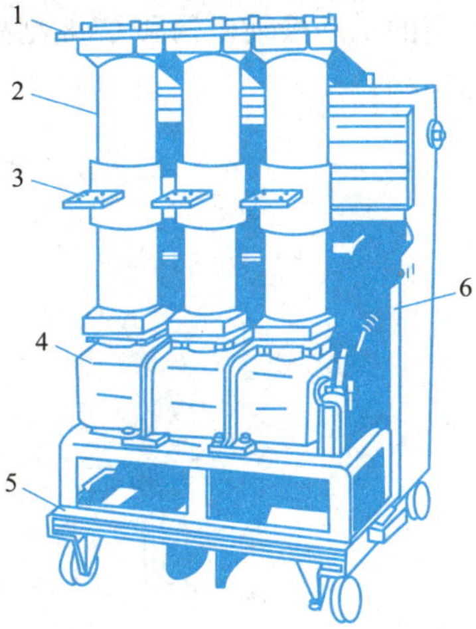

1—上接线端子；2—绝缘筒（内有气缸和触点）；3—下接线端子；4—操作机构箱；5—小车；6—断路弹簧。

图1-46　LN2-10型高压SF_6断路器的外形结构

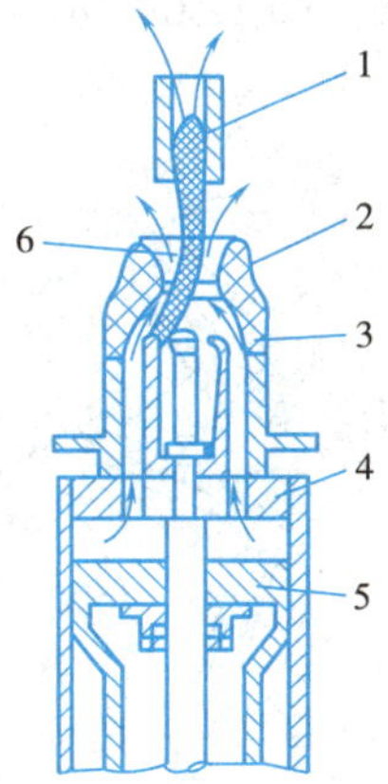

1—静触点；2—绝缘喷嘴；3—动触点；4—气缸；5—压气活塞；6—电弧。

图1-47　SF_6高压断路器灭弧室的工作原理

当跳闸时，装有动触点和绝缘喷嘴的气缸由断路器的操动机构通过连杆带动离开静触点，使气缸和活塞产生相对运动来压缩SF_6气体并使之通过喷嘴吹出，用吹弧法迅速熄灭电弧。

SF_6断路器具有下列优点：断流能力强，灭弧速度快，电绝缘性能好，检修周期长，适用于需要频繁操作及有易燃易爆炸危险的场所；但是，SF_6断路器的要求加工精度高，密封性能要求严，价格相对昂贵。在全封闭组合电器中经常采用，不适于高寒地区。SF_6断路器的操动机构主要采用弹簧、液压操动机构。

(4) 高压开关设备常用操动机构

操动机构又称操作机构，是供高压断路器、高压负荷开关和高压隔离开关进行分、合闸及自动跳闸的设备。一般常用的有手动操动机构、电磁操动机构和弹簧储能操动机构。操动机构的型号表示及含义如图 1-48 所示。

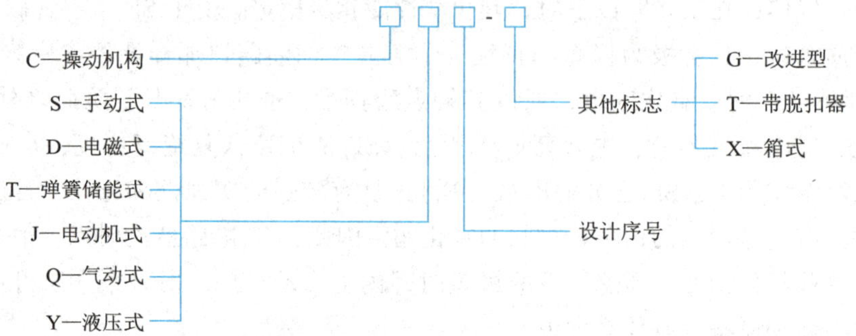

图 1-48　操动机构的型号表示及含义

①手动操作机构（CS）：CS 系列的手动操动机构可手动和远距离跳闸，但只能手动合闸，采用交流操作电源，无自动重合闸功能，且操作速度有限，其所操作的断路器开断的短路容量不宜超过 100 MV · A。但是，其结构简单，价格低廉，使用交流电源简便，一般用于操作容量 630 kV · A 以下的变电所中的隔离开关和负荷开关。图 1-49 所示为 SC6 型的手动操动机构和 GN8 型高压隔离开关的配合使用图。图 1-50 所示为 CS2 型手动操动机构的外形结构。

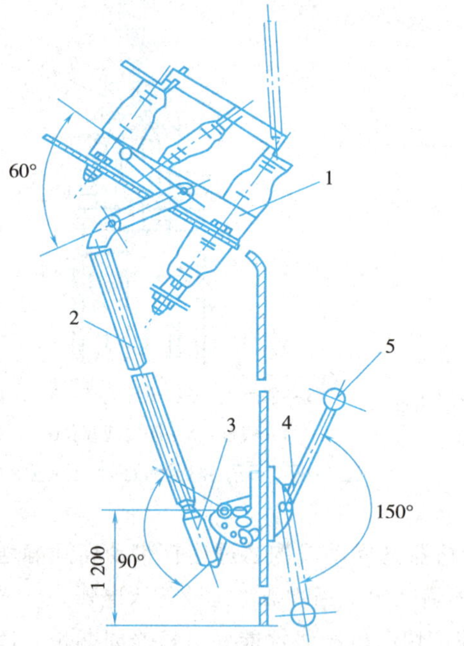

1—GN8 型高压隔离开关；2—焊接钢管；3—调节杆；
4—CS6 手动操动机构；5—操作手柄。

图 1-49　SC6 型的手动操动机构和 GN8 型高压隔离开关的配合使用

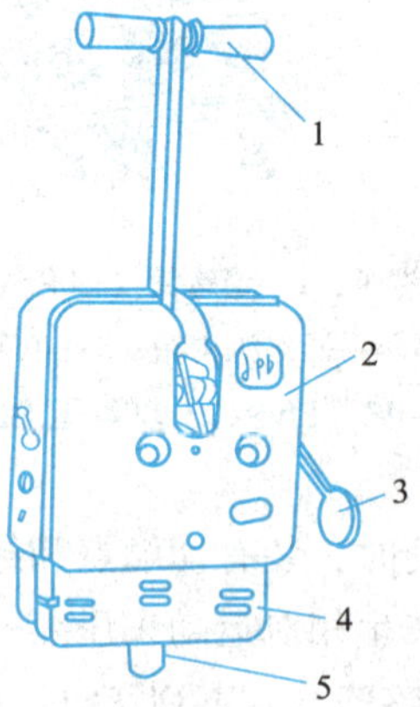

1—操作手柄；2—外壳；3—跳闸指示牌；
4—脱扣器盒；5—跳闸铁芯。

图 1-50　CS2 型手动操动机构的外形结构

②电磁操作机构（CD）：电磁操动机构能手动和远距离跳、合闸（通过其跳、合闸线圈），也可进行自动重合闸，且合闸功率大，但需要直流操作电源。图 1-51 所示为 CD10 型电磁操动机构的外形和内部结构。操作 SN10-10 型高压少油断路器的 CD10 型根据断路器的断流容量不同，分为 CD10-10Ⅰ、CD10-10Ⅱ和 CD10-10Ⅲ三种类型来配合使用。它们的分、合闸操作简便，动作可靠，但结构较复杂，需要专门的直流操作电源，因此，一般在变压器容量 630 kV · A 以上、可靠性要求高的高压开关上使用。

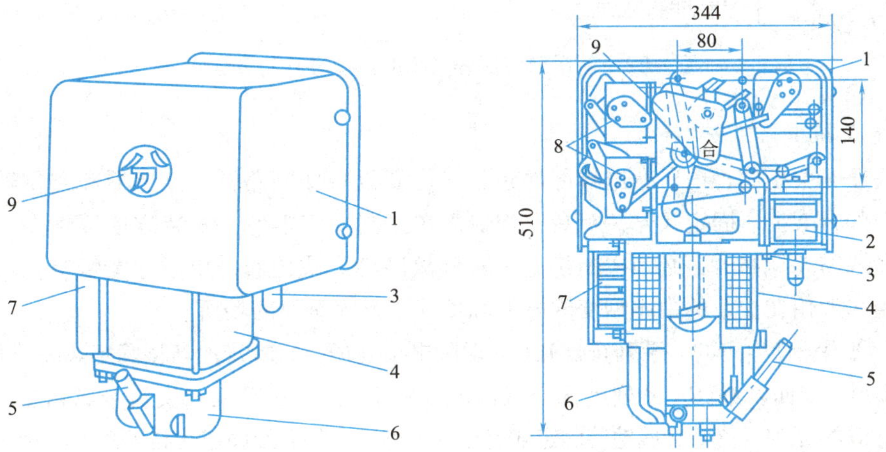

（a）外形图　　（b）内部结构图

1—外壳；2—跳闸线圈；3—手动跳闸铁芯；4—合闸线圈；5—合闸操作手柄；
6—缓冲底座；7—接线端子排；8—辅助开关；9—分合指标器。

图 1-51　CD10 型电磁操动机构

③弹簧储能操作机构（CT）：不仅能手动和远距离跳、合闸，且操作电源交、直流均可，又可实现一次重合闸，因而其保护和控制装置可靠、简单。虽然结构复杂，价格较贵，但其应用已越来越广泛。

6. 高压开关柜

高压开关柜又称高压成套配电装置，是按不同用途和使用场合将所需一、二次设备按一定的线路方案组装而成的一种成套配电设备，用于供配电系统中的馈电、受电及配电的控制、监测和保护，主要安装有高压开关电器、保护设备、监测仪表和母线、绝缘子等。

高压成套配电装置按主要设备的安装方式分为固定式和移开式（手车式）；按开关柜隔室的构成形式分为铠装式、间隔式、箱型、半封闭型等；按其母线系统分为单母线型、单母线带旁路母线型和双母线型；根据一次电路安装的主要元器件和用途分为断路器柜、负荷开关柜、高压电容器柜、电能计量柜、高压环网柜、熔断器柜、电压互感器柜、隔离开关柜、避雷器柜等。

开关柜在结构设计上要求具有“五防”功能，所谓“五防”即防止误操作断路器、防止带负荷拉合隔离开关（防止带负荷推拉小车）、防止带电挂接地线（防止带电合接地开关）、防止带接地线（接地开关处于接地位置时）送电、防止误入带电间隔。新系列高压开关柜的全型号表示及含义如图 1-52 所示。

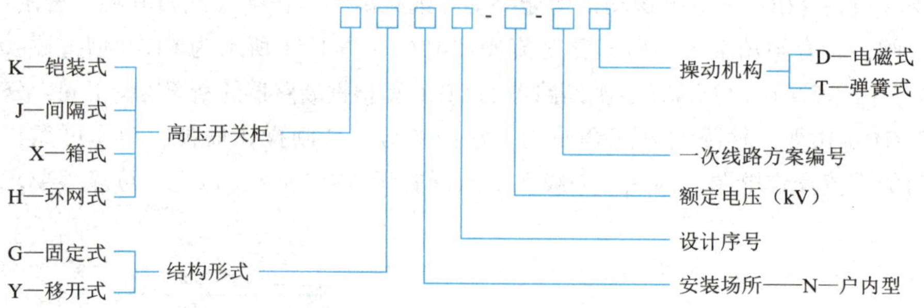

图 1-52 新系列高压开关柜的全型号表示及含义

(1) 固定式高压开关柜

固定式高压开关柜的柜内所有电器部件包括其主要设备如断路器、互感器和避雷器等都固定安装在不能移动的台架上。固定式开关柜具有构造简单，制造成本低，安装方便等优点；但内部主要设备发生故障或需要检修时，必须中断供电，直到故障消失或检修结束后才能恢复供电，因此固定式高压开关柜一般用在企业的中小型变配电所和负荷不是很重要的场所。

近年来，我国设计生产的一系列符合 IEC（国际电工委员会）标准的新型固定式高压开关柜得到越来越广泛的应用，下面以 HXGN 系列（固定式高压环网柜）、XGN 系列（交流金属箱型固定式封闭高压开关柜）和 KGN 系列（交流金属铠装固定式高压开关柜）为例介绍固定式高压开关柜的结构和特点。

① HXGN 系列的固定式高压环网柜。高压环网柜是为适应高压环形电网的运行要求设计的一种专用开关柜。高压环网柜主要采用负荷开关和熔断器的组合方式，正常电路通断操作由负荷开关实现，而短路保护由具有高分断能力的熔断器来完成。这种负荷开关加熔断器的组合柜与采用断路器的高压开关柜相比，体积和重量都明显减小，价格也便宜很多。而一般 6~10 kV 的变配电所，负荷的通断操作较频繁，短路故障的发生却是个别的，因此，采用负荷开关-熔断器的环网柜更为经济合理。所以，高压环网柜主要适用于环网供电系统、双电源辐射供电系统或单电源配电系统，可作为变压器、电容器、电缆、架空线等电器设备的控制和保护装置，亦适用箱式变电站，作为高压电器设备。图 1-53 所示为 HXGN1-10 型高压环网柜的外形图和内部结构图。

高压环网柜有三个间隔：电缆进线间隔、电缆出线间隔、变压器回路间隔。主要电气设备有高压负荷开关、高压熔断器、高压隔离开关、接地开关、电流和电压互感器、避雷器等，并且具有可靠的防误操作设施，有“五防”功能［①防止误分、合断路器；②防止带负荷分、合隔离开关；③防止带电挂（合）接地线（接地开关）；④防止带接地线（接地刀闸）合断路器（隔离开关）；⑤防止误入带电间隔］，在我国城市电网改造和建设中得到广泛的应用。

②XGN 系列的箱型固定式金属封闭高压开关柜。金属封闭开关柜是指开关柜内除进出线外，其余完全被接地金属外壳封闭的成套开关设备。XGN 系列箱型固定式金属封闭开关柜是我国自行研制开发的新一代产品，该产品采用 ZN28、ZN28E、ZN12 等多种型号的真空断路器，也可以采用少油断路器。隔离开关采用先进的 GN30-10 型旋转式隔离开关，技术性能高，设计新颖。柜内仪表室、母线室、断路器室、电缆室用钢板分隔封闭，使其结构更加合理、安全，可靠性高，运行操作及检修维护方便。在柜与柜之间加装了母线隔离套管，避免一个柜出现故障时波及邻柜。图 1-54 所示为 XGN2-10 系列开关柜外形和内部结构图。

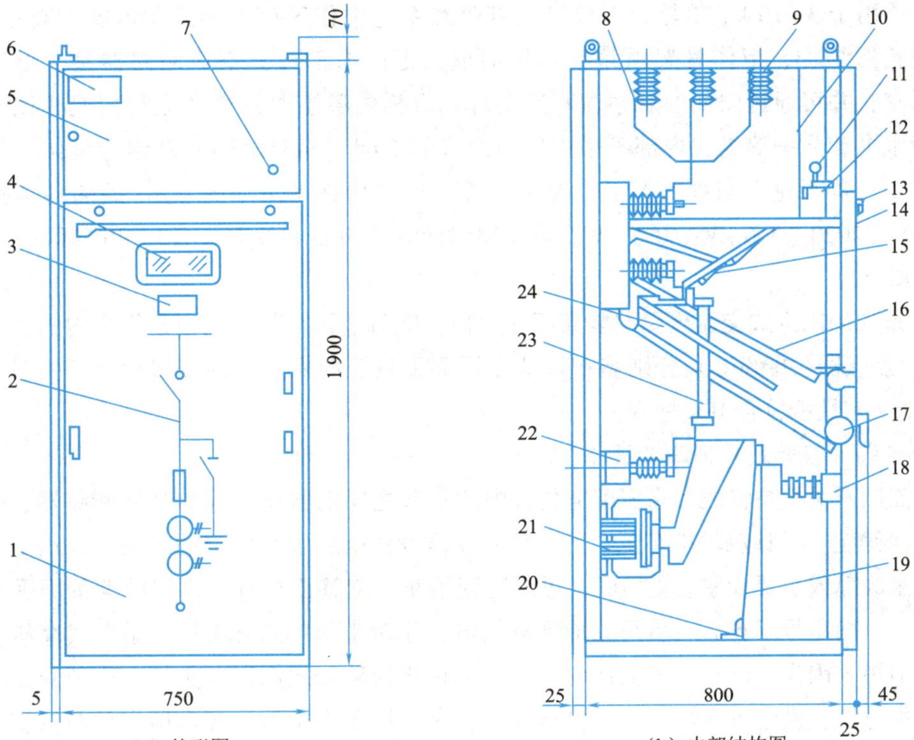

（a）外形图　　　　（b）内部结构图

1—下门；2—模拟电路；3—显示器；4—观察孔；5—上门；6—铭牌；7—组合开关；8—母线；9—绝缘子；10、14—隔板；11—照明灯；12—端子板；13—旋钮；15—负荷开关；16、24—连杆；17—负荷开关操动机构；18、22—支架；19—电缆（自备）；20—固定电缆支架；21—电流互感器；23—高压熔断器。

图 1-53　HXGN1-10 型高压环网柜的外形图和内部结构图

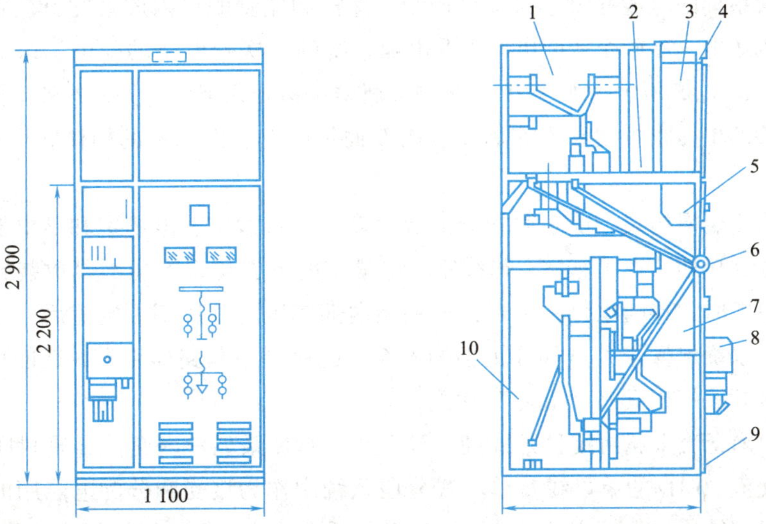

（a）外形图　　　　（b）内部结构图

1—母线室；2—压力释放通道；3—仪表室；4—二次小母线室；5—组合开关室；6—手动操动机构及联锁机构；7—主开关室；8—电磁操动机构；9—接地母线；10—电缆室。

图 1-54　XGN2-10 系列开关柜外形和内部结构图

该型号适用于3～10 kV单母线、单母线带旁路系统中作为接受和分配电能的高压成套设备，为金属封闭箱型结构，柜体骨架由角钢焊接而成，柜内由钢板分割成断路器室、母线室、电缆室、继电器室，并可通过门面的观察窗和照明灯观察柜内各主要元件的运行情况。该开关柜具有较高的绝缘水平和防护等级，内部不采用任何形式的相间和相对地隔板及绝缘气体，二次回路不采用二次插头（即无论在何种状态下，保护和控制回路始终是贯通的），产品的各项技术指标符合GB/T 3906—2020《3.6 kV～40.5 kV交流金属封闭开关设备和控制设备》和国际标准（IEC）及“五防”要求。

③KGN系列的固定式交流金属铠装高压开关柜。所谓金属铠装开关柜是指柜内的主要组成部件（如断路器、互感器、母线等）分别装在接地金属隔板隔开的隔室中的金属封闭开关设备。它具有“五防”功能，其性能符合IEC标准。

(2) 手车式（移开式）高压开关柜

手车式高压开关柜是将成套高压配电装置中的某些主要电器设备（如高压断路器、电压互感器和避雷器等）固定在可移动的手车上，另一部分电器设备则装置在固定的台架上。当手车上安装的电器部件发生故障或需要检修、更换时，可以随同手车一起移出柜外，再把同类备用手车（与原来的手车同设备、同型号）推入，就可立即恢复供电，相对于固定式开关柜，手车式高压开关柜的停电时间大幅缩短。因为可以把手车从柜内移开，又称之为移开式高压开关柜。这种开关柜检修方便安全，恢复供电快，供电可靠性高，但价格较高，主要用于大中型变配电所和负荷较重要、供电可靠性要求较高的场所。

手车式高压开关柜的主要新产品有KYN系列、JYN等系列等。

①KYN系列金属铠装移开式高压开关柜。KYN系列户内金属铠装移开式开关柜是消化吸收国内外先进技术，根据国内特点设计研制的新一代开关设备，是用于接受和分配高压、三相交流50 Hz单母线及母线分段系统的电能并对电路实行控制、保护和监测的户内成套配电装置，主要用于发电厂、中小型发电机送电、工矿企业配电，以及电业系统的二次变电所的受电、送电及大型高压电动机起动及保护等。图1-55所示为KYN28A-12型金属铠装移开式高压开关柜的外形图和结构图。该类型可分为靠墙安装的单面维护型和不靠墙安装的双面维护型。由固定的柜体和可抽出部件（手车）两大部分组成。

该开关柜完全用金属铠装，由金属板分隔成手车室、母线室、电缆室和继电器仪表室，每一单元的金属外壳均独立接地。在手车室、母线室、电缆室的上方均设有压力释放装置，当断路器或母线发生内部故障电弧时，伴随电弧的出现，开关柜内部气压上升达到一定值后，压力释放装置释放压力并排泄气体，以确保操作人员和开关柜的安全。配用真空断路器手车，性能可靠、安全，可实现长年免维修。该开关柜也具有“五防”功能。

②JYN系列户内交流金属封闭移开式高压开关柜。JYN系列户内交流金属封闭移开式高压开关柜在高压、三相交流50 Hz的单母线及单母线分段系统中作为接受和分配电能用的户内成套配电装置。整个柜为间隔型结构，由固定的壳体和可移开的手车组成。柜体用钢板或绝缘板分隔成手车室、母线室、电缆室和继电器仪表室，而且具有良好的接地装置和“五防”功能。图1-56所示为JYN2A-10型金属封闭移开式高压开关柜的外形图和剖面图。

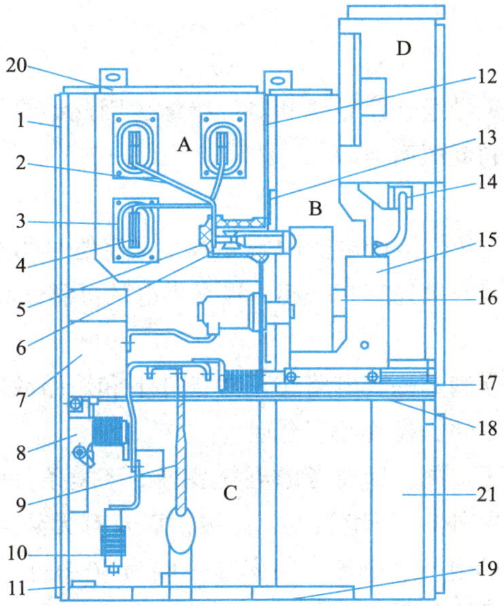

A—母线室；B—断路器手车室；C—电缆室；D—继电器仪表室；1—外壳；2—分支母线；3—母线套管；4—主母线；5—静触点装置；6—静触点盒；7—电流互感器；8—接地开关；9—电缆；10—避雷器；11—接地母线；12—装卸式隔板；13—隔板（活门）；14—二次插头；15—断路器手车；16—加热去湿器；17—可抽出式隔板；18—接地开关操作机构；19—底板；20—泄压装置；21—控制小线槽。

图 1-55　KYN28A-12 型金属铠装移开式高压开关柜图

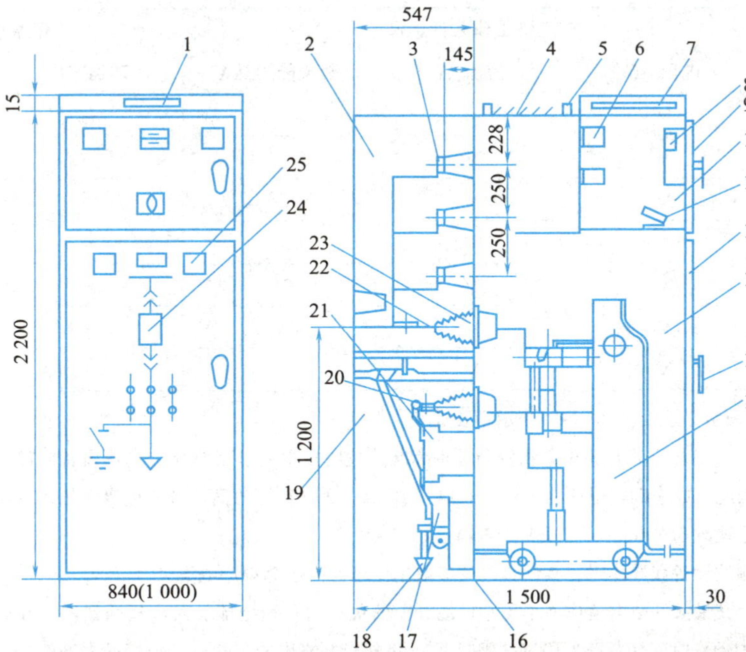

1—回路铭牌；2—主母线室；3—主母线；4—盖板；5—吊环；6—继电器；7—小母线室；8—电能表；9—二次仪表门；10—二次仪表室；11—接线端子；12—手车门；13—手车室；14—门锁；15—手车（真空断路器手车）；16—接地主母线；17—接地开关；18—电缆；19—电缆室；20—下静触点；21—电流互感器；22—上静触点；23—触点盒；24—一次接线方案；25—观察窗。

图 1-56　JYN2A-10 型金属封闭移开式高压开关柜的外形图和剖面图

7. 绝缘子和母线

(1) 绝缘子

绝缘子又称瓷瓶，用于固定导线并使导线和电杆绝缘，因此绝缘子应有足够的电气绝缘强度和机械强度。线路绝缘子有高压和低压两类。

(2) 母线

母线又称汇流排，是用来汇集、分配电能的硬导线，文字符号为 W 或 WB。设置母线可方便地把多路电源进线和出线通过电气开关连接在一起，提高供电的可靠性和灵活性。

8. 高压一次设备的选择

高压一次设备的选择，必须满足一次电路在正常条件下和短路故障条件下工作的要求，同时设备工作应安全可靠，运行维护方便，投资经济合理。

电气设备按正常工作条件下选择，即要考虑电气装置的环境条件和电气要求。环境条件就是指电气装置所处的位置（室内或室外）、环境温度、海拔，以及有无防尘、防腐、防火、防爆等要求。电气要求是指电气装置对设备的电压、电流、频率（一般为 50 Hz）等方面的要求；对一些断流电器，如开关、熔断器等，还应考虑其断流能力。

电气设备按短路故障条件下选择，即要按最大可能的短路故障时的动稳定度和热稳定度进行校验。但对熔断器及装有熔断器保护的电压互感器等，不必进行短路动稳定度和热稳定度的校验。对于电力电缆，也不要进行动稳定度的校验。高压一次设备的选择校验项目和条件，见表 1-3。

表 1-3 高压一次设备的选择校验项目和条件

电气设备名称	正常工作条件选择			短路故障校验	
	电压/kV	电流/A	断流能力/kA	动稳定度	热稳定度
高低压熔断器	√	√	√	—	—
高压隔离开关	√	√	—	√	√
高压负荷开关	√	√	√	√	√
高压断路器	√	√	√	√	√
低压刀开关	√	√	√	—	—
低压负荷开关	√	√	√	—	—
低压断路器	√	√	√	—	—

注：① 表中“√”表示必须校验，“—”表示不要校验。

②GB/T 11022—2020《高压交流开关设备和控制设备标准的共用技术要求》规定，高压设备的额定电压，按其所在系统的最高电压上限确定。因此，原来额定电压为 3 kV、6 kV、10 kV、35 kV 等的高压开关电器，按此标准，许多新生产的高压开关电器额定电压都相应地改为 3.6 kV、7.2 kV、12 kV、40.5 kV 等。

③选择变电所高压侧的设备和导体时，其计算电流应取主变压器高压侧额定电流。

④对高压负荷开关，其最大开断电流应不小于它可能开断的最大过负荷电流；对高压断路器，其最大开断电流应不小于实际开断时间（继电保护动作时间加断路器固有分闸时间）的短路电流周期分量。关于熔断器断流能力的校验条件，与熔断器的类型有关。

【例 1-1】 试选择某 10 kV 高压进线侧的高压户内真空断路器的型号规格。已知该进线的计算电流为 340 A，10 kV 母线的三相短路电流周期分量有效值 $I_k^{(3)}=5.7$ kA，继电保护的动作时间为 1.2 s 。

解：根据计算电流 $I_{30}=340\ A$ 和 $U_N=10\ kV$，先试选 ZN5-10/630 型高压真空断路器。又按题给动作时间 top＝1.2 s 进行校验，其选择校验表见表 1-4。

表 1-4　高压真空断路器的选择校验表

序号	安装地点的电气条件		ZN5-10/630 型真空断路器		
	项目	数　据	项目	数　据	结论
1	U_N	10 kV	$U_{N \cdot QF}$	10 kV	合格
2	I_{30}	340 A	$I_{N \cdot QF}$	630 A	合格
3	$I_k^{(3)}$	5.7 kA	I_{oc}	20 kA	合格
4	$i_{sh}^{(3)}$	2.55×5.7 kA＝14.5 kA	i_{max}	50 kA	合格
5	$I_{\infty}^{(3)2}t_{ima}$	$(5.7\ kA)^2\times(1.2+0.2)s=45.5\times10^6\ A^2\cdot s$	$I_t^2 t$	$(20\ kA)^2\times2\ s=800\times10^6\ A^2\cdot s$	合格

在供配电系统中尽管各种电气设备的作用不一样，但选择的要求和条件有诸多是相同的。为保证设备安全、可靠的运行，各种设备均应按正常工作条件下的额定电压和额定电流选择，并按短路故障条件校验其动稳定度和热稳定度。

(1) 按工作环境要求选择电气设备的型号

如户内、户外、海拔、环境温度、矿山（井）、防尘、防爆等。

(2) 按工作电压选择电气设备的额定电压

一般电气设备和导线的额定电压应不低于设备安装地点电网的电压（额定电压）。例如，在 10 kV线路中，应选择额定电压为 10 kV 的电气设备；380 V 系统中应选择额定电压为 380 V (0.4 kV)或 500 V 的电气设备。

(3) 按最大负荷电流选择电气设备的额定电流

导体和电气设备的额定电流是指在额定环境温度下长期允许通过的电流，该电流应不小于通过设备的最大负荷电流（计算电流）。

(4) 对开关类电气设备还应考虑其断流能力

设备的最大开断电流（或容量）应不小于安装地点的最大三相短路电流（或短路容量）。

(5) 按短路条件校验电气设备的动稳定度和热稳定度

电气设备在短路故障条件下，必须具有足够的动稳定度和热稳定度，以保证电气设备在短路故障时不致损坏。

（三）低压一次设备、低压配电柜

视　频

低压一次设备、低压配电柜

1. 低压熔断器

低压熔断器主要具有低压配电系统的短路保护功能，有的也能实现过负荷保护。它们的主要缺点是熔体熔断后须更换，引起短时停电，保护特性和可靠性相对较差。在一般情况下，须与其他电器配合使用。

低压熔断器的种类很多，有插入式（RC 型）、螺旋式（RL 型）、无填料密闭管式（RM 型）、有填料封闭管式（RT 型）及引进技术生产的有填料管式 gF、aM 系列和高分断能力的 NT 型等。国产低压熔断器的全型号的表示及含义如图 1-57 所示。其中的型号不适用于引进技术生产的熔断器，如 NT、gF、aM 等。

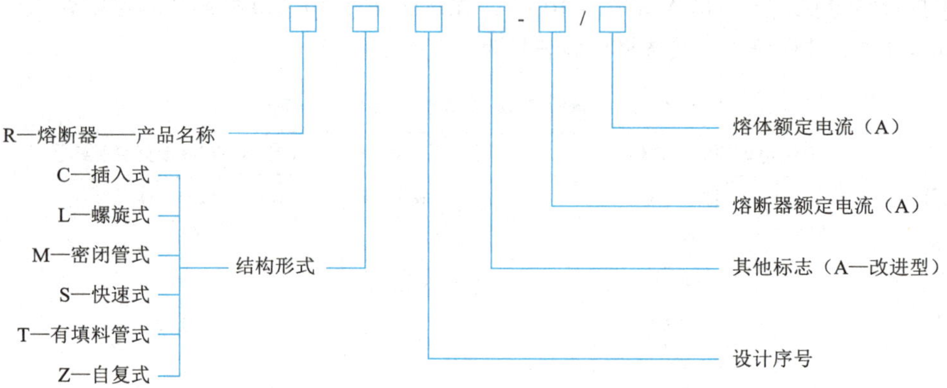

图 1-57　国产低压熔断器的全型号的表示及含义

下面介绍几种常用的低压熔断器。

(1) RC1 系列瓷插式熔断器

图 1-58 所示为 RC1A 型熔断器的结构。RC1 型的低压熔断器结构简单、价格低、使用方便，但断流容量小、动作误差大，因此多用于 500 V 以下的线路末端，作不重要负荷的电力线路、照明设备和小容量的电动机的短路保护用。例如，居民区、办公楼、农用负荷等要求不高的供配电线路末端的负荷。

(2) RL1 系列螺旋式熔断器

图 1-59 所示为 RL 型熔断器的结构。其瓷质熔体装在瓷帽和瓷底座间，内装熔丝和熔断指示器（红色色点），并充填石英砂。它的灭弧能力强，属“限流”式熔断器；并且体积小，重量轻，价格低，使用方便，熔断指示明显，具有较高的分断能力和稳定的电流特性。因此，被广泛地用于 500 V 以下的低压动力干线和支线上作短路保护用。

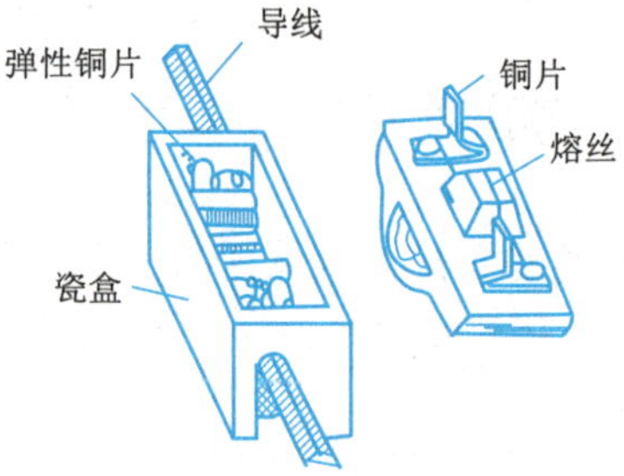

图 1-58　RC1A 型熔断器的结构

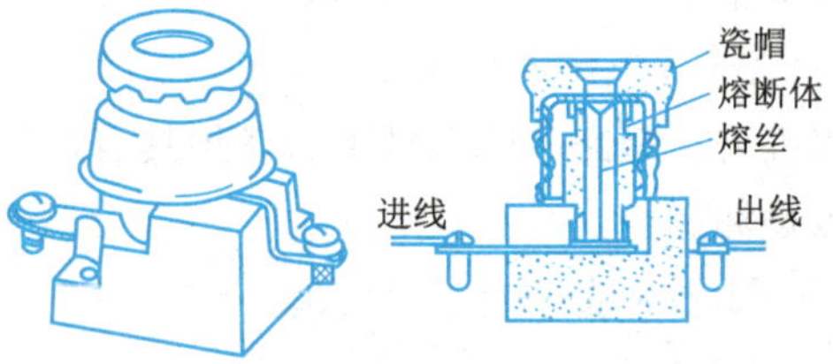

图 1-59　RL 型熔断器的结构

(3) RM10 型低压无填料密封管式熔断器

RM10 型熔断器由纤维熔管、变截面锌熔片和触点底座等部分组成。其熔管结构如图 1-60（a）所示，其变截面锌熔片如图 1-60（b）所示。当短路电流通过时，熔片窄部由于截面小电阻大而首先熔断，并将产生的电弧切短成几段而易于熄灭；在过负荷电流通过时，由于电流加热时间较长，而窄部的散热好，往往在宽窄之间的斜部熔断。由此，可根据熔片熔断的部位来判断过电流的性质。RM10 系列的熔断器不能在短路冲击电流出现以前完全灭弧，因此属“非限流”式熔断器。RM10 结构简单，价格低廉，更换熔体方便，因此现在仍较普遍地应用在低压配电装置中。

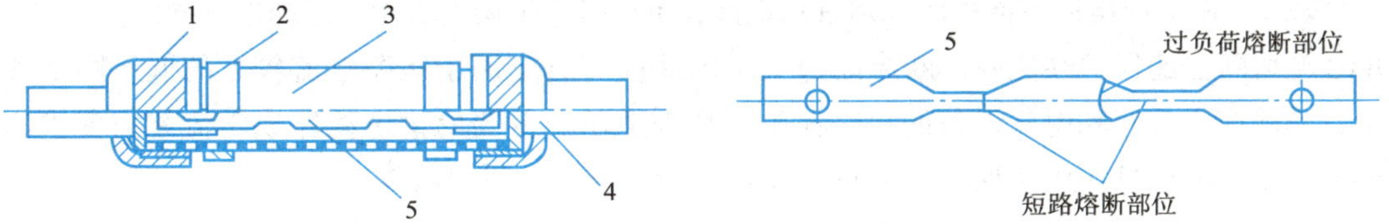

（a）熔管结构　　（b）变截面锌熔片

1—铜管帽；2—管夹；3—纤维熔管；4—刀形触点（触刀）；5—变截面锌熔片。

图 1-60　RM10 型低压熔断器

(4) RT0 型低压有填料封闭管式熔断器

这种熔断器结构比较复杂，其外形及内部结构如图 1-61 所示。

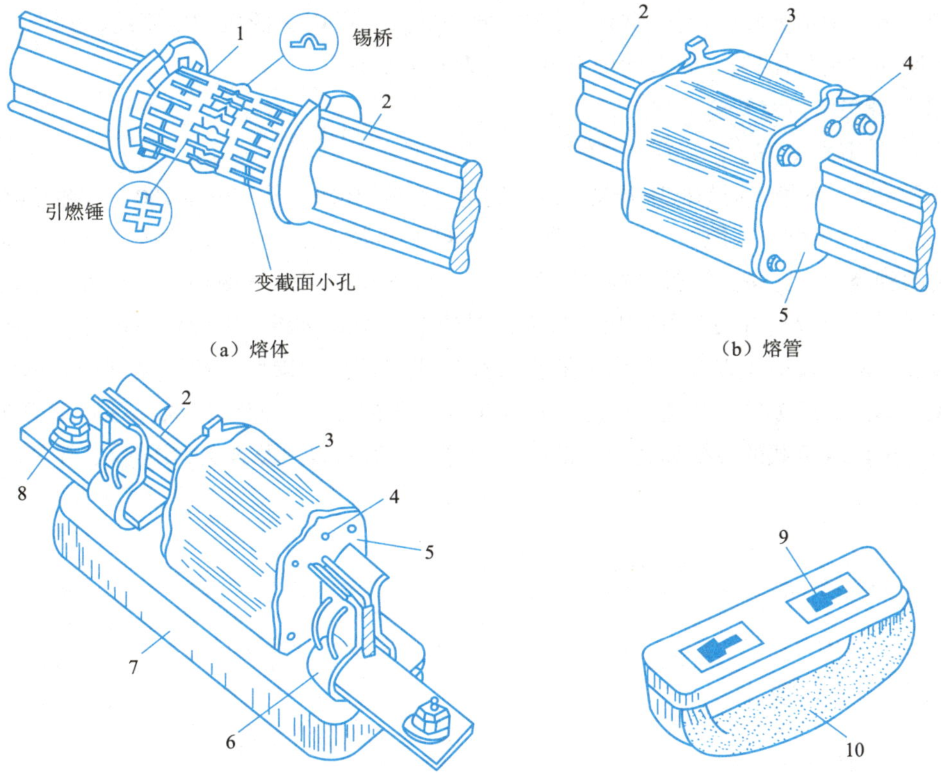

（a）熔体　　（b）熔管

（c）熔断器　　（d）绝缘操作手柄

1—栅状铜熔体；2—刀形触点；3—瓷熔管；4—熔断器；5—盖板；6—弹性触座；
7—瓷质底座；8—接线端子；9—扣眼；10—绝缘拉手手柄。

图 1-61　RT0 型低压熔断器

这种熔断器主要由瓷熔管、铜熔体（栅状）和底座三部分组成。熔管内装石英砂，熔体有变截面小孔和引燃栅，变截面小孔可使熔体在短路电流通过时熔断，将长弧分割为多段短弧，引燃栅具有等电位作用，使粗弧分细，电弧电流在石英砂中燃烧，形成狭沟灭弧。这种熔断器具有较强的灭弧能力，因而属“限流”熔断器（在到来前就熔断）。熔体还具有“锡桥”，利用“冶金效应”可使熔体在较小的短路电流和过负荷时熔断。熔体熔断后，其熔断指示器（红色）弹出，以方便工作人员识别故障线路和进行处理。熔断后的熔体不能再用，须重新更换，更换时应采用绝缘操作手柄进行操作。

RT0 型熔断器的保护性能好，断流能力大，因此被广泛应用于短路电流较大的低压网络和配电装置中，作输配电线路和电气设备的短路保护，特别适用于重要的供电线路或断流能力要求高的场所，如电力变压器的低压侧主回路及靠近变压器场所出线端的供电线路。

（5）引进技术生产的高分断能力熔断器介绍

①NT 系列熔断器（国内型号为 RT16 系列）是引进技术生产的一种高分断能力熔断器，现广泛应用于低压开关柜中，适用于 660 V 及以下电力网络及配电装置作过载和保护之用。

该系列熔断器由熔管、熔体和底座组成，外形结构与 RT0 型相似。熔管为高强度陶瓷管，内装优质石英砂，熔体采用优质材料制成。主要特点为体积小、重量轻、功耗小、分断能力高、限流特性好。

②gF、aM 系列圆柱形管状有填料熔断器，也属于引进技术生产的熔断器，具有体积小、密封好、分断能力高、指示灵敏、动作可靠、安装方便等优点，适用于低压配电系统，其中，gF 系列用于线路的短路和过负荷保护，aM 系列用于电动机的短路保护。

2. 低压刀开关和负荷开关

（1）低压刀开关（QK）

低压刀开关是一种最普通的低压开关电器，适用于交流 50 Hz、额定电压 380 V、直流 440 V、额定电流 1 500 A 及以下的配电系统中，作不频繁手动接通和分断电路或作隔离电源以保证安全检修之用。

刀开关的种类很多，按其灭弧结构可分为不带灭弧罩和带灭弧罩两种。不带灭弧罩的刀开关只能无负荷操作，起“隔离开关”的作用；带灭弧罩的刀开关能通断一定的负荷电流。按极数可分为单极、双极和三极。按操作方式可分为手柄直接操作和杠杆传动操作。按用途可分为单头刀开关和双头刀开关。单头刀开关的刀闸是单向通断；双头刀开关的刀闸为双向通断，可用于切换操作，即用于两种以上电源或负载的转换和通断。低压刀开关的全型号表示及含义如图 1-62 所示。

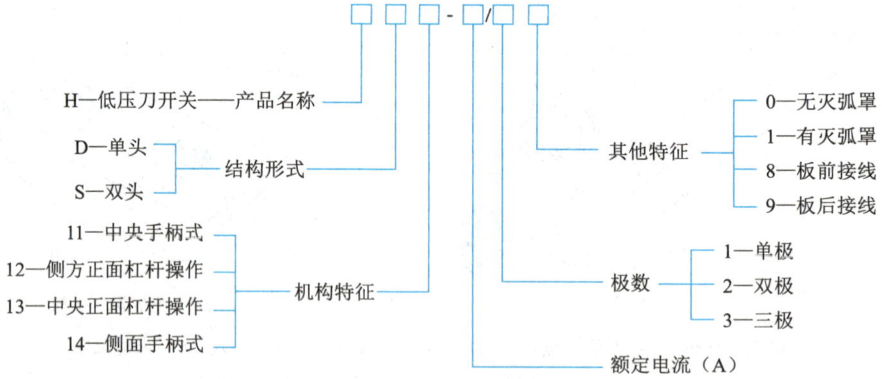

图 1-62 低压刀开关的全型号表示及含义

常用的带灭弧罩的单头刀开关 HD13 的基本结构如图 1-63 所示，由绝缘材料压制成型的底座、铜闸刀、铜静触点，以及用于操作闸刀通断动作的杠杆操作机构等元件组成。

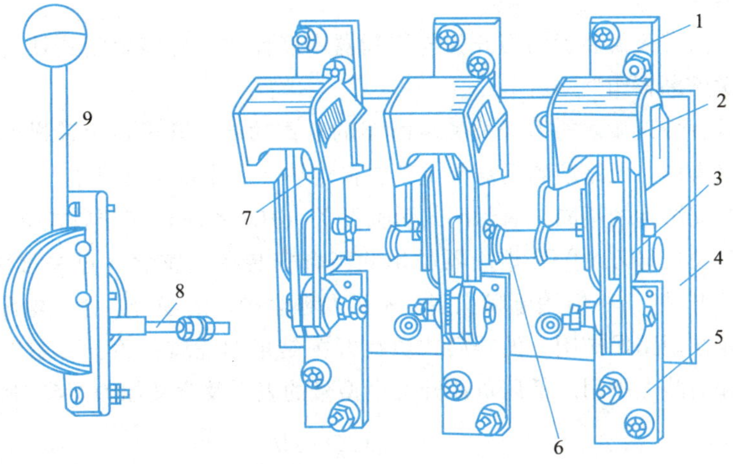

1—上接线端子；2—钢片灭弧罩；3—闸刀；4—底座；5—下接线端子；
6—主轴；7—静触点；8—传动连杆；9—操作手柄。

图 1-63　HD13 型低压刀开关结构

(2) 低压熔断器式刀开关（又称低压刀熔开关）

刀熔开关（文字符号为 QKF 或 FU-QK）又称熔断器式刀开关，是一种由低压刀开关和低压熔断器组合而成的低压电器，通常是把刀开关的闸刀换成熔断器的熔管。它具有刀开关和熔断器的双重功能。因为其结构的紧凑简化，又能对线路实行控制和保护的双重功能，被广泛地应用于低压配电网络中。低压刀熔开关全型号的表示及含义如图 1-64 所示。

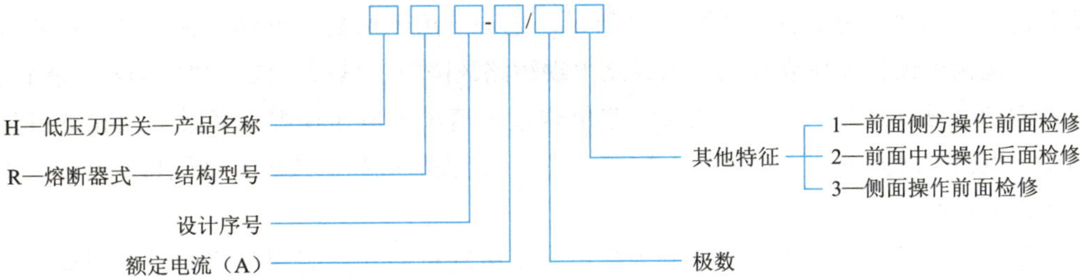

图 1-64　低压刀熔开关全型号的表示及含义

最常见的刀熔开关 HR3 型的结构如图 1-65 所示。它是将 HD 型刀开关的闸刀换成 RT0 型熔断器的具有刀形触点的熔管。

此外，目前被越来越多采用的另一种新式刀熔开关 HR5 型系列，它与 HR3 型的主要区别是用 NT 型低压高分断熔断器取代了 RT0 型熔断器作短路保护用，在各项电气技术指标上更加完好，同时，也具有结构紧凑、使用维护方便、操作安全可靠等优点。而且，它还能进行单相熔断的监测，从而能有效防止因熔断器的单相熔断所造成的电动机缺相运行故障。

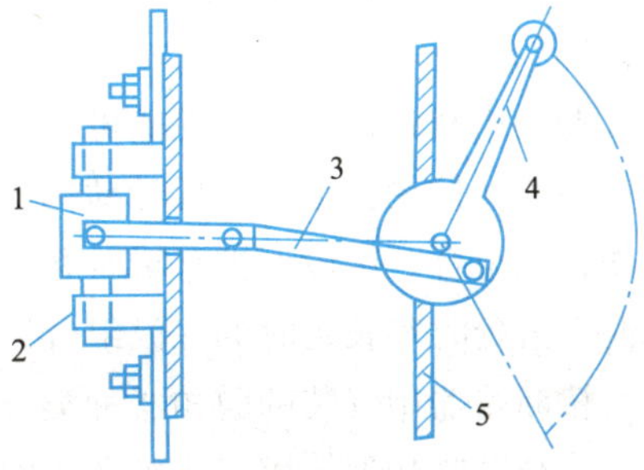

1—RT0 型熔断器的熔断体；2—弹性触座；
3—传动连杆；4—操作手柄；5—配电屏面板。

图 1-65　刀熔开关 HR3 型的结构

(3) 低压负荷开关(QL)

低压负荷开关是由带灭弧装置的刀开关与熔断器串联而成，外装封闭式铁壳或开启式胶盖的开关电器，又称“开关熔断器组”。

低压负荷开关具有带灭弧罩的刀开关和熔断器的双重功能，既可带负荷操作，也能进行短路保护，但一般不能频繁操作，短路熔断后需要重新更换熔体才能恢复正常供电。

低压负荷开关根据结构的不同，有封闭式负荷开关（HH 系列）和开启式负荷开关（HK 系列）。其中，封闭式负荷开关是将刀开关和熔断器的串联组合安装在金属盒（过去常用铸铁，现用钢板）内，因此又称“铁壳开关”。一般用于粉尘多、不需要频繁操作的场合，作为电源开关和小型电动机直接起动的开关，兼作短路保护用。而开启式负荷开关是采用瓷质胶盖，可用于照明和电热电路中作不频繁通断电路和短路保护用。低压负荷开关全型号的表示及含义如图 1-66 所示。

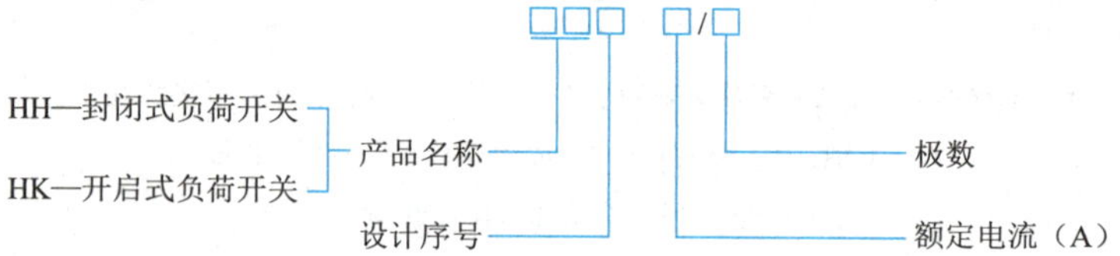

图 1-66 低压负荷开关全型号的表示及含义

3. 低压断路器（QF）

低压断路器俗称低压自动开关、自动空气开关或空气开关等，它是低压供配电系统中最主要的电器元件。它不仅能带负荷通断电路，而且能在短路、过负荷、欠电压或失电压的情况下自动跳闸，断开故障电路。

低压断路器的原理结构示意图如图 1-67 所示。主触点用于通断主电路，它由带弹簧的跳钩控制通断动作，而跳钩由锁扣锁住或释放。当线路出现短路故障时，其过电流脱扣器动作，将锁扣顶开，从而释放跳钩使主触点断开。同理，如果线路出现过负荷或失电压情况，通过热脱扣器或失电压脱扣器的动作，也使主触点断开。如果按下按钮 6 或 7，使失压脱扣器或者分励脱扣器动作，则可以实现开关的远距离跳闸。

低压断路器的种类很多：按用途可分为配电用、电动机用、照明用和漏电保护用等；按灭弧介质可分为空气断路器和真空断路器；按极数可分为单极、双极、三极和四极断路器，小型断路器可经拼装由几个单极的组合成多极的。配电用断路器按结构可分为塑料外壳式（装置式）和框架式（万能式）。

配电用断路器按保护性能可分为非选择型、选择型和智能型。非选择型断路器一般为瞬时动作，只作短路保护用；也有长延时动作，只作过负荷保护用。选择型断路器有两段保护和三段保护两种动作特性组合。两段保护有瞬时和长延时的两段组合或瞬时和短延时的两段组合两种。三段保护有瞬时、短延时和长延时的三段组合。

按断路器中安装的脱扣器种类分为：

①分励脱扣器：用于远距离跳闸（远距离合闸操作可采用电磁铁或电动储能合闸）。

②欠电压或失电压脱扣器：用于欠电压或失电压（零电压）保护，当电源电压低于定值时自动断开断路器。

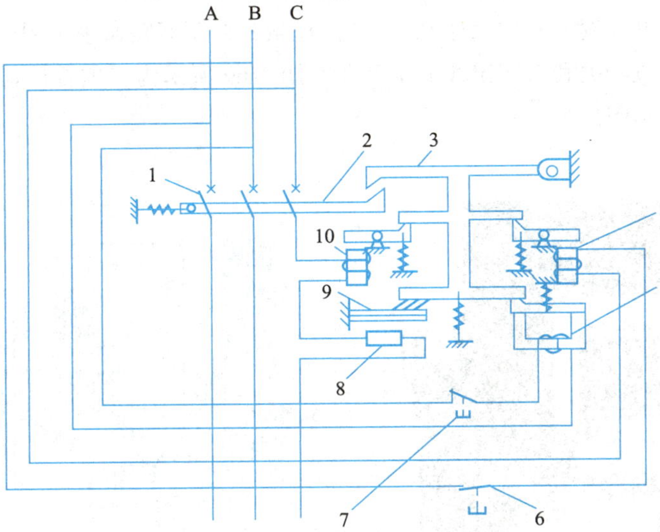

1—主触点；2—跳钩；3—锁扣；4—分励脱扣器；5—失电压脱扣器；6、7—脱扣按钮；
8—加热电阻丝；9—热脱扣器；10—过流脱扣器。

图 1-67　低压断路器的原理结构示意图

③热脱扣器：用于线路或设备长时间过负荷保护，当线路电流出现较长时间过载时，金属片受热变形，使断路器跳闸。

④过电流脱扣器：用于短路、过负荷保护，当电流大于动作电流时自动断开断路器，可分为长延时和短延时两种。

⑤复式脱扣器：既有过电流脱扣器又有热脱扣器的功能。

国产低压断路器全型号表示及含义如图 1-68 所示。

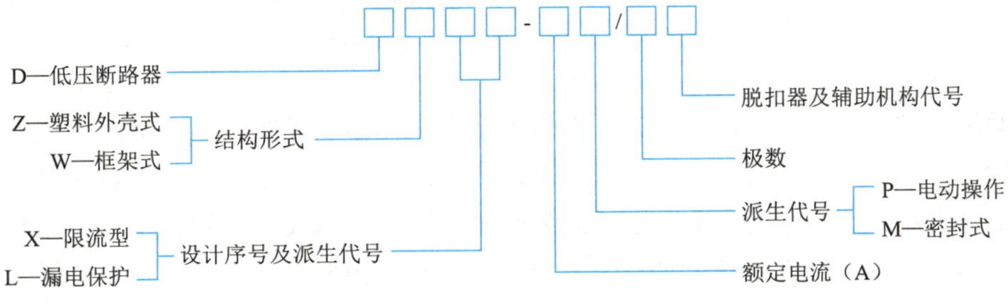

图 1-68　国产低压断路器全型号的表示及含义

(1) 框架式低压断路器

框架式低压断路器又称万能式低压断路器，它装在金属或塑料的框架上。目前，主要有 DW15、DW18、DW40、CB11（DW48）、DW914 等系列及引进国外技术生产的 ME 系列、AH 系列等。其中，DW40、CB11 系列采用智能型脱扣器，可实现微机保护。

框架式低压断路器的保护方案和操作方式较多，既有手柄操作，又有杠杆操作、电磁操作和电动操作等。而且，框架式低压断路器的安装地点也很灵活，既可装在配电装置中，又可安在墙上或支架上。另外，相对于塑料外壳式低压断路器，框架式低压断路器的电流容量和断流能力较大，不过，其分断速度较慢（断路时间一般大于 0. 02 s）。框架式低压断路器主要用于配电变压器低压侧的总开关、低压母线的分段开关和低压出线的主开关。图 1-69 所示为目前推广应用的 DW15 型低压断路器的外形图和内部结构图。

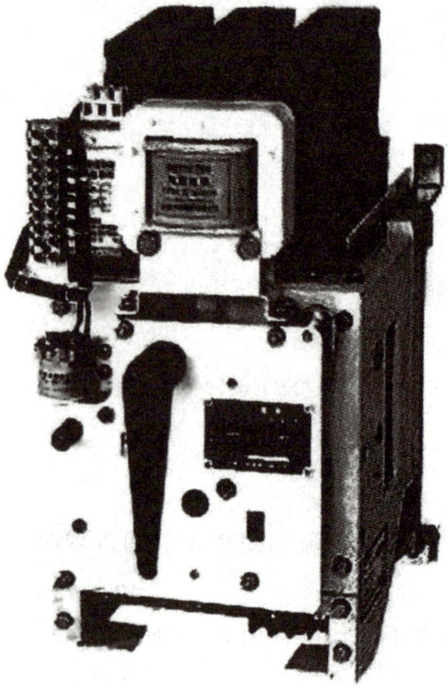

（a）实物图

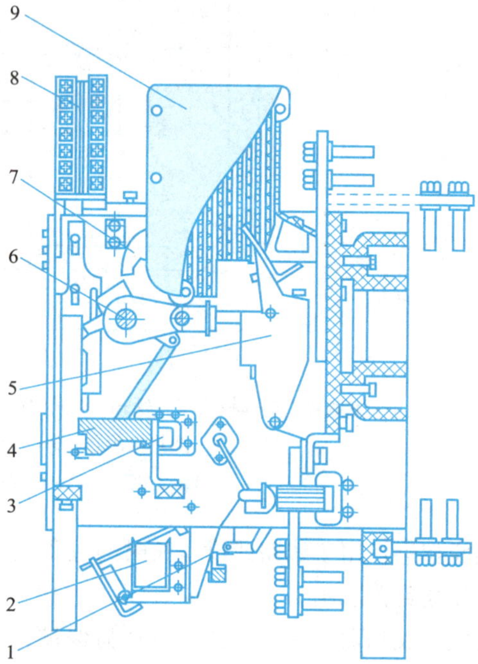

（b）结构图

1—电磁式电流脱扣器；2—分励脱扣器；3—欠电压脱扣器；4—热继电器；5—接触系统；6—主轴；7—防回跳机构；8—辅助触点；9—灭弧罩。

图 1-69　DW15 型万能式低压断路器

该系列断路器的主要结构由触点系统、操作机构和脱扣器系统组成。其触点系统安装在绝缘底板上，由静触点、动触点和弹簧、连杆、支架等组成。灭弧室里采用钢纸板材料和数十片铁片作灭弧栅来加强电弧的熄灭。操作机构由操作手柄和电磁铁操作机构及强力弹簧组成。脱扣系统有过负荷长延时脱扣器、短路瞬时脱扣器、欠电压脱扣器和分励脱扣器等；带有电子脱扣器的万能式断路器还可以把过负荷长延时、短路瞬时、短路短延时、欠电压瞬时和延时脱扣的保护功能汇集在一个部件中，并利用分励脱扣器使断路器断开。

（2）塑料外壳式低压断路器

塑料外壳式低压断路器，又称装置式自动开关，其所有机构及导电部分都装在塑料壳内，仅在塑壳正面中央有外露的操作手柄供手动操作用。目前常用的塑料外壳式低压断路器主要有 DZ20、DZ15、DZX10 系列及引进国外技术生产的 H 系列、S 系列、3VL 系列、TO 和 TG 系列等。

塑料外壳式低压断路器的保护方案少（主要保护方案有热脱扣器保护和过电流脱扣器保护两种）、操作方法少（手柄操作和电动操作），其电流容量和断流容量较小，但分断速度较快（断路时间一般不大于 0.02 s)，结构紧凑，体积小，重量轻，操作简便，封闭式外壳的安全性好，因此，被广泛用作容量较小的配电支线的负荷端开关、不频繁起动的电动机开关、照明控制开关和漏电保护开关等。图 1-70 所示为 DZ-20 型塑料外壳式低压断路器的剖面图。

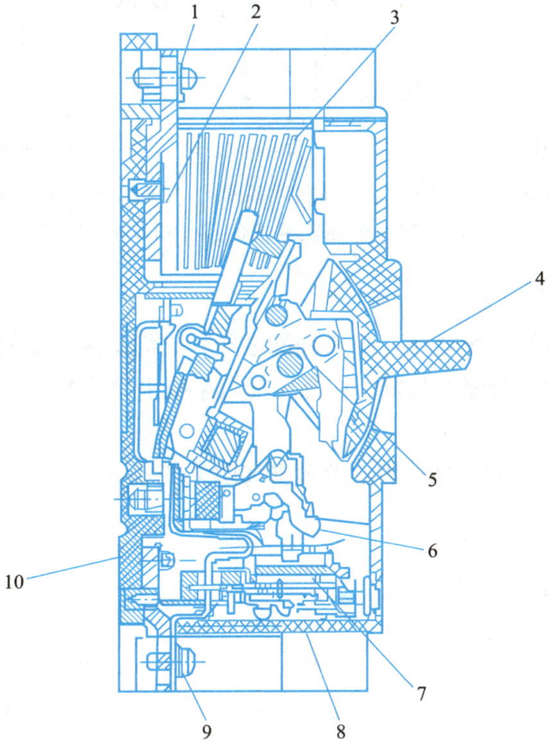

1—引入线接线端子；2—主触点；3—灭弧室（钢片灭弧栅）；4—操作手柄；5—跳钩；6—锁扣；7—过电流脱扣器；8—塑料外壳；9—引出线接线端子；10—塑料底座。

图 1-70　DZ-20 型塑料外壳式低压断路器的剖面图

(3) 其他常用低压断路器介绍

①H 系列塑料外壳式低压断路器。该系列产品是引进美国西屋电气公司技术制造的，适用于低压交流 380 V，直流 250 V 及以下的线路中，作电能分配和电源设备的过负荷、短路、欠电压保护，在正常条件下作线路的不频繁转换用。

②AH 系列框架式低压断路器是引进日本技术制造的产品，适用于交流电压 660 V、直流电压 440 V 及以下的电力系统中作过负荷、短路、欠电压保护用，以及在正常条件下进行线路的不频繁转换。

③ME 系列框架式低压断路器是引进德国 AEG 技术制造的产品，其使用场合与 AH 型相似。

④3VL 系列塑料外壳式低压断路器是德国西门子公司的新产品，运用七巧板原理来组成数以千计的组合，每部装置仅用了最少的零件，却可提供最多的功能，符合并超出所有主要的国际标准。而且，即使在安装以后，每台 3VL 断路器均可改变元件配置以适应新的任务。

⑤低压断路器的操作机构一般采用四连杆机构，可自由脱扣，如图 1-71 所示。

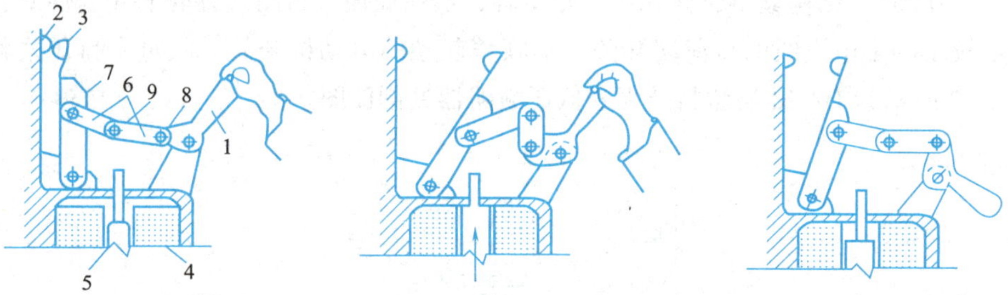

(a) 合闸位置　　(b) 自由跳闸位置　　(c) 准备合闸的“再扣”位置

1—操作手柄；2—静触点；3—动触点；4—脱扣器线圈；5—铁芯顶杆；6—连杆；7、8、9—铰链。

图 1-71　低压断路器的操作机构原理

4. 低压成套配电装置

低压成套配电装置包括低压配电屏（柜）和配电箱，它们是按一定的线路方案将有关的低压一、二次设备组装在一起的一种成套配电装置，在低压配电系统中作控制、保护、计量和照明之用。

(1) 低压配电屏

新系列低压配电屏（柜）的全型号表示及含义如图 1-72 所示。

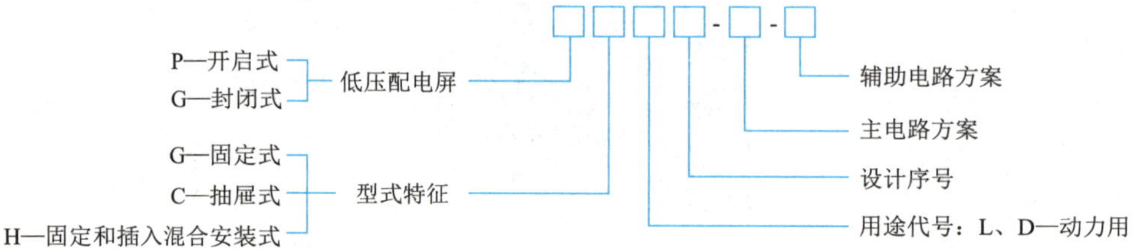

图 1-72　新系列低压配电屏（柜）的全型号表示及含义

低压配电屏（柜）有固定式、抽屉式及混合式三种类型。其中，固定式的所有电器元件都为固定安装、固定接线；而抽屉式的配电屏中，电器元件安装在各个抽屉内，再按一、二次线路方案将有关功能单元的抽屉叠装在封闭的金属柜体内，可按需要推入或抽出；混合式的安装方式为固定和插入混合安装。下面分别对这三种类型进行介绍。

①固定式低压配电屏：其结构简单，价格低廉，故应用广泛。目前使用较广的有 PGL、GGL、GGD 等系列，适用于发电厂、变电所和工矿企业等电力用户作动力和照明配电用。

图 1-73 所示为 PGL 型低压配电屏的外形结构图。其结构合理、互换性好、安装方便、性能可靠，目前使用较广泛，但它的开启式结构使其在正常工作条件下的带电部件（如母线、各种电器、接线端子和导线）从各个方面都可触及，所以，只允许安装在封闭的工作室内，现正在被更新型的 GGL、GGD 和 MSG 等系列所取代。

GGL 系列固定式低压配电屏的技术先进，符合 IEC 标准，其内部采用 ME 型的低压断路器和 NT 型的高分断能力熔断器，它的封闭式结构排除了在正常工作条件下带电部件被触及的可能性，因此安全性能好，可安装在有人员出入的工作场所。

GGD 系列交流固定式低压配电屏是按照安全、可靠、经济、合理为原则开发研制的一种较新产品，同 GGL 一样都属于封闭式结构。它的分断能力强，热稳定性好，接线方案灵活，组合方便，结构新颖，外壳防护等级高，系列性实用性强，是一种国家推广使用的更新换代产品。它适用于发电厂、变电所、厂矿企业和高层建筑等电力用户的低压配电系统中，作动力、照明和配电设备的电能转换和分配控制用。图 1-74 所示为 GGD 型交流固定式低压配电屏外形图。

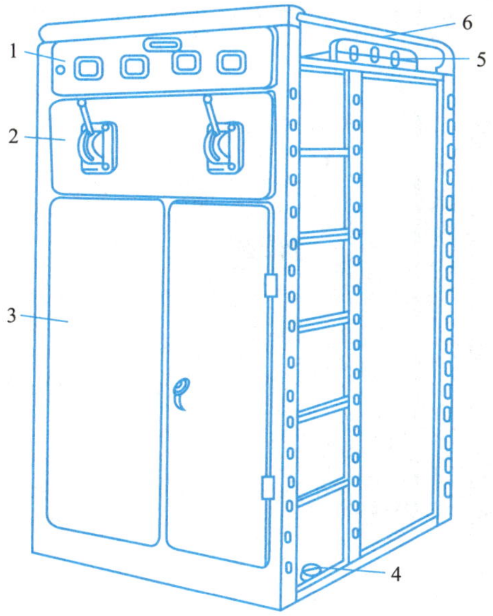

1—仪表板；2—操作板；3—检修门；4—中性母线绝缘子；
5—母线绝缘框；6—母线防护罩。

图 1-73　PGL 型低压配电屏的外形结构图

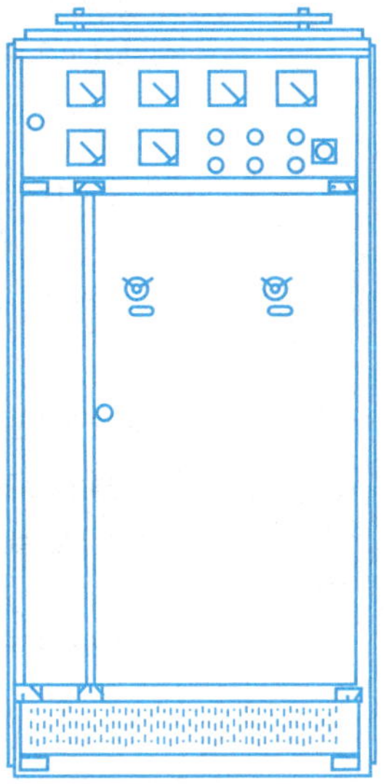

图 1-74　GGD 型交流固定式低压配电屏外形图

②抽屉式低压配电屏（柜）：具有体积小、结构新颖、通用性好、安装维护方便、安全可靠等优点，因此，被广泛应用于工矿企业和高层建筑的低压配电系统中作受电、馈电、照明、电动机控制及功率补偿之用。国外的低压配电屏几乎都为抽屉式，尤其是大容量的还做成手车式。近年来，我国通过引进技术生产制造的各类抽屉式配电屏也逐步增多。目前，常用的抽屉式配电屏有 BFC、GCL、GCK 等系列，它们一般用作三相交流系统中的动力中心（PC）和电动机控制中心（MCC）的配电和控制装置。图 1-75 所示为 GCK 型抽屉式低压配电柜结构图。

GCK 系列是一种用标准模件组合成的低压成套开关设备，分动力配电中心柜、电动机控制中心柜和功率因数自动补偿柜。柜体采用拼装式结构，开关柜各功能室严格分开，主要隔室有功能单元室、母线室、电缆室等，一个抽屉为一个独立功能单元，各单元的作用相对独立，且每个抽屉单元均装有可靠的机械联锁装置，只有在开关分断的状态下才能被打开。该产品具有分断能力强，热稳定性好，结构先进、合理，系列性、通用性强，防护等级高，安全可靠，维护方便，占地少等优点。

该系列产品适用于厂矿企业及建筑物的动力配电、电动机控制、照明等配电设备的电能转换分配控制，以及冶金、化工、轻工业生产的集中控制之用。

此外，目前还有一种引进国外先进技术生产的多米诺（DOMINO）组合式低压动力配电屏，它采用组合式柜架结构，只用很少的柜架组件就可按需要组装成多种尺寸、多种类型的柜体的配电屏。与传统的配电屏相比，它的主要特点是：屏内有电缆通道，顶部和底部均有电缆进出口；各回路采用间隔式布置，有故障时可互不影响；配电屏的门上有机械联锁和电气联锁；具有自动排气防爆功能；抽屉有互换性，并有工作、试验、断离和抽出四个不同位置；断流能力强；屏的两端可扩展。该类型用于低压供配电系统中作动力供配电、电动机控制和照明配电用。

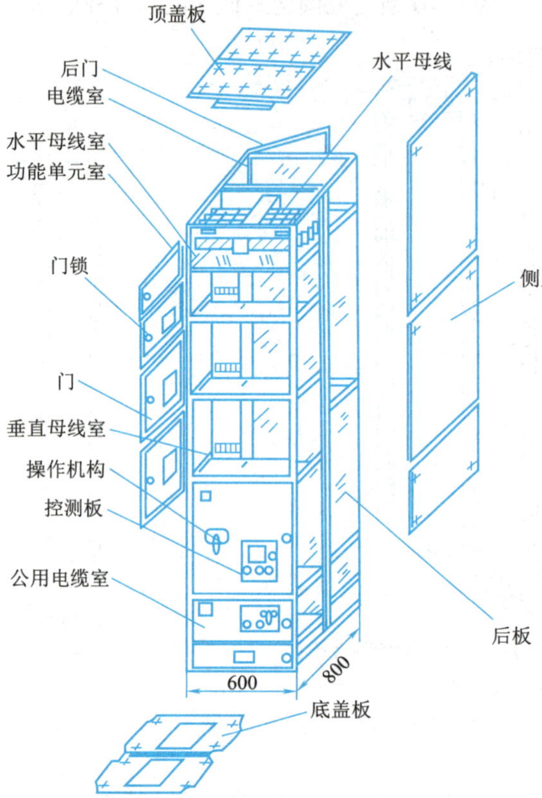

图 1-75 GCK 型低压抽屉式配电柜结构图

③混合式低压配电屏（柜）：其安装方式既有固定的，又有插入式的，类型有 ZH1、GHL 等，兼有固定式和抽屉式的优点。其中，GHK-1 型配电屏内采用了 NT 系列熔断器、ME 系列断路器等先进新型的电气设备，可取代 PGL 型低压配电屏、BFC 抽屉式配电屏和 XL 型动力配电箱。

（2）动力和照明配电箱

从低压配电屏引出的低压配电线路一般经动力或照明配电箱接至各用电设备，它们是车间和民用建筑的供配电系统中对用电设备的最后一级控制和保护设备。

配电箱的安装方式有靠墙式、悬挂式和嵌入式。靠墙式是靠墙落地安装，悬挂式是挂在墙壁上明装，嵌入式是嵌在墙壁里暗装。

①动力配电箱：通常具有配电和控制两种功能，主要用于动力配电和控制，也可用于照明的配电与控制。常用的动力配电箱有 XL、XLL2、XF-10、BGL、BGM 型等，其中，BGL 和 BGM 型多用于高层建筑的动力和照明配电。

②照明配电箱：主要用于照明和小型动力线路的控制、过负荷和短路保护。照明配电箱的种类和组合方案繁多，其中 XXM 和 XRM 系列适用于工业和民用建筑的照明配电，也可用于小容量动力线路的漏电、过负荷和短路保护。

现在应用的新型配电箱，一般都采用模数化小型断路器等元件进行组合。例如，DYX（R）型多用途配电箱具有 XL-3、XL-10、XL-20 型等动力配电箱和 XM-4、XM-7 型等照明配电箱的功能。它有Ⅰ、Ⅱ、Ⅲ型，Ⅰ型为插座箱，装有三相和单相的各种插座，其箱面布置如图 1-76（a）所示。Ⅱ型为照明配电箱，箱内装有 C45 型等模数化小型断路器，其箱面布置如图 1-76（b）所示。Ⅲ型为动力照明多用配电箱，箱内安装的电器元件更多，应用范围更广，其箱面布置如图 1-76（c）所示。

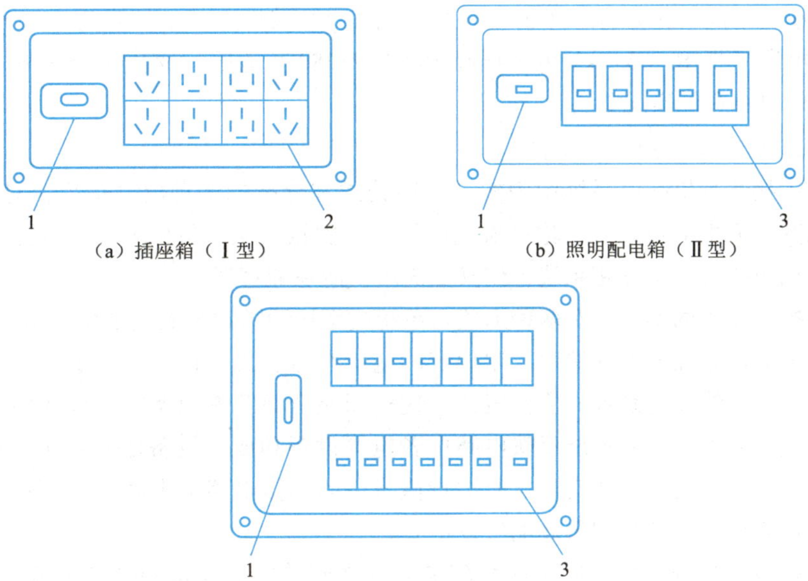

（a）插座箱（Ⅰ型）　（b）照明配电箱（Ⅱ型）

（c）动力照明配电箱（Ⅲ型）

1—电源开关（小型断路器或漏电断路器）；2—插座；3—小型开关（模数化小型断路器）。

图 1-76　DYX(R)型多用途低压配电箱箱面布置示意图

5. 低压一次设备的选择

低压一次设备的选择与高压一次设备的选择一样，必须满足其在正常条件下和短路故障条件下工作的要求，同时设备工作应安全可靠，运行维护方便，投资经济合理。

低压一次设备的选择校验项目见表 1-5。关于低压电流互感器、电压互感器、电容器及母线、电缆、绝缘子等的选择校验项目，与表 1-3 相同。

表 1-5　低压一次设备的选择校验项目

电气设备名称	电压/V	电流/A	断流能力/kA	短路电流校验	
				动稳定度	热稳定度
低压熔断器	√	√	√	—	—
低压刀开关	√	√	√	√×	√×
低压负荷开关	√	√	√	√×	√×
低压断路器	√	√	√	√×	√×

注：表中“√”表示必须校验，“√×”表示一般可不校验，“—”表示不要校验。

提示：现在已经知道了常用的一次设备，而要完成供配电系统的功能，还需要通过供配电线路将这些设备连接起来。

二、企业变电所主接线与电力线路的结构设计

视频

变电所主接线基本形式

（一）企业变配电所主接线的基本结构

变配电所是供配电系统的枢纽，占有非常重要的作用。其中，变电所根据变压等级和规模大小的不同，又分为总降压变电站［把 35 kV 及以上的电压降为 10（6）kV 电压］和车间变电所［把 10（6）kV 的电压降为 220 V/380 V 电压］；配电所根据配电电压的不同分为高压配电所和低压配电所。

1. 企业变配电所主接线图

变配电所的主接线是供配电系统中为实现电能输送和分配的一种电气接线，对应的接线图称为主接线图，或主电路图，又称一次电路图、一次接线图。虽然电力系统是三相系统，通常电气主接线图采用单线来表示三相系统，使其更简单、清楚和直观。

主接线图根据其作用的不同，有两种形式：系统式主接线图和装置式主接线图。

其中，按照电能输送和分配的顺序、用规定的电气符号和文字说明来表示和安排其主要电气设备相互连接关系的主接线图为系统式主接线图。这种图能全面系统地反映主接线中电力电能的传输过程，即相对电气连接关系，但不能反映电路中各电气设备和成套设备之间的相互排列位置，即实际位置；它一般在运行中使用，如变配电所运行值班用的模拟电路盘上就用它模拟演示供配电系统的运行状况，或用来分析、计算和选择电气设备等。

而装置式主接线图是按照高、低压成套配电装置之间的相互连接和排列位置绘制的主接线图。在装置式主接线图中，各成套配电装置的内部设备和接线及各成套配电装置之间的相互连接和排列位置一目了然，因此这种图多用作施工图，便于配电装置的采购和安装施工。图 1-77 和图 1-78 分别表示同一个户外成套变电所的系统式主接线图和装置式主接线图。

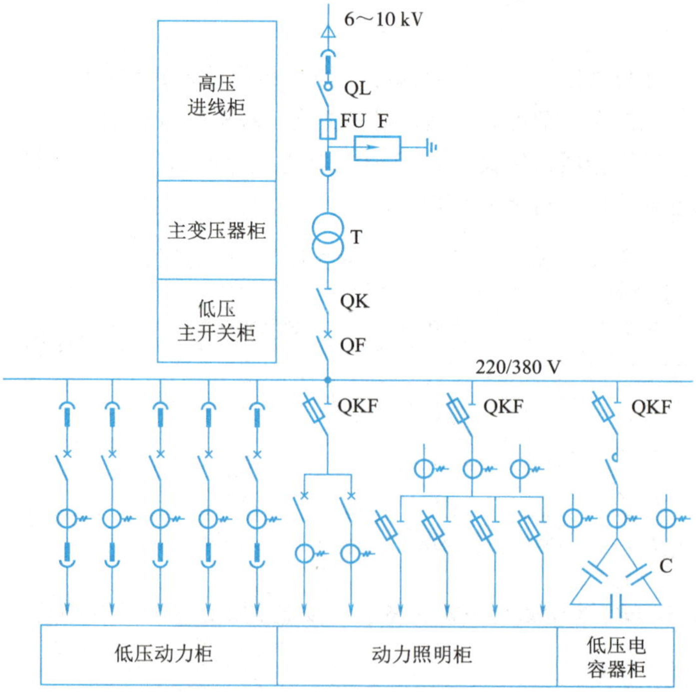

图 1-77　变电所系统式主接线图

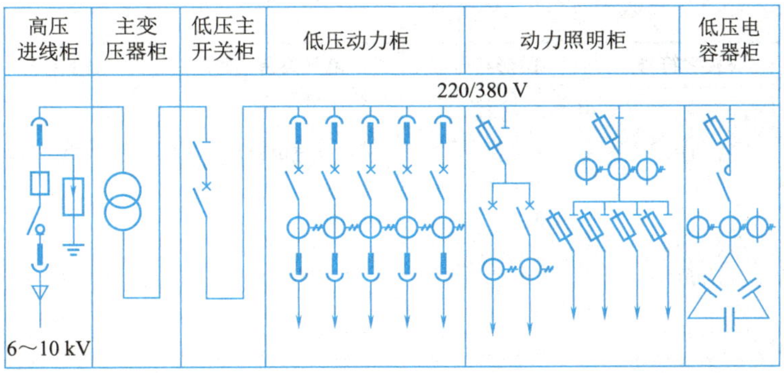

图 1-78　变电所装置式主接线图

对企业变配电所主接线有以下基本要求：

①安全：主接线的设计应符合国家标准有关技术规范的要求，充分保证人身和设备的安全。例如，高、低压断路器的电源侧和可能反馈电能的另一侧须装设隔离开关；变配电所的高压母线和架空线路的末端须装设避雷器。

②可靠：主接线应根据负荷的等级，满足不同等级负荷对供电可靠性的不同要求。例如，对一级负荷，应考虑两个电源供电；二级负荷，应采用双回路供电。

③灵活：主接线能适应各种不同的运行方式，并能灵活地进行不同运行方式间的转换，使其既能做到便于操作、检修，又能适应负荷的发展，有扩充、改建的可能。

④经济：在满足以上要求的前提下，应力求主接线的设计简单、投资少、运行管理费用低，并能节约电能和有色金属消耗量。例如，尽可能采用技术先进、经济实用的节能产品；尽量采用开关设备少的主接线方案；在优先提高自然功率因数的基础上，采用人工补偿无功功率的措施，使无功功率达到规定的要求。

主接线图中常用电气设备和导线的图形符号和文字符号见表 1-6。

表 1-6　常用电气设备和导线的图形符号和文字符号

电气设备名称	文字符号	图形符号	电气设备名称	文字符号	图形符号
刀开关	QK		母线（汇流排）	W 或 WB	
熔断器式刀开关	QKF		导线、线路	W 或 WL	
断路器（自动开关）	QF		电缆及其终端头		
隔离开关	QS		交流发电机	G	

续表

电气设备名称	文字符号	图形符号	电气设备名称	文字符号	图形符号
负荷开关	QL		交流电动机	M	
熔断器	FU		单相变压器	T	
熔断器式隔离开关	FD		电压互感器	TV	
熔断器式负荷开关	FDL		三绕组变压器	T	
阀式避雷器	F		三绕组电压互感器	TV	
三相变压器	T		电抗器	L	
电流互感器（具有一个二次绕组）	T		电容器	C	
电流互感器（具有两个铁芯和两个二次绕组）	TA	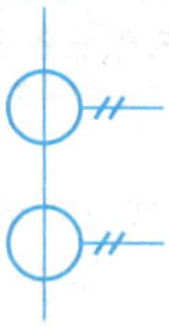	三相导线		

2. 电气主接线的基本形式

变配电所常用主接线按其基本形式可分为四种类型：线路-变压器组单元接线、单母线接线、双母线接线和桥式接线。下面分别就其接线形式和特点进行介绍。

（1）线路-变压器组单元接线

在变配电所中，当只有一路电源进线和一台变压器时，可采用线路-变压器组单元接线，如图 1-79 所示。

根据变压器高压侧情况的不同，也可以装设图 1-68 中右侧三种不同的开关电器组合。当电源侧继电保护装置能保护变压器且灵敏度满足要求时，变压器高压侧可只装设隔离开关；当变压器高压侧短路容量不超过高压熔断器的断流容量，而又允许采用高压熔断器保护变压器时，变压器高压侧可装设跌开式熔断器或熔断器式负荷开关。一般情况下，在变压器高压侧装设隔离开关和断路器。

当高压侧装设负荷开关时，变压器容量不得大于1 250 kV · A，高压侧装设隔离开关或跌开式熔断器时，变压器容量一般不得大于630 kV · A。

这种接线的优点是接线简单，所用电气设备少，配电装置简单，节约了建设投资。缺点是该线路中任一设备发生故障或检修时，变电所全部停电，供电可靠性不高。它适用于小容量三级负荷、小型工厂或非生产性用户。

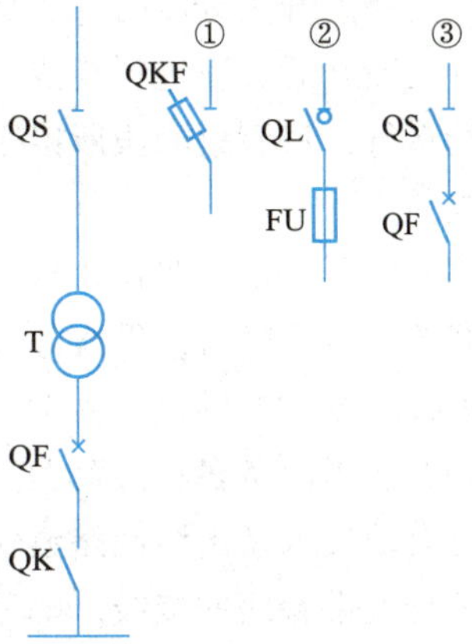

图 1-79　线路-变压器组单元接线方案

(2) 单母线接线

单母线接线又可分为单母线不分段接线、单母线分段接线和单母线带旁路接线三种类型。

①单母线不分段接线：当只有一路电源进线时，常用这种接线方式，如图 1-80（a）所示。其每路进线和出线中都配有一组开关电器。断路器用于通断正常的负荷电流，并能切断短路电流。隔离开关有两种作用：靠近母线侧的称为母线隔离开关，用于隔离母线电源和检修断路器；靠近线路侧的称为线路侧隔离开关，用于防止在检修断路器时从用户侧反向送电和防止雷电过电压沿线路侵入，保证维修人员安全。

这种接线的优点是接线简单清晰，使用设备少，投资低，比较经济，发生误操作的可能性较小。缺点是可靠性和灵活性差，当母线或母线侧隔离开关发生故障或进行检修时，必须断开所有回路及供电电源，从而造成全部用户供电中断。

这种接线适用于对供电可靠性和连续性要求不高的中、小型三级负荷用户，或有备用电源的二级负荷用户。

②单母线分段接线：当有双电源供电时，常采用高压侧单母线分段接线，如图 1-80（b）、（c）所示。

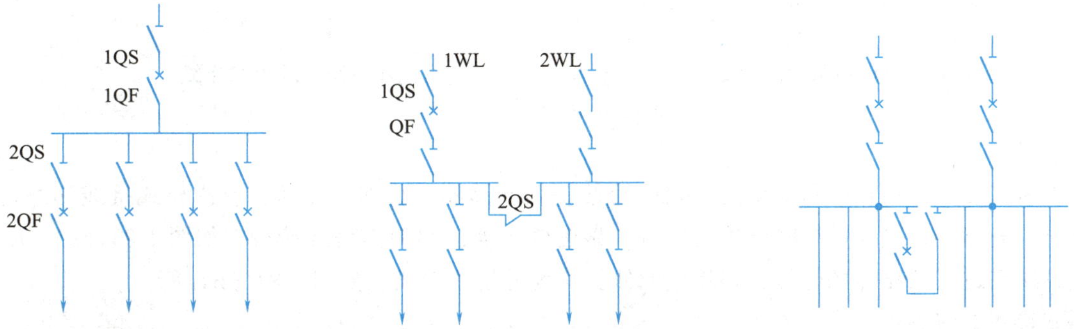

（a）单母线不分段　（b）单母线分段（分段开关为隔离开关）　（c）单母线分段（分段开关为断路器）

图 1-80　单母线接线

分段开关可采用隔离开关或断路器；母线可分段运行，也可不分段运行。

当采用隔离开关分段时［见图 1-80（b）］，如果需要对母线或母线隔离开关进行检修，可将分段隔离开关断开后分段进行检修。当母线发生故障时，经短时间倒闸操作将故障段切除，非故障段仍可继续运行，只有故障段所接用户停电。该接线方式的供电可靠性和灵活性较高，可给二、三极负荷供电。

若用断路器分段［见图 1-80（c）］，除仍可分段检修母线或母线隔离开关外，还可在母线或母线隔离开关发生故障时，母线分段断路器和进线断路器能同时自动断开，以保证非故障部分连续供电。这种接线方式的供电可靠性高，运行方式灵活。除母线故障或检修外，可对用户连续供电。但接线复杂，使用设备多，投资大。它适用于有两路电源进线、装设了备用电源自动投入装置，分段断路器可自动投入及出线回路数较多的变配电所，可供电给一、二级负荷。

③单母线带旁路的接线。单母线带旁路接线方式如图 1-81 所示，增加了一条母线和一组联络用开关电器，增加了多个线路侧隔离开关。

这种接线适用于配电线路较多、负载性质较重要的主变电所或高压配电所。该接线运行方式灵活，检修设备时可以利用旁路母线供电，可减少停电次数，提高了供电的可靠性。

（3）双母线接线

双母线接线方式如图 1-82 所示。其中的两段母线可互为备用，运行可靠性和灵活性都得到很大提高，但开关设备的数量大幅增加，从而其投资较大。因此，双母线接线在中、小型变配电所中很少采用，主要用于负荷大且重要的枢纽变电站等场所。

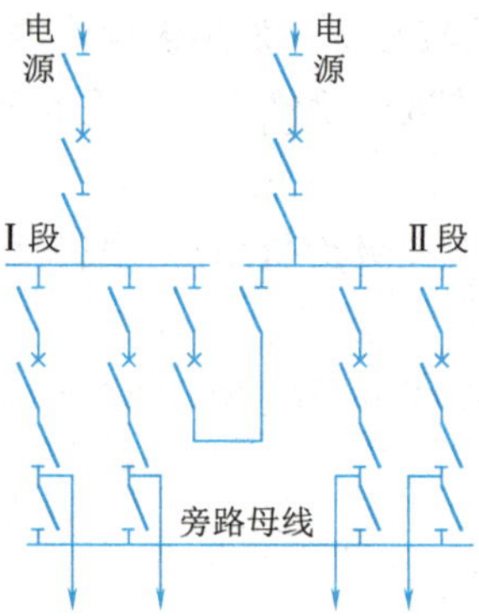

图 1-81　单母线带旁路接线

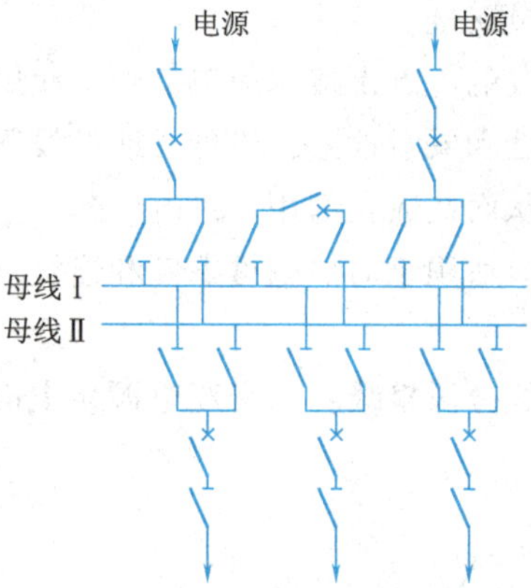

图 1-82　双母线接线

（4）桥式接线

所谓桥式接线是指在两路电源进线之间跨接一个断路器，犹如一座桥，有内桥式接线和外桥式接线两种。断路器跨接在进线断路器的内侧，靠近变压器，称为内桥式接线，如图 1-83（a）所示；若断路器跨在进线断路器的外侧，靠近电源侧，称为外桥式接线，如图 1-83（b）所示。

桥式接线的特点：

①接线简单：高压侧无母线，没有多余设备。

②经济：由于不需要设母线，四个回路只用了三台断路器，省去了 1~2 台断路器。

③可靠性高：无论哪条回路出现故障或检修，均可通过倒闸操作迅速切除该回路。

④安全：每台断路器两侧均装有隔离开关，可形成明显的断开点，以保证安全检修。

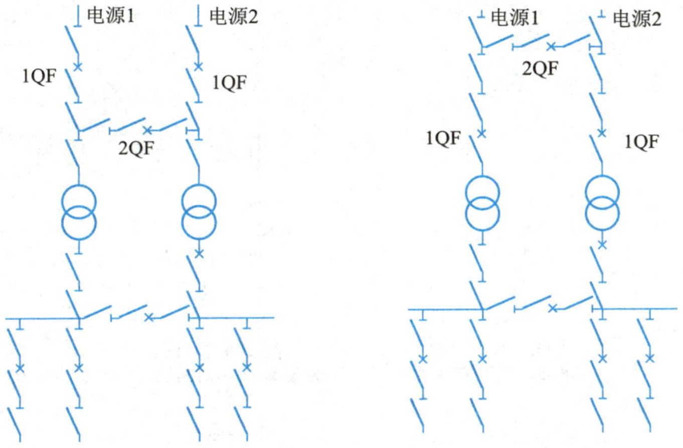

（a）内桥式接线　　（b）外桥式接线

图 1-83　桥式接线

⑤灵活：操作灵活，能适应多种运行方式。

例如，将 2QF 和二次侧的分段断路器（图 1-72 中未画）闭合，可使两台变压器并列运行。将 2QF 和二次侧分段断路器都断开，则两台变压器就独立工作，并互为备用。因此，桥式接线既能适应单电源双回路供电方式，又能适应双电源的两端供电方式。

因此，桥式接线的供电可靠性高，运行灵活性好，适用于一、二级负荷。其中，内桥式接线多用于电源线路较长因而发生故障和检修的可能性就较多，但变电所的变压器不需要经常切换的 35 kV 及以上总降压变电所；外桥式接线适用于电源线路较短而变电所的变压器需要经常进行切换操作以适应昼夜负荷变化大，且经济运行的总降压变电所；当一次电源线路采用环形接线时也易于采用此接线方式。

3. 车间变电所主接线方案介绍

视　频

变电所主接线

车间变电所和小型工厂变电所是将 6～10 kV 的配电电压降为 220/380 V 的低压用电，再直接供电给用电设备的一种终端变电所。据其电源接线情况的不同，可分为两类：有总降压变电所或高压配电所的非独立式变电所和无总降压变电所或高压配电所的独立式变电所。下面就这两类的主接线特点分别进行分析。车间变电所高压侧主接线图如图 1-84 所示。

(1) 非独立式车间变电所的主接线方案

当工厂内有总降压变电所（35 kV）或高压配电所（6～10 kV）时，车间变电所高压侧的主接线通常很简单，因为高压侧的开关电器、保护装置和测量仪表一般都装在高压配电线路的首端，即安装在总降压变电所或高压配电所的高压配电室内，而车间变电所的进线处大多可不装设高压开关，或只简单地装设高压隔离开关、熔断器（室外则装设跌开式熔断器）、避雷器等。图 1-85 和图 1-86 分别为电缆进线和架空进线的非独立式车间变电所高压侧主接线图。从主接线图中可以看到采用电缆进线时高压侧不装设避雷器；而采用架空进线时，无论是户内式还是户外式变电所，都须装设避雷器以防止雷电波沿架空线侵入变电所，且避雷器的接地线应与变压器的低压绕组中性点及外壳相连后接地。当车间变压器高压侧采用跌开式熔断器或只装设隔离开关时，变压器容量不宜超过630 kV · A，其他接线方案的变压器容量可达 1 250 kV · A。此类变电所一般不设高压配电室，只有变压器室（户外为变压器台）和低压配电室。当变压器低压侧不需要带负荷操作时，低压主开关可采用低压刀开关。

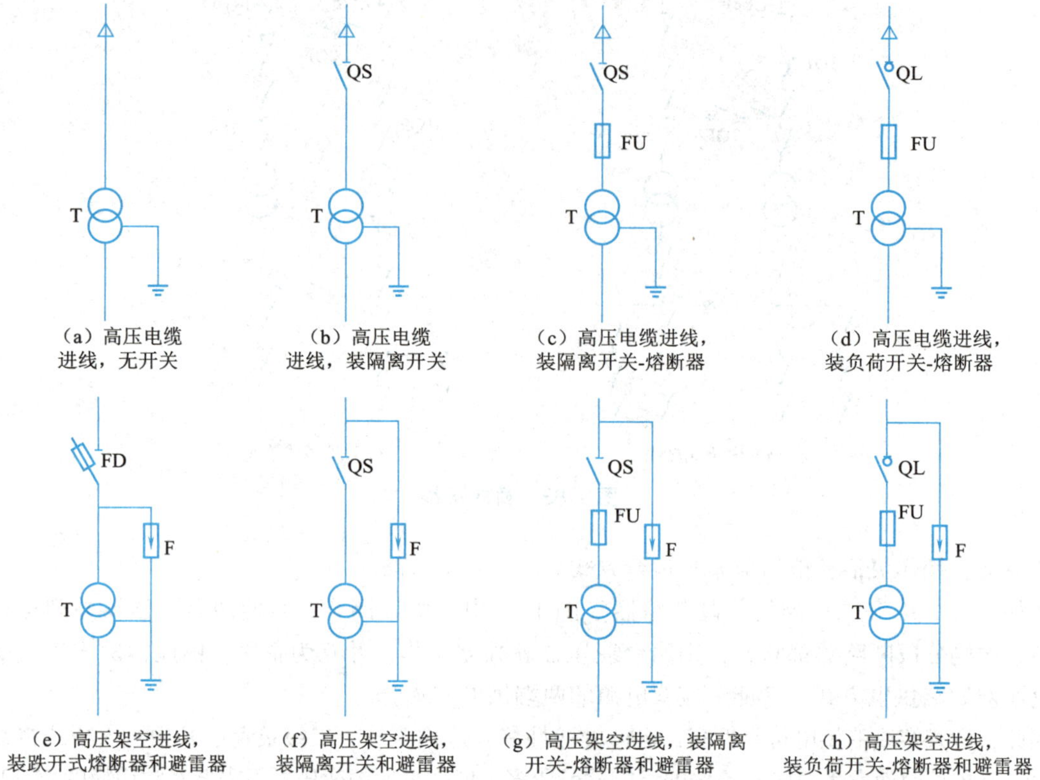

(a) 高压电缆进线，无开关　(b) 高压电缆进线，装隔离开关　(c) 高压电缆进线，装隔离开关-熔断器　(d) 高压电缆进线，装负荷开关-熔断器

(e) 高压架空进线，装跌开式熔断器和避雷器　(f) 高压架空进线，装隔离开关和避雷器　(g) 高压架空进线，装隔离开关-熔断器和避雷器　(h) 高压架空进线，装负荷开关-熔断器和避雷器

图 1-84　车间变电所高压侧主接线图

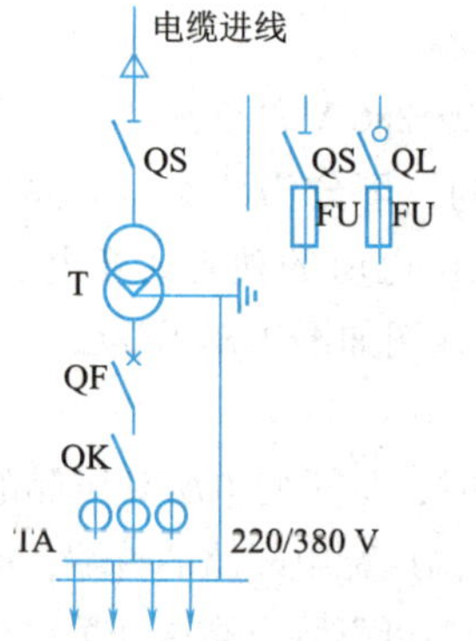

图 1-85　电缆进线的非独立式车间变电所高压侧主接线图

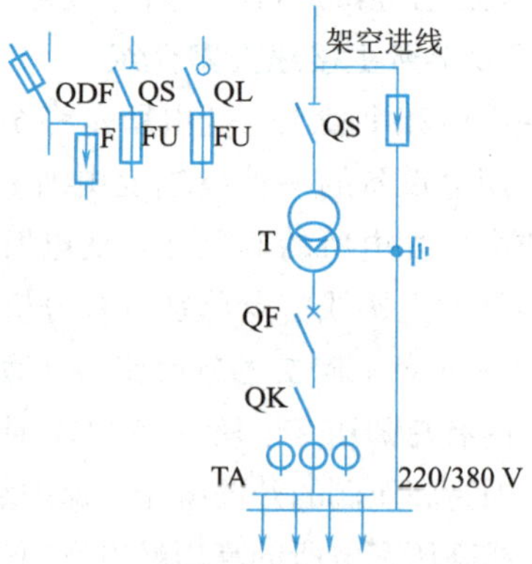

图 1-86　架空进线的非独立式车间变电所高压侧主接线图

(2) 独立式变电所的主接线方案

独立式变电所的主接线方案通常根据两种情况进行分类：只装设一台变压器的变电所和装设两台变压器的变电所。

①装设一台变压器的 6~10 kV 独立式变电所主接线。

当变电所只有一台变压器时，高压侧可不设母线，这种接线就是“线路-变压器组单元”接线方式。根据高压侧采用的控制开关不同，有下面几种主接线形式。

• 高压侧采用隔离开关-熔断器或跌开式熔断器的变电所主接线图，如图 1-87 所示。该接线结构简单，投资少，但供电可靠性不高，且不宜频繁操作，一般只用于 500 kV·A 及以下容量变电所，对不重要的三级负荷供电。这种接线的低压侧应采用低压断路器以便带负荷进行停、送电操作。

• 高压侧采用负荷开关-熔断器的变电所主接线图，如图 1-88 所示。由于负荷开关能带负荷操作，使变电所的停、送电操作比图 1-87 的方案要简便、灵活，但仍用熔断器进行短路保护，其供电可靠性依然不高，一般也用于不重要的三级负荷的小型变电所。该接线的低压侧的主开关既可用低压断路器，也可采用低压刀开关。

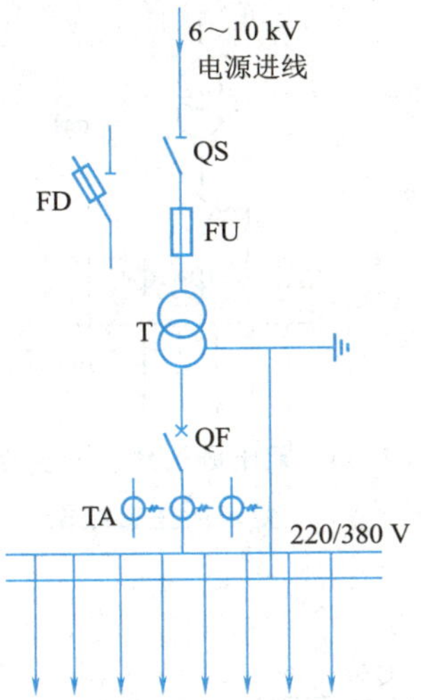

图 1-87　高压侧采用隔离开关-熔断器或跌开式熔断器的变电所主接线图

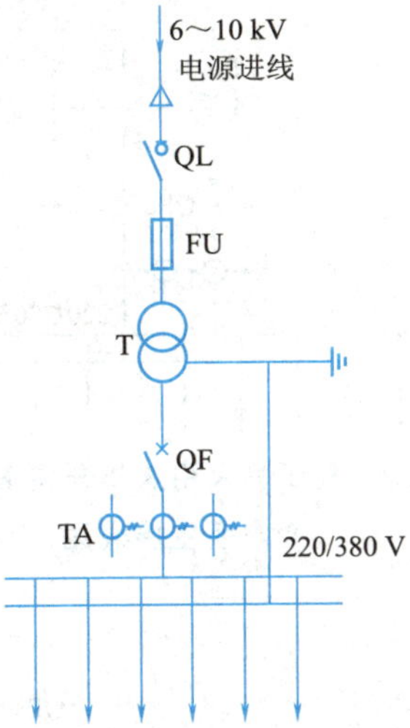

图 1-88　高压侧采用负荷开关-熔断器的变电所主接线图

• 高压侧采用隔离开关-断路器的变电所主接线图，如图 1-89 所示。该方案由于采用了断路器，其停、送电操作十分方便灵活，而且高压断路器都配有继电保护装置，因此短路保护和过负荷保护的性能好，恢复供电的时间短，供电可靠性较前两种接线方案高，但由于只有一路电源进线，一个回路，一般也只能用于三级负荷，供电容量较大。

图 1-90 所示为有两路电源进线、一台变压器的变电所主接线图，其供电可靠性较图 1-89 大幅提高，可供电给二级负荷。如果低压侧还有来自其他变配电所的公共备用线，或有备用电源，还可供电给少量的一级负荷。

②装设两台变压器的 6~10 kV 独立式变电所主接线图。

• 两路进线、高压侧无母线、低压侧单母线分段、两台变压器的变电所主接线图，如图 1-91 所示。该接线方案的高压断路器的两侧均装设高压隔离开关，低压侧断路器的母线侧必须装设刀开关以保证安全检修。低压母线的分段开关如无自动切换要求，可采用刀开关。这种接线的供电可靠性高，操作灵活方便，适用于有两路电源、负荷是一、二级的重要变电所。

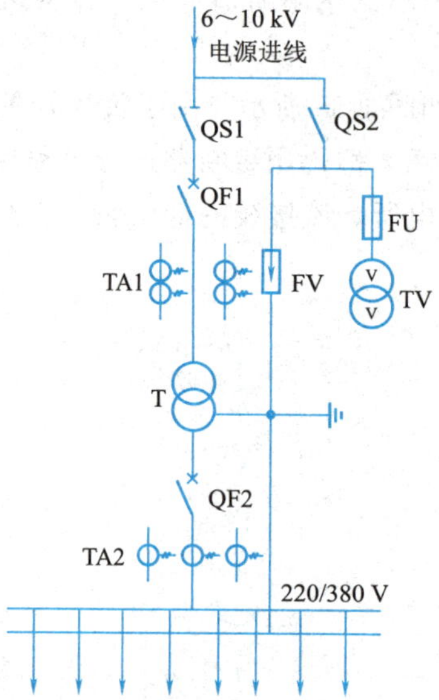

图 1-89　高压侧采用隔离开关-断路器的变电所主接线图

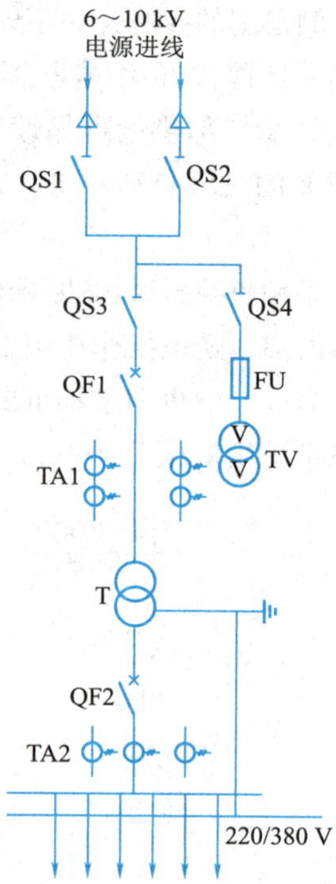

图 1-90　双电源进线、一台变压器的变电所主接线图

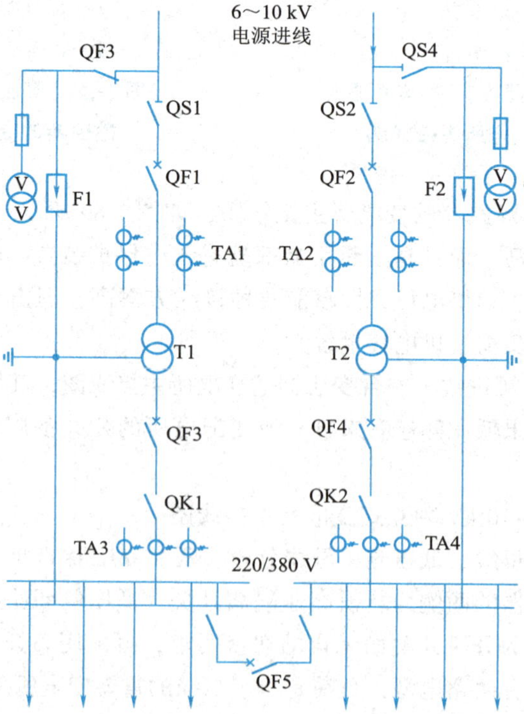

图 1-91　两路进线、高压侧无母线、低压侧单母线分段、两台变压器的变电所主接线图

• 一路进线、高压侧单母线、低压单母线分段、两台变压器变电所的主接线图，如图 1-92 所示。该接线采用高压侧两端受电、双干线供电的树干式接线。这种接线适用于有两个电源、两台或两台以上变压器或需要多路高压出线的变电所。其供电可靠性也较高，但当电源进线或高压母线发生故障或需要停电检修时，整个变电所都要停电，因此只能供电给二、三级负荷。当有高压或低压联络线时，可供电给一、二级负荷用。

• 高低压侧均采用单母线分段的两台变压器变电所的主接线图，如图 1-93 所示。高压侧采用双回路电源进线单母线分段，加之低压母线的分段，使其供电可靠性相当高，且操作灵活方便，可供电给一、二级负荷、有两个电源的重要变电所。

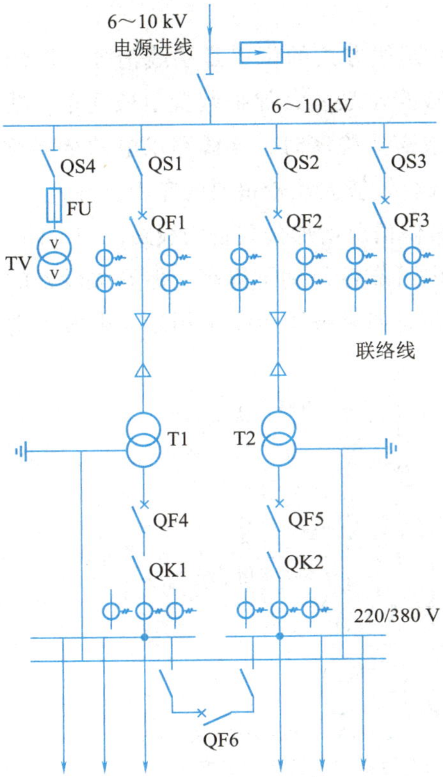

图 1-92　一路进线、高压侧单母线、低压单母线分段、两台变压器的变电所主接线图

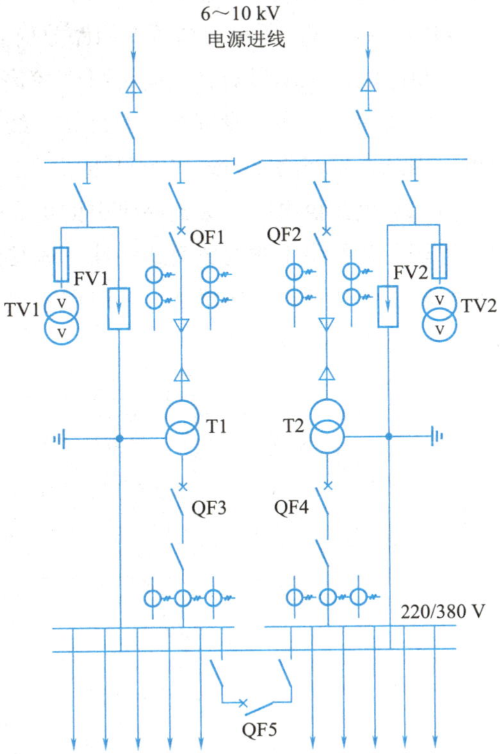

图 1-93　高低压侧均采用单母线分段的两台变压器变电所的主接线图

供配电系统的变电所除上述介绍的 10(6)/0.4 kV 变电所（车间变电所）外，还有电压为 35 kV 及以上的总降压变电所，其接线方式常采用本节前述的桥式接线和双母线接线，也有采用线路-变压器组单元接线的，根据总降压变电所的负荷性质和负荷大小来确定。

（二）电力线路的接线方式

电力线路是电力系统的重要组成部分，担负着输送和分配电能的重要任务，所以在整个供配电系统中起着重要的作用。

在选择电力线路的接线方式时，不仅要考虑供配电系统安全可靠，操作方便、灵活，运行经济并有利于发展，还要考虑电源的数量、位置，供配电对象的负荷性质和大小，以及建筑布局

视频

电力线路的接线方式

等各方面因素。

电力线路按电压高低分，有1 kV以上的高压线路和1 kV及以下的低压线路。也有的将1 kV以上到10 kV或35 kV的电力线路称为中压线路，220 kV或330 kV及以上的电力线路称为超高压线路。本书中把1 kV以上的线路统称为高压线路。

电力线路按结构形式分，有架空线路、电缆线路及室内（车间）线路等。

1. 高压电力线路的接线方案

(1) 高压放射式接线

高压放射式接线是指电能在高压母线汇集后向各高压配电线路输送，每个高压配电回路直接向一个用户供电，沿线不分接其他负荷。

如图1-94（a）所示为高压单回路放射式接线。这种接线方式的优点是接线清晰，操作维护方便，各供电线路互不影响，供电可靠性较高，且便于装设自动装置，保护装置也较简单；缺点是高压开关设备用得较多，投资高，而且某一线路发生故障或需要检修时，该线路供电的全部负荷都要停电。因此，单回路放射式接线只能用于二、三级负荷或容量较大及较重要的专用设备。

对二级负荷供电时，为提高供电的可靠性，可根据具体情况增加公共备用线路。图1-94（b）所示为采用公共备用干线的放射式接线。该接线方式的供电可靠性得到了提高，但开关设备的数量和导线材料的消耗量也有所增加，一般用于供电给二级负荷。如果备用干线采用独立电源供电且分支较少，则可用于一级负荷。

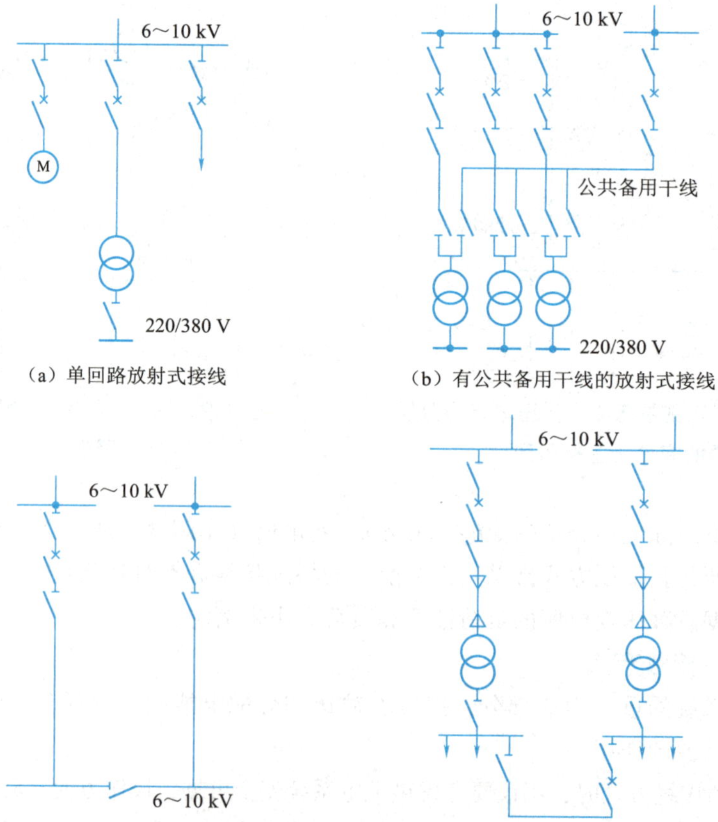

（a）单回路放射式接线　（b）有公共备用干线的放射式接线

（c）双回路放射式接线　（d）用低压联络线作备用干线的放射式接线

图1-94　高压放射式线路

图 1-94（c）所示为双回路放射式接线。该接线方式采用两路电源进线，然后经分段母线用双回路对用户进行交叉供电。其供电可靠性高，可供电给一、二级的重要负荷，但投资相对较大。

图 1-94（d）所示为采用低压联络线路作备用干线的放射式接线。该方式比较经济、灵活，除了可提高供电可靠性以外，还可实现变压器的经济运行。

（2）高压树干式接线

高压树干式接线是指由变配电所高压母线上引出的每路高压配电干线上均沿线连接了数个负荷点的接线方式，如图 1-95 所示。

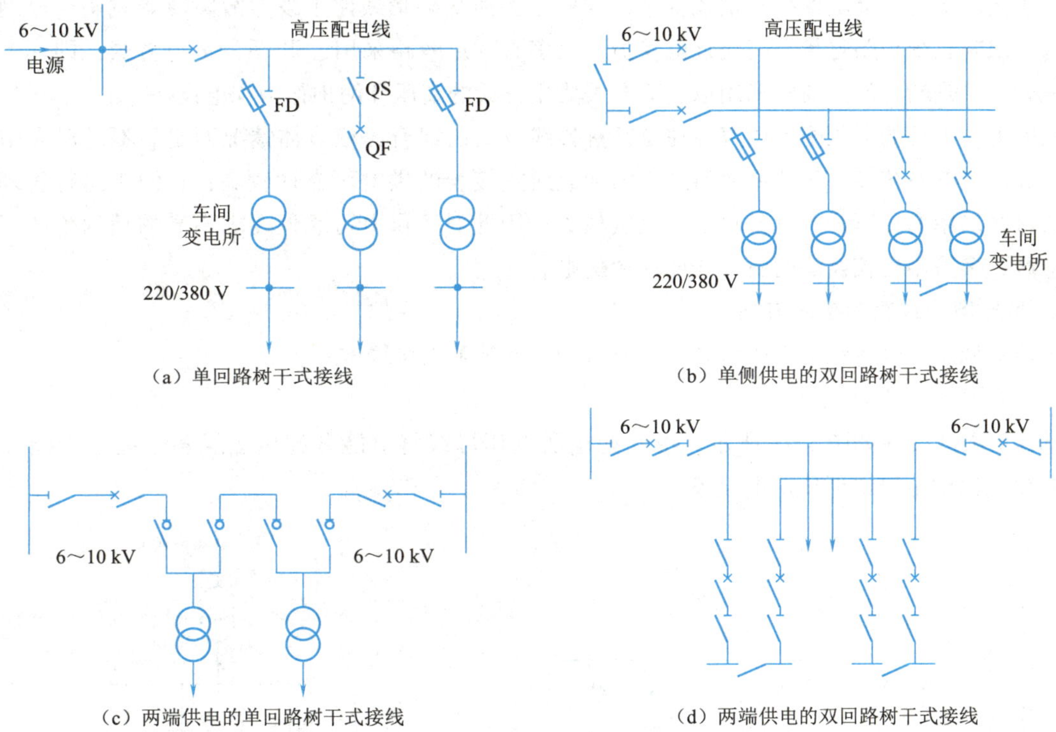

图 1-95　高压树干式接线

图 1-95（a）所示为单回路树干式接线。该接线方式较之单回路放射式，变配电所的出线大幅减少，高压开关柜数量也相应减少，同时可节约有色金属的消耗量。但因多个用户采用一条公用干线供电，各用户之间互相影响，当某条干线发生故障或需要检修时，将引起干线上的全部用户停电，所以供电可靠性差，且不容易实现自动化控制。一般用于对三极负荷配电，而且干线上连接的变压器不得超过 5 台，总容量不应大于 2 300 kV · A。这种接线在城镇街道应用较多。

为提高供电可靠性，可采用如图 1-95（b）所示单侧供电的双回路树干式接线方式。该接线方式可供电给二、三极负荷，但投资也相应有所增加。

图 1-95（c）所示为两端供电的单回路树干式接线。若一侧干线发生故障，可采用另一侧干线供电，因此供电可靠性也较高，与单侧供电的双回路树干式相当。正常运行时，由一侧供电或在线路的负荷分界处断开，发生故障时要手动切换，但寻查故障时也需要中断供电。所以，只可用于对二、三极负荷供电。

图 1-95（d）所示为两端供电的双回路树干式接线。它的供电可靠性比单侧供电的双回路树干式有所提高，主要用于对二级负荷供电；当供电电源足够可靠时，亦可用于一级负荷。而且其投资不比单侧供电的双回路树干式增加很多，关键是要有双电源供电的条件。

（3）高压环形接线

高压环形接线实际上是两端供电的树干式接线，如图 1-96 所示，两路树干式接线连接起来就构成了环形接线。这种接线运行灵活，供电可靠性高；线路检修时可切换电源，出现故障时可切除故障线段，缩短停电时间；可供电给二、三级负荷，在现代化城市电网中应用比较广泛。

由于闭环运行时继电保护整定较复杂，同时也为避免环形线路上发生故障时影响整个电网，因此，为了限制系统短路容量，简化继电保护，大多数环形线路采用“开环”运行方式，即环形线路中有一处开关是断开的。通常采用以负荷开关为主开关的高压环网柜作为配电设备。

实际上，工厂的高压配电线路往往是几种接线方式的组合，依具体情况而定。不过对大中型工厂，其高压配电系统多优先选用放射式，因为放射式接线的供电可靠性较高，且便于运行管理。但放射式接线采用的高压开关设备较多，投资较大，因此对于供电可靠性要求不高的辅助生产区和生活住宅区，多采用比较经济的树干式或环形配电。

2. 低压电力线路的接线方案

工厂的低压配电线路也有放射式、树干式和环形等基本接线方式。

（1）低压放射式接线

低压放射式接线如图 1-97 所示，由变配电所低压母线将电能分配出去经各个配电干线（配电屏）再供电给配电箱或低压用电设备。

图 1-96 高压环形接线

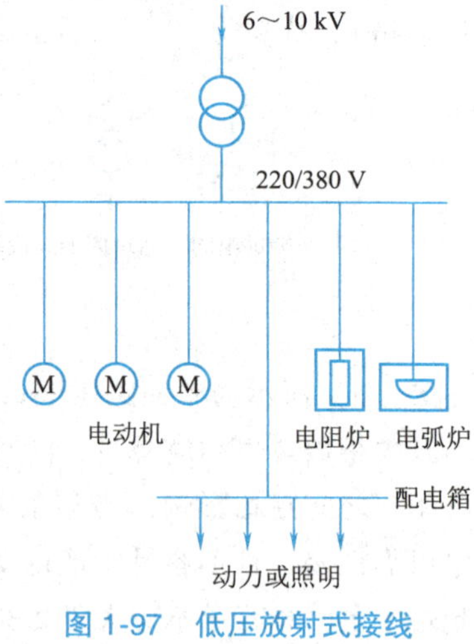

图 1-97 低压放射式接线

放射式接线的特点：其引出线发生故障时互不影响，供电可靠性较高，但是一般情况下，其有色金属消耗量较多，采用的开关设备也较多。因此，放射式接线多用于设备容量较大或对供电可靠性要求较高的设备供电。

（2）低压树干式接线

树干式接线的特点正好与放射式接线相反。一般情况下，树干式接线采用的开关设备较少，有色金属消耗量也较少，但是当干线发生故障时，影响停电的范围大，因此供电可靠性较低。

图 1-98（a）所示为低压母线放射式配电的树干式接线。这种接线多采用成套的封闭式母线槽，运行灵活方便，也比较安全，适宜于用电容量较小而分布均匀的场所，如机械加工车间、工具车间和机修车间的中小型机床设备以及照明配电。

图 1-98（b）所示为“变压器-干线组”的树干式接线，该接线方式省去了变电所低压侧的整套低压配电装置，简化了变电所的结构，大幅减少了投资。为了提高母干线的供电可靠性，该接线方式一般接出的分支回路数不宜超过 10 条，而且不适用于需要频繁起动、容量较大的冲击性负荷和对电压质量要求高的设备。

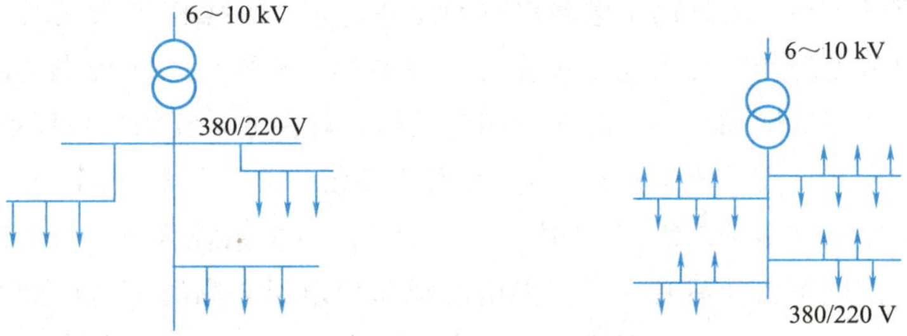

（a）低压母线放射式配电的树干式接线　（b）低压“变压器-干线组”的树干式接线

图 1-98　低压树干式接线

图 1-99 所示为变形的树干式接线，称为链式接线，该接线适用于用电设备彼此距离近、容量都较小的情况。链式连接的用电设备台数不能超过 5 台、配电箱不能超过 3 台，且总容量不宜超过 10 kW。

(3) 低压环形接线

工厂内的一些车间变电所低压侧，可以通过低压联络线相互连接成为环形，如图 1-100 所示。

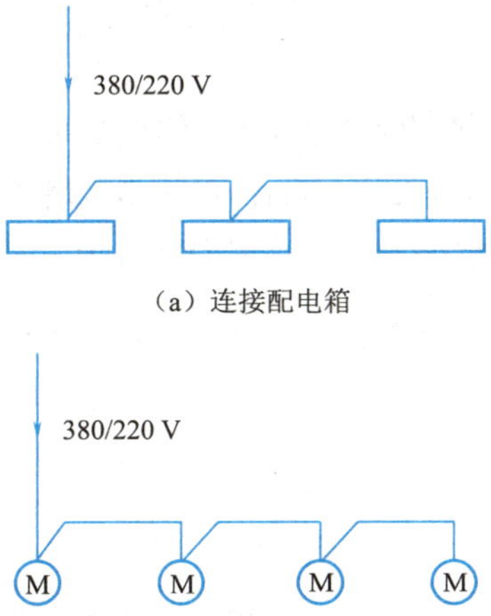

（a）连接配电箱

（b）连接电动机

图 1-99　低压链式接线

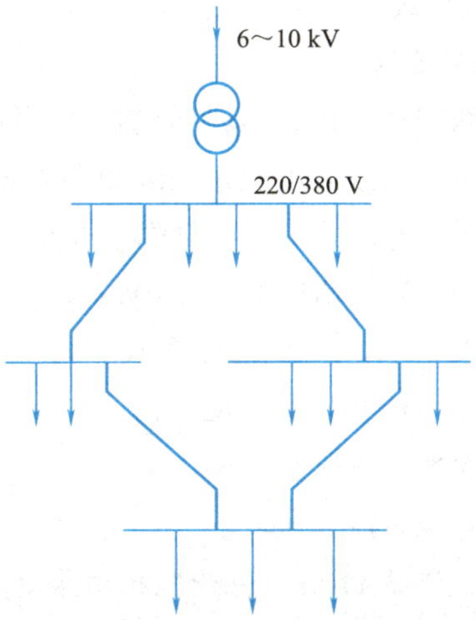

图 1-100　低压环形接线

环形接线供电可靠性较高。任一段线路发生故障或检修时，都不致造成供电中断，或只短时停电，一旦切换电源的操作完成，即能恢复供电。

环形接线可使电能损耗和电压损耗减少，但是其保护装置及其整定配合比较复杂。如果其保护的整定配合不当，容易发生误动作，反而扩大故障停电范围。实际上，低压环形接线也多采用“开口”方式运行。

在工厂的低压配电系统中，也往往采用几种接线方式的组合，依具体情况而定。不过在正常环境的车间或建筑内，当大部分用电设备不是很大且无特殊要求时，宜采用树干式配电。这一方面是由于树干式配电较之放射式经济，另一方面是由于我国各工厂的供电技术人员对采用树干式配电积累了相当成熟的运行经验。

总的来说，工厂电力线路的接线应力求简单。运行经验证明，供电系统如果接线复杂，层次过多，不仅浪费投资，维护不便，而且由于电路串联的元件过多，因操作失误或元件故障而发生事故的概率随之增加，且事故处理和恢复供电的操作也比较麻烦，从而延长了停电的时间。同时由于配电级数多，继电保护级数相应增加，动作时间也相应延长，对供电系统的故障保护十分不利。因此，GB 50052—2009《供配电系统设计规范》规定：“供配电系统应简单可靠，同一电压等级的配电级数高压不宜多于两级，低压不宜多于三级。”以图 1-3 所示工厂供电系统为例，由工厂总降压变电所直接配电到车间变电所的配电级数就只有一级，而由总降压变电所经高压配电所到车间变电所就有两级。按规定最多不宜超过两级。此外，高低压配电线路都应尽可能深入负荷中心，以减少线路的电能损耗和有色金属消耗量，提高电压水平。

项目实现

一、 供配一次系统设计实例

下面完成某 110 kV 变电站的设计，该变电站为一矿区区域变电站，站内有 110 kV、35 kV、10 kV 三个电压等级。

1. 变电站主要参数

该变电站两回路 110 kV 电源分别引自附近某 220 kV 变电站、110 kV 侧东起第 1、3 两个间隔，以架空方式接引，导线采用 LGJ-240/40 钢芯铝绞线，线路全长 1.8 km，双回路铁塔架设，全线架设避雷线。最大负荷有功功率 25.2 MW；最大负荷无功功率 13.4 MW；补偿后 110 kV 母线功率因数 0.91；补偿后全矿视在功率 27.74 MV·A。

电源侧变电站 110 kV 的短路参数：

①三相短路电流有效值 4.625 kA。

②三相短路冲击电流 11.768 kA。

③三相短路全电流 6.968 kA。

经过计算，该站 110 kV 母线三相短路电流有效值为 4.398 kA，三相短路冲击电流为 11.216 kA；35 kV 母线三相短路电流有效值为 3.487 kA，三相短路冲击电流为 8.891 kA；10 kV 母线三相短路电流有效值为 8.213 kA，三相短路冲击电流为 20.944 1 kA。

2. 初步设计

根据上述参数，从以下几方面进行初步设计：

(1) 主接线及主要电气设备选型

110 kV 采用单母线分段接线形式，35 kV 采用双母线接线形式，10 kV 采用单母线分段接线形式。主变两台（一用一备），选用 SS9-31500/110 型自冷式低损耗电力变压器，电压比为（110±2×2.5%)/(38.5±2×2.5%)/10.5 kV；110 kV 侧断路器选用 LW30-126G/3150 型，电流互感器选用 LVQB-110 型，隔离开关选用 GW5-110Ⅱ型，电压互感器选用 JDQXF-110 型，避雷器选用 Y10W-100/260 型；35 kV 侧配电装置选用 GGN-40.5(S)型双母线固定式高压开关柜，内设 ZN12 型真空断路器，配 CT17-35 弹簧操作机构；10 kV 配电装置选用 KYN28A-12(Z)金属铠装抽出式开关设备，进线及分段柜内设 ABB 公司的 VD4 真空断路器，其他出线柜内设 VS1 真空断路器；无功功率补偿选用 GR-1 型高压静电电容器柜。

(2) 布置方式

110 kV 侧配电装置户外设置，采用管型铝母线半高型布置方式，共设有 8 个间隔，从西向东依次为Ⅰ段、Ⅱ段 PT 及避雷器间隔，1 号进线间隔，2 号进线间隔，1 号主变间隔，分段间隔，2 号主变间隔，两个备用出线间隔。35 kV 及 10 kV 侧配电装置均设于室内，采用单列布置方式。35 kV 共设有 6 回馈出线，10 kV 共设有 18 回馈出线；10 kV 补偿装置设于电容器室内，采用双列布置方式，共设有 6 台补偿及进线柜，并预留两个备用位置。

(3) 防雷接地

变电站院内设 5 个 35 m 高避雷针防止直雷击，110 kV、35 kV、10 kV 母线及主变 35 kV、10 kV 出口均装设避雷器（柜）防止雷电波侵入。站内各电气设备正常不带电的金属外壳、铠装电缆的金属外皮等均按规程（范）要求可靠接地，CT 及 PT 接地处设集中接地。接地导线选用扁钢，垂直接地体选用镀锌钢管。

3. 设计思路及特点

(1) 110 kV 电气设备选型

主要电气设备选型采用无油化设计。随着供配电技术的飞速发展，目前少油断路器等配电装置已逐步被淘汰，取而代之的是安全性能更好、操作检修更方便的六氟化硫及真空断路器等电器设备。基于上述原因，在经过检验的基础上，该站 110 kV 断路器电流互感器、电压互感器均选用了六氟化硫设备，户内配电柜内的 35 kV 及 10 kV 断路器均选用了真空断路器，以便能更好地适应供配电的需要。

(2) 户外配电装置布置方式

110 kV 配电装置采用管型铝母线半高型方式布置。采用该布置方式是因为该站占地有限且又结合了当前流行的设计思想。110 kV 配电装置一般有普通中型装置、半高型装置、高型装置等几种。普通中型装置在我国运行历史较长，各地在运行维护及安装检修方面经验丰富，但由于其占地面积大，目前设计一般已不采用；半高型配电装置布置紧凑清晰、占地较少、钢材消耗与普通中性布置接近，且除设备上方有带电母线外，其余布置情况与中型布置相似，能较好地适应运行及检修人员的习惯与需要，目前该方式已得到大量采用；高型装置可较大幅度地缩小占地面积，但其钢材耗量较大，土建投资较多，安装检修及运行维护条件较差，故在 110 kV 等级中极少采用。

(3) 110 kV 主接线方式

采用单母线分段接线形式，但按双母线形式布置母线。该布置方式虽提高了一部分造价，但较好地结合了变电站的实际情况并兼顾了后期发展。考虑到进线的特殊性（双回路铁塔架空线路引入）及 110 kV 备用出线的走廊问题，再加上本站所处地位相当重要，以后一旦需要发展，势必再增加 110 kV 出线，此时改为双母线布置方式相当容易，只需要再增加部分电气设备即可。

(4) 35 kV 主接线及电气设备选型

35 kV 配电装置采用双母线固定式高压开关柜。本站有 110 kV、35 kV 及 10 kV 三个电压等级，其中 35 kV 侧负荷较大、馈线回路较多（3 对，共 6 回路），若用一般的单母分段接线形式，则由于其出线均为架空方式且每对出线均需要引自不同母线段的原因，势必会造成出线交叉多场外线路走廊困难的局面，再加上双母线在运行的安全性及管理的方便上有较大的优势，故此种情况下推荐采用双母接线形式是比较有利的。鉴于使用环境及设计人员的偏好，企业变电站 35 kV 配电柜选用手车式的较多，手车式配电柜质量、性能虽好，但其手车比较重，一般一个人难以操作，再考虑到一般变电站女值班人员较多的实际情况，选用固定式柜比较切合实际。

(5) 进出线布置

进出线布置实用、简洁、整齐。本站两回 110 kV 电源是采用双回路铁塔架设的输电线路引入的，基于此种情况设计因地制宜地将两个进线间隔相邻布置，这样可以方便进线且能简化进线架构布置；35 kV 配电室的进线采用软导线架空方式，两回进线均与户内进线开关柜垂直对应，户内进出线间隔布置均匀、直观；10 kV 配电室的进线采用硬母线支柱架设方式，在较好地排列室内配电柜顺序后，两回进线垂直引入室内，由于该进线走廊较长，如此排列后显得简洁整齐。以往的设计中，室内母线桥架一般均为敞开型的，其成本较低且检修方便，但安全距离要求较高。在现今馈出线较多的大型变电站中，使用敞开型桥架很难满足检修安全距离，使用封闭母线桥架即可解决此问题。总之，在满足安全实用的前提下，美观整齐的布置在大多数情况下是值得实现的，犹如建筑物需要一个漂亮的外观一样，当然在安全性与美观性矛盾的情况下另当别论。

(6) 接地装置设置

除按有关电力规程、规范配置接地装置外，设计还结合了电力系统运行反措要求，在 110 kV 侧电压互感器、电流互感器接地处设置了集中接地，即每组电压互感器及电流互感器周围设 10 根垂直接地极，并以水平接地体连成环形，然后与主接地体相连，连接点不得少于 4 处。

总之，在 110 kV 变电站的电气设计中，要对终端变电站和中间变电站进行充分考虑。终端变电站靠近 110 kV 变电站的负荷中心，实施两路进线的方式，进而把电能分配给低压用户。终端变电站的高压侧主接线方式有单母线接线、内桥接线、线路变压器组接线三种。首先，单母线接线方式在 110 kV 变电站的高压侧用得比较多，而单母线的分段接线方式在 110 kV 变电站的低压侧用得比较多。这种接线方式有着可靠性高以及灵活性好的特点，不过由于高设备很多，从而加大了占地面积，成本也随之而增加。其次是内桥接线方式，这种接线方式的可靠性及灵活性能都不好，操作比较复杂，其他变压器易于受到故障变压器的影响。不过这种接线方式在线路的投入及去除方面有一定优势。再次，就是线路变压器组接线方式，这种接线方式不仅线路清晰、高压设备、占地面积少，而且还能实现以最快的速度恢复供电，但是在电源停电时，要停一台主变压器，并在较短的时间内对一部分负荷进行限电。由此可见，在进行 110 kV 电气设备的接线时要根据所需进行接线方式的选择，以便有最好的效果。110 kV 变电站一次电气部分的设计是一项复杂的系统性工程，在电力系统项目建设中起着重要作用。因此，变电站一次电气部分的设计是否科学合理，对供电的可靠性以及安全性有着重要的影响，并且与变电站的建设费用等有着密切的联系。所以，要做好一次部分的设计以及电气设备的接线方式等问题，唯有如此才能使变电站得到较大的效益，提升电力系统用电的安全性。

二、供配一次系统设计实施

各组学生根据任务书要求，通过查找相关资料，了解项目所要达到的目标和所要完成的内容，并根据自己对项目的了解，制定完成项目的设计方案。项目设计方案应包括如下几方面内容：

1. 项目的目的

（写出该项目所要达到的目标和完成的内容）

2. 项目设计正文

（项目设计包括方案设计、实施过程设计和系统调试等几部分）

3. 项目设计总结或结论

（对项目设计方案的可行性进行论证得出的结论）

4. 参考文献（参考以下格式写）

汪石平. 供配电技术［M］. 北京：高等教育出版社，2010.

项目设计 评　语			
项目设计 成　绩		指导教师 （签字）	年　月　日

项目任务书

题目＿＿35 kV 变电站主接线设计＿＿

一、设计原始资料

1. 工厂情况及扩建计划

工厂三班工作制，有增加 20% 负荷扩建可能。

2. 工厂负荷性质

工厂电力负荷情况分析：铸造车间Ⅰ为一级负荷，化工厂（转供）为二级负荷，锅炉房、铸造车间Ⅱ、空压机站、热处理车间为二级负荷，其余车间为三级负荷；住宅区为三级负荷。工厂昼夜负荷变化较大。

3. 电气工程技术指标及各材料供应情况

供电部门要求本厂从东北方向 45 km 的地区变电所用 35 kV 的两回线路向本厂供电。在本变电所变为 10 kV，通过厂内配电线路送往各车间变电所。

4. 电费计量方式

在本厂总变电所高压侧计量，要求功率因数>0.92。按大型工业用电企业基本电费标准收取。大型工业电价适用范围：凡以电为原动力，或以电冶炼、烘熔、熔焊、电解、电化的一切工业生产，受电变压器容量在 315 kV · A 及以上者，均执行大型工业电价。大型工业电价均实行二部制电价，即按电表抄见电度计算的电度电费和按变压器容量（或最大需量）计算的基本电费，见表 1-7。

表 1-7 各车间负荷表

车间	类别				
	设备容量/kW	需用系数/Kd	功率因数（cos φ）	照明容量/kW	总降到车间长度/m
铸钢车间	940	0.4	0.65	7	600
下料车间	400	0.30	0.65	3	800
铸铁车间Ⅰ	600	0.4	0.7	6	1 000
铸铁车间Ⅱ	900	0.35	0.7	5	1 500
工具车间	350	0.3	0.65	6	800
锻压车间	1 300	0.3	0.6	6	1 200
锅炉房	300	0.75	0.8	3	600
空压机站	300	0.85	0.8	1	900
机修车间	250	0.25	0.65	5	600
化工厂	2 400	0.83	0.91	36	5 000

二、设计内容

1. 变电所电气主接线设计

设计满足供电可靠性、运行灵活性要求的变电所主电路，要至少给出两个方案进行比较，并最终确定待建变电所的主电路设计方案。

根据所确定的主电路设计方案和进出线回路数，通过技术比较、论证，确定待建变电所各电压等级的主接线方式。

2. 负荷计算

①采用需要系数法计算各车间的负荷及总负荷。

②根据计算负荷选择变电所电气设备，包括断路器、隔离开关、母线、电流互感器、电压互感器避雷器及中性等设备。

三、设计要求

①项目一完成后，提交 35 kV 变电所主电路图设计初稿。

②项目二完成后，补充继电保护相关内容，再次提交 35 kV 变电所主电路图。

③项目三完成后，进行负荷计算，将图中所有设备参数标注清楚，提交最终稿 35 kV 变电所主电路图。

三、 企业配电线路的安装

视 频

供电线路导线和电缆截面的选择

（一）供电线路导线和电缆截面积的选择

为保证供电系统安全、可靠、优质、经济地运行，选择导线和电缆截面时必须满足下列条件：

①发热条件：导线和电缆在通过正常最大负荷电流即计算电流时产生的发热温度，不应超过其正常运行时的最高允许温度。

②电压损耗条件：导线和电缆在通过正常最大负荷电流即计算电流时产生的电压损耗，不应超过其正常运行时允许的电压损耗。对于工厂内较短的高压线路，可不进行电压损耗校验。

③经济电流密度：35 kV 及以上的高压线路及 35 kV 以下的长距离、大电流线路（如较长的电源进线和电弧炉的短网等线路），其导线和电缆截面积宜按经济电流密度选择，以使线路的年运行费用

支出最小。按经济电流密度选择的导线（含电缆）截面，称为“经济截面”。工厂内的 10 kV 及以下线路，通常不按经济电流密度选择。

④机械强度：导线（含裸导线和绝缘导线）截面积不应小于其最小允许截面积。对于电缆，不必校验其机械强度，但需要校验其短路热稳定度。母线则应校验其短路的动稳定度和热稳定度。

根据设计经验，对于绝缘导线和电缆，还应满足工作电压的要求：

①一般 10 kV 及以下高压线路及 1 kV 以下低压动力线路，通常是先按发热条件来选择导线或电缆截面，再校验电压损耗和机械强度。

②低压照明线路，因其对电压水平要求较高，故通常是先按允许电压损耗进行选择，再校验发热条件和机械强度选择。

③对长距离大电流线路和 35 kV 及以上高压线路，可先按经济电流密度确定一个截面，再校验其他条件。按上述经验选择计算，比较容易满足要求，较少返工。

下面分别介绍按发热条件、经济电流密度和电压损耗选择导线和电缆截面的问题。关于机械强度，对于工厂的电力线路，只需按其最小允许截面校验即可，因此后面不再赘述。

1. 按发热条件选择导线和电缆的截面

(1) 三相系统相线截面的选择

电流通过导线（包括电缆、母线等）时，要产生电能损耗，使导线发热。导线温度过高时，会使导线接头处的氧化加剧，增大接触电阻，使之进一步氧化，最后可能发展到断线。而绝缘导线和电缆的温度过高时，可使绝缘加速老化甚至烧毁，或引起火灾。因此，导线的正常发热温度不得超过正常额定负荷时的最高允许温度。

按发热条件选择三相系统中的相线截面时，应使其允许载流量 I_{al} 不小于通过相线的计算电流 I_{30}，即

$$I_{al} \geqslant I_{30}$$

注意：按发热条件选择的绝缘导线和电缆截面，还必须与其相应的过电流保护装置（如熔断器或低压断路器的过电流脱扣器）的动作电流相配合。如果配合不当，则可能发生导线或电缆因过电流而发热引燃。

(2) 中性线和保护线截面的选择

①中性线（N 线）截面的选择。三相四线制系统中的中性线，要通过系统中的不平衡电流即零序电流，因此中性线的允许载流量，不应小于三相系统的最大不平衡电流，同时应考虑系统中谐波电流的影响。

- 一般三相四线制线路的中性线截面 A_0，应不小于相线截面 A_φ 的 50%，即

$$A_0 \geqslant 0.5A_\varphi$$

- 由三相四线线路中引出的两相三线线路和单相线路，由于其中性线电流与相线电流相等，因此其中性线截面 A_0 应与相线截面 A_φ 相等，即

$$A_0 = A_\varphi$$

- 对于三次谐波电流突出的三相四线制线路，由于各相的三次谐波电流都要通过中性线，使得中性线电流可能接近甚至超过相线电流，因此其中性线截面 A_0 宜等于或大于相线截面 A_φ，即

$$A_0 \geqslant A_\varphi$$

②保护线（PE 线）截面的选择。保护线要考虑三相系统发生单相短路故障时单相短路电流通过的短路热稳定度。

根据短路热稳定度的要求保护线的截面 APE，应按 GB 50054—2011《低压配电设计规范》的下列规定选择：

- 当 $A_\varphi \leqslant 16\ \text{mm}^2$ 时

$$A_{PE} \geqslant A_\varphi$$

- 当 $16\ \text{mm}^2 < A_\varphi \leqslant 35\ \text{mm}^2$ 时

$$A_{PE} \geqslant 16\ \text{mm}^2$$

- 当 $A_\varphi > 35\ \text{mm}^2$ 时

$$A_{PE} \geqslant 0.5A_\varphi$$

③保护中性线（PEN 线）截面的选择。保护中性线兼有保护线和中性线的双重功能，因此其截面选择应同时满足上述保护线和中性线的要求，取其中最大值。

【例 1-2】 有一条采用 BV-500 型铜芯塑料线明敷的 220/380 V 的 TN-S 线路，计算电流为 140 A，当地最热月平均最高气温为+30 ℃。试按发热条件选择此线路的导线截面。

解：TN-S 线路为含有 N 线和 PE 线的三相四线制线路，因此除选择相线外，还要选择 N 线和 PE 线。

- 相线截面的选择。查导线规格对照表得环境温度为 30 ℃时明敷的 BV-500 型铜芯塑料线为 35 mm² 的 $I_{al} = 156\ \text{A} > I_{30} = 140\ \text{A}$，因此相线截面选 $A_\varphi = 35\ \text{mm}^2$。
- N 线截面的选择。按 $A_0 \geqslant 0.5A_\varphi$ 选 $A_0 = 25\ \text{mm}^2$。
- PE 线截面的选择。由于 $A_\varphi = 35\ \text{mm}^2$，按规定 $A_{PE} \geqslant 16\ \text{mm}^2$，$A_\varphi > 35\ \text{mm}^2$，$A_{PE} \geqslant 0.5A_\varphi$，选 $A_{PE} = 25\ \text{mm}^2$。

所选导线型号规格可表示为：BV-500-(3×35+1×25+PE25)。

按 $A_0 \geqslant 0.5A_\varphi$，选 $A_0 = 25\ \text{mm}^2$。

2. 按经济电流密度选择导线截面和电缆的截面

导线（或电缆）的截面越大，电能损耗越小，但是线路投资、维修管理费用和有色金属消耗量都要增加。因此从经济方面考虑，导线应选择一个比较合理的截面，既要使电能损耗小，又不要过分增加线路投资、维修管理费用和有色金属消耗量。

图 1-101 是线路年运行费用（C）与导线截面（A）的关系曲线。其中，曲线 1 表示线路的年折旧费（即线路投资除以折旧年限之值）和线路的年维修管理费之和与导线截面的关系曲线；曲线 2 表示线路的年电能损耗费与导线截面的关系曲线；曲线 3 为曲线 1 与曲线 2 的叠加，表示线路的年运行费用（包括线路的年折旧费、维修管理费和电能损耗费）与导线截面的关系曲线。由曲线 3 可以看出，与年运行费用最小值 C_a（曲线 3 上 a 点）相对应的导线截面 A_a 不一定是很经济合理的截面，因为 a 点附近，曲线 3 比较平坦。如果将导线截面再选小一些，例如选为 A_b（b 点），年运行费用 C_b 增加不多，而导线截面即有色金属消耗量却显著减少。

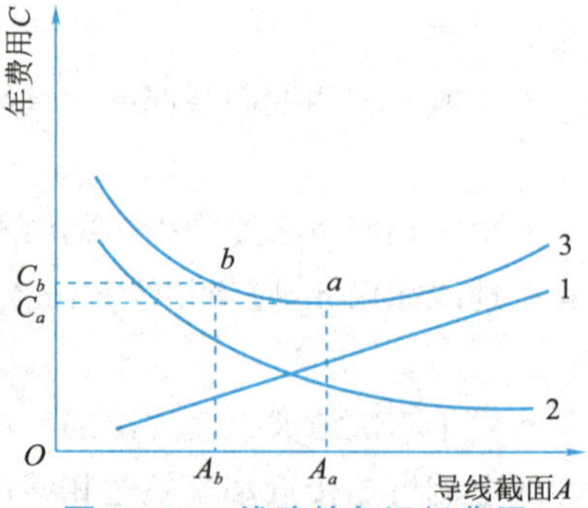

图 1-101　线路的年运行费用与导线截面的关系曲线

因此，从全面的经济效益来考虑，导线截面选为 A_b 看来比选为 A_a 更为经济合理。这种从全面经济效益考虑，既使线路的年运行费用接近于最小，又适当考虑有色金属节约的导线截面，称为经济截面（economic section），用符号 A_{ec} 表示。

与经济截面对应的导线电流密度，称为经济电流密度。我国现行的经济电流密度值见表 1-8。

表 1-8　导线和电缆的经济电流密度值　　（单位：A/mm^2）

线路类别	导线材质	年最大有功负荷利用小时		
		3 000 h 以下	3 000~5 000 h	5 000 以上
架空线路	铜	3.00	2.25	1.75
	铝	1.65	1.15	0.90
电缆线路	铜	2.50	2.25	2.00
	铝	1.92	1.73	1.54

按经济电流密度 j_{ec} 计算导线经济截面 A_{ec} 的公式为

$$A_{ec}=\frac{I_{30}}{j_{ec}} \tag{1-3}$$

式中，I_{30} 为线路的计算电流。

按式（1-3）计算出 A_{ec} 后，应选择最接近的标准截面（可取较小的标准截面），然后校验其他条件。要求，选 PE 线截面积 $S_{PE}=25\ mm^2$。

3. 按线路电压损耗选择导线和电缆截面

由于线路存在着阻抗，所以线路通过负荷电流时要产生电压损耗。一般线路的允许电压损耗不超过 5%（对线路额定电压）。从变压器低压侧母线到用电设备受电端的低压配电线路的电压损耗，一般不得超过用电设备额定电压的 5%；对视觉要求较高的照明线路，则为 2%～3%。如果线路的电压损耗值超过了允许值，则应适当增大导线的截面，使其满足允许电压损耗的要求。

4. 按机械强度校验导线截面积

导线在正常运行时，受其自身重量和风、雨、雪、冰等外部作用力的影响，且在安装过程中也要受到拉伸的作用力，为保证在安装和运行过程中，导线不致折断而中断正常供电和发生其他事故，导线的截面不得小于其最小允许截面。

（二）电力线路的结构与敷设

1. 架空线路的结构和敷设

由于架空线路与电缆线路相比具有较多优点，如成本低投资少，安装容易，维护和检修方便，易于发现和排除故障等，架空线路在一般工厂中应用相当广泛。但是，架空线路直接受大气影响，易受雷击和污秽空气危害且架空线路要占用一定的地面和空间，有碍交通和观瞻，因此受到一定的限制。现代化工厂有逐渐减少架空线路、改用电缆线路的趋向。

视　频

电力线路的敷设方式

（1）架空线路的结构

架空线路由导线、电杆、绝缘子和线路金具等主要元件组成，其结构如图 1-102 所示。为了防雷，有的架空线路上还装设有避雷线（又称架空地线）。为了加强电杆的稳固性，有的电杆还安装有拉线或扳桩。

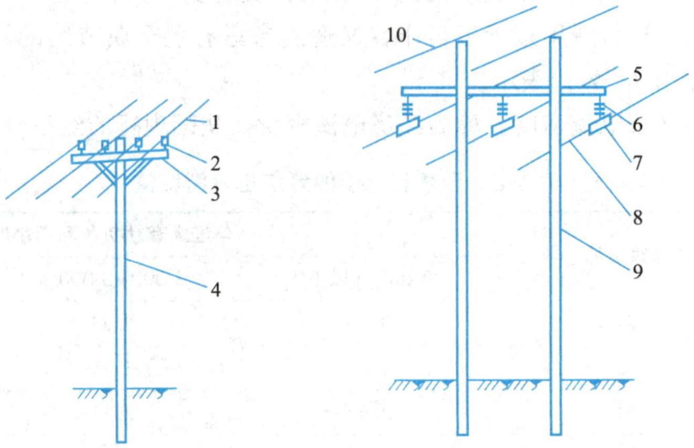

（a）低压架空线路　　（b）高压架空线路

1—低压导线；2—针式绝缘子；3—低压横担；4—低压电杆；5—高压横担；
6—高压悬式绝缘子串；7—线夹；8—高压导线；9—高压电杆；10—避雷线。

图 1-102　架空线路的结构

①电杆：电杆是支持导线及其附属的横担、绝缘子等的支柱，是架空线路的重要组成部分。

对电杆的要求，主要是要有足够的机械强度，同时尽可能经久耐用、价廉，便于搬运和安装。

电杆按其采用的材料可分为木杆、水泥杆和铁塔。目前以水泥杆应用最为普遍，它使用年限长，机械强度高，维护简单，成本低，但重量大，搬运安装不方便。金属杆分为钢管杆、型钢杆和铁塔，它机械强度大，维修量小，使用年限长，但维修费用高、价格贵，因此，主要用于 110 kV 以上的高压架空线路上；35 kV 及以上线路和 10 kV 线路的终端杆一般用铁塔。木杆虽便于加工和运输，但寿命短，又浪费木材，已基本被淘汰。

电杆按其在架空线路中的功能和地位可分为直线杆、分段杆、转角杆、终端杆、跨越杆和分支杆等类型。图 1-103 所示为上述各种杆型在低压架空线路上的应用示例。

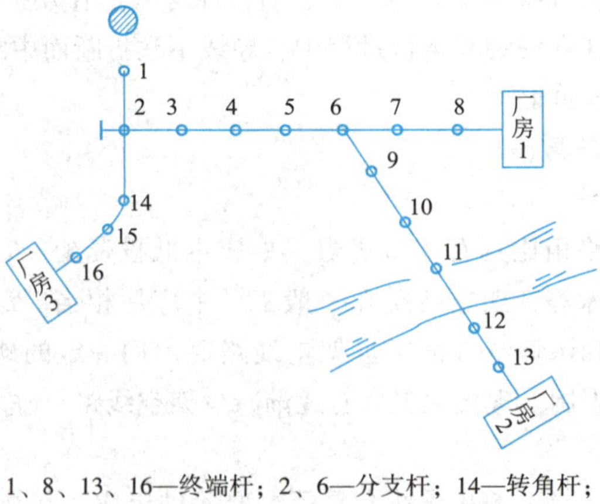

1、8、13、16—终端杆；2、6—分支杆；14—转角杆；
3、4、5、7、9、10、15—直线杆（中间杆）；5；分段杆（耐张杆）；11、12；跨越杆。

图 1-103　架空线路的杆型及应用

横担安装在电杆的上部，用于安装绝缘子以固定导线。常用的有铁横担、木横担和瓷横担。从保护环境和经久耐用看，现在普遍采用的是铁横担和瓷横担，一般不用木横担。瓷横担具有良好的电气绝缘性能，兼有横担和绝缘子的双重功能，可节约木材和钢材，而且一旦发生断线故障时它能做相应的转动，以避免事故扩大；而且瓷横担结构简单，安装方便，能加快施工进度，又便于维护，因此，在 10 kV 及以下的高压架空线路中仍有应用。但瓷横担脆而易碎，在运输和安装中要注意。

拉线用于平衡电杆所受到的不平衡作用力，并可抵抗风压防止电杆倾倒。在受力不平衡的转角杆、分段杆、终端杆上需装设拉线。拉线必须具有足够的机械强度并要保证拉紧。为了保证其绝缘性能，其上把、腰把和底把用钢绞线制作，且均须安装拉线绝缘子进行电气绝缘。

②导线：导线材质有铜、铝和钢。铜的导电性最好（电导率为 53 MS/m），机械强度也相当高（抗拉强度约为 380 MPa），但铜属于贵重金属，应尽量节约。铝的机械强度较差（抗拉强度约为 160 MPa），但其导电性较好（电导率为 32 MS/ m），且具有质轻、价廉的优点。因此在能以铝代铜的场合，尽量采用铝导线。钢的机械强度很高（多股钢绞线的抗拉强度达 1 200 MPa），而且价廉，但其导电性差（电导率为 7.52 MS/m），功率损耗大（对交流电流还有铁磁损耗），并且容易锈蚀。因此，钢线在架空线路上一般只用作避雷线，而且规定要使用截面不小于 35 mm^2的镀锌钢绞线。

架空线路一般采用裸导线。裸导线按结构可分为单股线和多股绞线。工厂供电系统中一般采用多股绞线。绞线又有铜绞线、铝绞线和钢芯铝绞线。架空线路上一般采用铝绞线。在机械强度要求较高和 35 kV 及以上的架空线路上，多采用钢芯铝绞线。钢芯铝绞线简称钢芯铝线，其截面结构如图 1-104 所示。其芯线是钢线，用以增强导线的抗拉强度，弥补铝线机械强度较差的缺点，而其外围为铝线，用以传导电流，具有导电性较好的优点。由于交流电流在导线中的集肤效应，交流电流实际上只从铝线通过，从而弥补了钢线导电性差的缺点。钢芯铝线型号中表示的截面积就是导电的铝线部分的截面积。例如 LGJ-185，185 表示钢芯铝线（LGJ）中铝线（L）的额定截面积为 185 mm^2。

架空线路常用裸导线全型号的表示及含义如图 1-105 所示。

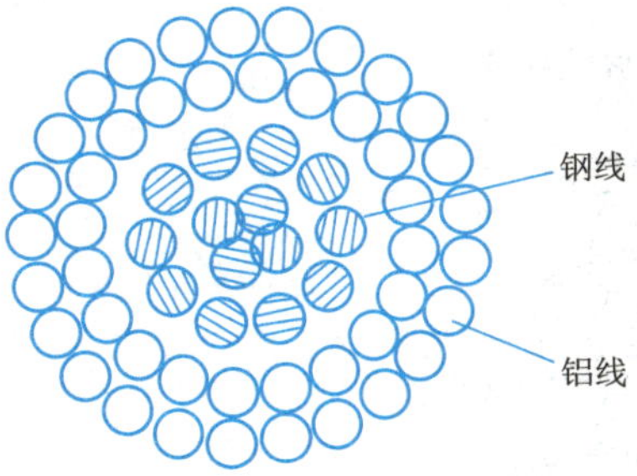

图 1-104　钢芯铝绞线截面结构

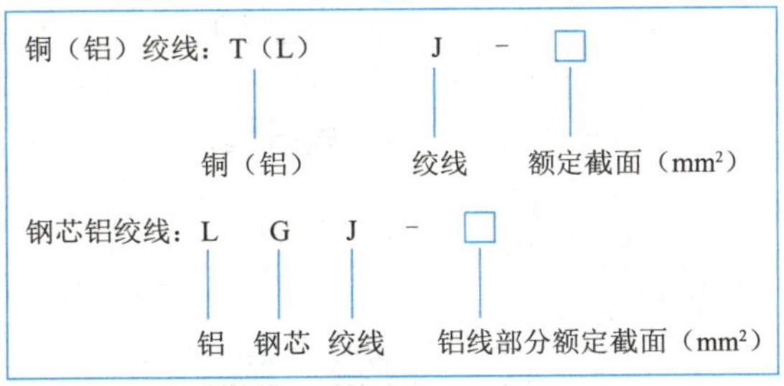

图 1-105　架空线路常用裸导线全型号的表示及含义

对于工厂和城市 10 kV 及以下的架空线路，当安全距离难以满足要求，或者邻近高层建筑及在繁华街道、人口密集地区，或者空气严重污染地段和建筑施工现场，按 GB 50061—2010《66 kV 及以下架空电力线路设计规范》规定，可采用绝缘导线。

③绝缘子：又称瓷瓶，用来将导线固定在电杆上，并使导线与电杆绝缘。因此，对绝缘子既要求具有一定的电气绝缘强度，又要求具有足够的机械强度。

线路绝缘子按电压高低可分为高压绝缘子和低压绝缘子两大类。图 1-106 所示为高压线路绝缘子的外形结构。针式绝缘子按针脚长短分为长脚绝缘子和短脚绝缘子。长脚绝缘子用在木横担上，短脚绝缘子用在铁横担上。蝴蝶式绝缘子用在耐张杆、转角杆和终端杆上。拉线绝缘子用在拉线上，使拉线上下两段互相绝缘。

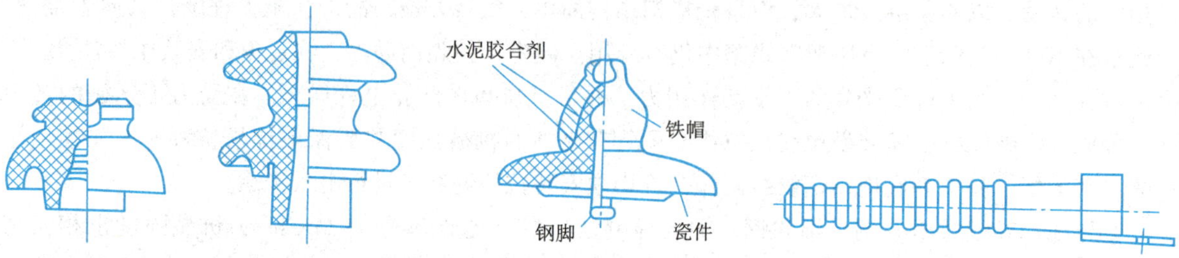

（a）针式　（b）蝴蝶式　（c）悬式　（d）瓷横担

图 1-106　高压线路绝缘子的外形结构

④金具：线路金具是用来连接导线、安装横担和绝缘子等的金属附件。图 1-107（a）、（b）所示为用来安装低压针式绝缘子的直脚和弯脚；图 1-107（c）所示为用来安装蝴蝶式绝缘子的穿芯螺钉；图 1-107（d）所示为用来将横担或拉线固定在电杆上的 U 形抱箍；图 1-107（e）所示为用来调节拉线松紧的花篮螺钉；图 1-107（f）所示为高压悬式绝缘子串的挂环、挂板、线夹等。

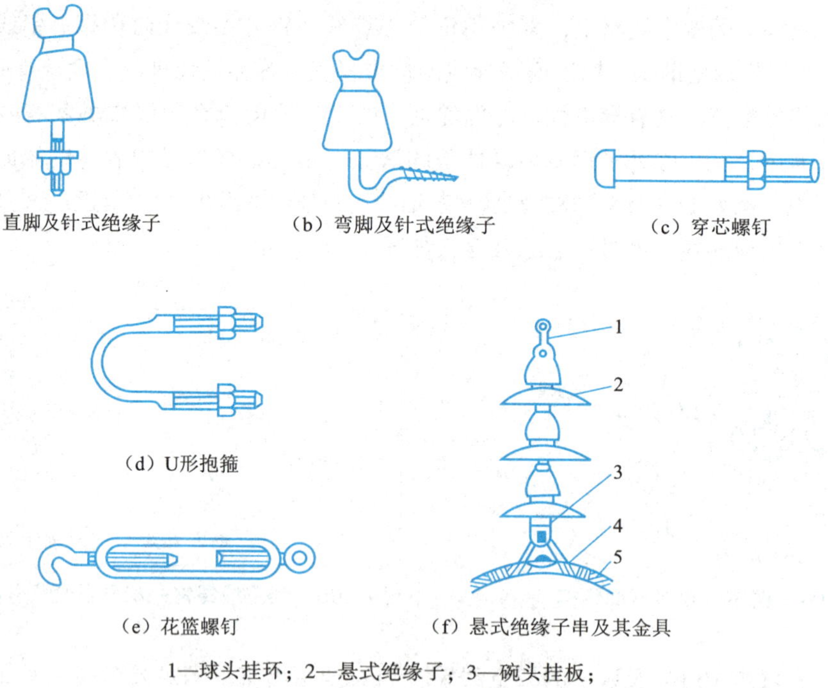

（a）直脚及针式绝缘子　（b）弯脚及针式绝缘子　（c）穿芯螺钉

（d）U形抱箍

（e）花篮螺钉　（f）悬式绝缘子串及其金具

1—球头挂环；2—悬式绝缘子；3—碗头挂板；

4—悬垂线夹；5—架空导线。

图 1-107　架空线路用的金具

（2）架空线路的敷设

敷设架空线路必须严格遵守有关技术规程和操作规程，自始至终重视安全教育，采取安全保障措施，防止发生事故，并严格保证工程质量，竣工后必须严格按规定的手续和项目进行检查验收，才能投入使用。

①架空线路路径的选择。选择架空线路的路径和杆位应符合下列要求：

- 应综合考虑运行、施工、交通条件和路径长度等因素。路径要短，转角要少，要运输方便，施工容易，利于巡视和维修。
- 宜沿道路平行架设，避免通过行人、车辆、起重机械等频繁活动的地区及露天堆放场而导致交通与人行困难。
- 宜尽可能减少与其他设施的交叉或跨越建筑物，并与建筑物保持一定的距离。
- 避免低洼积水、多尘、有腐蚀性化学气体的场所及有爆炸物和可燃液（气）体的生产厂房、仓库、贮罐等场所。
- 应与工厂及城镇规划、环境美化、网络改造等协调配合，并适当考虑今后的发展。

②导线的排列。三相四线制低压架空线路的导线一般采用水平排列，如图 1-108（a）所示。其中，因中性线的截面较小，机械强度较差，一般架设在中间靠近电杆的位置。例如，线路沿建筑物架设，应靠近建筑物。中性线的位置不应高于同一回路的相线，同一地区内中性线的排列应统一。

三相三线制架空线可采用三角形排列，如图 1-108（b）、（c）所示；也有水平排列，如图 1-108（f）所示。

多回路导线同杆架设时，可混合排列或垂直排列，如图 1-108（d）、（e）所示；但对同一级负荷供电的双电源线路不得同杆架设。而且，不同电压的线路同杆架设时，电压较高的导线在上方，电压较低的导线在下方。动力线与照明线同杆架设时，动力线在上，照明线在下。仅有低压线路时，广播通信线在最下方。

三相四线制低压架空线路的导线，一般都采用水平排列，如图 1-108（a）所示。由于中性线（N 线或 PEN 线）电位在三相对称时为零，而且其截面也较小，机械强度较差，所以中性线一般架设在靠近电杆的位置。

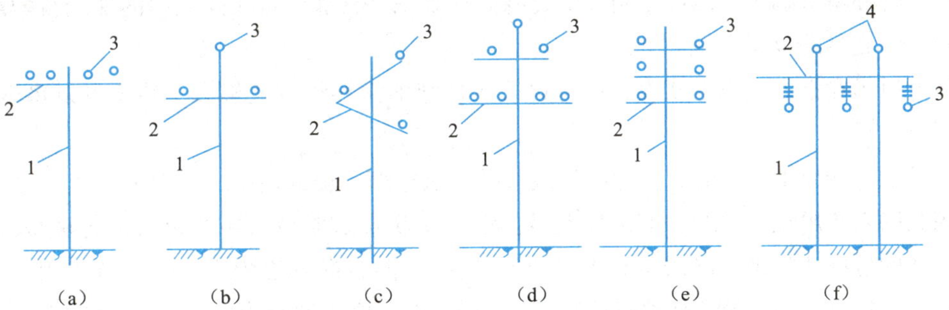

1—电杆；2—横担；3—导线；4—避雷线。

图 1-108　导线在电杆上的排列方式

架空线路的排列相序应符合下述规定：

- 高压线路：面向负荷从左至右为 L1、L2、L3。
- 低压线路：面向负荷从左至右为 L1、N、L2、L3。

③ 架空线路的档距、线距、弧垂及其他距离。架空线路的档距，又称跨距，是指同一线路上相邻两根电杆之间的水平距离，如图 1-109 所示。

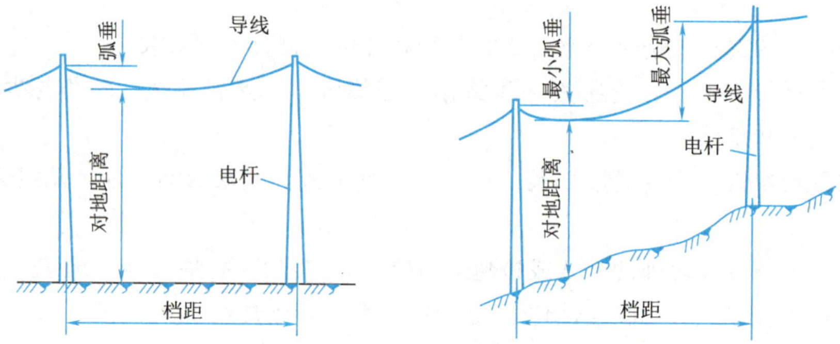

(a) 平地架空线路　　(b) 坡地架空线路

图 1-109　架空导线的档距和弧垂

架空线路导线的弧垂，又称弛垂，是指其一个档距内导线的最低点与两端电杆上导线悬挂点间的垂直距离，如图 1-109 所示。导线的弧垂是由于导线存在着荷重所形成的。弧垂不宜过大，也不宜过小：过大则在导线摆动时容易引起相间短路，而且可造成导线对地或对其他物体的安全距离不够；过小则使导线的内应力增大，天冷时可能使导线收缩而绷断。

此外，架空线路的线间距离、导线对地面和水面的距离、架空线和各种设施接近、交叉的距离以及上述的档距、弧垂等，在 GB 50061—2010 等的技术规程中都有规定，设计和安装时须严格遵守。

(3) 架空绝缘线路

架空绝缘导线在国际上已有近 30 年的历史，而且很多国家都有各自的标准，我国近几年来在该方面也有所发展。

架空绝缘导线和架空裸导线相比较，耐压水平高，尤其是当发生断线故障时，仅在两个断头上有电，减少了对周围的危害范围和程度；而且，采用绝缘线可缩小线间距离，降低线路上的电压降；同时，绝缘线受环境影响小，因此使用寿命比裸导线要长；其载流量比同截面的裸绞线的载流量大，而且截面越大，超过的也越大。

绝缘线可以吊在钢索上成束架设，也可以采用传统的裸导线方式架设，甚至可以将绝缘线紧密接触进行平行架设。

我国现已能生产至 10 kV 的架空绝缘导线，并在供电部门得到使用，且效果良好。10 kV 绝缘导线主要采用交联聚乙烯绝缘导线，有两种型号：铜芯交联聚乙烯绝缘导线和铝芯交联聚乙烯绝缘导线。我国生产的低压塑料绝缘导线有以下几种：JV 型（铜芯聚氯乙烯绝缘线）、JLV 型（铝芯聚氯乙烯绝缘线）、JY 型（铜芯聚乙烯绝缘线）、JLY 型｛铝芯聚乙烯绝缘线｝以及 JLYJ 型（铜芯交联聚乙烯绝缘导线）等。

2. 电缆线路的结构和敷设

电缆线路与架空线路相比，具有成本高、投资大、维修不便等缺点，但是它具有运行可靠、不易受外界影响、不要架设电杆、不占地面、不碍观瞻等优点。特别是在有腐蚀性气体和易燃、易爆场所，不宜架设架空线路时，只能敷设电缆线路。在现代化工厂和城市中，电缆线路得到越来越广泛的应用。

(1) 电缆结构

电缆（cable）是一种特殊结构的导线，在其几根（或单根）绞绕的绝缘导电芯线外面，统包有绝缘层和保护层。图 1-110 所示为电缆的剖面图。

线芯导体要有好的导电性，以减少输电时线路上电能的损失。

绝缘层的作用是将线芯导体和保护层相隔离，因此必须具有良好的绝缘性能和耐热性能。油浸纸绝缘电缆以油浸纸作为绝缘层，塑料电缆以聚氯乙烯或交联聚乙烯作为绝缘层。保护层又可分为内护层和外护层两部分。内护层直接用来保护绝缘层，常用的材料有铅、铝和塑料等。外护层用以防止内护层受到机械损伤和腐蚀，通常为钢丝或钢带构成的钢铠，外覆沥青、麻被或塑料护套。

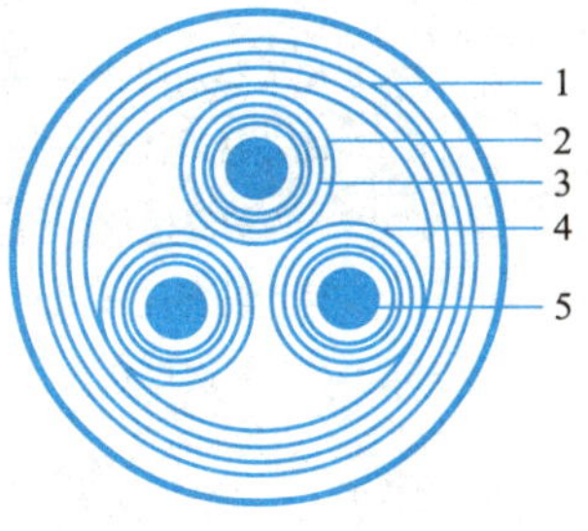

1—铅皮；2—缠带绝缘；3—线芯绝缘；4—填充物；5—线芯导体。

图 1-110　电缆的剖面图

电缆的类型很多。供电系统中常用的电力电缆，按其缆芯材质可分为铜芯和铝芯两大类。按其采用的绝缘介质可分为油浸纸绝缘电缆和塑料绝缘电缆两大类。油浸纸绝缘电缆具有耐压强度高、耐热性能好和使用寿命长等优点，因此应用相当普遍。但是它在运行中，其中的浸渍油会流动，因此其两端安装的高度差有一定的限制，否则电缆中低的一端可能因油压过大而使端头胀裂漏油，而其高的一端则可能因油流失而使绝缘干枯，耐压强度下降，甚至被击穿损坏。塑料绝缘电缆具有结构简单、制造加工方便、重量较轻、敷设安装方便、不受敷设高度差的限制及抗酸碱腐蚀性好等优点，因此在工厂供电系统中有逐步取代油浸纸绝缘电缆的趋势。目前我国生产的塑料绝缘电缆有两种：一种是聚氯乙烯绝缘及护套电缆；另一种是交联聚乙烯绝缘聚氯乙烯护套电缆，其电气性能更优越。

图 1-111 和图 1-112 分别是油浸纸绝缘电力电缆和交联聚乙烯绝缘电力电缆的结构图。

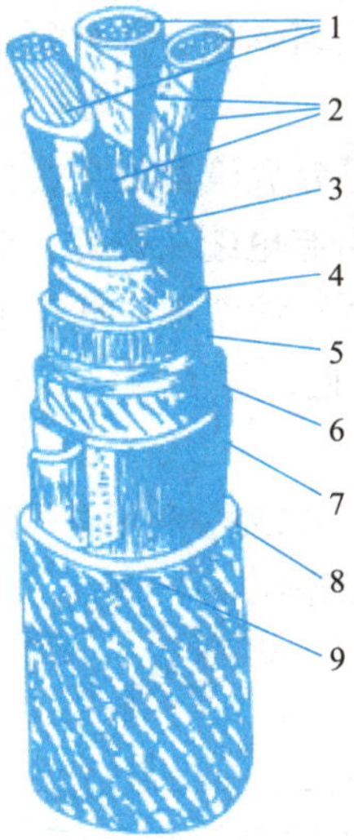

1—缆芯（铜芯或铝芯）；2—油浸纸绝缘层；3—麻筋（填料）；4—油浸纸统包绝缘；5—铅包（内护层）；6—涂沥青的纸带（内护层）；7—浸沥青的麻被（内护层）；8—钢铠（外护层）；9—麻被（外护层）。

图 1-111　油浸纸绝缘电力电缆结构

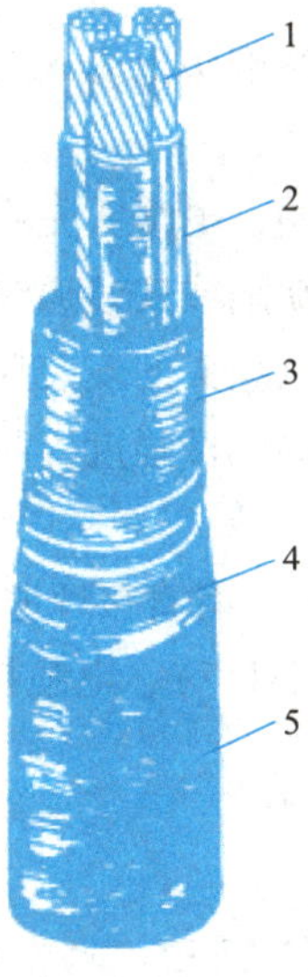

1—缆芯（铜芯或铝芯）；2—交联聚乙烯绝缘层；3—聚氯乙烯护套（内护层）；4—钢铠或铝铠（外护层）；5—聚氯乙烯（PVC）外护套（外护层）。

图 1-112　交联聚乙烯绝缘电力电缆结构

（2）电缆的型号

电力电缆全型号的表示及含义如图 1-113 所示。

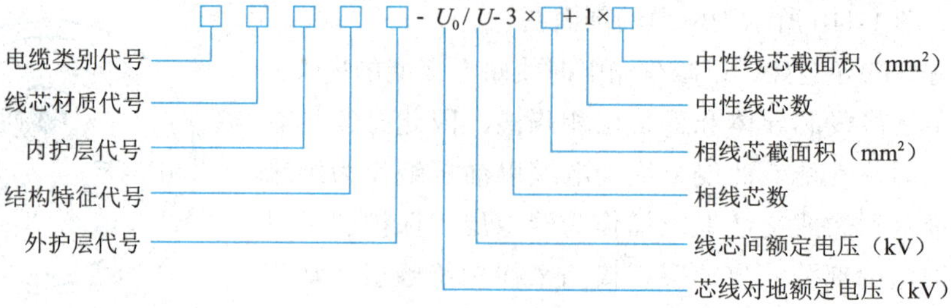

图 1-113 电力电缆全型号的表示及含义

①电缆类别代号：Z——油浸纸绝缘电力电缆；V——聚氯乙烯绝缘电力电缆；YJ——交联聚乙烯绝缘电力电缆；X——橡皮绝缘电力电缆；JK——架空电力电缆，加在上列代号之前；ZR 或 Z——阻燃型电力电缆，也加在上列代号之前。

②线芯材质代号：L——铝芯；LH——铝合金芯；T——铜芯，一般不标；TR——软铜芯。

③内护层代号：Q——铅包；L——铝包；V——聚氯乙烯护套。

④结构特征代号：P——滴干式；D——不滴流式；F——分相铅包式。

⑤外护层代号：02——聚氯乙烯套；03——聚乙烯套；20——裸钢带铠装；22——钢带铠装聚氯乙烯套；23——钢带铠装聚乙烯套；30——裸细钢丝铠装；32——细钢丝铠装聚氯乙烯套；33——细钢丝铠装聚乙烯套；40——裸粗钢丝铠装；41——粗钢丝铠装纤维外被；42——粗钢丝铠装聚氯乙烯套；43——粗钢丝铠装聚乙烯套；441——双粗钢丝铠装纤维外被；241——钢带-粗钢丝铠装纤维外被。

(3) 电缆头

在户内热缩终端头上套入三孔热缩伞裙，然后各相套入单孔热缩伞裙，并分别加热固定，即为户外热缩终端头。

运行经验说明，电缆头是电缆线路中的薄弱环节，电缆的大部分故障都发生在电缆接头处。由于电缆头本身的缺陷或安装质量上的问题，往往造成短路故障，引起电缆头爆炸，破坏了电缆的正常运行。因此，电缆头的安装质量至关重要，密封要好，其绝缘耐压强度不应低于电缆本身的耐压强度，要有足够的机械强度，且体积尽可能小，结构简单，安装方便。

(4) 电缆的敷设

电缆敷设方式，有直接埋地敷设（见图 1-114）、沿墙敷设（见图 1-115）、利用电缆沟（见图 1-116）、电缆桥架（见图 1-117）、电缆排管（见图 1-118）和电缆隧道（见图 1-119）等。

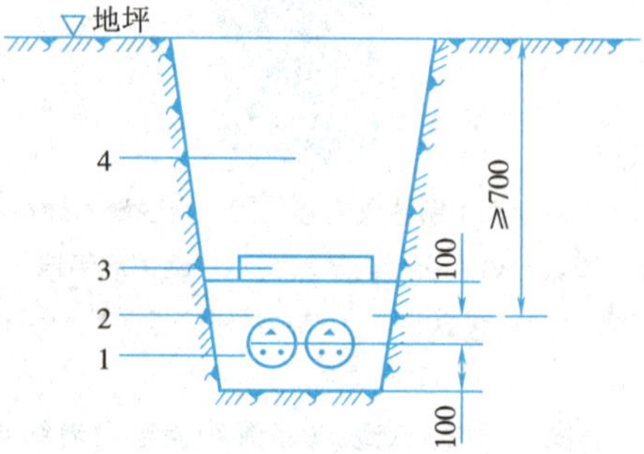

1—电力电缆；2—砂；3—保护盖板；4—填土。

图 1-114 电缆直接埋地敷设图

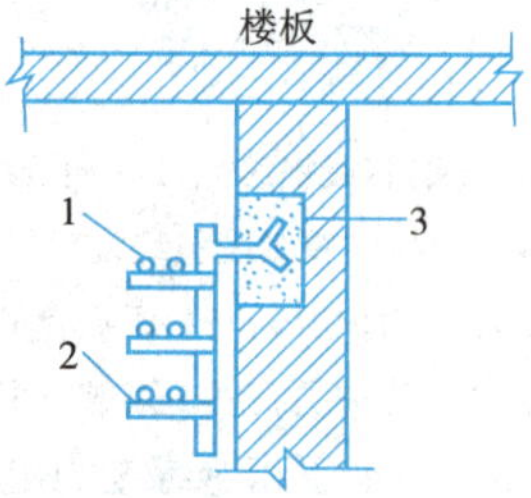

1—电力电缆；2—电缆支架；3—预埋铁件。

图 1-115 电缆沿墙敷设

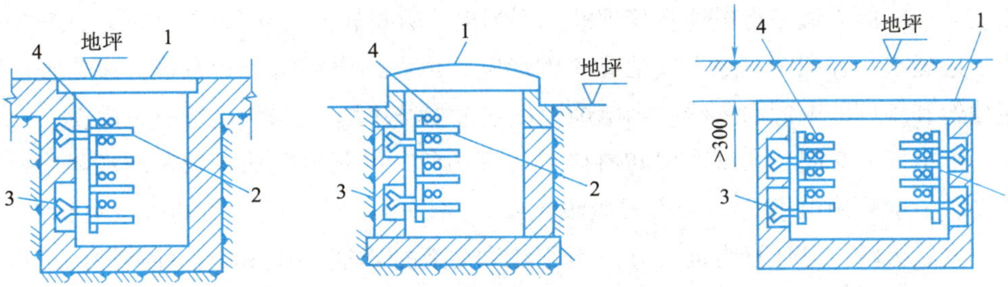

（a）户内电缆沟　　（b）户外电缆沟　　（c）厂区电缆沟

1—盖板；2—电缆支架；3—预埋铁件；4—电力电缆。

图 1-116　电缆在电缆沟内敷设

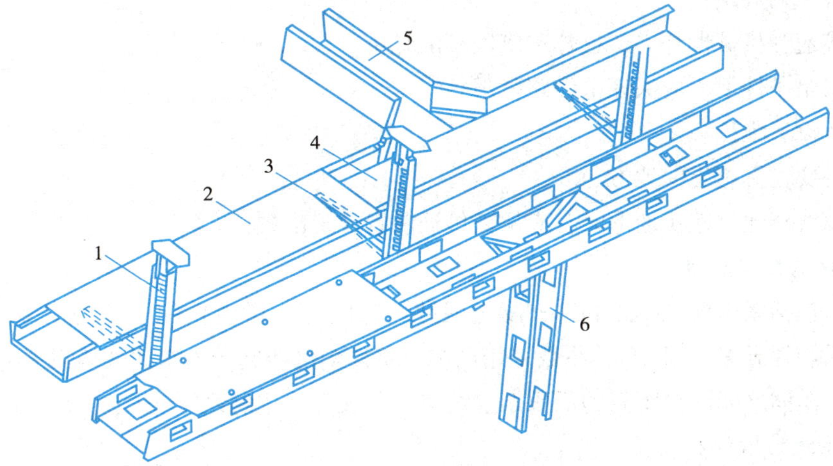

1—支架；2—盖板；3—皮臂；4—线槽；5—水平分支分线槽；6—垂直分支线槽。

图 1-117　电缆桥架

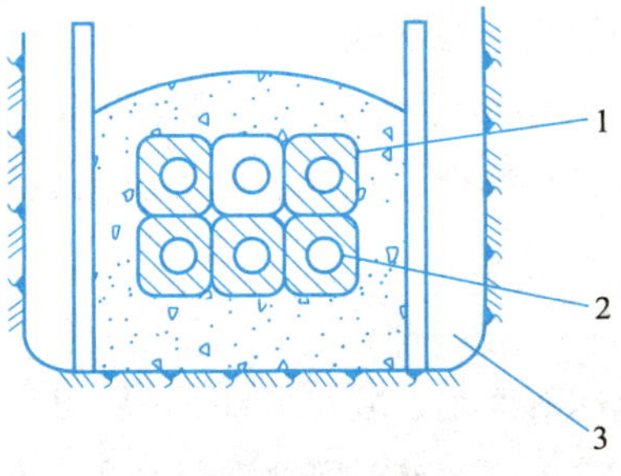

1—水泥排管；2—电缆孔（穿电缆用）；3—电缆沟。

图 1-118　电缆排管

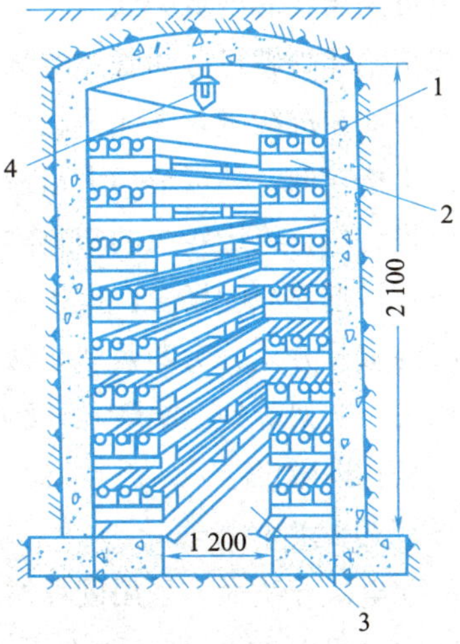

1—电缆；2—支架；3—维护走廊；4—照明灯具。

图 1-119　电缆隧道

最常用、最经济的方法是将电缆直接埋地。但当电缆数量较多（不超过12根）或容易受到外界损伤时，为了避免损坏和减少对地下其他管道的影响，可利用电缆沟平行敷设许多电缆。该方法多应用于高层建筑和工厂的电源引入线。当电缆数量超过18根时，宜采用电缆隧道敷设。

对于工厂配电所、车间、大型商厦和科研单位等场所，因其电缆数量较多或较集中，且设备分散或经常变动，一般采用电缆桥架的方式敷设电缆线路。电缆桥架使电缆的敷设更标准、更通用，且结构简单、安装灵活，可任意走向，并具有绝缘和防腐蚀功能，适用于各种类型的工作环境，使配电线路的敷设成本大幅降低。

电缆敷设要严格遵守技术规程和设计要求；竣工后，要按规定的手续和要求检查和验收，以保证电缆线路的质量。具体的规定和要求可查阅GB 50217—2018《电力工程电缆设计标准》。电缆的路径选择应符合下列规定：

①避免电缆遭受机械性外力、过热和腐蚀等的危害。

②在满足安全条件下，应保证电缆路径最短。

③应便于敷设、维护。

④宜避开将要挖掘施工的地方。

⑤充油电缆线路通过起伏地形时，应保证供油装置合理配置。

3. 车间线路的结构和敷设

车间线路，包括室内配电线路和室外配电线路。室内（厂房内）配电线路大多采用绝缘导线，但配电干线多采用裸导线（母线），少数采用电缆。室外配电线路指沿车间外墙或屋檐敷设的低压配电线路，也包括车间之间的短距离的低压架空线路，一般都采用绝缘导线。

（1）绝缘导线的结构和敷设

绝缘导线按芯线材质可分为铜芯和铝芯两种。重要的、安全可靠性要求较高的线路，如办公楼、实验楼、图书馆和住宅等线路和高温、振动场所及对铝有腐蚀的场所，均应采用铜芯绝缘导线，而其他场合一般可采用铝芯绝缘导线。

绝缘导线按绝缘材料可分为橡皮绝缘的和塑料绝缘的两种。橡皮绝缘导线的绝缘性能和耐热性能均较好，但耐油和抗酸碱腐蚀能力较差，且价格较贵。而塑料绝缘导线的绝缘性能好，且耐油和抗酸碱腐蚀，价格较低，并可节约大量橡胶和棉纱，因此在室内明敷和穿管敷设中应优先选用塑料绝缘导线。但是，塑料绝缘导线的塑料绝缘材料在高温时易软化和老化，低温时又要变硬变脆。因此，室外敷设及靠近热源的场合，宜优先选用耐热性较好的橡皮绝缘导线。

绝缘导线的敷设方式分为明敷和暗敷两种。明敷是导线直接或穿管子、线槽等敷设于墙壁、顶棚的表面及桁架、支架等处。暗敷是导线穿管子、线槽等敷设于墙壁、顶棚、地坪及楼板等的内部，或者在混凝土板孔内敷设。

（2）裸导线的结构和敷设

车间内的配电裸导线大多采用硬母线的结构，其截面形状有圆形、管形和矩形等，其材质有铜、铝和钢。车间中以采用LMY型硬铝母线较为普遍；也有少数采用TMY型硬铜母线的，但投资大。现代化的生产车间，大多采用封闭式母线（通称“母线槽”）布线。封闭式母线安全、灵活、美观，但耗费的钢材较多，投资也较大。

封闭式母线适用于干燥和无腐蚀性气体的场所。

封闭式母线水平敷设时，至地面的距离不应小于2.2 m。垂直敷设时，距地面1.8 m以下部分应采取防止机械损伤的措施。但敷设在电气专用房间内如配电室、电机室时除外。

封闭式母线槽常采用插接式母线槽。其特点为容量大、绝缘性能好、通用性强、拆装方便、安全可靠、使用寿命长等，并且可通过增加母线槽的数量来延伸线路。

项目运行

变配电所送电时，一般应从电源侧的开关合起，依次合到负荷侧开关。按这种程序操作，可使开关的闭合电流减至最小，比较安全。

在有高压断路器-隔离开关及有低压断路器-刀开关的电路中，送电时，一定要按照母线侧隔离开关（或刀开关）-负荷侧隔离开关（或刀开关）-断路器的合闸顺序依次操作。当停电检修完成时，要恢复WL1送电，而WL2作为备用。

1. 送电操作程序

①检查整个配变电所的电气装置上确实无人工作后，拆除临时接地线和标示牌。拆除接地线时，应先拆线路端，再拆接地端。

②检查两路进线WL1、WL2的开关均在开断位置后，合上两段高压母线WB1和WB2之间的联络隔离开关，使WB1和WB2能够并列运行。

③依次从电源侧合上WL1上的所有隔离开关，然后合上进线断路器。如合闸成功，则说明WB1和WB2是完好的。

④合上接于WB1和WB2的电压互感器电路的隔离开关，检查电源电压是否正常。

⑤依次合上所有高压出线上的隔离开关，然后依次合上所有高压出线上的断路器，对所有车间变电所的主变压器送电。

⑥合上No.2车间变电所主变压器低压侧的刀开关，再合低压断路器。如合闸成功，说明低压母线是完好的。

⑦通过接于两段低压母线上的电压表，检查低压母线电压是否正常。

⑧依次合No.2车间变电所所有低压出线的刀开关，然后合低断路器，或合上低压熔断器式刀开关，使所有低压输出线送电。至此整个高压配电所及其附设车间变电所全部投入运行。

2. 事故停电后恢复送电的操作程序

如果变配电所是事故停电以后恢复送电，则操作程序与变配电所所装设的开关类型有关。

①如果电源进线装设高压断路器，则高压母线发生短路故障时，断路器自动跳闸。在故障消除后，则可直接合上断路器恢复送电。

②如果电源进线装设高压负荷开关，则在故障消除后，先更换熔断器的熔管后，才能合上负荷开关送电。

③如果电源进线装设高压隔离开关-熔断器，则在故障消除后，须先更换熔断器熔体，并断开所有出线断路器，再合隔离并关，最后合上所有出线断路器才能恢复送电。如果电源进线装设跌开式熔断器，也必须如此操作才行。

项目验收

观察项目运行情况，撰写项目报告，见表 1-9。各小组推选一名主讲员上台讲解任务的完成情况及演示项目成果，老师同学填写评价表，见表 1-10。

表 1-9　项目的设计与实现总结报告

项目名称		学　时		班　级	
学生姓名		学　号		成　绩	
一、认识供配电系统					
二、供配电系统一次设备的选型					
三、供配电线路结构设计与敷设					

表 1-10　评价表

考核项目	考核内容及要求	小组自评（10%）	小组互评（20%）	教师评分（70%）	得分
检查项目完成情况	根据学生项目完成情况打分				

拓展知识

一、照明供电基础

工厂电气照明是工厂供电中不可缺少的组成部分，合理的电气照明是保证安全生产、提高生产效率和保护工作人员视力健康的必要条件。

视频

照明标准与照明方式

（一）照明标准和照明方式

工厂照明分为自然照明（天然采光）和人工照明两大类，而电气照明是人工照明中应用范围最广的一种照明方式。

实践证明，照明设计是否合理，将直接影响到产品的质量和劳动生产率，以及工作人员的视力健康。因此，工厂电气照明的合理设计对工业生产具有十分重要的意义。

1. 电气照明的有关概念

(1) 光和光谱

光是物质的一种形态，是一种辐射能，是在空间中电磁波的形式传播，其波长比无线电波短而比 X 射线长。这种电磁波的频谱范围很广，波长不同其特性也截然不同。

把光线中不同强度的单色光，按波长长短依次排列，称为光源的光谱。

光谱的大致范围包括：

①红外线：波长为 780 nm~1 mm。

②可见光：波长为 380 nm~780 mm。

③紫外线：波长为 1 nm~380 mm。

波长为 380~780 nm 的辐射能为可见光，它作用于人的眼睛就能产生视觉。但人眼对各种波长的可见光，具有不同的敏感性。实验证明，正常人眼对于波长为 555 nm 的黄绿色光最敏感，而波长越偏离 555 nm 的光辐射，可见度越小。

(2) 光通量

光源在单位时间内，向周围空间辐射出的使人眼产生光感的能量，称为光通量。用符号 Φ 表示，单位为流［明］(lm)。

(3) 发光强度

发光强度是指向空间某一方向辐射的光通密度，用符号 I 表示，单位为坎［德拉］(cd)。对于向各个方向均匀辐射光通量的光源，其各个方向的光强相等，计算公式为

$$I=\Phi/\Omega \tag{1-4}$$

式中，Ω 为光源发光范围的立体角，单位为球面度（sr），且 $\Omega=A/r^2$，其中 r 为球的半径，A 为与 Ω 相对应的球面积；Φ 为光源在立体角内所辐射的总光通量。

光强分布曲线也称配光曲线，它是在通过光源对称轴的一个平面上绘出的灯具光强与对称轴之间角度 α 的函数曲线。

配光曲线是用来进行电气计算的一种基本技术资料。对于一般灯具来说，配光曲线是绘在极坐标上的，如图 1-120 所示。

对于聚光很强的投光灯，其光强分布在一个很小的角度内，其配光曲线一般绘在直角坐标上，如图 1-121 所示。

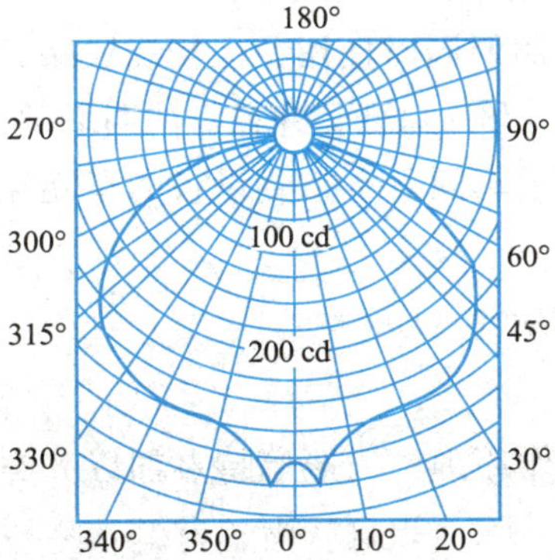

图 1-120　极坐标配光曲线

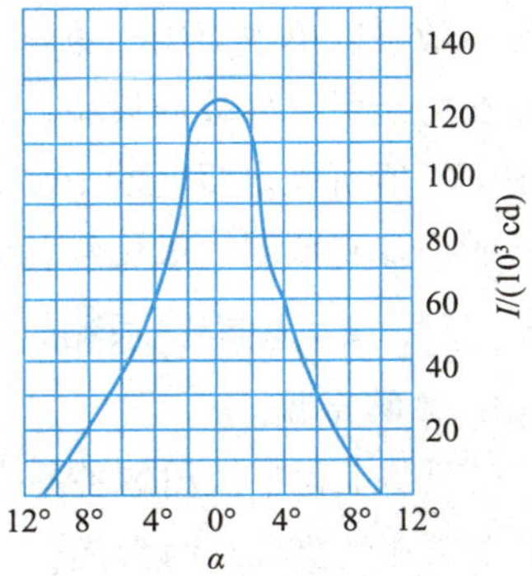

图 1-121　直角坐标配光曲线

(4) 照度

受照物体表面的光通密度称为照度，用符号 E 表示，单位为勒［克司］(lx)。当光通量 Φ 均匀地照射到某物体表面上（面积为 A）时，该平面上的照度值为

$$E=\Phi/A \tag{1-5}$$

(5) 亮度

发光体（受照物体对人眼可看作是间接发光体）在视线方向单位投影面上的发光强度称为亮度，用符号 L 表示，单位为 cd/m^2。

(6) 光源的显色性和显色指数

同一颜色的物体在具有不同光谱的光源照射下，能显出不同的颜色。光源对被照物体颜色显现的性质，称为光源的显色性。

为表征光源的显色性能，特引入光源的显色指数这一参数。光源的显色指数（$R\alpha$）是指在待测光源照射下物体的颜色与日光照射下该物体的颜色相符合的程度，而将日光与其相当的参照光源显色指数定为 100。因此，物体颜色失真越小，则光源的显色指数越高，也就是光源的显色性能越好。

白炽灯的一般显色指数为 97~99，荧光灯的显色指数为 79~90，显然荧光灯的显色性要差一些。

2. 照明的方式和种类

(1) 照明的方式

在工厂企业或变电所中，照明方式可分为一般照明、局部照明和混合照明。

①一般照明：供照度要求基本上均匀的场所的照明。

②局部照明：仅供工作地点（固定式或便携式）使用的照明。

③混合照明：一般照明和局部照明组成的照明。

(2) 照明的种类

照明按其用途可分为正常照明、事故照明、值班照明、警卫照明和障碍照明等。

①正常照明：正常工作时的室内外照明。

②事故照明：正常照明熄灭后供工作人员暂时继续作业和疏散人员使用的照明。

③值班照明：非生产时间内供值班人员使用的照明。

④警卫照明：警卫地区周界的照明。

⑤障碍照明：在高层建筑上或基建施工、开挖路段时，作为障碍标志用的照明。

正常照明一般可以单独使用，也可和事故照明、值班照明同时使用，但控制线路必须分开。事故照明应装设在可能引起事故的设备、材料周围及主要通道和入口处，并在灯的明显部位涂以红色，且照度不应小于场所所规定照度的 10%，三班制生产的重要车间及有重要设备的车间和仓库等场所应装设值班照明。障碍照明一般用红色闪光灯。

视频

常用照明光源及类型选用

(二) 常用照明光源和灯具

1. 照明光源

在照明工程中使用的各种光源可以根据其工作原理、构造等特点加以分类。根据光源的工作原理主要分有两大类：一类是热辐射光源，如白炽灯、卤钨灯等；另一类是气体放电光源，如氙灯、钠灯等。气体放电光源按放电形式又可分为辉光放电（如霓虹灯）和弧光放电（如荧光灯、钠灯）。

（1）热辐射光源

利用物体加热时辐射发光的原理所制成的光源称为热辐射光源。目前常用的热辐射光如下：

①白炽灯：结构如图 1-122 所示。其发光原理为灯丝通过电流加热到白炽状态从而引起热辐射发光。白炽灯有普通照明灯泡和低压灯泡，普通灯泡的额定电压一般为 220 V，用于一般照明。灯泡功率为 10~1 000 W，灯头有卡口和螺口，其中 100 W 以上者一般采用瓷质螺丝灯口。低压灯泡额定电压一般为 6~36 V，功率一般不超过 100 W，使用标准卡口和螺丝灯口，用于局部照明和携带照明。这种照明光源结构简单，价格低，显色性好，使用方便，适用于频繁开关。但发光效率低，使用寿命短，耐震性差。

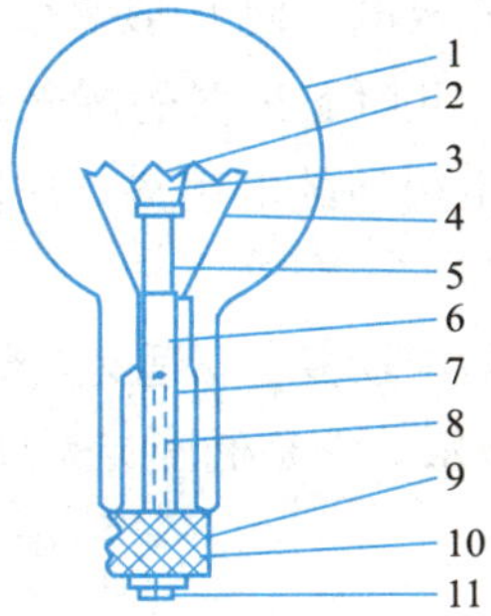

1—玻壳；2—灯丝（钨丝）；3—支架　钼线）；4—电极（镍丝）；5—玻璃芯柱；6—杜美丝（铜铁镍合金丝）；7—引入线（铜丝）；8—抽气管；9—灯头；10—封端胶泥；11—锡焊接触端。

图 1-122　白炽灯结构

②卤钨灯：结构如图 1-123 所示。卤钨灯是在灯泡中充入微量的卤化物，利用卤钨循环的作用，使灯丝蒸发的一部分钨重新附着在灯丝上，以达到既提高光效又延长寿命的目的。

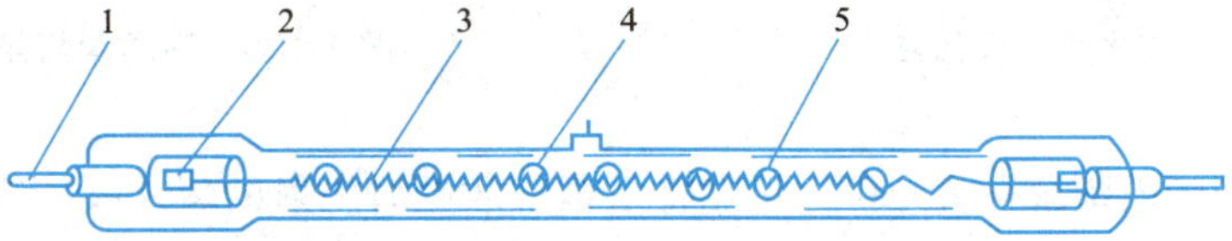

1—灯脚；2—钼箔；3—灯丝（钨丝）；4—支架；5—石英玻管（内充微量卤素）。

图 1-123　卤钨灯结构

为了使灯管温度分布均匀，防止出现低温区，以保持卤钨循环的正常进行，卤钨灯要求水平安装，其偏差不大于 4°。最常用的卤钨灯为碘钨灯。碘钨灯不允许采用任何人工冷却措施（如电风扇吹、水淋等），工作时其管壁温度很高，因此应与易燃物保持一定的距离。碘钨灯耐震性能差，不能用在震动较大的地方，更不能作为移动光源来使用。

（2）气体放电光源

利用气体放电时发光的原理所做成的光源称为气体放电光源。目前常用的气体放电光源有五种：

①荧光灯：其结构如图 1-124 所示。它是利用汞蒸气在外加电压作用下产生电弧放电，发出少许可见光和大量紫外线，紫外线又激励管内壁涂覆的荧光粉，使之再发出大量的可见光。二者混合光色接近白色。

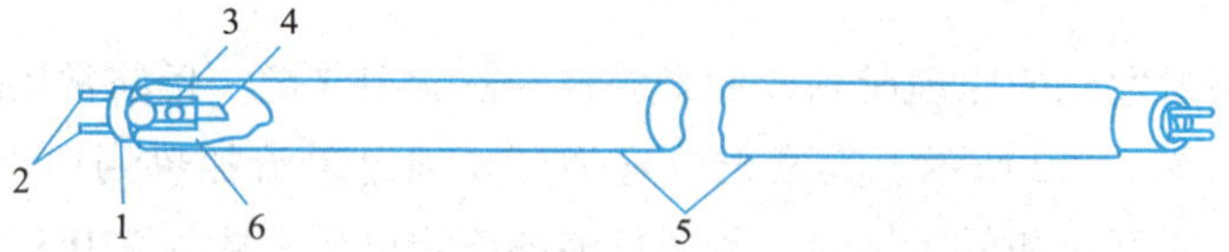

1—灯头；2—灯脚；3—玻璃芯柱；4—灯丝（钨丝，电极）；
5—玻管（内壁涂荧光粉，充惰性气体）；6—汞（少量）。

图 1-124 荧光灯结构

荧光灯的工作线路图如图 1-125 所示。由起辉器（S）、镇流器（L）和电容器（C）等组成。当荧光灯接上电源后，起辉器首先产生辉光放电，使 U 形双金属片加热伸开，接通灯丝回路，灯丝加热后发射电子，并使管内的少量汞汽化。此时起辉器的辉光放电停止，双金属片冷却收缩，突然断开灯丝加热回路，这就使镇流器两端感生很高的电动势，连同电源电压加在灯管两端，使充满汞蒸气的灯管击穿，产生弧光放电，点燃灯管。

荧光灯的光效高，寿命长，但需要附件较多，不适宜安装在频繁启动的场合。

②高压汞灯：其结构图如图 1-126 所示。它是低压荧光灯的改进产品，属于高气压的汞蒸气放电光源。

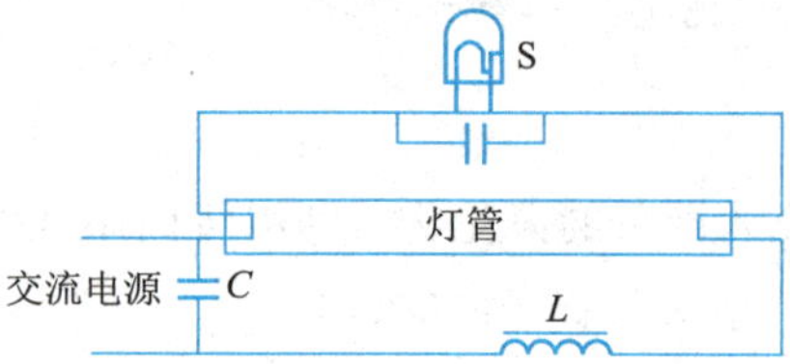

图 1-125 荧光灯工作线路

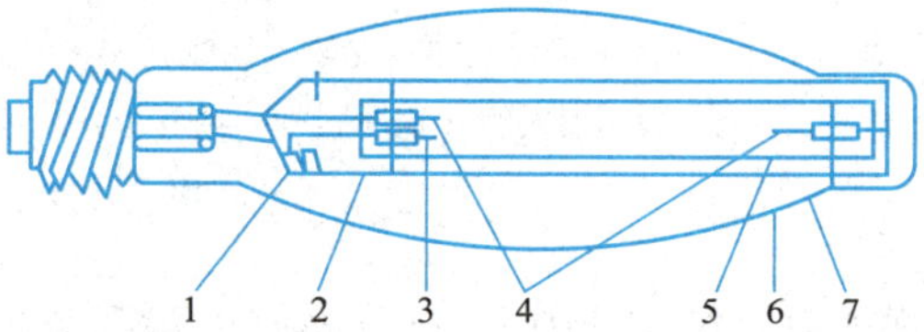

1—启动电阻；2—支架及引线；3—启动电源；
4—工作电源；5—放电管；6—内部荧光粉涂层；7—外玻壳。

图 1-126 高压汞灯结构

高压汞灯的外玻壳内壁涂有荧光粉，它能将汞蒸气放电时辐射的紫外线转变为可见光，以改善光色，提高光效。

图 1-127 所示为一种需要外接镇流器的高压汞灯的工作线路图。另外一种是自镇流高压汞灯，它利用钨丝作镇流器，并将钨丝装入高压汞灯的外玻壳内，工作时镇流钨丝一方面限制放电管电流，同时也发出可见光。

高压汞灯的光效比白炽灯高三倍左右，寿命也长，起动时不需要加热灯丝，但显色性差，启动时间（4~8 min）和再次启动时间（5~10 min）较长，对电压要求较高，不宜装在电压波动较大的线路上。

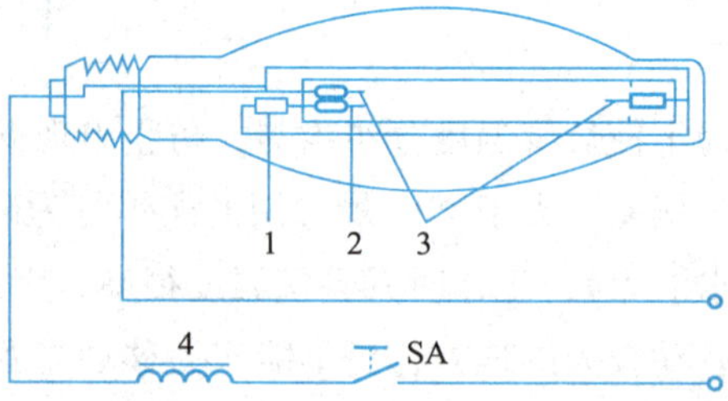

1—启动电阻；2—启动电源；3—工作电源；4—镇流器。

图 1-127 高压汞灯工作线路图

③高压钠灯：其结构图如图 1-128 所示。它是利用高压钠蒸汽放电工作的，光呈淡黄色。其工作线路图和高压汞灯类似。

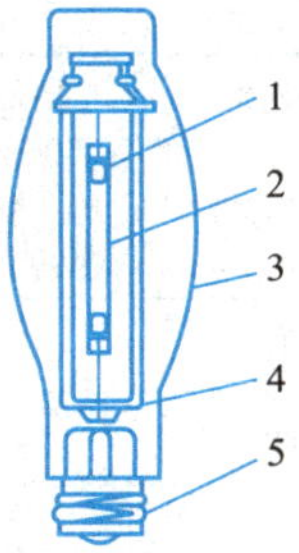

1—主电极；2—半透明陶瓷放电管（内充钠、汞及氙或氖氩混合气体）；
3—外玻壳（内壁涂荧光粉，内外壳间充氮）；4—消气剂；5—灯头。

图 1-128　高压钠灯结构

高压钠灯照射范围广、光效高、寿命长（比高压汞灯高一倍）、紫外线辐射少、透雾性好，但显色性也较差，启动时间（4～8 min）和再次启动时间（10～20 min）也较长，对电压波动反应较敏感。

④金属卤化物灯：金属卤（碘、溴、氯）化物灯是在高压汞灯的基础上为改善光色而发展起来的新型光源，不仅光色好，而且光效高，受电压影响也较小，是目前比较理想的光源。

其发光原理为，在高压汞灯内添加某些金属卤化物，靠金属卤化物的循环作用，不断向电弧提供相应的金属蒸气，金属原子在电弧中受电弧激发而辐射该金属的特征光谱线。选择适当的金属卤化物并控制它们的比例，可制成各种不同光色的金属卤化物灯。

这种灯可用于商场、大型的广场和体育场等处。

⑤氙灯：为惰性气体弧光放电灯，高压氙气放电时能产生很强的白光，接近连续光谱，与太阳光十分相似，故有“人造小太阳”之美称。氙灯适用于广场、车站和大型屋外配电装置等。

(3) 各种照明光源的主要技术特性

光源的主要技术特性有光效、寿命、色温等，有时这些技术特性是相互矛盾的，在实际选用时，一般先考虑光效高、寿命长，其次再考虑显色指数、启动性能等次要指标。各种照明光源的主要技术特性见表 1-11，供对照比较。

表 1-11　常用照明光源的主要技术特性比较

特性参数	白炽灯	卤钨灯	荧光灯	高压汞灯	高压钠灯	金属卤化物灯	管形氙灯
额定功率/W	15～1 000	500～2 000	6～125	50～1 000	30～1 000	125～3 500	1 500～100 000
发光效率/(lm/W)	10～15	20～25	40～90	30～50	70～100	60～90	20～40
使用寿命/h	1 000	1 000～15 000	1 500～5 000	2 500～6 000	6 000～12 000	1 000	1 000
色温/K	2 400～2 920	3 000～3 200	3 000～6 500	5 500	2 000～4 000	4 500～7 000	5 000～6 000
一般显色指数/%	97～99	95～99	75～90	30～50	20～25	65～90	95～97
启动稳定时间	瞬时	瞬时	1～3 s	4～8 min	4～8 min	4～8 min	瞬时
再启动时间间隔	瞬时	瞬时	瞬时	5～10 min	10～15 min	10～15 min	瞬时
功率因数	1	1	0.33～0.52	0.44～0.67	0.44	0.4～0.6	0.4～0.9

续表

特性参数	白炽灯	卤钨灯	荧光灯	高压汞灯	高压钠灯	金属卤化物灯	管形氙灯
电压波动不宜大于	—	—	±5% U_N	±5% U_N	低于 5% 自灭	±5% U_N	±5% U_N
频闪效应	无	无	有	有	有	有	有
表面亮度	大	大	小	较大	较大	大	大
电压变化对光通量的影响	大	大	较大	较大	大	较大	较大
环境温度变化对光通量的影响	小	小	大	较小	较小	较小	小
耐震性能	较差	差	较好	好	较好	好	好
需增装附件	无	无	镇流器 起辉器	镇流器	镇流器	镇流器 触发器	镇流器 触发器
适用场所	广泛应用	厂前区、屋外配电装置、广场	广泛应用	广场、车站、道路、屋外配电装置等	广场、街道、交通枢纽、展览馆等	大型广场、体育场、商场等	广场、车站、大型屋外配电装置

(4) 新型电光源

随着科学技术的不断发展和社会进步的需要，已有的电光源性能不尽完美，如今世界各国都在积极地开发新材料、新技术，不断地改进各种不同特色的电光源，进一步降低电能消耗，研制出多种新型电光源。现介绍几种如下：

①新固体放电灯：

• 陶瓷灯泡：采用特种陶瓷代替玻璃外壳，具有抗震、耐高温、浸入冷水也不容易破裂等特点，而且采用红外加热技术，功率可以达到 500 W。

• 塑料灯泡：外壳采用聚碳酸酯塑料，具有双重隔热结构，可以减少热扩散，在高温工作时遇冷而不变形，不爆裂。壳内装有发光管、稳压管和起辉装置，具有耐冲击、重量轻、光线扩散均匀、耗电少、使用寿命长等特点。

• 回馈节能灯泡：这种灯泡属于新型卤素白炽灯，是利用表面化学蒸气沉积法在玻璃壳上涂敷一层只有 0.1 μm 厚的滤光膜，使可见光透出。

• 冷光灯泡：这种灯泡表面温度仅 40 ℃，属于冷光源。

• 储能灯泡：具有发光和储能双重作用的电光源。其内部装有一只微型高性能蓄电池，通电时除了发光之外还向微型电池快速充电。在外部断电时，可依靠储能电池延续照明 2 h。因此，它可用作应急照明光源。

②新气体放电灯：

• 无电极放电灯泡：具有普通灯泡相似的玻璃壳，在壳内壁涂有荧光粉并充入汞蒸气；在壳外环绕高频线圈，利用线圈产生的高频电磁场与灯内汞蒸气的放电作用产生紫外线并激发荧光粉发出可见光；也有的将线圈及变频元件装在灯泡内部，同样可发出可见光。这种灯泡不存在类似荧光灯电极容易损坏的问题，所以，具有使用寿命长、调光容易等优点。

• 氙气灯泡：具有外层玻璃壳和内层石英灯泡的双层结构，内层灯泡装有灯丝并充入氙气，在灯泡内壁涂覆一层可透过可见光且能反射红外线以加热灯丝的薄膜；氙气的作用是提高灯丝的耐高温能力，既可以延长灯泡的使用寿命，又可以节省电能。

• 电子灯泡：这种灯泡使用于一般交流电源，没有灯丝也不用电磁线圈，而是利用天线感应无线电波能量来激发灯泡内的气体产生紫外线，促使荧光粉转化为可见光。它具有节电和寿命长的优点。

③半导体节能灯：国内外最新发展起来的一种新型照明装置，根据半导体的光敏特性研制而成。利用半导体通电后发光，采用低电压供电，具有电压低、电流小、发光效率比较高等优点，与其他灯具相比较，具有节电明显的效果，故称为节能型半导体灯具。另外，灯泡损坏后污染小，也有人称其为环保照明灯。

2. 灯具

光源与其配用的灯具（这里主要指灯罩）统称为照明器。灯具的作用是固定和保护光源，以及装饰和美化环境。

(1) 工厂常用灯具的类型

①按灯具的配光特性分类。裸露的灯泡所发出的光线是射向四周的，为了充分利用光能，加装灯罩后使光线重新分配，称为配光。按灯具的配光特性来进行分类的方法有两种：一是传统的分类法；二是国际照明委员会（CIE）提出的分类法。

传统分类是根据灯具的配光曲线（为了表示光源加装灯罩后，光强在各个方向的分布情况而绘制在对称轴平面上的曲线）进行分类，如图 1-129 所示。

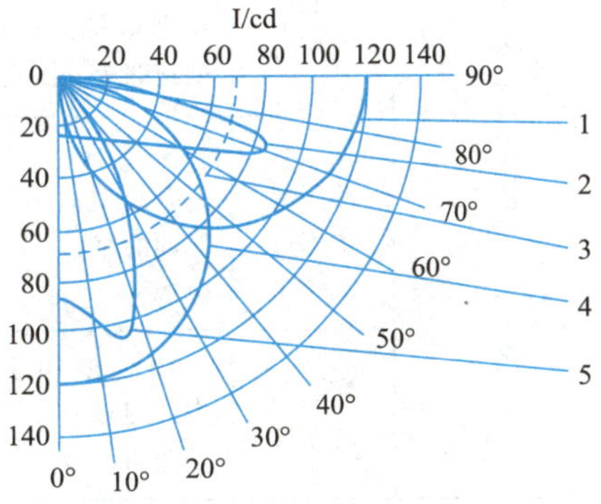

1—正弦分布型；2—广照型；
3—漫射型；4—配照型；5—深照型。
图 1-129　配光曲线示意图

• 正弦分布型：光强是角度的正弦函数，且当 $\theta=90°$ 时光强最大。例如，GC15-A、B-1 型散照型防水防尘灯。

• 广照型：最大光强分布在 50° ~ 90°之间，可在较广的面积上形成均匀的照度。例如，GC3-A、B-1 广照型工厂灯。

• 漫射型：各个角度的光强基本一致。例如，JXD1-2 乳白色玻璃圆球灯。

• 配照型：光强是角度的余弦函数，且当 $\theta=0°$ 时光强最大。例如，GC1-A、B-1 配照型工厂灯。

• 深照型：光通量和最大光强值集中在 0° ~ 30°间的立体角内。例如，GC5-A、B-2 深照型工厂灯。

• 特深照型：光通量和最大光强值集中在 0° ~ 15°的狭小立体角内。例如，JS300 镜面深照型工厂灯。

CIE 分类是根据灯具向下和向上投射光通量的百分比进行分类：

• 直接照明型：灯具向下投射的光通量占总光通量的 90% ~ 100%，而向上投射的光通量极少。

• 半直接照明型：灯具向下投射的光通量占总光通量的 60% ~ 90%，向上投射的光通量只有 10% ~ 40%。

• 均匀漫射型：灯具向下投射的光通量和向上投射的光通量差不多相等，各为 40% ~ 60%。

• 半间接照明型：灯具向上投射的光通量占总光通量的 60% ~ 90%，向下投射的光通量只有 10% ~ 40%。

• 间接照明型：灯具向上投射的光通量占总光通量的 90% ~ 100%，而向下投射的光通量极少。

②按灯具的结构特点分类：

• 开启型：光源与外界空间直接接触（无罩）。例如，GC3-A、B-1 广照型工厂灯。

• 闭合型：灯罩将光源包合起来，但内外空气仍能自由流通。例如，JDD1-1 圆球吊灯。

• 封闭型：灯罩固定处加以一般封闭，内外空气仍可有限流通。例如，投光灯。

• 密闭型：灯罩固定处加以严密封闭，内外空气不能流通。例如，GC35 防潮灯。

• 防爆型：灯罩及其固定处均能承受要求的压力，符合《防爆电气设备制造检验规程》的规定，能安全使用在有爆炸危险性介质的场所。防爆型又分成隔爆型（如 B3e-1-30 隔爆式荧光灯）和增安型两种。

由于我国的灯具种类繁多，尚无统一的标准，所以具体选用时可参考相应的技术手册，表 1-12 为常用灯具的符号及适用场合，供参考。

表 1-12　常用灯具的符号及适用场合

外形	名称	结构形式及使用场合	符号	外形	名称	结构形式及使用场合	符号
	广照型工厂灯	开启型适用于工厂小型车间、堆场、次要道路等处固定照明			配照型工厂灯	开启型适用于工厂车间照明	
	深照型工厂灯	开启型适用于大型车间的照明			广照型防水防尘灯	密闭型适用于多水多尘的操作场合	
	均照型圆球灯	闭合型用于办公室、阅览室、走廊等处照明			斜照灯	开启型适用于中大型车间作为壁灯用	

（2）灯具的布置

①室内布置方案。布置要求：保证最低的照度及均匀性；光线的射向适当，无眩光、阴影；安装维护方便；布置整齐美观，并与建筑空间协调；安全、经济等。

• 一般照明的布置。通常有两种，即均匀布置（灯具布置与设备位置无关）和选择布置（灯具布置与设备位置有关）。其中均匀布置比较美观均匀，所以一般照明用得较多。

均匀布置的灯具可排列成正方形、矩形或菱形，如图 1-130 所示。

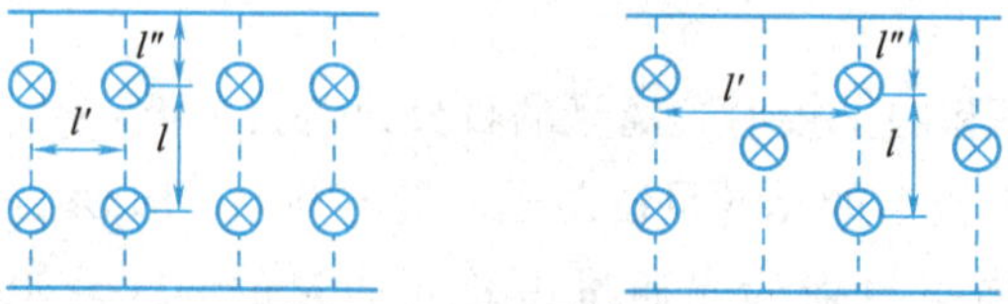

（a）矩形布置　　（b）菱形布置

图 1-130　均匀布置的灯具

布置灯具应按灯具的光强分布、悬挂高度、房屋结构及照度要求等多种因素而定。为使工作面上获得较均匀的照度，较合理的距高比一般为1.4～1.8。从使整个房间获得较均匀的照度考虑，最边缘一列灯具离墙的距离为l'，当靠墙有工作面时$l'=(0.2\sim0.3)l$；当靠墙为通道时，$l'=(0.4\sim0.5)l$；对于矩形布置，可采用纵横两向的均方根值。

• 事故照明的布置。供继续工作用的事故照明，其在主要工作面上的照度，应尽可能保持原有照度的30%～50%。一般做法为：若为一列灯具，可采用事故照明和工作照明相间布置，或与两个工作灯具相间布置；若为两列灯具，可选其中一列为事故照明，或每一列均相间布置事故照明；若为三列灯具，可选其中一列为事故照明或在边旁两列相间布置事故照明。

②室内灯具的悬挂高度。室内灯具不宜过高或过低。过高，降低工作面上的照度且维修不方便；过低，容易碰撞且不安全，另一方面要产生眩光，降低人眼的视力。表1-13所示为一般照明灯具距地面的最低悬挂高度。

表1-13　室内一般照明灯具距地面的最低悬挂高度

光源种类	灯具形式	灯泡容量/W	最低离地悬挂高度/m
白炽灯	带反射罩	100及以下	2.5
		150～200	3.0
		300～500	3.5
		500以上	4.0
	乳白玻璃漫射罩	100及以下	2.0
		150～200	2.5
		300～500	3.0
荧光灯	无罩	40及以下	2.0
高压汞灯	带反射罩	250及以下	5.5
		400及以上	6.0
高压钠灯	带反射罩	250	6.0
		400	7.0
金属卤化物灯	带反射罩	400	6.0
		1 000及以上	14.0以上

（三）照度计算

视频

照度计算

照度是决定照明效果的重要指标。在一定范围内，照度增加会使视觉能力提高，同时使经济性下降。所以，为了创造良好的工作环境，提高劳动生产率，保护职工的健康，工作场所及其他活动环境的照明必须有足够的照度。

对新建、扩建或改建的工业企业照明可按GB/T 50034—2024来确定选用照度值。

当工业企业照明用的灯具形式、光源类型等已初步确定后，就需要计算各工作面的照度，从而确定灯泡的容量和数量，或对已确定了容量的某点进行照度校验。

照度的计算方法有用来计算水平工作面的利用系数法、概算曲线法和比功率法，以及用来计算任一斜面上指定点照度的逐点计算法。限于篇幅，本章只讨论利用系数法。

1. 利用系数的概念

利用系数（用 u 表示）是指照明光源投射到工作面上的光通量与全部光源发出的光通量之比，可用来表征光源的光通量有效利用的程度。

利用系数的计算公式为：

$$u=\Phi^{e}/n\Phi \tag{1-6}$$

式中，Φ^{e} 为投射到工作面上的总光通量；Φ 为每盏灯发出的光通量；n 为灯的个数。利用系数值的大小与很多因素有关，灯具的悬挂高度越高、光效越高，利用系数就越高；房间的面积越大，形状越接近正方形，墙壁颜色越浅，利用系数就越高。

2. 利用系数的确定

利用系数的值可按墙壁和顶棚的反射系数（ρ）及房间的室空间比（受照空间特征）RCR 来确定（查有关设计手册）。ρ 值可直接查表 1-14，RCR 的值可按下式计算：

$$\mathrm{RCR}=\frac{5h_{\mathrm{RC}}(l+b)}{lb} \tag{1-7}$$

式中，h_{RC}为室空间高度（指灯具开口平面到工作面的空间高度，见图 1-131）；l 为房间长度；b 为房间宽度。

表 1-14　顶棚、地面和墙壁的反射系数近似值

反射面情况	反射系数/%
大白粉刷的墙、顶棚、白窗帘	70
大白粉刷的墙、深窗帘或没窗帘；大白粉刷的顶棚、房间潮湿；未刷白的墙和顶棚，但洁净光亮	50
水泥墙壁、顶棚，有窗子；木墙、木顶棚；有浅色墙纸的墙和顶棚；水泥地面	30
灰尘较重的墙地面、顶棚；无窗帘的玻璃窗；有深色墙纸的墙、顶棚；未粉刷的墙；广漆、沥青地面	10

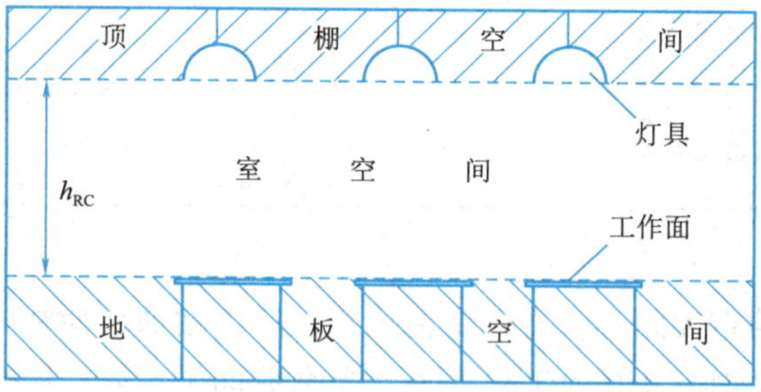

图 1-131　室空间高度示意图

3. 计算工作面上的平均照度

当已知房间的长宽、室空间高度、灯型及光通量时，可按式计算平均照度：

$$E'_{\mathrm{av}}=un\Phi/A \tag{1-8}$$

式中，u 为利用系数；n 为灯的个数；Φ 为每盏灯的光通量；A 为受照工作面面积（矩形房间即为长宽乘积）。

4. 计算工作面上的实际平均照度

由于灯具在使用期间，光源本身的光效要逐渐降低、灯具也会陈旧脏污、被照场所的墙壁和顶棚也有污损的可能，从而使工作面上的光通量有所减少，因此在计算工作面上的实际平均照度时，应计入一个小于 1 的灯具减光系数 K，即工作面的实际平均照度为

$$E_{av}=uKn\Phi/A \tag{1-9}$$

减光系数 K 的值可查表 1-15。

表 1-15　减光系数值

环境污染特征	类　别	灯具每年擦洗次数	减光系数
清洁	仪器仪表的装配车间、电子元器件的装配车间、实验室、办公室、设计室	2	0.8
一般	机械加工车间、机械装配车间、织布车间	2	0.7
污染严重	锻工车间、铸工车间、碳化车间、水泥厂球磨车间	3	0.6
室外	道路和广场	2	0.7

5. 利用系数法的计算步骤

①根据灯具的布置，确定室空间高度。

②计算室空间比 RCR。

③确定反射系数。

④确定利用系数 u。

⑤根据有关手册或表 1-16 查出布置灯具的光通量 Φ。

表 1-16　PZ220 型普通照明白炽灯的主要技术数据

额定电压/V	220									
额定功率/W	15	25	40	60	100	150	200	300	500	1 000
光通量/lm	110	220	350	630	1 250	2 090	2 920	4 610	8 300	18 600
平均寿命/h	1 000									

⑥根据有关手册或表 1-15 查出减光系数 K。

⑦计算平均照度和实际平均照度。

【例 1-3】　有一机械加工车间长为 32 m，宽为 20 m，高为 5 m，柱间距 4 m，工作面高度为 0.75 m。采用 GC1-A-1 型工厂配照灯（电光源型号为 PZ220-150）作车间的一般照明。车间的顶棚有效反射比 ρ_c 为 50%，墙壁的有效反射比 ρ_w 为 30%，试确定灯具的布置方案，并计算工作面上的平均照度和实际平均照度。该车间的照度标准为 75 lx。

解：①确定布置方案：查表 1-9 可知，150~200 W 的白炽灯最低距地悬挂高度为 3 m，故可设灯具的悬挂高度为 0.5 m，则室空高度为

$$h_{RC}=5-0.75-0.5\ \text{m}=3.75\ \text{m}$$

又查相关表可知，该种灯具的最大距高比为 1.25，即 $l/h_{RC}=1.25$，则灯具间的合理距离为

$$\leq 1.25h_{RC} = 1.25 \times 3.75\ \text{m} = 4.688\ \text{m}$$

初步确定灯具布置方案如图 1-132 所示。

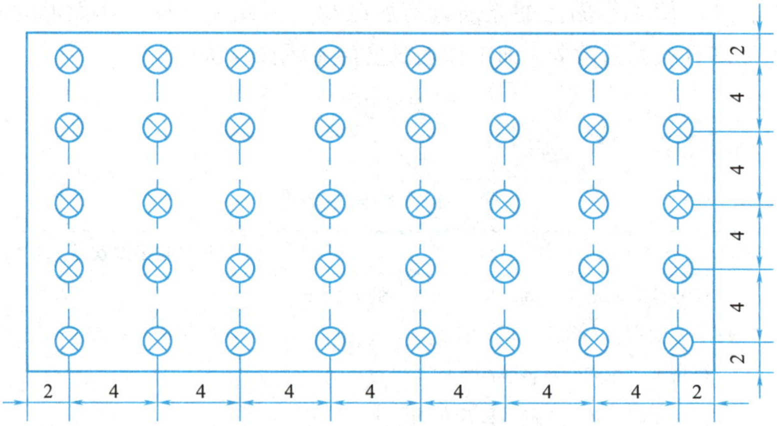

图 1-132　灯具布置方案

该布置方案的实际灯距为

$$l = \sqrt{4 \times 4}\ \text{m} = 4\ \text{m} < 4.688\ \text{m}$$

满足要求。

此时灯具个数为 $n = 5 \times 8 = 40$（个）

②用利用系数法计算照度。

• 计算室空间比 RCR：

$$\text{RCR} = \frac{5h_{RC}(l+b)}{lb} = \frac{5 \times 3.75 \times (32+20)}{32 \times 20} = 1.523$$

• 确定利用系数：

查此种灯具的利用系数表可知：$\rho_c = 50\%$，$\rho_w = 30\%$，RCR = 1 时 $u = 0.79$；$\rho_c = 50\%$，$\rho_w = 30\%$，RCR = 2 时 $u = 0.66$。运用插入法可知 $\rho_c = 50\%$，$\rho_w = 30\%$，RCR = 1.523 时 $u = 0.722$。

• 确定布置灯具的光用量。查光通量表可知，普通照明用的白炽灯 200 W，其光通量 $\Phi = 2\ 920$ lm。

• 确定减光系数。查表可知，机械加工车间的 $K = 0.7$。

• 计算平均照度：

$$E'_{av} = \frac{un\Phi}{A} = \frac{0.722 \times 40 \times 2\ 920}{32 \times 20}\ \text{lx} = 131.77\ \text{lx}$$

• 计算实际平均照度：

$$E_{av} = \frac{uKn\Phi}{A} = \frac{0.722 \times 0.7 \times 40 \times 2\ 920}{30 \times 20}\ \text{lx} = 92.24\ \text{lx}$$

计算结果满足照度要求。

二、照明供电系统

目前在照明装置中采用的都是电光源，为保证电光源正常、安全、可靠地工作，同时便于管理维护，又利于节约电能，必须有合理的供配电系统和控制方式给予保证。

1. 照明供电网络

照明供电网络由馈电线、干线和支线组成，如图 1-133 所示。

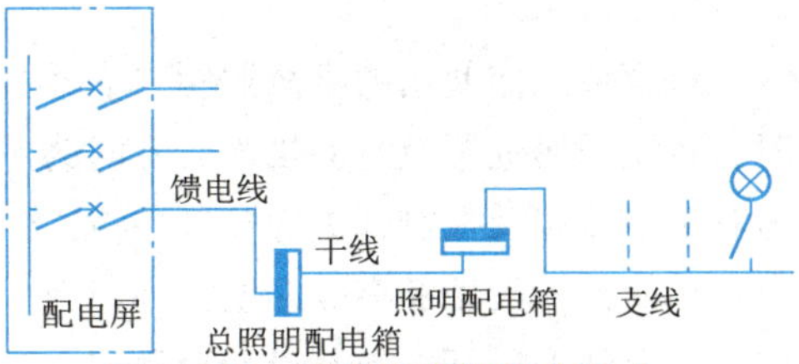

图 1-133　照明线路的基本形式

馈电线是指将电能从变电所低压配电屏送到总照明配电箱的线路；干线是指将电能从配电箱送到各个照明配电箱的线路；支线是指由干线分出，将电能送到每一个照明配电箱的线路，或从照明配电箱接到各个灯的线路。

供电网络的接线方式有放射式、树干式和混合式。其中以放射式和树干式混合的混合式用得较多。

2. 照明供电方式的选择

视　频

照明供电方式选择

我国照明供电一般采用 380/220 V 三相四线中性点直接接地的交流网络供电。

(1) 正常照明

正常照明一般由动力与照明共用的变压器供电，如图 1-134（a）所示，在照明负荷较大的情况下，照明也可采用单独的变压器供电。当生产厂房的动力采用“变压器-干线”供电，对外有低压联络线时，照明电源接于变压器低压侧总开关之后；对外无低压联络线时，照明电源接于变压器低压侧总开关之前，如图 1-134（b）所示；当车间变电所低压侧采用放射式配电系统时，照明电源接于低压配电屏的照明专用线上，如图 1-134（c）所示。对电力负荷稳定的厂房，动力与照明可合用供电线路，但应在电源进户处将动力与照明线路分开，如图 1-134（d）所示。

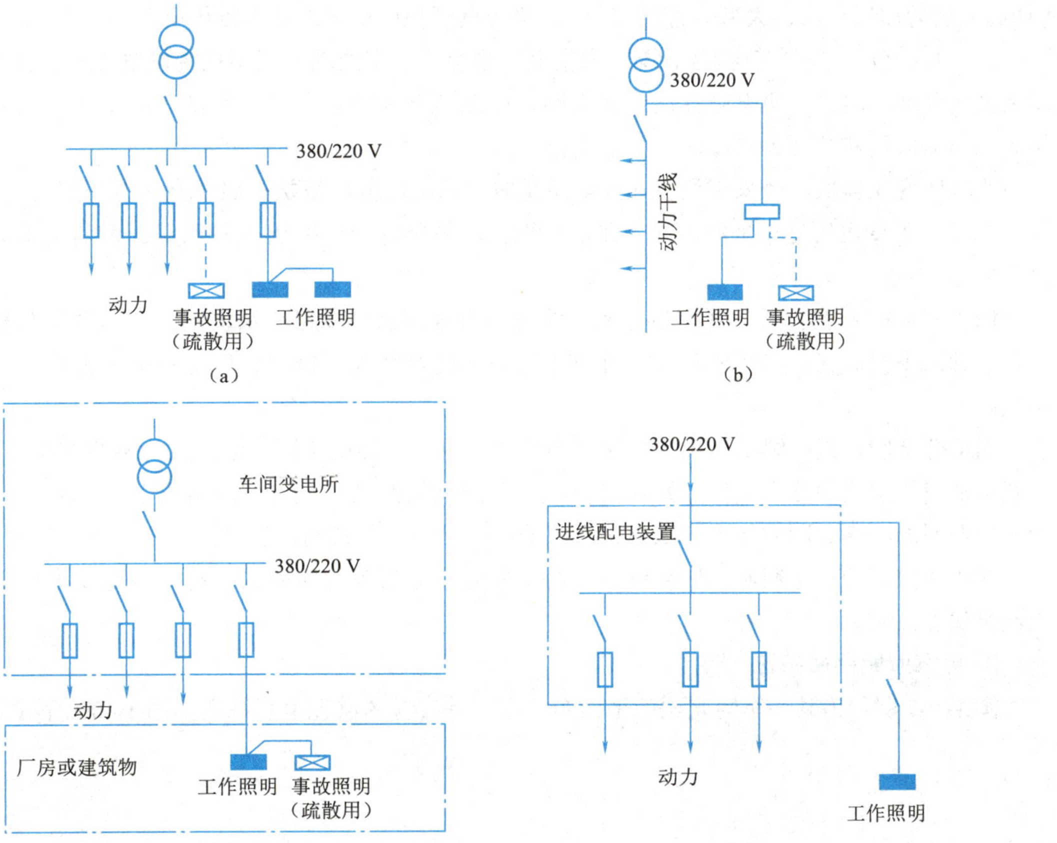

图 1-134　常用照明供电系统图

(2) 事故照明

供继续工作使用的事故照明（备用照明）应接于与正常照明不同的电源，当正常照明因故停电时，备用照明电源应自动投入。有时为了节约照明线路，也从整个照明中分出一部分作为备用照明，但其配电线路及控制开关应分开装设。

供疏散人员用的事故照明，当只有一台变压器时，应与正常照明的供电线路自变电所低压配电屏上或母线上分开；当装设两台及以上变压器时，应与正常照明的干线分别接自不同的变压器；当室内未设变压器时，应与正常照明在进户线进户后分开，且不得与正常照明共用一个总开关；当只需装少量事故照明灯时，可采用带有直流逆变器的应急照明灯。

(3) 局部照明

机床和固定工作台的局部照明可接自动力线路，移动式局部照明应接至正常照明线路。

(4) 室外照明

室外照明应与室内照明线路分开供电，道路照明、警卫照明的电源宜接至有人值班的变电所低压配电屏的专用回路上。当室外照明的供电距离较远时，可采用由不同地区的变电所分区供电。

常用的照明供电系统有图 1-134 所示几种。

对于正常照明，一般情况下都采用图 1-134（a）所示的动力与照明共用电力变压器供电的照明供电系统，其二次侧的电压为 380/220 V。若动力负荷会引起对照明不允许的电压偏移或波动，在技术经济合理的情况下，可采用有载调压电力变压器、调压器或照明专用变压器供电；在负荷较大时（如高照度的多层厂房、大型体育设施等），照明也可采用单独的变压器供电。

图 1-134（b）为“变压器-干线”式供电。当生产厂房的动力采用这种供电方式，且与其他变电所无低压联络线时，照明电源宜接到变压器低压侧总开关前；若对外有低压联络线时，照明电源宜接到变压器低压侧总开关之后。

当车间变压器低压侧采用放射式配电系统时，照明电源一般接在照明专用低压屏上，如图 1-134（c）所示。若变电所低压屏的出线回路数有限，可采用低压屏引出少量回路，再利用动力配电箱作照明供电。

图 1-134（d）为由外部线路供电的照明与动力合用供电线路的系统图，在电力负荷稳定的生产厂房、辅助生产厂房，以及远离变电所的建筑物和构筑物均可使用，但应在电源进户处将动力与照明线路分开。

对应急照明，供继续工作用的备用照明应接于与正常照明不同的电源，为减少和节省照明线路，一般可从整个照明中分出一部分做备用照明，但配电线路及控制开关应分开装设。若备用照明不作为正常照明的一部分同时使用，则当正常照明因故停电时，备用照明电源应自动投入。

对供疏散用的应急照明，仅装设一台变压器时，应与正常照明的供电干线从变电所低压配电屏上或母线上分开。

3. 电气照明平面布置

图 1-135 所示为某一车间照明的平面布置图，其对应的供配电系统图如图 1-136 所示。

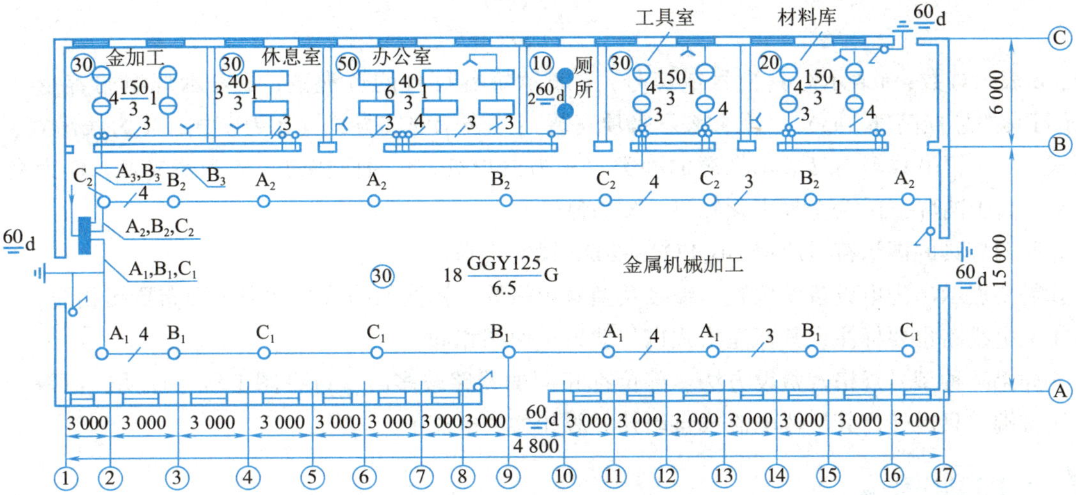

图 1-135　某车间照明平面图

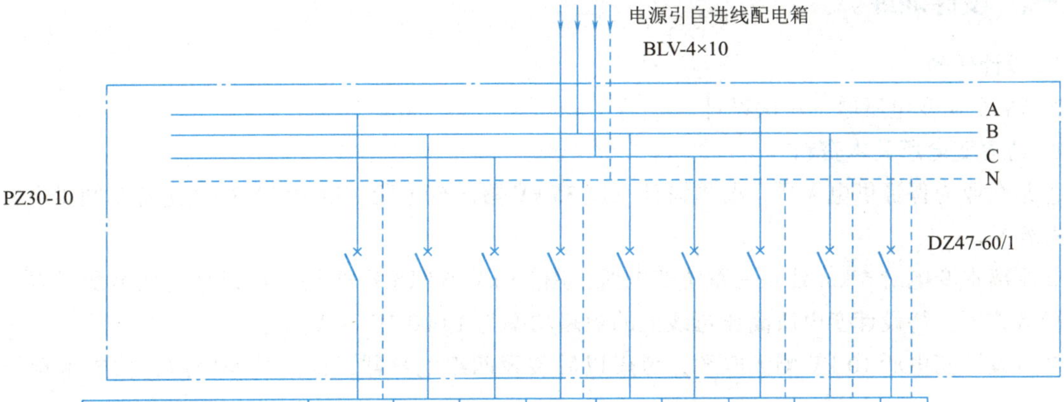

支线编号相序		A_1	B_1	C_1	A_2	B_2	C_2	A_3	B_3	C_3
安装功率/W	荧光高压汞灯	3×125	375	375	375	375	375			
	白炽灯	60	60		60			720	1 260	
	荧光灯							8×40		
支线工作电流/A		3.92	3.92	3.75	3.92	3.75	8.75	5.73	5.72	
支线导线型号、截面		BLV-4×4			BLV-4×4			2×BLVV-2×2.5		
支线敷设方式		瓷瓶敷设						铝片卡钉敷设		
ΔU%		0.23	0.28	0.33	0.33	0.28	0.23	1.41	3.11	

图 1-136　某车间照明系统图

由图 1-135 可以看出，绘制平面布线图时必须注意：

①标明配电设备和配电线路的型号；灯具的平均照度，如㉚表示平均照度为 30 lx；灯具的位置、灯数、灯具的型号、灯泡的容量、安装高度和安装方式等。按照 GB 4728. 11—2022 规定，灯具的标注格式为

$$a-b\frac{c\times d\times l}{e\times f}$$

式中，a 表示灯数；b 表示灯具型号或编号；c 表示每盏灯具的灯泡数；d 表示灯泡的容量（W）；e 表示灯具的悬挂高度（m），（无，表示吸顶安装）；f 表示安装方式（B 为壁式，X 为线吊式，L 为链吊式，G 为管吊式等）；l 表示光源的种类（B 为白炽灯，L 为卤钨灯，Y 为荧光灯，G 为高压汞灯，N 为高压钠灯，JL 为金属卤化物灯，X 为氙灯）。

②照明灯具的图形符号应按 GB 4728—2022 规定绘制。

③需要表示出配电设备的位置、编号及型号规格等，标注的格式与动力平面布置图相同。

④配电线路也要标注，其标注格式也与动力平面图相同。

⑤如果某种型号规格及敷设方法、部位都相同的线路较多时，可在图上统一注明，而每一条配电干线首端，只需标注其熔体电流或自动开关脱扣器的电流值。

工程训练

一、 设计训练

1. 设计任务

35 kV 企业变电所电气一次设计。

2. 待建变电所基本资料

①某企业为保证供电需要，要求设计一座 35 kV 降压变电所，以 10 kV 电缆给各车间供电，一次设计并建成。

②距离本变电所 6 km 处有一系统变电所，用 35 kV 双回架空线路向待设计的变电所供电。在最大运行方式下，待设计变电所高压母线上的短路功率为 1 000 MV · A。

③待设计变电所 10 kV 侧无电源，考虑以后装设两组电容器，提高功率因数，故要求预留两个间隔。

④本变电所 10 kV 母线到各车间均用电缆供电，其中一车间和二车间为 I 类负荷，其余为Ⅱ类负荷，T_{max} = 4 000 h。各馈线负荷见表 1-17。

表 1-17 各馈线负荷

序　号	车间名称	有功功率/kW	无功功率/kvar
1	一车间	1 100	480
2	二车间	740	500
3	机加工车间	850	580
4	装配车间	1 000	500
5	锻工车间	950	300
6	高压站	1 400	320
7	高压泵房	750	530
8	其他	950	700

⑤所用电的主要负荷见表 1-18。

表 1-18　所用电的主要负荷

序　号	设备名称	额定容量/kW	功率因数	台　数
1	主充电机	20	0.88	1
2	浮充电机	4.5	0.85	1
3	蓄电池室通风	3.0	0.88	1
4	屋内配电装置通风	1.5	0.79	2
5	交流电焊机	11	0.5	1
6	检修试验用电	13.0	0.8	1
7	载波	0.95	0.69	1
8	照明负荷	15.0	—	—
9	生活用电	12	—	—

⑥环境条件：当地海拔高度 507.4 m，年雷电日 36.9 个，空气质量优良，无污染，历年平均最高气温 29.9 ℃，土壤电阻率 $\rho \leq 500\ \Omega \cdot m$。

二、　思考训练

1. 什么叫电力系统和电力网？什么叫动力系统？

2. 表征电能质量的指标是什么？

3. 我国规定的三相交流电网额定电压有哪些等级？

4. 三相交流电力系统的电源中性点有哪些运行方式？中性点不直接接地的电力系统与中性点直接接地的电力系统在发生单相接地时各有什么不同特点？

5. 低压配电系统中的中性线（N 线）、保护线（PE 线）和保护中性线（PEN 线）各有哪些功能？TN-C 系统、TN-S 系统、TN-C-S 系统各有什么特点？

6. 什么是电气设备？主要包括哪些类型？一次电路中的电气设备有哪几种类型？

7. 我国 6~10 kV 变配电所采用的电力变压器，按绕组绝缘和冷却方式分，有哪些类型？适用于什么场合？按绕组联结组别分，有哪些联结组别？适用于什么场合？

8. 什么是电力变压器的额定容量？其负荷能力（出力）与哪些因素有关？

9. 电流互感器工作时二次侧开路有什么后果？

10. 电流互感器有哪些常用接线方式？各自用在什么场合？

11. 电压互感器有哪些常用接线方式？各自用在什么场合？

12. 一般跌开式熔断器与一般高压熔断器（如 RN1 型）在功能方面有何异同？负荷型跌开式熔断器与一般跌开式熔断器在功能方面又有什么区别？

13. 高压隔离开关有哪些功能？它为什么不能带负荷操作？为什么能隔离电源，保证安全检修？

14. 高压断路器有哪些类型和功能？少油断路器和多油断路器中的油各起什么作用？

15. 低压断路器有哪些功能？按结构形式可分为哪两大类型？说明 DW15-630/330 的含义。

16. 什么是成套配电装置？它有哪些类型？

17. 试比较架空线路和电缆线路的优缺点，并说明它们分别适用于什么场合。

18. 电力电缆有哪些敷设方式？各适用于什么场合？

19. 什么叫内桥式接线和外桥式接线？各有什么特点？各适用于什么场合？

20. 电气设备选择校验的一般原则是什么？

21. 选择导线的截面时，一般应满足什么条件？对于动力线路、照明线路及超高压输电线路又先按什么原则选择，再按什么原则校验？为什么？

22. 什么叫照度和亮度？常用的单位各是什么？什么叫配光曲线？

23. 什么是灯具的距高比？距高比与布置方案有什么关系？

24. 什么叫照明光源的利用系数？与哪些因素有关？什么叫减光系数？又与哪些因素有关？

25. 有一教室长 11.5 m、宽 6.5 m、高 3.6 m，照明器离地面高度 3.1 m，课桌的高度为 0.8 m。室内顶棚、墙面均为大白粉刷，顶棚有效反射比取 70%，墙壁有效反射比取 50%。要求课桌的实际平均照度为 150 lx，若采用 GC1-A-1（150 W）型照明器，试确定所需的灯数及灯具的布置方案。

26. 某仪表装配车间长 60 m、宽 15 m，照明器安装在屋架下弦，吸顶安装离地 12 m，工作面离地高度为 0.8 m，顶棚有效反射率设为 50%，墙面有效反射率设为 50%，采用 GC5-A、B-4 型照明器 15 个，内装 400 W 荧光高压汞灯（光效为 50 lm/W），要求工作面上的最低平均照度为 90 lx，试校验能否满足照度要求。（对 GC5-A、B-4 型照明器，RCR=2，$u=0.53$；RCR=3，$u=0.56$；RCR=4，$u=0.40$；RCR=5，$u=0.35$；RCR=6，$u=0.31$）。

项目二

供配电系统控制与保护电路的设计

项目名称	供配电系统控制与保护电路的设计	参考学时	学时 16
项目引入	供配电系统在正常运行中，可能由于种种原因发生各种故障或不正常运行状态。最严重的是发生短路故障，由于短路电流的热效应和电动力效应，可能烧毁或损坏电气设备，同时使供电电压下降，甚至造成大面积停电，破坏电力系统的稳定性。因此，必须采取各种有效措施消除或减少故障。一旦系统发生故障，迅速切除故障设备，保证非故障设备继续运行；发生不正常运行状态，及时发现并处理，以免发生故障。 继电器保护装置就是能反映电力系统中电气设备发生故障或不正常运行状态，并能够使断路器跳闸或启动信号装置发出预告信号的一种自动装置。同时变电所的二次回路和自动装置是变电所的重要组成部分，对一次回路安全、可靠运行起着重要作用。因此，对操作电源、高压断路器控制回路、中央信号回路、测量和绝缘监视回路、二次回路安装接线图及自动装置也非常重要		
学习目标	1. 知识目标 ①掌握变、配电设备选用的基本知识。 ②熟悉供配电系统的保护与控制知识。 ③具备高、低压用电安全知识。 2. 能力目标 ①掌握供配电技术的基础知识，具备电力系统图、设备图纸的识读能力。 ②掌握各种保护、控制装置的工作场合、动作原理、设备选择。 ③具备供配电系统运行管理、操作维护、日常保养的能力。 ④具有查阅规范的自学能力。 3. 素质目标 ①有求知欲，使用所学供配电技术解决生产实际问题。 ②在工作实践中，有与他人合作的团队精神		
项目要求	①完成一栋大厦变电所操作电源与继电保护设计、二次接线设计。 ②独立完成测试样机的安装和调试。 ③根据系统调试出现的情况，修改相关设计		

实施思路	构思（C）：项目设想与任务分解，研习相关理论，模拟工作计划及相关流程，建议参考学时为 2 学时 设计（D）：各自讨论设计方案，建议参考学时为 4 学时。 实现（I）：继电器安装与连接，建议参考学时为 8 学时。 运作（O）：测试实施与结果评价，建议参考学时为 2 学时

项目构思

一、 项目分析

电力系统继电保护和安全自动装置的功能是在合理电网结构前提下，保证电力系统和电力设备的安全运行。

供配电系统继电保护装置是一种能反应系统中电气元件发生故障或不正常运行状态，并动作于断路器跳闸或发出信号的一种反事故自动装置。电力设备和线路短路故障的保护应有主保护和后备保护，必要时可增设辅助保护。主保护：指满足系统稳定和设备安全要求，能以最快速度有选择地切除被保护元件故障的保护；后备保护：指当主保护或断路器拒动时，用来切除故障的保护；辅助保护：是为补充主保护和后备保护的性能而增设的简单保护；异常运行保护是反应保护电力设备或线路异常运行状态的保护。

提示：需要首先了解一下继电器相关的知识。

二、 相关知识

继电器是一种电控制器件，是当输入量的变化达到规定要求时，在电气输出电路中使被控量发生预定的阶跃变化的一种电器。它具有控制系统和被控制系统之间的互动关系。通常应用于自动化的控制电路中，它实际上是用小电流去控制大电流运作的一种“自动开关”。故在电路中起着自动调节、安全保护、转换电路等作用。

（一）继电保护的基本知识

视 频

继电保护基础

1. 继电保护装置的基本任务

继电器保护装置的基本任务：自动、迅速、有选择地将故障元件从系统中切除，使其他非故障部分迅速恢复正常运行；能正确反应电气设备的不正常运行状态，并根据要求发出报警信号、减负荷或延时跳闸。

2. 继电保护装置的结构原理

（1）组成框图（见图 2-1）

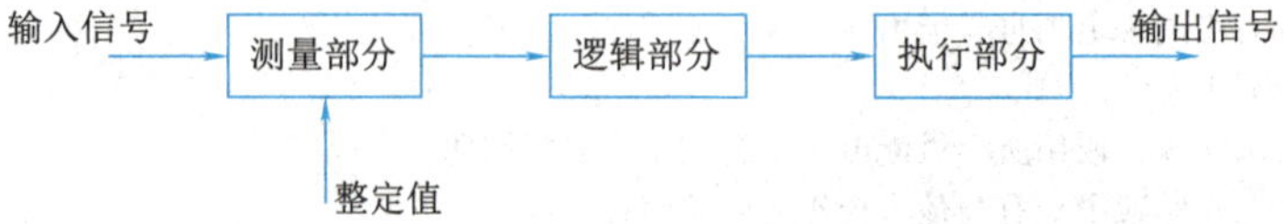

图 2-1 继电保护装置组成框图

①测量部分：从被保护对象输入有关信号，并与给定的整定值进行比较，决定保护是否动作。

②逻辑部分：根据测量部分各输出量的大小、性质、输出的逻辑状态、出现的顺序或它们的组合进行逻辑判断，以确定保护装置是否应该动作。

③执行部分：根据逻辑部分做出的判断，执行保护装置所担负的任务（跳闸或发信号）。

(2) 基本工作原理

图2-2所示为过电流保护的接线框图。当线路上发生短路时，启动用的电流继电器KA瞬时动作，使时间继电器KT启动，KT经整定的一定时限（延时）后，接通信号继电器KS和中间继电器KM。KM就接通断路器的跳闸回路，使断路器自动跳闸。

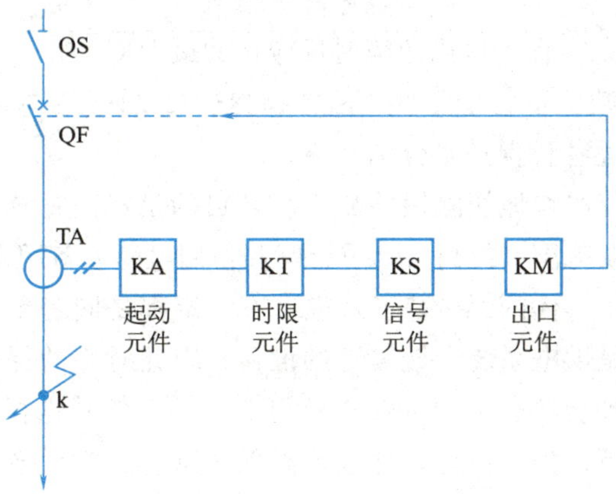

KA—电流继电器；KT—时间继电器；KS—信号继电器；KM—中间继电器。

图2-2　过电流保护的接线框图

(3) 对保护装置的基本要求

继电保护装置应满足可靠性、选择性、灵敏性和速动性的要求。

①可靠性：保护该动作时应动作、不该动作时不动作。为保证可靠性，宜选用性能满足要求、原理尽可能简单的保护方案，应采用由可靠的硬件和软件构成的装置，并应具有必要的自动检测、闭锁、告警等措施，便于整定、调试和运行维护。

②选择性：首先由故障设备或线路本身的保护装置切除故障，当故障被或线路本身的保护装置或断路器拒动时，才允许由相邻设备、线路的保护装置或断路器失灵保护切除故障。为了保证选择性，对相邻设备和线路有配合要求的保护装置和同一保护内有配合要求的两元件（如起动与跳闸元件、闭锁与动作元件），其灵敏系数和动作时间应相互配合。图2-3所示为电力系统电保护选择性说明图。其中，k_1、k_2、k_3为短路点。

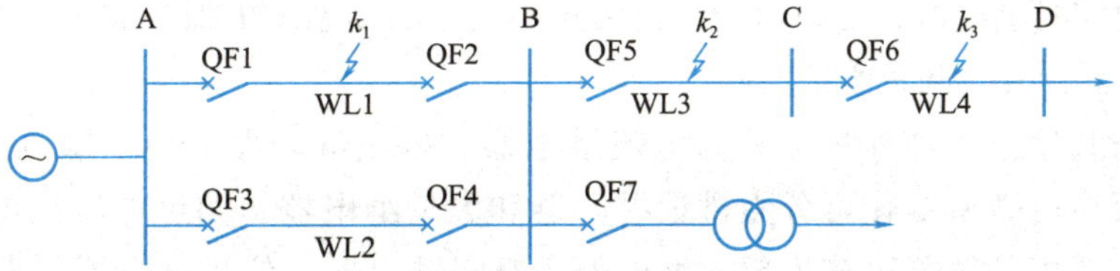

图2-3　电力系统继电保护选择性说明图

③选择性灵敏度：设备或线路的被保护范围内发生故障时，保护装置具有的正确动作能力的裕

度，一般以灵敏系数来描述。灵敏系数应根据不利正常（含正常检修）运行方式和不利故障类型（仅考虑金属性短路和接地故障）计算。灵敏系数 K_{sen} 为被保护发生短路时，流过保护安装处的最小短路电流 $I_{k,min}$ 与保护装置一次动作电流 I_{op} 的比值，即

$$K_{sen}=\frac{I_{k,min}}{I_{op}} \tag{2-1}$$

过电流保护系数：

$$K_{s}=\frac{\text{保护区内故障时反应量的最小值}}{\text{保护动作的整定值}}=\frac{I_{k.min}}{I_{op}} \tag{2-2}$$

低电压保护系数：

$$K_{s}=\frac{\text{保护动作的整定值}}{\text{保护区内故障时反应量的最大值}}=\frac{U_{op}}{U_{k.max}} \tag{2-3}$$

各类短路保护的灵敏系数，不宜低于在 GB/T 14285—2023《继电保护和安全自动装置技术规程》中的数值，将在后面讲述各种保护时分别介绍。

④速动性：保护装置应能尽快地切除短路故障，其目的是提高系统稳定性，减轻故障设备和线路的损坏程度，缩小故障波及范围，提高自动重合闸和备用电源或备用设备自动投入的效果等。

以上四项基本要求对一个具体的保护装置来说，不一定都是同等重要的，而往往有所侧重。例如，对电力变压器，由于它是供电系统中最关键的设备，因此对它的保护装置的灵敏度要求就比较高，而对一般电力线路的保护装置，灵敏度要求就可低一些，但其选择性要求较高。又如，在无法兼顾选择性和速动性的情况下，为了快速处理故障以保护某些关键设备，或者为了尽快恢复系统对某些重要负荷的供电，有时甚至牺牲选择性来保证速动性。

视 频

常用保护继电器

（二）常用的保护继电器

继电器按用途可分为控制继电器和保护继电器两大类。控制继电器用于自动控制电路中，保护继电器用于继电保护电路中，这里只介绍保护继电器。

1. 继电器的分类

保护继电器按其在继电保护装置中的功能可分为测量继电器和有或无继电器两大类。测量继电器装设在继电保护装置电路中的第一级，用来反应被保护元件的特性变化。当其特性量达到动作值时即时动作。它属于基本继电器，或称启动继电器。有或无继电器是一种只按电气量是否在其工作范围内或者为零时而动作的电气继电器，包括时间继电器、信号继电器、中间继电器等，在继电保护装置中用来实现特定的逻辑功能，属于辅助继电器，或称逻辑继电器。

保护继电器按其构成元件可分为机电型、电子型和微机型。机电型继电器具有简单可靠、便于维修等优点，按其结构原理可分为电磁式、感应式等继电器。电子型继电器（静态继电器）包括晶体管型和集成电路型两类，其优点是动作灵敏、体积小、能耗低、耐震动、无机械惯性、寿命长。微机型继电器（数字式继电器）是以微处理器为核心组成的新型继电保护装置，其优点是保护性能好、可靠性高、灵活性大、调试维护方便。

保护继电器按其反应的物理量可分为电流继电器、电压继电器、功率继电器、瓦斯（气体）继电器等；按其反应的数量变化可分为过量继电器和欠量继电器，如过电流继电器、欠电压继电器；按其在保护装置中的功能可分为启动继电器、时间继电器、信号继电器、中间（出口）继电器等。

2. 继电器的型号、符号

继电器的型号如图 2-4 所示。

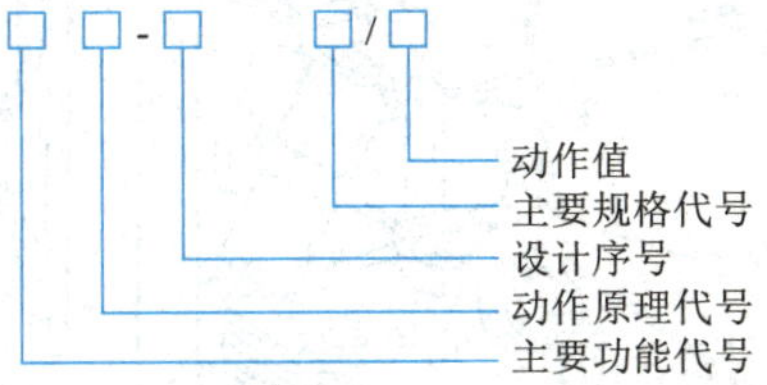

图 2-4　继电器的型号

(1) 型号

一般国产继电器的型号及命名由四部分组成，前两部分用汉语拼音字母表示继电器的动作原理和主要功能代号，见表 2-1。设计序号及主要规格代号用阿拉伯数字表示，继电器的主要规格代号常用来表示触点的形式和数量。例如 DL-11/10 即表示电磁型电流继电器，其中第一个数字“1”表示设计序号（10 系列），第二个“1”表示有一对动合触点，短线后的“10”表示动作电流 10 A。

表 2-1　继电器的动作原理和主要功能代号

动作原理代号（第 1 位）		主要功能代号（第 2 或第 2、3 位）			
代号	代表意义	代号	代表意义	代号	代表意义
B	变压器、晶体管型	L	电流	D	接地
D	电磁型	J、Y	电压	CH、CD	差动
G	感应型	Z	中间	C	冲击
J	极化型	S	时间	H	极化
L	整流型	X	信号	N	逆流
M	电动机型	G	功率	T	同步
S	数字型	P	平衡	H	重合闸
F	附件	Z	阻抗	ZC	综合重合闸
Z	组合型	ZB	中间（防跳）	ZS	中间延迟

(2) 符号

电流继电器 KA、中间继电器 KM、信号继电器 KS、时间继电器 KT、压力继电器 KP、频率继电器 KF、接地继电器 KE、控制继电器（驱动器）KC。

3. 常用的电磁式继电器

(1) 电磁式电流继电器

供配电系统中常用的 DL-10 系列电磁式电流继电器的内部结构如图 2-5 所示。当继电器线圈通过电流时，电磁铁中产生磁通，力图使 Z 形钢舌片 3 向凸出磁极偏转。与此同时，轴 10 上的反作用弹簧 9 又力图阻止钢舌片偏转。当继电器线圈中的电流增大到使钢舌片所受的转矩大于弹簧的反作用力矩时，钢舌片便被吸近磁铁，使常开触点闭合，常闭触点断开，这就叫作继电器动作。

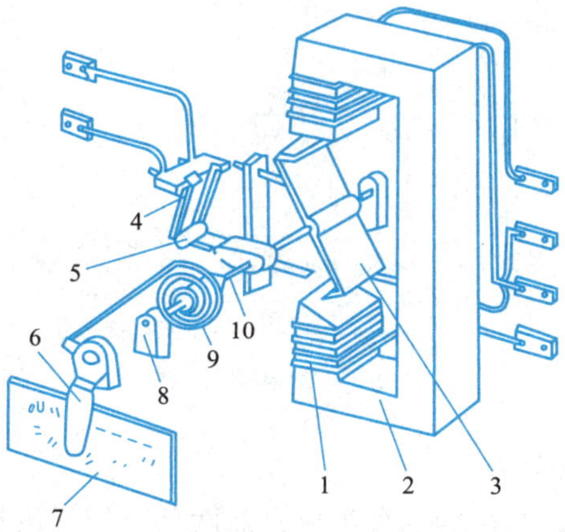

1—线圈；2—电磁铁；3—Z 形钢舌片；4—静触点；5—动触点；
6—启动电流调节转杆；7—标度盘（铭牌）；8—轴承；9—反作用弹簧；10—转轴。

图 2-5　DL-10 系列电磁式电流继电器的内部结构

过电流继电器线圈中使继电器动作的最小电流，称为继电器的动作电流，用 I_{op} 表示。过电流继电器动作后，减小其线圈电流到一定值时，钢舌片在弹簧作用下返回起始位置。

过电流继电器线圈中使继电器由动作状态返回到起始位置的最大电流，称为继电器的返回电流，用 I_{re} 表示。继电器的返回电流与动作电流的比值，称为继电器的返回系数，用 K_{re} 表示，即

$$K_{re}=\frac{I_{re}}{I_{op}} \tag{2-4}$$

对于过量继电器（如过电流继电器），K_{re} 总小于 1，一般为 0.8。如果过电流继电器的 K_{re} 过低时，还可能使保护装置发生误动作，这将在后面介绍过电流保护的电流整定时加以说明。

电磁式电流继电器的动作电流有两种调节方法：①平滑调节，即拨动调节转杆 6（见图 2-2）来改变弹簧 9 的反作用力矩；②级进调节，即利用线圈 1 的串联或并联。当线圈由串联改为并联时，相当于线圈匝数减少一倍。由于继电器动作所需的电磁力是一定的，即所需的磁动势（IN）是一定的，因此动作电流将增大一倍。反之，当线圈由并联改为串联时，动作电流将减少一倍。

这种电流继电器的动作极为迅速，可认为是瞬时动作的，因此它是一种瞬时继电器。

(2) 电磁式电压继电器

电磁式电压继电器的结构和原理，与上述电磁式电流继电器极为相似，只是电压继电器的线圈为电压线圈，而且大多做成低电压（欠电压）继电器。低电压继电器的动作电压 U_{op}，为其电压线圈上加的使继电器动作的最高电压；而其返回电压 U_{re}，为其电压线圈上加的使继电器由动作状态返回到起始位置的最低电压。低电压的返回系数

$$K_{re}=U_{re}/U_{op}>1 \tag{2-5}$$

其值越接近于 1，说明继电器越灵敏，一般为 1.25。

(3) 电磁式时间继电器

电磁式时间继电器在继电保护装置中，用来使保护装置获得所要求的延时（时限）。它属于机电式有或无继电器。时间继电器的文字符号为 KT。

(4) 电磁式中间继电器

电磁式中间继电器在继电保护装置中用作辅助继电器，以弥补主继电器触点数量或触点容量的不足。中间继电器通常装在保护装置的出口回路中，用来接通断路器的跳闸线圈，所以它也称为出口继电器。中间继电器也属于机电式有或无继电器，其文字符号为 KM。

(5) 电磁式信号继电器

电磁式信号继电器在继电保护装置中用来发出保护装置动作的指示信号。它也属于机电式有或无继电器。信号继电器的文字符号为 KS。

(6) GL-10 感应式过电流继电器

在 6~10 kV 供电系统中，广泛采用感应式电流继电器来作过电流保护兼电流速断保护，因为感应式电流继电器兼有上述电磁式电流继电器、时间继电器、信号继电器和中间继电器的功能，从而使继电保护装置的元件减少，接线更为简单。而且感应式电流继电器组成的保护装置采用交流操作，可降低投资，因此它在中小型工厂变配电所中应用非常普遍。

工厂供电系统中常用的 GL-10、20 系列感应式电流继电器的内部结构如图 2-6 所示。这种继电器由两组元件构成：一组为感应元件，另一组为电磁元件。感应式元件主要包括线圈 1、带短路环 3 的电磁铁 2 及装在可偏转的框架 6 上的转动铝盘 4。电磁元件主要包括线圈 1、电磁铁 2 和衔铁 15。线圈 1 和电磁铁 2 是两组元件共用的。

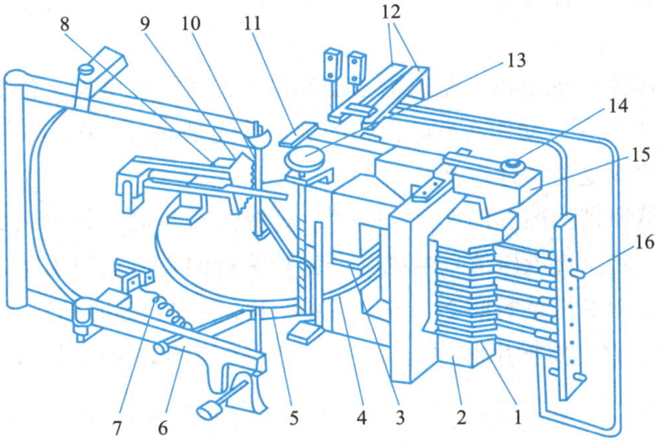

1—线圈；2—电磁铁；3—短路环；4—铝盘；5—钢片；6—铝框架；7—调节弹簧；
8—制动永久磁铁；9—扇形齿轮；10—蜗杆；11—扁杆；12—继电器触点；
13—时限调节螺杆；14—速断电流调节螺钉；15—衔铁；16—动作电流调节插销。

图 2-6　GL-10、20 系列感应式电流继电器的内部结构

继电器线圈中的电流越大，铝盘转动越快，扇形齿轮沿蜗杆上升的速度也越快，因此动作时间也越短，这就是感应式电流继电器的“反时限（或反比延时）特性”，如图 2-7 所示曲线 *abc*，这一动作特性是其感应元件产生的。

当继电器线圈进一步增大到整定的速断电流（quick-break current）I_{qb}时，电磁铁 2（参见图 2-6）瞬时将衔铁 15 吸下，使继电器触点 12 瞬时切换，同时也使信号牌掉下。很明显，电磁元件的作用又使感应式电流继电器兼有“电流速断特性”，如图 2-7 所示 *cd* 曲线。因此，该电磁元件又称为电流速断元件。

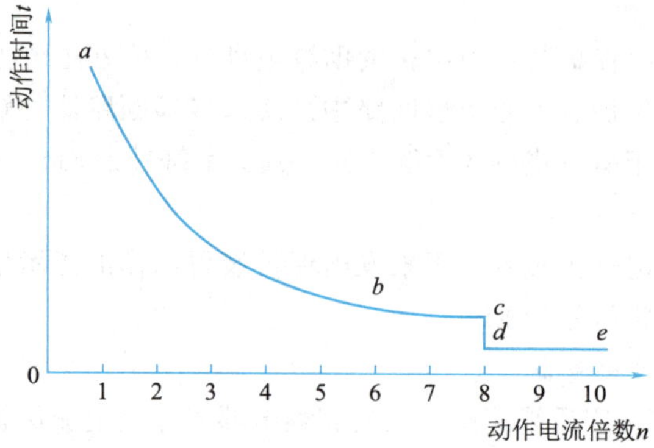

abc—感应元件的反时限特性；*cd*—电磁元件的速断特性。

图 2-7 感应式电流继电器的动作特性曲线

速断电流 I_{qb} 的含义，是指继电器线圈中使电流速断元件动作的最小电流。GL-10、20 系列电流继电器的速断电流倍数在图 2-7 所示动作特性曲线上对应于开始速断时间的动作电流倍数，即

$$n_{qb}=\frac{I_{qb}}{I_{op}} \tag{2-6}$$

感应式电流继电器的这种有一定限度的反时限动作特性，称为“有限反时限特性”。

(7) 静态继电器

静态继电器又称“固体”继电器，是以电子器件为主构成的继电器。静态继电器的“静态”是相对于电磁型继电器的“触点”动作而言的，它的信息传递是通过“0、1”开关信息传递的。静态继电器包括晶体管型和集成电路型继电器两类。

晶体管型电流继电器原理如图 2-8 所示：通过中间变流器和电阻将加入继电器的电流变换成电压信号；整流滤波回路：将交流电压信号变成一个比较平滑的直流电压 U_1；比较回路：使整流后的电压 U_1 在门槛电压 U_d 以上的持续时间 2~3 ms 才能动作于输出；延时回路：使比较回路的输出电压 U_2 延时动作；脉冲展宽回路：将输出脉冲信号 U_3 变成一个连续的长信号，以便于继电器正确动作。

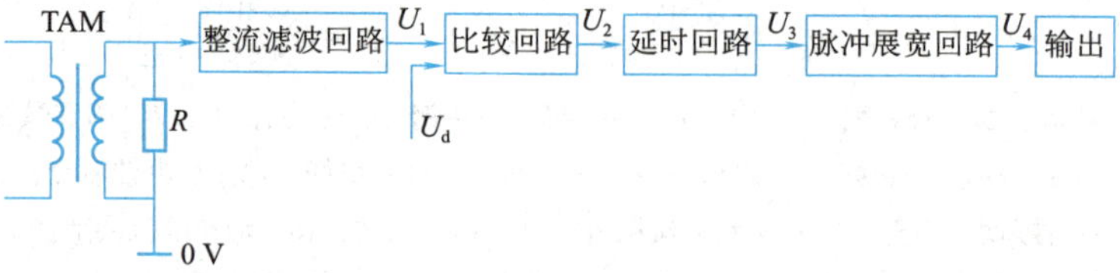

图 2-8 晶体管型电流继电器原理图

集成电路型电流继电器，其基本构成与晶体管型继电器相似，但各回路功能都由运算放大器和 CMOS 门电路等集成电路芯片构成。整流滤波回路采用由运算放大器构成的全波整流电路；滤波回路采用高品质因数的带通有源滤波器；比较回路利用开环运算放大器进行比较。

三、 继电保护电路设计构思

继电保护是电力系统能够正常运行的重要电气保护装置，二次回路故障是系统常见的运行问题，

故障的发生会极大地降低其本身的使用性能，进而威胁到电网的安全稳定运行，此项目应用范围广，具有实际应用价值。

教师首先下发项目工单，布置本项目需要完成的任务及控制要求，介绍本项目的应用情况，进行项目分析，引导学生分析继电功能分类、用途、二次回路的接线方法。引导学生完成项目所需准备的知识、能力及软硬件准备，应查找的资料是整定计算公式、二次回路的测量方法。讲解继电器的分类、高压线路的继电器保护、变压器的继电器保护、二次回路的接线方法等。

学生进行小组分工，明确项目工作任务，团队成员讨论项目如何实施，进行任务分解，学习完成项目所需的知识，查找不同继电器的功能用途，制订项目实施工作计划、制订出工艺流程，然后进行电路设计、安装与调试。

项目实施建议教学方法为项目引导法、小组教学法、案例教学法、启发式教学法、实物教学法。项目工单见表 2-2。

表 2-2　项目二项目工单

<table>
<tr><td>课程名称</td><td colspan="6">供配电技术</td><td>总学时：</td></tr>
<tr><td>项 目 二</td><td colspan="6">供配电系统控制与保护电路的设计</td><td></td></tr>
<tr><td>班　　级</td><td></td><td>组别</td><td></td><td>团队负责人</td><td></td><td>团队成员</td><td></td></tr>
<tr><td>相关资料及资源</td><td colspan="7">教材、实训指导书、继电器数据手册、PPT 课件、电气安装工艺及标准等</td></tr>
<tr><td>项目成果</td><td colspan="7">①大厦供配电系统控制电路保护电路演示板。
②CDIO 项目报告。
③评价表</td></tr>
<tr><td>设计思路</td><td colspan="7">项目描述：
通过本项目的训练，进一步熟悉继电器种类和不同继电器的功能；掌握保护电路的配制方法；掌握整定计算公式的使用；掌握电气测量与电能计量回路设计；掌握高压断路器控制与信号回路设计。设计项目计划并进行决策，制定出合理的设计方案，然后选择合适的器件和线材，准备好工具和耗材，与他人合作进行安装、调试，调试成功后再进行综合评价。具体任务如下：
①设计出合理的控制电路、保护电路。
②电路整定计算准确。
③继电器等元件选择准确。
④元器件的安装、布线合理。
⑤整机调试并排故。
⑥ 带负载运行。
注意事项：
①遵守安装、布线要求。
②每组在通电试车前一定要经过指导教师的允许才能通电。
③安装调试完毕后先断电源后断负载。
④严禁带电操作。
⑤安装完毕及时清理工作台，工具归位。
引导性问题：
①你了解继电器的功能了吗？
②不同继电器的技术资料找到了吗？如果没有，还缺少哪些？应用通过哪些渠道获得？
③在完成本项目前，你还缺少哪些必要的知识，如整定计算公式？
④在安装接线时，你选择导线的规格多大？根据什么进行选择？
⑤在进行安装前，你准备好材料、检测工具了吗？
⑥你采取什么措施来保证制作质量，符合制作要求吗？</td></tr>
</table>

提示：学生通过搜集资料、小组讨论，制订完成本项目的构思工作计划，填写在表 2-3 中。

表 2-3　供配电系统控制与保护电路的设计项目构思工作计划单

项目构思工作计划单			
项　　目			学时：
班　　级			
组　　长		组　　员	
序　　号	内　　容	人员分工	备　　注
学生确认		日期	

项目设计

视　频

继电保护的接线方式

一、电力线路的继电保护

按 GB 50062—2008《电力装置的继电保护和自动装置设计规范》规定，对 3～66 kV 线路，相间短路、单相接地和过负荷的故障或异常运行，应装设相应的保护装置。

（一）电力线路继电保护装置

高压线路的继电保护装置中，启动继电器与电流互感器之间的连接方式，主要有两相两继电器式和两相一继电器式两种。

1. 两相两继电器式接线（见图 2-9）

这种接线，如果一次电路发生三相短路或任意两相短路，都至少有一个继电器动作，从而使一次电路的断路器跳闸。

为了表述这种接线方式中继电器电流 I_{KA}，即短路电路 I_K，与电流互感器二次电流 I_2 的关系，特引入一个接线系数（wiring coefficient）

$$K_w = \frac{I_{KA}}{I_2}$$

两相两继电器式接线在一次电路发生任何形式的相间短路时 $K_w = 1$，即其保护灵敏度都相同。

2. 两相一继电器式接线（见图 2-10）

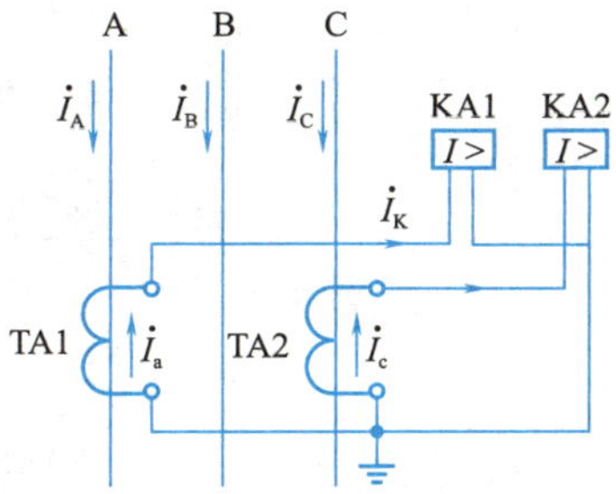

图 2-9　两相两继电器式接线

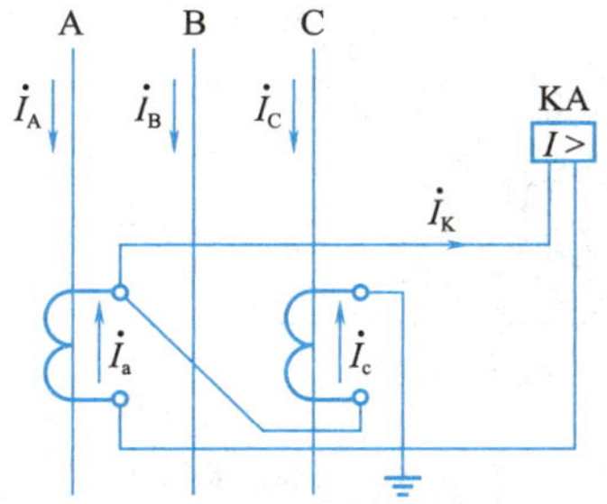

图 2-10　两相一继电器式接线

这种接线，又称为两相电流差接线。正常工作时，流入继电器的电流为两相电流互感器二次电流之差。

由以上分析可知，两相一继电器式接线能反应各种相间短路，但保护灵敏度各有不同，有的甚至相差一倍，因此不如两相两继电器式接线；但是它少用一个继电器，比较简单经济。这种接线主要用于高压电动机的保护。

（二）带时限的过电流保护

带时限的过电流保护，按其动作时间特性可分为定时限过电流保护和反时限过电流保护两种。定时限就是保护装置的动作时间是按整定的动作时间固定不变的，与故障电流大小无关。而反时限就是保护装置的动作时间与故障电流成反比关系，故障电流越大，动作时间越短，所以反时限特性也称为反比延时特性。

视　频

带时限的过电流保护

1. 定时限过电流保护装置的组成和原理

定时限过电流保护装置的原理电路如图 2-11 所示。其中图 2-11（a）为集中表示的原理电路图，通常称为接线图；图 2-11（b）为分开表示的原理电路图，通常称为展开图。从原理分析的角度来说，展开图更简明清晰，因此在二次回路图（包括继电保护电路图）中应用最为普遍。下面分析图 2-11 所示定时限过电流保护的工作原理。

当一次电路发生相间短路时，电流继电器 KA 瞬时动作，闭合其触点，使时间继电器 KT 动作。KT 经过整定的时限后，其延时触点闭合，使串联的信号继电器 KS（电流型）和中间继电器 KM 动作。KS 动作后，其指示牌掉下，同时接通信号回路，给出灯光信号和音响信号。KM 动作后，接通跳闸线圈 YR 回路，使断路器 QF 跳闸，切除短路故障。QF 跳闸后，其辅助常开触点随之切断跳闸回路，以减轻 KM 触点的工作。在短路故障被切除后，继电保护装置除 KS 外的其他所有继电器均自动返回起始状态，而 KS 可手动复位。

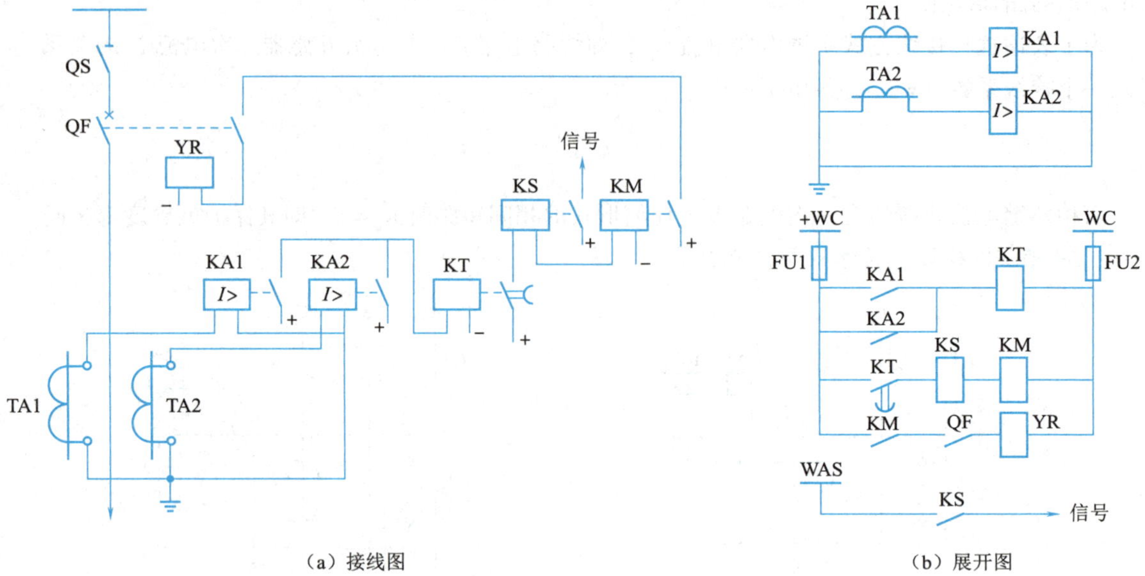

（a）接线图　　（b）展开图

QF—断路器；KA—DL 型电流继电器；KT—DS 型时间继电器；

KS—DX 型信号继电器；KM—DZ 型中间继电器；YR—跳闸线圈。

图 2-11　定时限过电流保护的原理电路

2. 反时限过电流保护装置的组成和原理

反时限过电流保护装置由 GL 型感应电流继电器组成，其原理电路图如图 2-12 所示。当一次电路发生相间短路时，电流继电器 KA 动作，经过一定的延时后，其常开触点闭合，紧接着其常闭触点断开。这时断路器因其跳闸线圈 YR“去分流”而跳闸，切除短路故障。在 GL 型继电器去分流跳闸的同时，其信号牌掉下，指示保护装置已经动作。在短路故障被切除后，继电器自动返回，其信号牌可利用外壳上的旋钮手动复位。

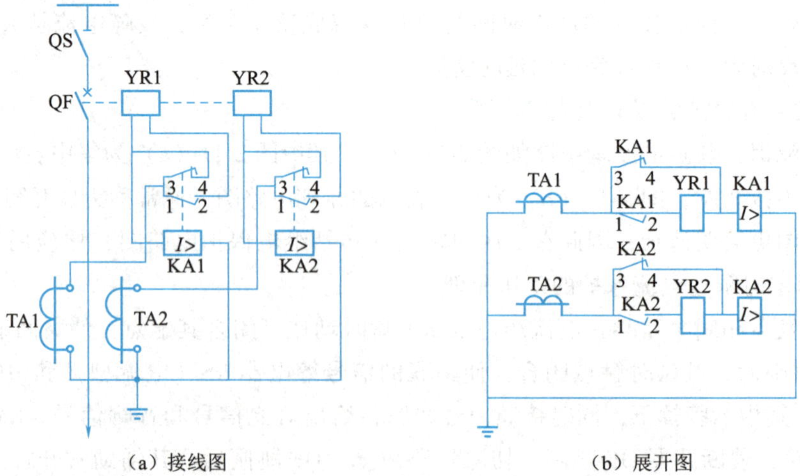

（a）接线图　　（b）展开图

QF—断路器；KA—GL15、25 型电流继电器；YR—跳闸线圈。

图 2-12　反时限过电流保护的原理电路图

3. 过电流保护装置的整定计算

保护装置的动作电流 I_{op} 应躲过线路的最大负荷电流 $I_{L.max}$，即 $I_{op}>I_{L.max}$，保护装置在外部故障切除后应可靠返回到原始位置。

在图 2-13 所示的线路中当 k 点短路时，保护 1 和保护 2 的电流继电器均起动，当保护 2 动作将故障切除后，接在变电所 B 母线上的电动机自启动，这时，保护 1 仍有很大的自启动电流 $K_{st}I_{L.max}$ 流过。为了保证选择性，要求此时已经起动的保护 1 能可靠返回，因此，保护装置的返回电流 I_{re} 必须躲过外部短路切除后流过保护装置的最大自起动电流 $K_{st}I_{L.max}$，即

$$I_{re}>K_{st}I_{L.max}$$

考虑 $I_{re}<I_{op}$，引入一个可靠系数后，上式改写为

$$I_{re}=K_{rel}K_{st}I_{L.max}$$

因此，$I_{op}=\dfrac{K_{rel}K_{st}}{K_{re}}I_{L.max}$

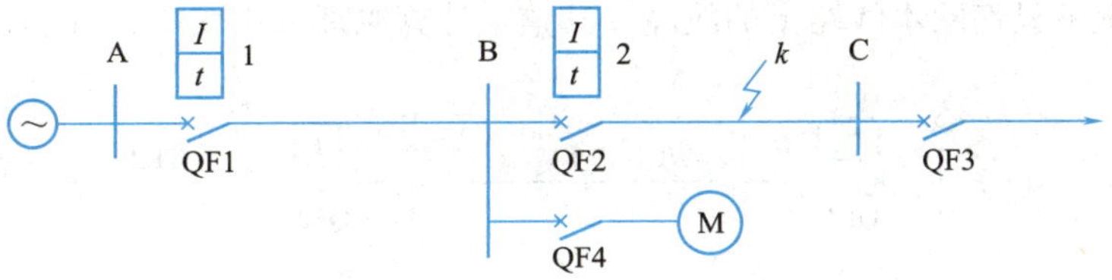

图 2-13　过电流保护计算示意图

动作时限：应按“阶梯原则”整定。即 $t_1=t_2+\Delta t$。定时限过电流保护：$\Delta t=0.5$ s；反时限过电流保护：$\Delta t=0.7$ s。过电流保护整定说明图如图 2-14 所示。

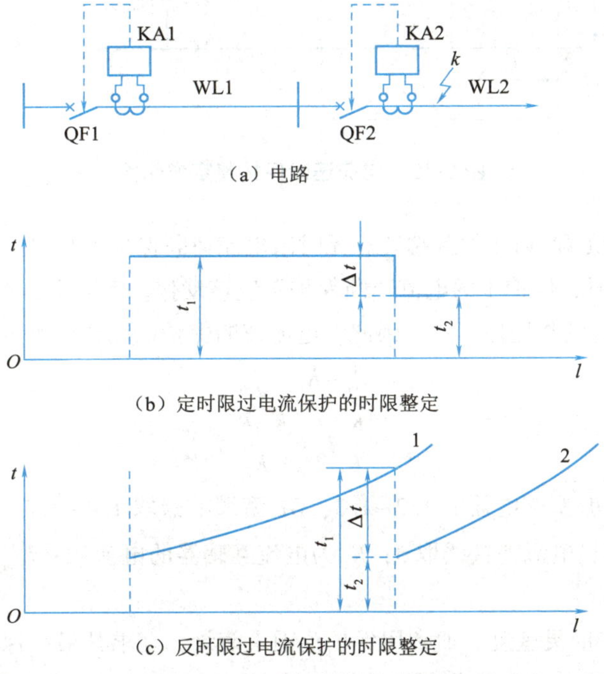

图 2-14　过电流保护整定说明

说明： 定时限过电流保护的动作时间取决于时间继电器预先整定的时间，与短路电流的大小无关；反时限过电流保护的动作时间需要根据前后两级保护的 GL 型电流继电器的动作特性曲线来整定。

4. 定时限过电流保护与反时限过电流保护的比较

定时限过电流保护的优点：动作时间比较准确，整定简单。缺点：所用继电器数目比较多，接线复杂，继电器触点容量较小，需要直流操作电源；靠近电源处的保护动作时间较长。

反时限过电流保护的优点：所用继电器数目少，接线简单；GL 继电器触点容量大，可以直接跳闸，而且适于交流操作。缺点：动作时间的整定和配合比较麻烦，误差较大。

视 频

速断保护

（三）电流速断保护

在保证选择性和可靠性要求的前提下，根据对继电保护的快速性要求，应装设快速动作的保护装置，使切除故障的时间尽可能短。对于反应电流增大且不带时限（瞬时）动作保护，称为无时限电流速度段保护，简称电流速断保护。无时限电流速断保护的动作是保证任何情况下只切除本线路上的故障。其整定计算原理可用图 2-15 来说明。

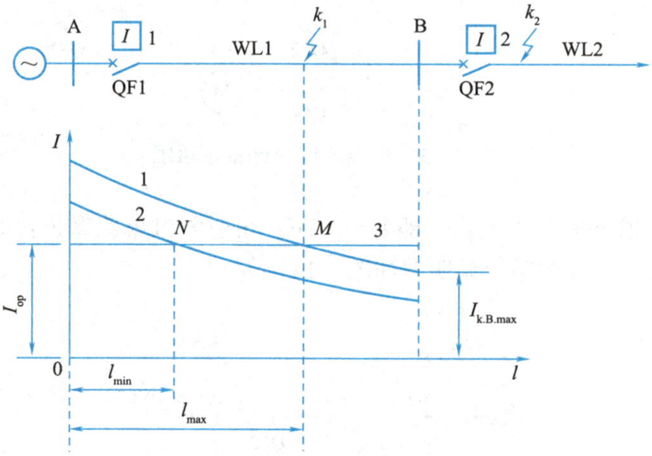

图 2-15　电流速断保护整定说明图

设图 2-15 中线路 WL1 和 WL2 的首端装有无时限电流速断保护 1 和保护 2。为保证选择性，当线路 WL2 的首端发生短路时，保护 1 的电流速断保护不应该动作。实际上，WL2 首端三相短路电流与 WL1 末端的三相短路电流机会是相等的。因此，电流速断保护的动作电流为

$$I_{op}^{I}=K_{rel}I_{k.\max}^{(3)} \tag{2-7}$$

继电器动作电流：

$$I_{op.K}=\frac{K_w}{K_i}I_{op}=\frac{K_{rel}K_w}{K_i}I_{k.\max}^{(3)} \tag{2-8}$$

式中，K_{rel} 为可靠系数，DL 型继电器取 1.2～1.3，GL 型继电器取 1.4～1.5；K_w 为接线系数，星形和不完全星形联结取 1，两相电流差接线取 3；K_i 为电流互感器的电流比；$I_{k.\max}^{(3)}$ 为被保护线路末端的最大三相短路电流。

无时限电流速断保护的灵敏度，通常用保护范围来衡量，要求其最小保护范围不小于 $l_{\min}$，不小于线路全长的 15%～20%。也可以按本线路首端的最小两相短路电流来校验保护的灵敏度

$$K_S = \frac{I_{k.\min}^{(2)}}{I_{op}} \tag{2-9}$$

若灵敏度不满足要求，可采用电流电压联锁保护。

无时限电流速断保护的原理接线图如图2-16所示。图中的中间继电器的作用有两个：一是利用它的触点接通跳闸回路，起到增加电流继电器触点容量的作用；二是当线路上装有管式避雷器时，利用中间继电器来增大保护动作时间，以防止避雷器放电时速断保护误动作。

无时限电流速断保护的优点是简单可靠，动作迅速；缺点是不能保护线路全长，有保护死区且保护范围受系统运行方式的影响较大。

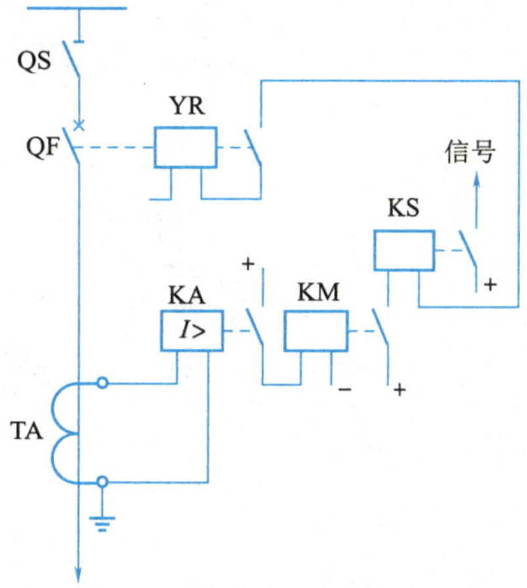

图2-16　无时限电流速断保护的原理接线图

(四) 电网的单相接地保护

1. 电网接地保护

我国110 kV及以上电压等级的电力系统都属于大电流接地系统。采用完全星形接线的相间电流电压保护，虽然也能保护单相接地短路，但灵敏度常常不能满足要求，因此装设专门的接地短路保护，反映零序电流、零序电压和零序功率的保护。

(1) 大电流接地系统单相接地时零序分量的分布特点

①故障点的零序电压最高，离故障点越远，零序电压越低。

②零序电流的分布与中性点接地的位置和数目有关。

③在故障线路上，零序功率的方向是由线路指向母线（与正序功率相反），因此，零序功率方向继电器都是在负值零序功率下动作的。

(2) 零序分量的获取方法

①零序电流的获取：架空线路一般用零序电流过滤器。电缆线路一般用用零序电流互感器，如图2-17所示。

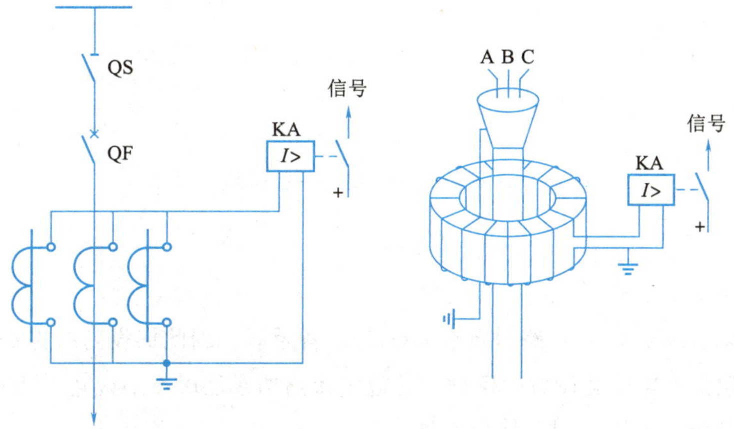

图2-17　获取零序电流原理图

②零序电压的获取：通过电压互感器获得。将三个单相电压互感器的副方绕组接成开口三角形绕组来获取。从三相五柱式电压互感器二次侧的开口三角形绕组来获取，如图 2-18 所示。

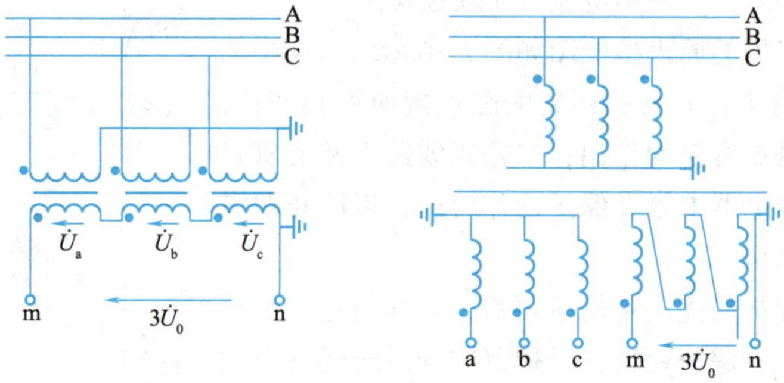

图 2-18　获取零序电压原理图

(3) 大接地电流系统的零序电流保护——三段式零序电流保护

在大电流接地系统中的零序电流保护是利用接地故障时出现零序电流的特点来构成的。对 110 kV 及以上的单电源辐射形网络，通常采用三段式零序电流保护作为接地故障的主保护及后备保护。三段式零序电流保护的工作原理与一般的三段式过电流保护工作原理基本相同，第Ⅰ段为无时限零序电流速断保护，第Ⅱ段为带时限零序电流速断保护，第Ⅲ段为定时限零序过电流保护，其原理接线图如图 2-19 所示。

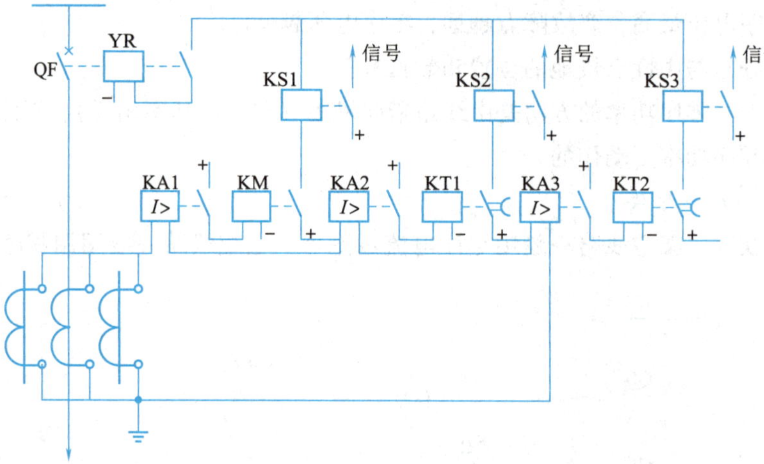

图 2-19　三段式零序电流保护接线原理图

2. 双侧电源电网相间短路的方向性电流保护

(1) 方向电流保护的工作原理（见图 2-20）

k_1 点短路时要求 $t_5>t_4$，k_2 点短路时要求 $t_5<t_4$，二者矛盾，因此加设防线保护。保护原理：双电源系统中的过电流保护一定要装设方向保护，并规定短路功率从母线→线路（为正）时，保护动作；短路功率从线路→母线（为负）时，保护不动作。

单方向过电流保护的动作时间按阶梯原则进行配合。应满足 $t_1>t_3>t_5$ 和 $t_6>t_4>t_2$。同一母线两侧的保护，时限长的可不装方向保护，时限相同时都要装方向保护。

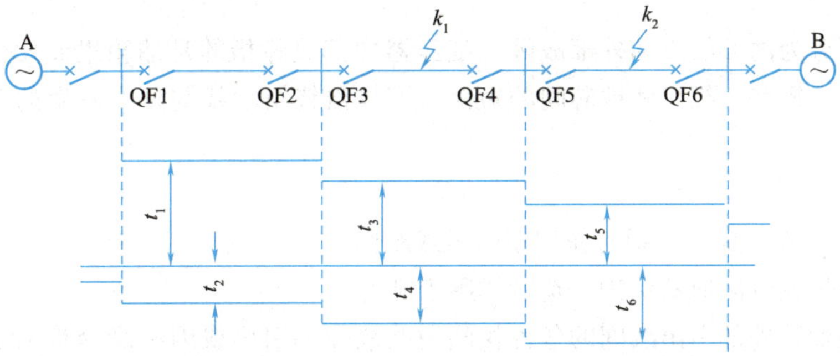

图 2-20　方向电流保护的工作原理图

（2）方向电流保护的原理接线图

方向电流保护的原理接线图主要由方向元件、电流元件、时间元件和信号元件等组成，如图 2-21 所示。方向元件 KP 和电流元件 KA 的触点串联，只有当两个元件都动作时，保护才能动作跳闸。

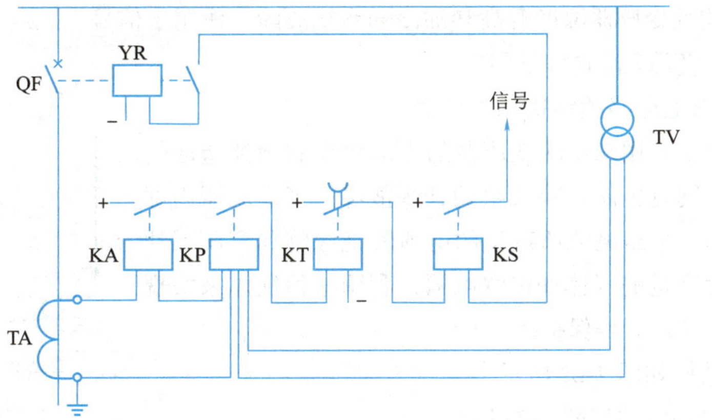

图 2-21　方向电流保护的原理接线图

3. 三段式方向性电流保护的特点

在保护构成中应加功率方向测量元件，并与电流测量元件共同判别是否在保护线路的正方向发生故障。第Ⅰ段方向电流保护的动作电流可不必躲过反方向外部最大短路电流，只需按正方向短路计算即可。第Ⅲ段方向电流保护的动作电流还应考虑躲过反方向不对称短路时，流过非故障相的电流 I_{nk}，即

$$I_{op}^{Ⅲ}=K_{rel}I_{nk} \tag{2-10}$$

在环网和双电源网中，功率方向相同的各线路保护第Ⅲ段的动作电流和动作时间应相互配合。例如，图 2-16 应满足

$$I_{op.1}>I_{op.3}>I_{op.5},t_1>t_3>t_5 \quad I_{op.6}>I_{op.4}>I_{op.2},t_6>t_4>t_2$$

方向电流保护必须采用按相起动接线方式。按相起动：只有当同一相的功率方向元件和电流元件同时起动时，保护才能动作跳闸。

二、 电力变压器的继电保护

变压器故障可分为内部故障和外部故障。变压器内部故障指的是油箱里面发生的故障，包括相间短路、绕组的匝间短路、绕组和铁芯间的短路、变压器绕组引线与外壳发生的单相接地短路和绕组的断线故障。

保护设置：

①采用气体（瓦斯）保护，瞬时作用于信号或跳闸。

②采用差动保护或电流速断保护，瞬时作用于跳闸。

③外部故障是油箱外部引出线间的各种相间短路故障和引出线因绝缘套管网络或破碎通过邮箱壳发生的单相接地短路故障。

保护设置：

①采用差动保护或电流速断保护，瞬时作用于跳闸。

②过电流保护，作为内部保护的后备保护，带时限作用跳闸。

③过负荷保护，作用于信号（变压器有可能过载时装设）。

④温度信号，监视变压器温度升高和油冷却系统故障，作用于信号。

视 频

变压器瓦斯保护

（一）变压器的瓦斯保护

1. 瓦斯继电器的结构和工作原理

气体保护：用来反映变压器的内部故障和漏油造成的油面降低，同时也能反映绕组的开焊故障。当变压器内部出现故障时，短路电流所产生的电弧使绝缘物和变压器油分解而产生大量的气体冲击继电器，利用这种气体来实现的保护装置称为气体（瓦斯）保护。

①气体继电器结构如图 2-22 所示。

②安装位置与保护范围如图 2-23 所示。

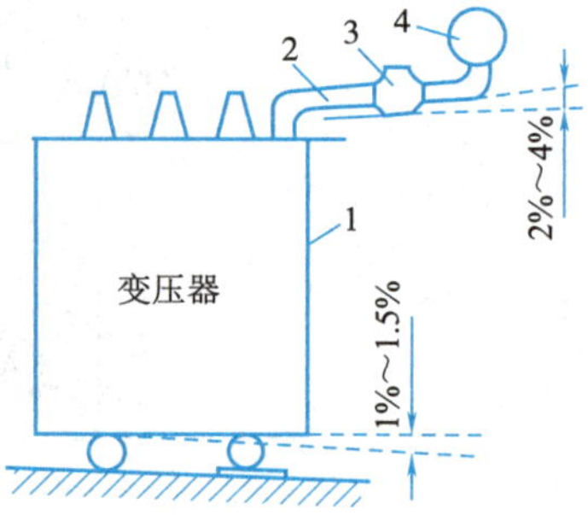

1—变压器油箱；2—连接管；
3—瓦斯继电器；4—油枪。

图 2-22 气体继电器

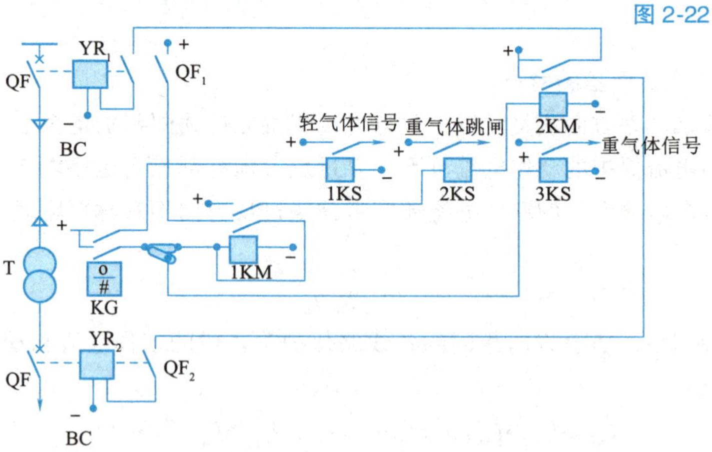

图 2-23 安装位置与保护范围图

安装位置：安装在变压器油箱与油枕之间，油箱内的气体通过气体继电器流向油枕。

保护范围：变压器内部故障油面降低。

2. 保护原理与接线图（见图 2-24）

瓦斯继电器有两对灵敏的触点：一对触点在变压器油箱内发生轻微故障时动作，作用于信号——轻瓦斯动作；另一对触点在变压器油箱内发生严重故障时动作，作用于跳闸——重瓦斯动作。

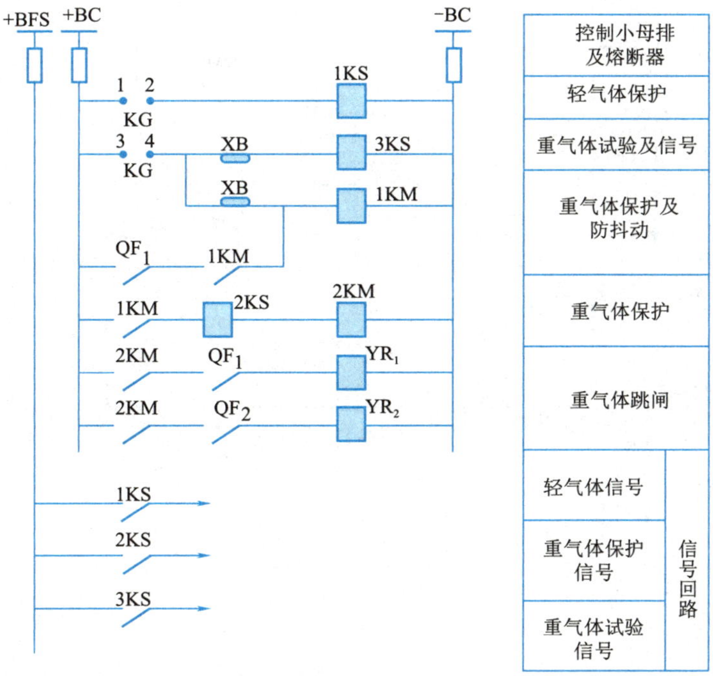

图 2-24　保护原理与接线图

动作原理：

(1) T 发生轻微故障

+BC→KG（1，2）→1KS→-BC。

+BFS →1KS →轻气体信号。

(2) T 发生严重故障（见图 2-25）

+BC→KG（3，4）→XB→1KM→-BC。

+BC→QF1→1KM → 自保持，防 KG 触点抖动。

+BC→1KM→2KS→2KM→-BC。

+BC→2KM→QF1→YR1→QF1 跳闸。

+BC→2KM→QF2→YR2→QF2 跳闸。

+BFS→2KS→信号 QF1、QF2 跳闸信号。

+BFS→3KS→重气体信号（防止 T 换油或试验时气体继电器误动作）。

优点：动作迅速，灵敏度高，结构简单，能反应变压器油箱内部各种类型的故障。

缺点：不能反映变压器外部端子上的故障。

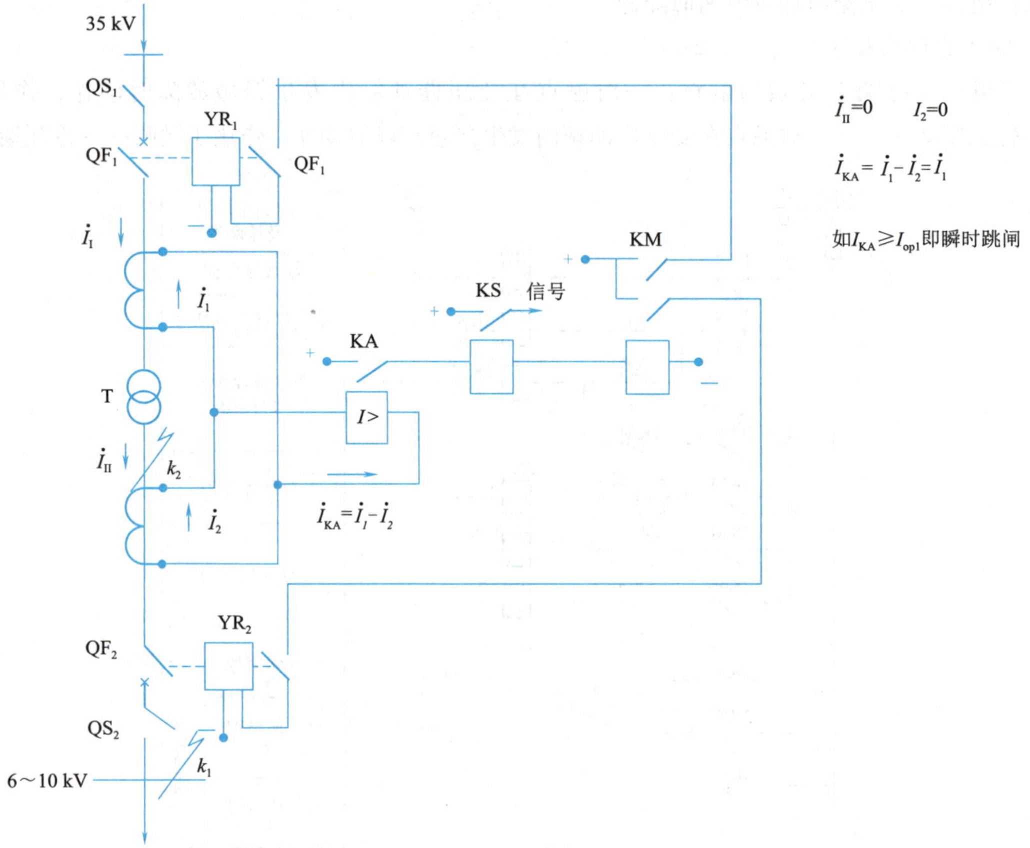

图 2-25　变压器 T 发生严重故障

视 频

变压器相间短路的后备保护及过负荷保护

（二）变压器的过电流保护、电流速断保护、过负荷保护

1. 变压器的过电流保护

动作时限比出线过流保护的动作时限大 Δt。动作电流：躲过变压器可能出现的最大负荷电流。

$I_{\text{op}}=\dfrac{K_{\text{rel}}K_{\text{st}}}{K_{\text{re}}}I_{\text{NT}}$，式中 I_{NT} 为变压器的额定一次电流。灵敏度校验：$K_{\text{S}}=\dfrac{I_{k.\min}^{(2)}}{I_{\text{op}}}\geqslant 1.5$。

①低电压起动的过电流保护，只有当电流元件和电压元件同时动作后，才能起动时间继电器，经预定的延时后，起动出口中间继电器动作与跳闸。原理图如图 2-26 所示。

②电流元件的动作电流：躲过变压器的启动电流，即

$$I_{\text{op}}=\frac{K_{\text{rel}}}{K_{\text{re}}}I_{\text{NT}} \tag{2-11}$$

③低电压元件的动作电压：躲过正常情况下母线上可能出现的最低工作电压，通常取 $U_{\text{op}}=0.7U_{\text{NT}}$。

④低电压元件灵敏度校验：$K_{\text{S}}=\dfrac{U_{\text{op}}}{U_{k.\max}}\geqslant 1.2$，若电压元件的灵敏度达不到要求，可采用复合电压起动的过电流保护 。复合电压起动的过电流保护原理接线图如图 2-27 所示。

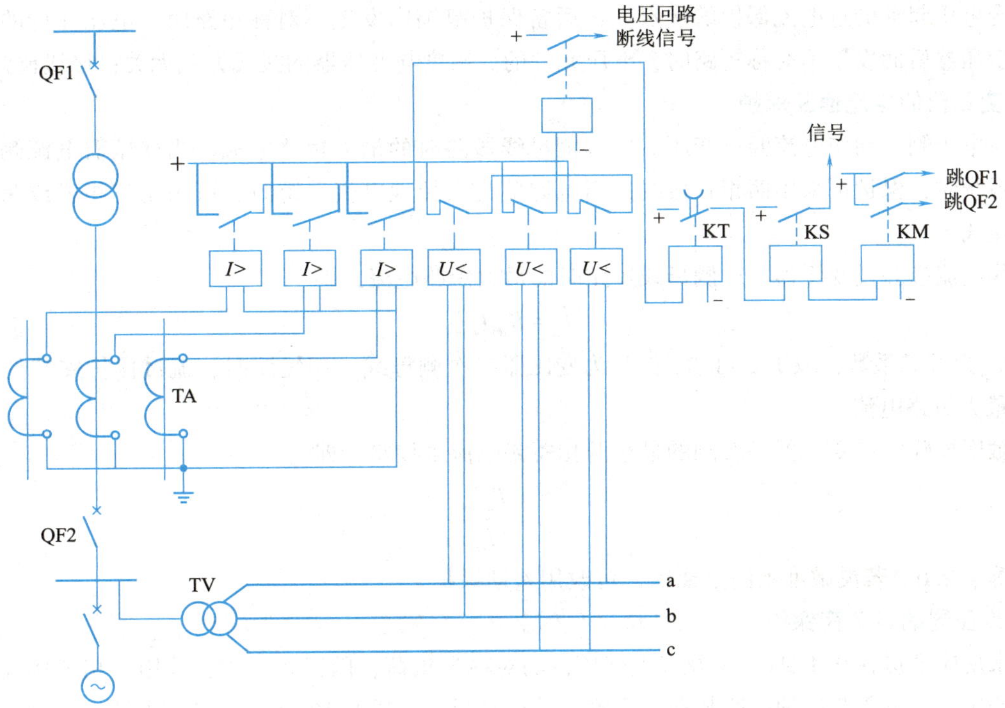

图 2-26　变压器的过电流保护原理图

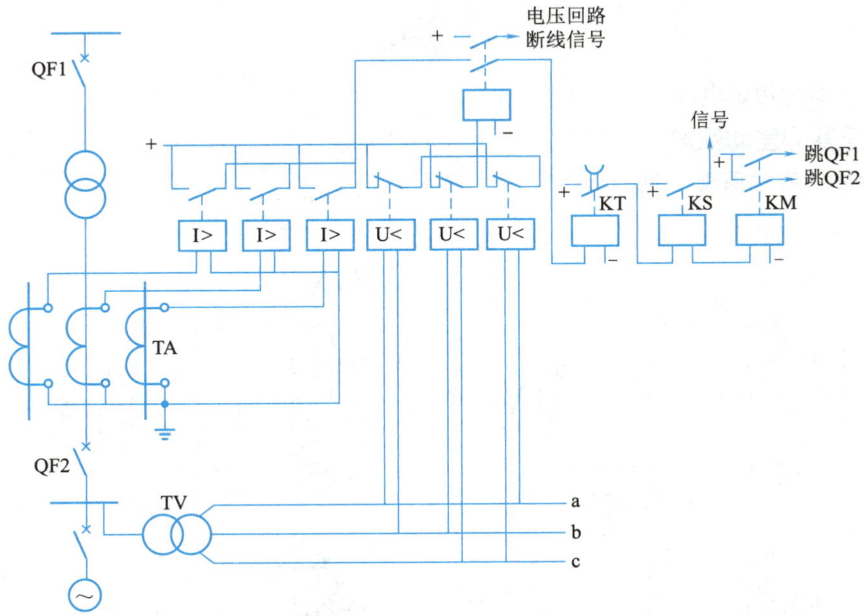

图 2-27　复合电压起动的过电流保护原理接线图

⑤电流元件和低电压元件：与低电压起动的过电流保护相同。

⑥负序电压继电器的动作电压：躲过正常运行方式下负序滤过器出现的最大不平衡电压，通常取 $U_{op..2}=0.06U_{NT}$，灵敏度校验同上。式中 U_{NT} 为变压器的额定电压。

复合电压起动的过电流保护的优点：在后备保护范围内发生不对称短路时，电压元件的灵敏度高；在变压器后面发生不对称短路时，电压元件的灵敏度与变压器的接线方式无关；接线比较简单。

2. 变压器的电流速断保护

装在电源侧，动作电流躲过变压器二次侧母线短路时的最大短路电流。当变压器电源侧为小接地电流系统时，保护可采用两相式接线；当电源侧为大接地电流系统时，可采用三相式或两相三继电器式接线。

动作电流应躲过变压器二次侧母线短路时的最大短路电流，即

$$I_{op}=K_{rel}I_{k.\max}^{(3)} \tag{2-12}$$

式中：K_{rel}为可靠系数，取1.2~1.3；$I_{k.\max}^{(3)}$为变压器二次侧母线三相短路时，流过保护安装处（一次侧）的最大短路电流。

灵敏度校验应按变压器一次侧的最小两相短路电流来校验，即

$$K_S=\frac{I_{k.\min}^{(2)}}{I_{op}}$$

应大于等于2.0。若灵敏度不满足要求，可改用差动保护。

3. 变压器的过负荷保护

用来反应容量在0.4 MV·A及以上变压器的对称过负荷，因三相对称，采用一相式接线。双绕组降压变压器，过负荷保护一般装在高压侧。动作时限：一般取10~15 s。动作电流：躲过变压器额定电流，即

$$I_{op}=\frac{K_{rel}}{K_{re}}I_{NT} \tag{2-13}$$

式中，I_{NT}为变压器的额定电流。

（三）变压器的差动保护

1. 差动保护的基本原理（见图2-28）

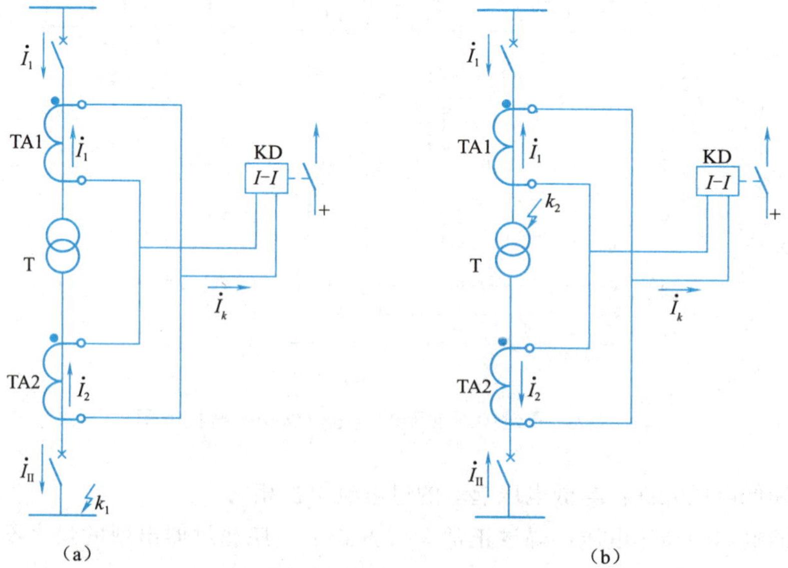

图2-28 差动保护的基本原理图

10 MV·A 及以上容量的单独运行变压器、6.3 MV·A 及以上容量的并联运行变压器或工业企业中的重要变压器，应装设纵差动保护。对于 2 MV·A 及以上容量的变压器，当电流速断保护灵敏度不满足要求时，应装设纵差动保护。原理接线图如 2-28 所示。

反映被保护元件两侧的电流差额而动作的保护装置：

$$\dot{I}_k = \dot{I}_1 - \dot{I}_2 \tag{2-14}$$

正常时，人为使流入继电器的电流 $\dot{I}_k = \dot{I}_1 - \dot{I}_2 = 0$（选择合适变比和接线方式）不动作。短路时外部短路尽管 $\dot{I}_k$很大，$\dot{I}_1$和 $\dot{I}_2$也很大，但它们大小相等，相位相同，继电器不动作。内部短路时，$\dot{I}_k = \dot{I}_1 + \dot{I}_2$或 $\dot{I}_k = \dot{I}_1$，继电器动作。

2. 差动保护的不平衡电流

①问题的产生：由变压器两侧绕组接线不同而产生的不平衡电流。解决办法：将变压器星形侧的电流互感器接成三角形，而将变压器三角形侧的电流互感器接成星形。原理图如 2-29 所示。

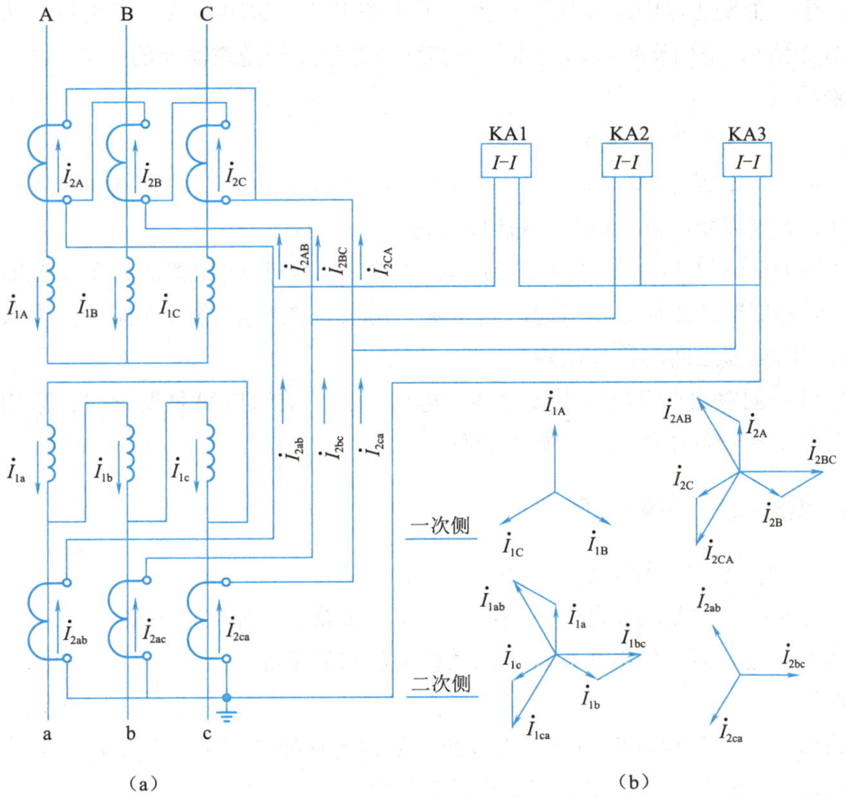

图 2-29　差动保护不平衡电流接线原理图

②问题的产生：由电流互感器计算变比与实际变比不同而产生的不平衡电流。解决办法：利用具有速饱和铁芯的差动继电器中的平衡线圈来进行补偿。

【例 2-1】　有一台 S9-6300/35 型电力变压器，Yd11 接线，额定电压为 35/10.5 kV，求正常运行时差动保护回路中的不平衡电流。

名　　称	一次侧数值	二次侧数值
额定电压/kV	35	10.5
额定电流/A	$I_{1Y}=\frac{6\ 300}{\sqrt{3}\times 10.5}=103.9$	$I_{1\triangle}=\frac{6\ 300}{\sqrt{3}\times 10.5}=346.4$
TA 的接线方式	D	Y
TA 的计算变比	$\sqrt{3}\times 103.9=180/5$	346.4/5
TA 的实际变比	200/5=40	400/5=80
TA 的二次额定电流/A	$I_{2Y}=\frac{\sqrt{3}\times 103.9}{40}=4.5$	$I_{2\triangle}=\frac{346.4}{80}=4.33$

不平衡电流为：$I_{dsq}=I_{2Y}-I_{2\triangle}=4.5-4.33\ \mathrm{A}=0.17\ \mathrm{A}$

③问题的产生：由两侧电流互感器型号不同而产生的不平衡电流。解决办法：整定计算时引入一个同型系数 K_{sam}，若两侧 TA 型号不同取 1；两侧 TA 型号相同取 0.5。

④问题的产生：由变压器励磁涌流所产生的不平衡电流。解决办法：采用具有速饱和铁芯的差动继电器（BCH-2 型）。采用比较波形间断角来鉴别内部故障和励磁涌流的差动保护。利用二次谐波制动而躲开励磁涌流。

视　频

变压器低压侧的单相保护

（四）变压器的其他保护

①对于高压侧为 330 kV 及以上的变压器，为防止由于频率降低和电压升高引起变压器磁密过高而损坏变压器，应装设过励磁保护。

②与 110 kV 及以上中性点直接接地电网连接的降压变压器、升压变压器和系统联络变压器，对外部单相接地短路引起的过电流，应装设接地短路后备保护，该保护能反映电流互感器与断路器之间的接地故障。

③在变压器低压侧中性点引出线上装设零序电流保护。灵敏度满足要求时，采用完全星形联结的过电流保护兼作变压器低压侧单相接地短路保护。

三、 高压电动机的继电保护

（一）电动机的故障类型和应装设的保护

故障类型：定子绕组的相间短路、一相绕组的匝间短路、单相接地短路。

异常运行状态：过负荷、低电压、同步电动机失步和失磁等。

应装设的保护：

①相间短路保护：对 2 000 kW 以下的电动机，装设电流速断保护；对 2 000 kW 以上和 2 000 kW 以下速断保护灵敏度不满足的电动机，应装设差动保护。

②接地短路保护：用于接地电容电流大于 5 A 的情况。

③过负荷保护：延时动作于信号、跳闸或减负荷。

④低电压保护：为保证重要电动机的自起动，对不重要的电动机应装设低电压保护；对不需要自起动的电动机，应装设低电压保护；对需要参加自起动，但在电源电压长时间消失后自起动有困难的电动机，也要装设低电压保护。

（二）电动机的相间短路保护

①电流速断保护：动作电流应躲过电动机的起动电流，灵敏度≥2。动作电流：躲过电动机的起动电流，即

$I_{op.K}=\frac{K_{rel}K_w}{K_i}I_{st.max}$式中，可靠系数 K_{rel} 取 1.4~1.6（DL 型）或 1.8~2（GL 型）。

②纵联差动保护：在小接地电流系统中，可采用两相式接线，选用两个 BCH-2 型或 DL-11 型继电器构成差动保护，如图 2-30 所示。动作电流应躲过电动机的额定电流，灵敏度≥2。动作电流：躲过电动机的额定电流，即

$$I_{op.K}=\frac{K_{rel}K_w}{K_i}I_{NM}$$

式中，K_{rel} 取 0.5~1（BCH-2 型）或 1.2~1.5（DL-11）型。

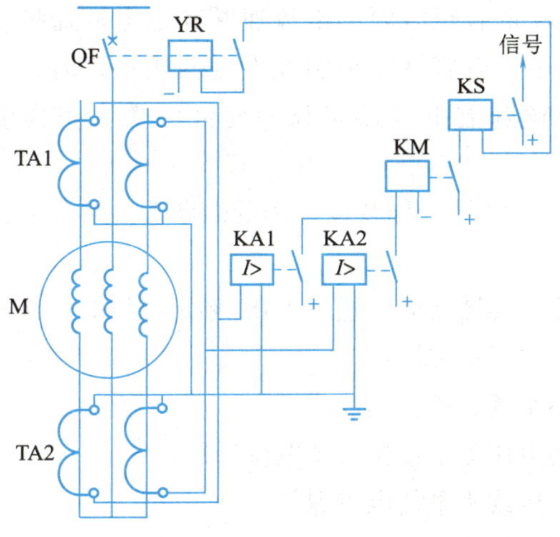

（a）由DL-11型电流继电器构成的差动保护

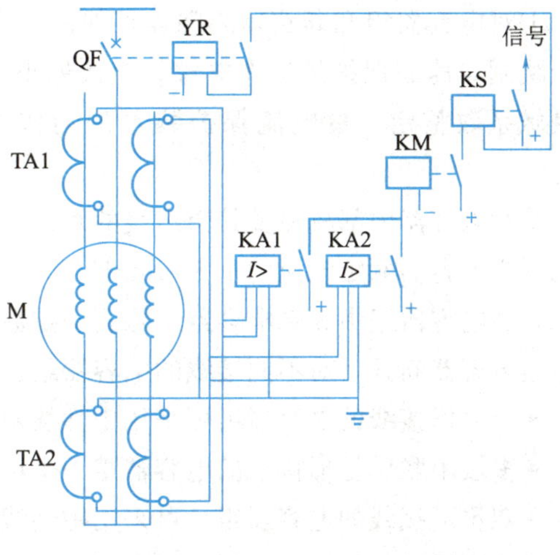

（b）由BCH-2型差动继电器构成的差动保护

图 2-30　电动机纵联差动保护原理接线图

（三）电动机的过负荷保护

①动作电流：应躲过电动机额定电流，即

$$I_{op.K}=\frac{K_{rel}K_w}{K_{re}K_i}I_{NM} \tag{2-15}$$

式中，K_{rel} 取 1.05~1.1（动作于信号时）或 1.2~1.25（动作于减负荷或跳闸时）；K_{re} 取 0.85。

①动作时间：一般取 15~20 s。

②电动机的单相接地保护与线路单相接地保护相似。

四、电力电容器组的继电保护

（一）并联补偿电容器组的故障类型

一般在变电站的低压侧通常装设并联电容器组，以补偿无功功率的不足，来提高母线电压质量，降低电能损耗，达到系统稳定运行的目的。并联电容器可以接成星形，也可以接成三角形，相同容

量的电容器接成三角形时，发出的无功功率是星形连接的 3 倍，但每相电容器上承受的电压是星形的$\sqrt{3}$倍。

再较大容量的电容器组中，电压中的小量高次谐波，在电容器中产生较大的高次谐波电流，容易造成电容器过负荷，为此可在每相电容器组中串接一只电抗器以限制高次谐波电流。

电容器组的故障和不正常运行情况如下：

①电容器组与断路器之间连接线以及电容器内部连线上的相间短路故障和接地故障。

②电容器组的故障，指电容器内部极间短路以及电容器组中多台电容器出现故障。

③电容器组过负荷。

④电容器组的供电升高。

⑤电容器组失压。

（二）并联补偿电容器组应按下列规定装设保护装置

①对电容器组和断路器之间连接线的短路，可装设带有短时限的电流速断和过电流保护，动作于跳闸。速断保护的动作电流，应按最小运行方式下，电容器端部引线发生两相短路时，有足够灵敏系数整定。过电流保护装置的动作电流，应按躲过电容器组长期允许的最大工作电流整定。

②对电容器内部故障及其引出线的短路，宜对每台电容器分别装设专用的熔断器。熔丝的额定电流可为电容器额定电流的 1.5~2.0 倍。

③当电容器组中故障电容器切除到一定数量，引起电容器端电压超过 110% 额定电压时，保护应将整组电容器断开。对不同接线的电容器组，可采用下列保护之一：

- 单星形接线的电容器组可采用中性线对地电压不平衡保护。
- 多段串联单星形接线的电容器组，也可采用段间电压差动或桥式差电流保护。
- 双星形接线的电容器组，可采用中性线不平衡电压或不平衡电流保护。

④电容器组单相接地故障，可利用电容器组所连接母线上的绝缘监察装置进行检查；当电容器组所连接母线有引出线路时，安装在绝缘支架上的电容器组，可不再装设单相接地保护。

⑤对电容器组的过电压应装设过电压保护，带时限动作于信号或跳闸。

⑥对母线失压应装设低电压保护，带时限动作于信号或跳闸。

⑦对于电网中出现的高次谐波有可能导致电容器过负荷时，电容器组宜装设过负荷保护，带时限动作于信号或跳闸。

五、微机保护

微机保护装置的硬件构成可分为六部分，即数据采集部分、微型计算机部分、输入/输出接口部分、通信接口部分、人机接口部分和电源部分。微机保护装置原理图如图 2-31 所示。它由上述六部分按功能模块化设计，便于维护和调试。

数据采集系统的任务是将模拟量输入量准确地转换为所需的数字量；微型计算机系统是微机保护装置的核心，主要包括微处理器（MPU）、只读存储器（ROM）、随机存储器（RAM）、闪存单元（FLASH）、接口芯片及定时器等；输入/输出接口是微机保护与外围设备的联系部分；通信接口是实现变电站综合自动化的必要条件，因此，每个保护装置都带有相对标准的通信接口电路；人机接口部分主要包括显示、键盘、各种面板开关、打印与报警等，其主要功能用于调试、整定定值与变比等；微机保护电源工作的可靠性直接影响微机保护装置的可靠性，通常采用逆变稳压电源。

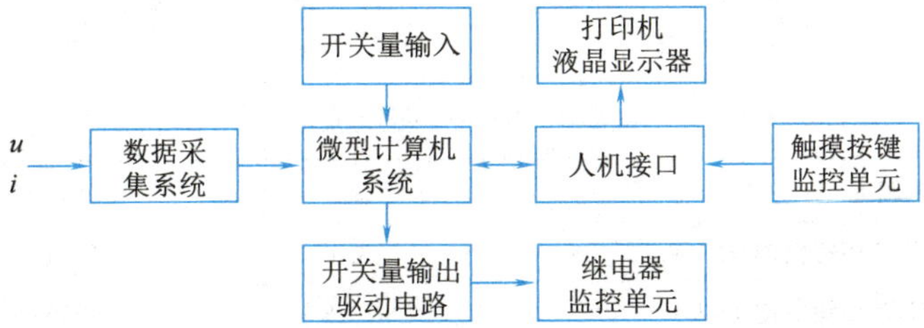

图 2-31　微机保护装置原理图

六、 控制和保护系统设计实例

（一）过电流保护继电器动作时限的选择

某前、后两级反时限过电流保护都采用两相两继电器接线和 GL-15 型过电流继电器。后一级继电器的动作电流为 5 A，10 倍动作电流的动作时限为 0.5 s，电流互感器变比为 50 A/5 A，前一级继电器的动作电流也为 5 A，电流互感器变比 75 A/5 A，末端三相短路电流 $I_k^{(3)}=450$ A，试整定前一级过电流保护 10 倍动作电流的动作时限。

解： 设供电系统如下

k 点短路时 KA2 中的电流为：

$$I'_{k(2)}=\frac{K_{w(2)}}{K_{i(2)}}I_k=\frac{1}{50/5}\times 450\ \text{A}=45\ \text{A}$$

$I'_{k(2)}$ 对 KA2 的动作电流倍数为

$$n_2=\frac{I'_{k(2)}}{I_{op(2)}}=\frac{45}{5}=9$$

由 $n_2=9$ 和 KA2 的整定时间 $t_2=0.5$ s，考虑延迟动作可得 KA2 的实际动作时间为：$t'_2\approx 0.51$ s

所以，KA1 的实际动作时间为：$t'_1=t'_2+\Delta t=0.51+0.7\ \text{s}=1.21\ \text{s}$

k 点短路时 KA1 中的电流为：$I'_{k(1)}=\dfrac{K_{w(1)}}{K_{i(1)}}I_k=\dfrac{1}{75/5}\times 450\ \text{A}=30\ \text{A}$

则 $I'_{k(1)}$ 对 KA1 的动作电流倍数为：$n_1=\dfrac{I'_{k(1)}}{I_{op(1)}}=\dfrac{30}{5}=6$

由 $n_1=6$ 和 $t'_1=1.21$ s，查曲线相应的产品手册得 KA1 的 10 倍动作时间为：$t_1\approx 1.1$ s

（二）三段式电流保护的整定

35 kV 单侧电源辐射形线路 WL1 的保护方案拟定为三段式电流保护。已知保护采用两相不完全星形接线，线路 WL1 的最大负荷电流为 174 A，电流互感器变比为 300/5，在最大及最小运行方式下各点短路电流见表 2-4。WL2 的定时限过电流保护动作时间为 1.5 s，试对 WL1 的三段式电流保护进行整定计算。

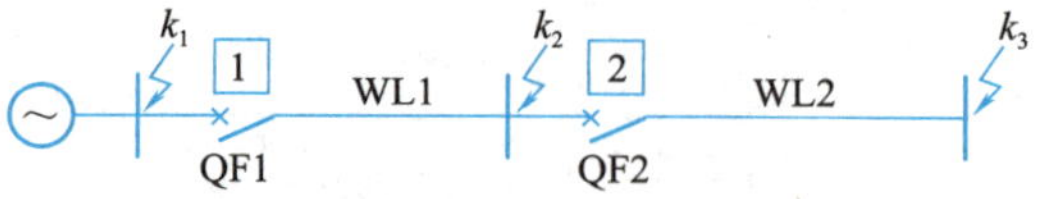

表 2-4 各点短路电流值

短路点	k_1	k_2	k_3
最大运行方式下三相短路电流/kA	3.4	1.31	0.52
最小运行方式下两相短路电流/kA	2.28	1.15	0.49

解：①第Ⅰ段：取 $K_{rel}^{I}=1.3$，则

$$I_{op.1}^{I}=K_{rel}^{I}I_{k_2}^{(3)}=1.3\times1.31\ kA=1.7\ kA$$

$$I_{op.K}^{I}=\frac{K_w}{K_i}I_{op.1}^{I}=\frac{1}{300/5}\times1\ 700\ A=28.33\ A$$

$$K_s=\frac{I_{k_1 min}^{(2)}}{I_{op.1}^{I}}=\frac{2.28}{1.7}=1.34<2$$

②第Ⅱ段：$I_{op.2}^{I}=K_{rel}^{I}I_{k_3 max}^{(3)}=1.3\times0.52\ kA=0.676\ kA$

取 $K_{rel}^{II}=1.1$，则

$$I_{op.1}^{II}=K_{rel}^{II}I_{op.2}^{I}=1.1\times0.676\ kA=0.744\ kA$$

$$I_{op.K}^{II}=\frac{K_w}{K_i}I_{op.1}^{II}=\frac{1}{300/5}\times744\ A=12.4\ A$$

$$t_1^{II}=t_2^{I}+\Delta t=0.5\ s$$

$$K_s=\frac{I_{k_2 min}^{(2)}}{I_{op.1}^{II}}=\frac{1.15}{0.744}=1.55>1.3$$

③第Ⅲ段：取 $K_{re}=0.85$，$K_{rel}^{III}=1.2$，$K_{st}=1.5$，则

$$I_{op.1}^{III}=\frac{K_{rel}^{III}K_{st}}{K_{re}}I_{L.max}=\frac{1.2\times1.5}{0.85}\times174\ A=368.47\ A$$

$$I_{op.K}^{III}=\frac{K_w}{K_i}I_{op.1}^{III}=\frac{1}{300/5}\times368.47\ A=6.14\ A$$

$$t_1^{III}=t_2^{III}+\Delta t=1.5+0.5=2\ s$$

近后备：

$$K_s=\frac{I_{k_2 min}^{(2)}}{I_{op.1}^{III}}=\frac{1.15\times10^3}{368.47}=3.12>1.5$$

远后备：

$$K_s=\frac{I_{k_3 min}^{(2)}}{I_{op.1}^{III}}=\frac{0.49\times10^3}{368.47}=1.33>1.2$$

（三）变压器电流保护的选择

某总降压变电所装有一台 35/10.5 kV、4 000 kV·A 的变压器，已知变压器 10 kV 母线的最大、最小三相短路电流分别为 1.4 kA 和 1.3 kA，35 kV 母线的最小三相短路电流为 1.25 kA，保护采用两

相两继电器接线，电流互感器变比为 100/5，变电所 10 kV 出线过流保护动作时间为 1 s，试整定该变压器的电流保护。

解：

$$I_{NT}=\frac{S_N}{\sqrt{3}U_N}=\frac{4\ 000}{\sqrt{3}\times 35}\ A=66\ A$$

①过电流保护：

$$I_{op}=\frac{K_{rel}K_{st}}{K_{re}}I_{NT}=\frac{1.2\times 2}{0.85}\times 66\ A=186.35\ A$$

$$I_{op.K}=\frac{K_w}{K_i}I_{op}=\frac{1}{100/5}\times 186.35\ A=9.32\ A$$

$$t=1+0.5=1.5\ s$$

$$K_S=\frac{I'^{(2)}_{k_2\min}}{I_{op}}=\frac{\frac{\sqrt{3}}{2}\times 1.3\times 10^3\times\frac{10.5}{37}}{186.35}=1.71>1.5$$

②速断保护：

$$I_{op}=K_{rel}I'^{(3)}_{k_2\max}=1.3\times 1.4\times 10^3\times\frac{10.5}{37}\ A=516.49\ A$$

$$I_{op.K}=\frac{K_w}{K_i}I_{op}=\frac{1}{75/5}\times 516.49\ A=25.82\ A$$

$$K_S=\frac{I^{(2)}_{k_1\min}}{I_{op}}=\frac{\sqrt{3}}{2}\times\frac{1.25\times 10^3}{516.49}=2.1>2$$

（四）变压器的差动保护回路中的不平衡电流

有一台 S9-6300/35 型电力变压器，Yd11 接线，额定电压为 35/10.5 kV，试选择两侧电流互感器的接线方式和变比，并求出正常运行时差动保护回路中的不平衡电流。

解：变压器两侧的额定电流分别为

$$I_{1Y}=\frac{6\ 300}{\sqrt{3}\times 35}\ A=103.9\ A,\quad I_{1\triangle}=\frac{6\ 300}{\sqrt{3}\times 10.5}\ A=346.4\ A$$

两侧电流互感器的计算变比为

$$K_{iY}=\frac{\sqrt{3}\times 103.9}{5}=\frac{180}{5},\quad K_{i\triangle}=\frac{346.4}{5}$$

根据电流互感器的标准变比，选择两侧电流互感器的实际变比为

$$K_{iY}=\frac{200}{5}=40,\quad K_{i\triangle}=\frac{400}{5}=80$$

两侧电流互感器的二次电流为

$$I_{2Y}=\frac{\sqrt{3}\times 103.9}{40}\ A=4.5\ A,\quad I_{2\triangle}=\frac{346.4}{80}\ A=4.33\ A$$

因此，正常运行时流入差动保护回路中的不平衡电流为

$$I_{dsq}=I_{2Y}-I_{2\triangle}=4.5-4.33\ A=0.17\ A$$

也可列表 2-5 进行计算。

表 2-5 差动保护回路中的不平衡电流的计算

名　　称	一次侧数值	二次侧数值
额定电压/kV	35	10.5
额定电流/A	$I_{1Y}=\dfrac{6\,300}{\sqrt{3}\times 35}=103.9$	$I_{1\triangle}=\dfrac{6\,300}{\sqrt{3}\times 10.5}=346.4$
电流互感器的接线方式	D	Y
电流互感器一次电流计算值	$\sqrt{3}\times 103.9=180$	346.4
电流互感器变比选择	$K_{iY}=\dfrac{200}{5}=40$	$K_{i\triangle}=\dfrac{400}{5}=80$
电流互感器二次额定电流/A	$I_{2Y}=\dfrac{\sqrt{3}\times 103.9}{40}=4.5$	$I_{2\triangle}=\dfrac{346.4}{80}=4.33$

由表 2-5 知，正常运行时流入差动保护回路中的不平衡电流为

$$I_{dsq}=I_{2Y}-I_{2\triangle}=4.5-4.33\ \text{A}=0.17\ \text{A}$$

（五）变压器的差动参数确定

试选择降压变压器差动保护的有关参数。已知 $S_N=16\,000\ \text{kV}\cdot\text{A}$，$35\times(1\pm2\times2.5\%)/11\ \text{kV}$，Yd11 接线，$U_k\%=8$；35 kV 母线短路电流 $I_{k_1\max}^{(3)}=3.57\ \text{kA}$，$I_{k_1\min}^{(3)}=2.14\ \text{kA}$；10 kV 母线短路电流 $I_{k_2\max}^{(3)}=5.87\ \text{kA}$，$I_{k_2\min}^{(3)}=4.47\ \text{kA}$，10 kV 侧 $I_{L.\max}=1\,000\ \text{kA}$。

解：①计算各侧一次额定电流，选择电流互感器变比，确定各侧互感器的二次额定电流，计算结果见表 2-6。

取二次额定电流大的 11 kV 侧为基本侧。

②按下列三条件确定差动保护 10 kV 侧的一次动作电流。

- 躲过变压器的励磁涌流，即

$$I_{op}=K_{rel}I_{N2\cdot T}=1.3\times 839.78\ \text{A}=1\,091.7\ \text{A}$$

- 躲过变压器外部短路时的最大不平衡电流，即

$$I_{op}=K_{rel}I_{dsq.\max}=K_{rel}(K_{np}K_{sam}f_i+\Delta U+\Delta f_b)I_{k_2\max}^{(3)}$$
$$=1.3\times(1\times1\times0.1+0.05+0.05)\times5.87\times10^3\ \text{A}=1\,526.2\ \text{A}$$

- 躲过电流互感器二次回路断线的最大负荷电流，即

$$I_{op}=K_{rel}I_{L\cdot\max}=1.3\times1\,000\ \text{A}=1\,300\ \text{A}$$

取 $I_{op}=1\,526.2\ \text{A}$，则差动继电器的动作电流值为

$$I_{op.K}=\frac{K_w}{K_i}I_{op}=\frac{1}{200}\times1\,526.2\ \text{A}=7.63\ \text{A}$$

表 2-6 各侧互感器的二次额定电流

名　　称	一次侧数值	二次侧数值
额定电压/kV	35	11
额定电流/A	$I_{1Y}=\dfrac{16\,000}{\sqrt{3}\times 35}=263.9$	$I_{1\triangle}=\dfrac{16\,000}{\sqrt{3}\times 11}=839.78$

续表

名　称	一次侧数值	二次侧数值
电流互感器的接线方式	D	Y
电流互感器一次电流计算值	$\sqrt{3}\times263.9=457$	839.78
电流互感器变比选择	$K_{iY}=\dfrac{600}{5}=120$	$K_{i\triangle}=\dfrac{1\,000}{5}=200$
电流互感器二次额定电流/A	$I_{2Y}=\dfrac{\sqrt{3}\times263.9}{120}=3.8$	$I_{2\triangle}=\dfrac{839.78}{200}=4.2$

③确定基本侧差动线圈的匝数

$$N_{d\cdot c}=\frac{AN_0}{I_{op}}=\frac{60}{7.63}=7.86$$

取 $N_{d\cdot set}=7$ 匝，则继电器实际动作电流为 $I_{op.K}=60/7=8.57$ A，保护装置实际一次动作电流为

$$I_{op}=\frac{K_i}{K_w}I_{op.K}=\frac{200}{1}\times8.57\text{ A}=1\,714\text{ A}$$

④确定非基本侧平衡线圈匝数

$$3.8\times(N_{b.c}+7)=4.2\times7$$

$$N_{b.c}=\frac{4.2\times7}{3.8}-7=0.74$$

取平衡线圈匝数 $N_{b.set}=1$ 匝。

⑤校验相对误差 Δf_b

$$\Delta f_b=\left|\frac{N_{b.c}-N_{b.set}}{N_{b.c}+N_{d.set}}\right|=\left|\frac{0.74-1}{0.74+7}\right|=0.033\,6<0.05$$

说明以上选择结果有效，无须重新计算。

⑥校验保护灵敏度

$$K_S=\frac{I_{k_2\min}^{(2)}}{I_{op}}=\frac{\frac{\sqrt{3}}{2}\times4.47\times10^{-3}}{1\,714}=2.26>2$$

项目实现

一、供配电系统中二次回路和自动装置

在电力系统中，通常根据电气设备的作用将其分为一次设备和二次设备。二次设备是用于对电力系统及一次设备的工况进行监测、控制、调节和保护的低压电气设备，包括测量仪表、一次设备的控制、运行情况监视信号，以及自动化监控系统、继电保护和安全自动装置、通信设备等。二次设备之间相互连接的回路统称为二次回路，它是确保电力系统安全生产、经济运行和可靠供电不可缺少的重要组成部分。

视频

二次回路的操作电源

（一）二次回路的操作电源

二次回路通常包括用于采集一次系统电压、电流信号的交流电压回路、交流电流回路，

用于对断路器及隔离开关等设备进行操作的控制回路，用于对发电机励磁回路、主变压器分接头进行控制的调节回路，用于反应一、二次设备运行状态，异常及故障情况的信号回路，用于供二次设备工作的电源系统等。二次回路功能示意图如图 2-32 所示。其中实线为一次回路，虚线为二次回路。

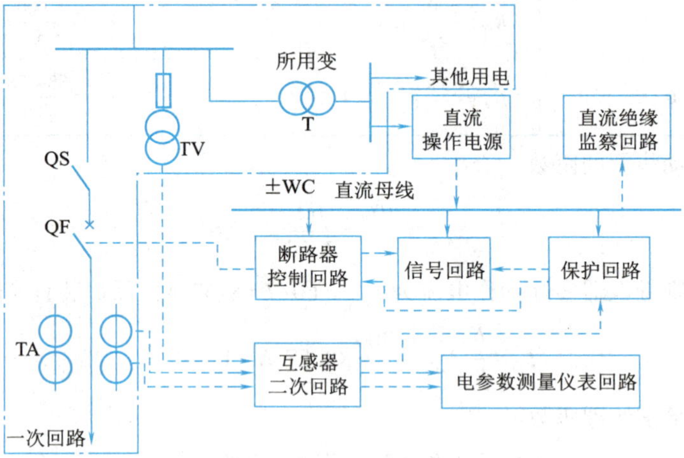

图 2-32 二次回路功能示意图

二次回路在供电系统中虽然是其一次电路的辅助系统，但是它对一次电路的安全、可靠、优质和经济合理地运行有着十分重要的作用，因此必须予以充分重视。

二次回路按其电源性质可分为直流回路和交流回路。交流回路又分交流电流回路和交流电压回路。交流电流回路由电流互感器供电，交流电压回路由电压互感器供电。二次回路按其用途可分为断路器控制（操作）回路、信号回路、测量和监视回路、继电保护和自动装置回路等。

操作电源是用来对断路器的分、合闸回路，继电保护装置，以及其他信号回路供电的电源。可分为直流操作电源和交流操作电源两大类。

1. 直流操作电源

（1）由蓄电池组供电的直流操作电源

主要有酸性的铅蓄电池、碱性的镉-镍蓄电池。其优点：蓄电池的电压与被保护的网络电压无关。缺点：需要修建有特殊要求的蓄电池室，购置大量的充电设备和蓄电池组，辅助设备多，投资大，运行复杂，维护工作量大，可靠性低。

（2）由硅整流装置供电的直流操作电源

整流装置主要有硅整流电容储能式和复式整流两种。

硅整流电容储能式直流电源：如果单独采用硅整流器来作直流操作电源，当系统发生故障时，交流电源电压大幅降低，利用电容器的储能使断路器跳闸。硅整流器 U1：容量较大，采用三相桥式整流。硅整流器 U2：容量较小，采用单相桥式整流。硅整流电容储能式直流系统接线图如图 2-33 所示。

复式整流装置可由“电压源”（所用变压器或电压互感器）供电，也可由“电流源”（电流互感器）供电。正常运行时由整流器供电，当系统发生故障时，利用短路故障电流经过整流作为操作电源。复式整流装置接线示意图如图 2-34 所示。

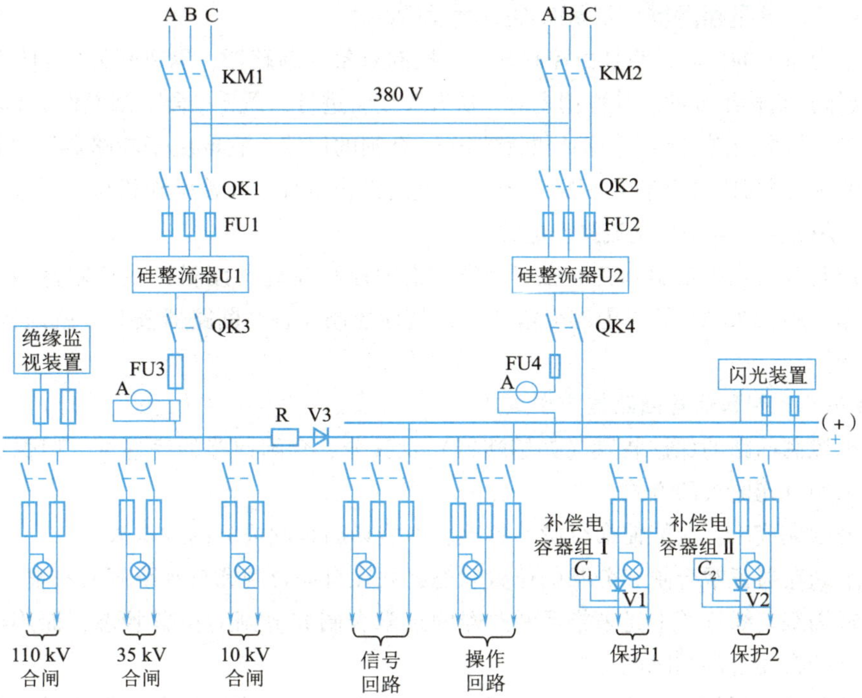

图 2-33 硅整流电容储能式直流系统接线图

2. 交流操作电源

交流操作电源用于中小工厂变配电所中断路器采用手动操作或弹簧操作及继电保护采用交流操作的场合，如图 2-35 所示。交流操作电源的保护接线有直接动作式及利用继电器常闭触点去分流跳闸线圈方式。优点：投资小、接线简单可靠、运行维护方便。缺点：不适用于较复杂的继电保护、自动装置及其他二次回路等。

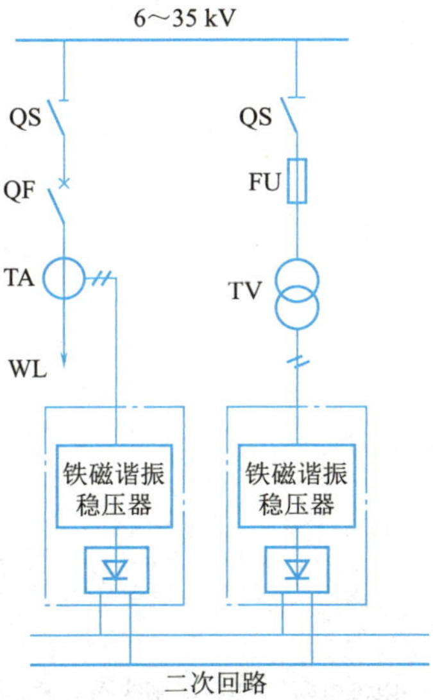

图 2-34 复式整流装置接线示意图

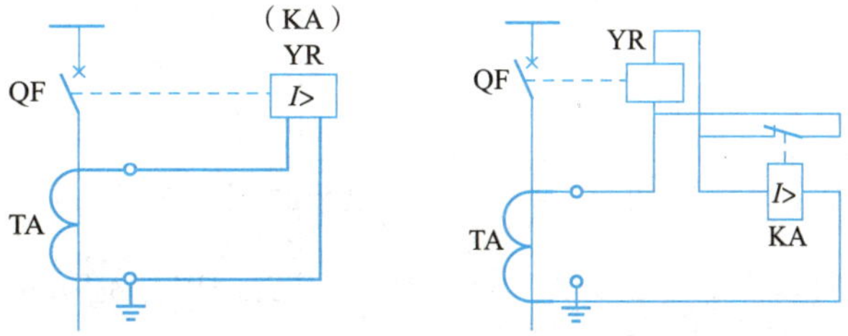

(a) 直接动作式 (b) 去分流跳闸线圈方式

图 2-35 交流操作电源保护接线图

视 频

高压断路器控制和信号回路

（二）高压断路器控制和中央信号回路

电力系统的控制回路是由控制开关和控制对象（断路器、隔离开关）的传送机构及执行（或操作）机构组成的。其作用是对一次开关设备进行“跳”“合”闸操作。高压断路器的控制回路，是指控制（操作）高压断路器分、合闸的回路。它取决于断路器操作机构的形式和操作电源的类别。电磁操作机构只能采用直流操作电源，弹簧操作机构和手动操作机构可交直流两用，但一般采用交流操作电源。

断路器的控制分为集中控制和就地控制两类：集中控制（远方控制）在控制室内用控制开关对断路器进行操作，用于35 kV及以上的变电所中；就地控制在各个断路器安装处就地操作，用于6~10 kV的变电所中。

1. 对断路器的控制和信号回路的主要要求

①应能监视控制回路的保护装置（如熔断器）及其分、合闸回路的完好性，以保证断路器的正常工作，通常采用灯光监视的方式。

②合闸或分闸完成后，应能使命令脉冲解除，即能切断合闸或分闸的电源。

③应能指示断路器正常合闸和分闸的位置状态，并在自动合闸和自动跳闸时有显示的指示信号。如前所述，通常用红、绿灯的平光来指示断路器的正常合闸和分闸的位置状态，而用红、绿灯的闪光来指示断路器的自动合闸和跳闸。

④断路器的事故跳闸信号回路，应按“不对应原理”接线。当断路器采用手动操作机构时，利用操作机构的辅助触点与断路器的辅助触点构成“不对应”关系，即操作机构手柄在合闸位置而断路器已经跳闸时，发出事故跳闸信号。当断路器采用电磁操作机构或弹簧操作机构时，则利用控制开关的触点与断路器的辅助触点构成“不对应”关系，即控制开关手柄在合闸位置而断路器已经跳闸时，发出事故跳闸信号。

⑤对有可能出现不正常工作状态或故障的设备，应装设预告信号。预告信号应能使控制室或值班室的中央信号装置发出音响或灯光信号，并能指示故障地点和性质。通常预告音响信号用电铃，而事故音响信号用电笛，两者有所区别。

2. 采用手动操作的断路器控制和信号回路（见图2-36）

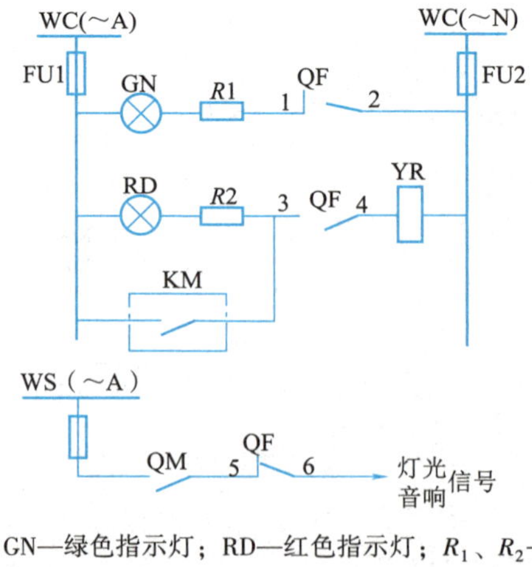

WC—控制小母线；WS—信号小母线；GN—绿色指示灯；RD—红色指示灯；R_1、R_2—限流电阻；YR—跳闸线圈（脱扣器）；KM—继电保护出口继电器触点；QF1~6—断路器QF的辅助触点；QM—手动操作机构辅助触点。

图2-36 手动操作的断路器控制和信号回路

合闸时，推上操作机构手柄使断路器合闸。这时断路器的辅助触点 QF3-4 闭合，红灯 RD 亮，指示断路器 QF 已经合闸。由于有限流电阻 R，跳闸线圈 YR 虽有电流通过，但电流很小，不会动作。红灯 RD 亮，还表示跳闸线圈 YR 回路及控制回路的熔断器 FU1、FU2 是完好的，即红灯 RD 同时起着监视跳闸回路完好性的作用。

分闸时，扳下操作机构手柄使断路器分闸。这时断路器的辅助触点 QF3-4 断开，切断跳闸回路，同时辅助触点 QF1～2 闭合，绿灯 GN 亮，指示断路器 QF 已经分闸。绿灯 GN 亮，还表示控制回路的熔断器 FU1、FU2 是完好的，即绿灯 GN 同时起着监视控制回路完好性的作用。

在正常操作断路器分、合闸时，由于操作机构辅助触点 QM 与断路器的辅助触点 QF5-6 是同时切换的，总是一开一合，所以事故信号回路总是不通的，因而不会错误地发出事故信号。

当一次电路发生短路故障时，继电保护装置动作，其出口继电器 KM 的触点闭合，接通跳闸线圈 YR 的回路（触点 QF3-4 原已闭合），使断路器 QF 跳闸。随后触点 QF3-4 断开，使红灯 RD 灭，并切断 YR 的跳闸电源。与此同时，触点 QF1～2 闭合，使绿灯 GN 亮。这时操作机构的操作手柄虽然仍在合闸位置，但其黄色指示牌掉下，表示断路器已自动跳闸。同时事故信号回路接通，发出音响和灯光信号。此事故信号回路正是按“不对应原理”来接线的：由于操作机构仍在合闸位置，其辅助触点 QM 闭合，而断路器因已跳闸，其辅助触点 QF5-6 也返回闭合，因此事故信号回路接通。当值班员得知事故跳闸信号后，可将操作手柄扳下至分闸位置，这时黄色指示牌随之返回，事故信号也随之解除。

控制回路中分别与指示灯 GN 和 RD 串联的电阻 $R1$ 和 $R2$，主要用来防止指示灯的灯座短路时造成控制回路短路或断路器误跳闸。

3. 采用电磁操作机构的断路器控制和信号回路（见图 2-37）

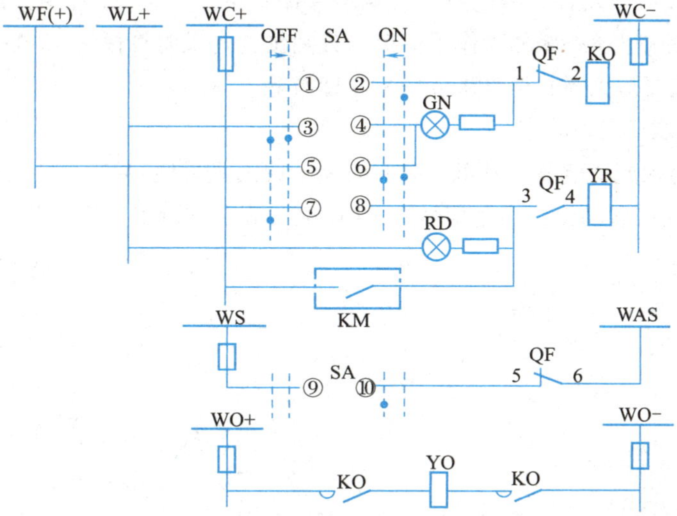

WC—控制小母线；WL—灯光信号小母线；WF—闪光信号小母线；WS—信号小母线；WAS—事故音响信号小母线；WO—合闸小母线；SA—控制开关；KO—合闸接触器；YO—电磁合闸线圈；YR—跳闸线圈；KM—继电保护出口继电器触点；QF1～6—断路器 QF 的辅助触点；GN—绿色指示灯；RD—红色指示灯；ON—合闸方向；OFF—分闸方向。

图 2-37　采用电磁操作机构的断路器控制和信号回路

其操作电源采用的硅整流电容储能的直流系统。控制开关采用双向自复式并具有保持触点的LW5型万能转换开关，其手柄正常为垂直位置（0°）。顺时针扳转45°为合闸（ON）操作，手松开即自动返回（复位），保持合闸状态。反时针扳转45°为分闸（OFF）操作，手松开也自动返回，保持分闸状态。图中虚线上加黑点（·）的触点，表示在此位置时触点接通；而虚线上标出的箭头（→），表示控制开关SA手柄自动返回的方向。

合闸时，将控制开关SA手柄顺时针扳转45°，这时其触点SA1-2接通，合闸接触器KO通电（回路中触点QF1-2原已闭合），其主触点闭合，使电磁合闸线圈YO通电，断路器QF合闸。断路器合闸完成后，SA自动返回，其触点SA1-2断开，QF1-2也断开，切断合闸回路；同时QF3-4闭合，红灯RD亮，指示断路器已经合闸，并监视跳闸线圈YR回路的完好性。

分闸时，将控制开关SA手柄反时针扳转45°，这时其触点SA7-8接通，跳闸线圈YR通电（回路中触点QF3-4原已闭合），使断路器QF分闸。断路器分闸后，SA自动返回，其触点SA7-8断开，QF3-4也断开，切断跳闸回路；同时SA3-4闭合，QF1-2也闭合，绿灯GN亮，指示断路器已经分闸，并监视合闸接触器KO回路的完好性。

由于红绿指示灯兼起监视分、合闸回路完好性的作用，长时间运行，因此耗电较多。为了减少操作电源中储能电容器能量的过多消耗，另设灯光指示小母线WL+，专门用来接入红绿指示灯，储能电容器的能量只用来供电给控制小母线WC。

当一次电路发生短路故障时，继电保护动作，其出口继电器触点KM闭合，接通跳闸线圈YR回路（回路中触点QF3-4原已闭合），使断路器QF跳闸。随后QF3-4断开，使红灯RD灭，并切断跳闸回路，同时QF1-2闭合，而SA在合闸位置，其触点是闭合的，从而接通闪光电源WF(+)，使绿灯闪光，表示断路器QF自动跳闸。由于QF自动跳闸，SA在合闸位置，其触点SA9-10闭合，而QF已经分闸，其触点QF5-6也闭合，因此事故音响信号回路接通，又发出音响信号。当值班员得知事故跳闸信号后，可将控制开关SA的操作手柄扳向分闸位置（反时针扳转45°后松开），使SA的触点与QF的辅助触点恢复对应关系，全部事故信号立即解除。

4. 闪光电源的构成（见图2-38）

图2-38中，KF为闪光继电器，其触点时开时闭，使闪光母线+WF上呈现断续的正电压；SB为试验按钮，按下时闪光装置动作，白色信号灯HLW亮，表示本装置工作正常。

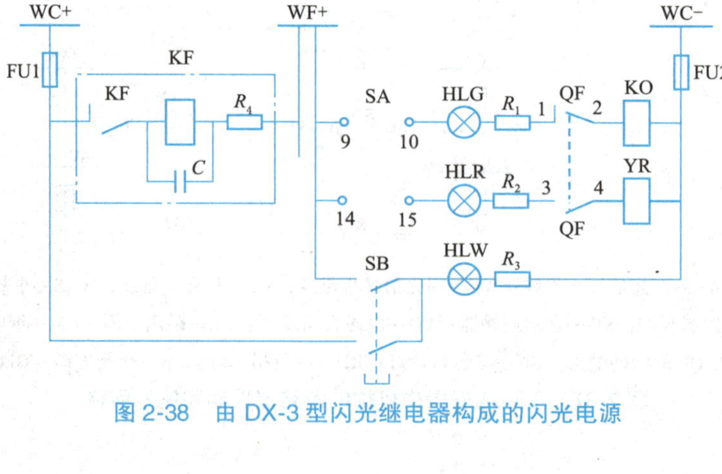

图2-38 由DX-3型闪光继电器构成的闪光电源

信号回路是用来指示一次系统设备运行状态的二次回路。信号按用途分，有断路器位置信号、事故信号和预告信号等。其中，事故信号和预告信号是电气设备各信号的中心部分，通常称为中央信号。

断路器位置信号用来显示断路器正常工作的位置状态。一般是红灯亮，表示断路器处在合闸位置；绿灯亮，表示断路器处在分闸位置。事故信号用来显示断路器在一次系统事故情况下的工作状态。一般是红灯闪光，表示断路器自动合闸；绿灯闪光，表示断路器自动跳闸。此外，还有事故音响信号和光字牌等。预告信号是在一次系统出现不正常工作状态时或在故障初期发出的报警信号。例如，变压器过负荷或者轻瓦斯动作时，就发出区别于上述事故音响信号的另一种预告音响信号，同时光字牌亮，指示出故障的性质和地点，值班员可根据预告信号及时处理。

（三）绝缘监察装置和测量仪表

1. 两点接地的危害

直流系统发生一点接地时，没有短路电流流过，熔断器不会熔断，仍能继续运行。但是，这种接地故障必须及早发现并处理，否则当出现两点接地时可能引起信号回路、控制回路、继电保护及自动装置回路不正确动作。图 2-39 所示为直流系统两点接地示意图。

2. 直流系统的绝缘监察装置

直流系统的绝缘监察装置接线图如图 2-40 所示。

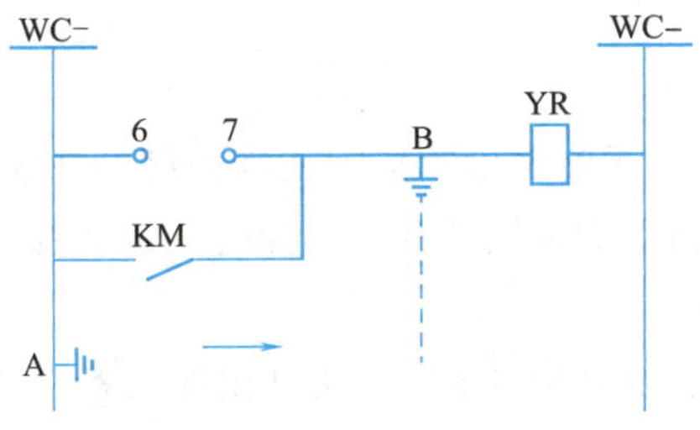

图 2-39　直流系统两点接地示意图

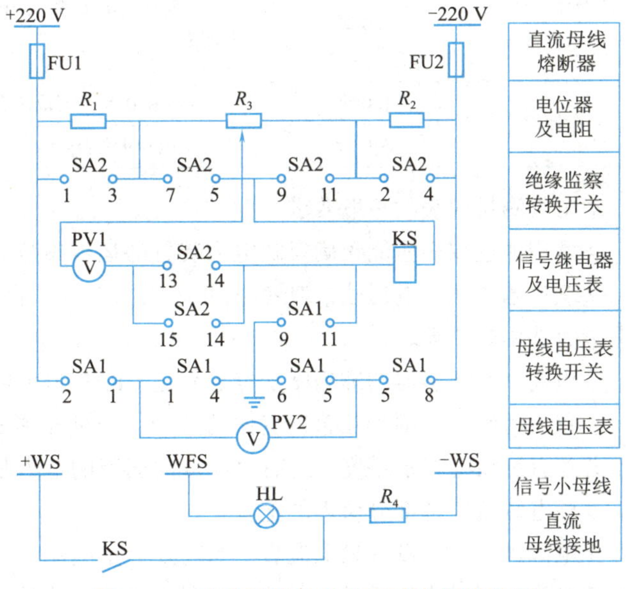

图 2-40　直流系统的绝缘监察装置接线图

图 2-40 中，$R_1=R_2=R_3=1\ 000\ \Omega$；SA1 为母线电压表转换开关，有三个位置，即“母线”、“正对地”和“负对地”。平时，其手柄置于“母线”位置，触点 1-2、5-8、9-11 接通，PV2 可测量正、负母线电压，指示为 220 V；SA2 为绝缘监察转换开关，有三个位置，即“信号”、“测量位置 I”和“测量位置Ⅱ”。平时，其手柄置于“信号”位置，触点 5-7 和 9-11 接通，使电阻 R_3 被短接。此时 SA1 的 9-11 也是接通的，信号继电器 KS 投入工作；PV2 为母线电压表；PV1 用于测量系统总的绝缘

电阻，表盘上有欧姆刻度。

工作原理：当正极绝缘电阻降低时，先将 SA2 置于“测量位置Ⅰ”，此时其触点 1-3 和 13-14 接通，调节电位计 R_3使电桥平衡（PV1 指示为零），记下 R_3的位置刻度百分数 x；再将 SA2 置于“测量位置Ⅱ”，由 PV1 的电阻指示数读出总的对地绝缘电阻值 R_Σ。当负极绝缘电阻降低时，先将 SA2 置于“测量位置Ⅱ”，此时其触点 2-4 和 15-14 接通，调节电位计 R_3使电桥平衡，记下 R_3 的位置刻度百分数 x；再将 SA2 置于“测量位置Ⅰ”，由 PV1 的电阻指示数读出总的对地绝缘电阻值 R_Σ。

3. 电气测量仪表

进行电气测量的目的：计费测量，如有功电能表、无功电能表；对一次设备的运行状态所进行测量，如电压、电流、有功功率、无功功率、有功电能、无功电能测量等；对交、直流系统的安全状况如绝缘电阻、三相电压是否平衡等进行监视。电度表及互感器的准确度配置要求见表 2-7。

表 2-7 电度表及互感器的准确度配置要求

测量要求	互感器准确度	仪表准确度	配置说明
计费计量	0.2 级	0.5 级有功电度表、0.5 级专用电能计量仪表	月平均电量在 106 kW · h 以上
	0.5 级	1.0 级有功电度表、1.0 级专用电能计量仪表、2.0 级无功电度表	①月平均电量在 106 kW · h 以下。 ②315 kV · A 以上变压器高压侧计量
计费计量及一般计量	1.0 级	2.0 级有功电度表、3.0 级无功电度表	①315 kV · A 以下变压器低压侧计量。 ②75 kW 及以上电动机电能计量。 ③企业内部技术经济考核（不计费）
一般测量	1.0 级	1.5 级和 0.5 级测量仪表	
	3.0 级	2.5 级测量仪表	非重要回路

对电气测量仪表的一般要求：

①常用测量仪表应能正确反映电力装置的运行参数，能随时监测电力装置回路的绝缘状况。

②交流电流表、电压表、功率表可选用 2.5 级，直流电路中的电流表、电压表可选用 1.5 级，频率表可选用 0.5 级。

③电度表及互感器的准确度配置要满足 GB/T 50063—2017 的规定。

④仪表的测量范围和互感器变比的选择，应使正常运行情况下仪表指针指示在满标度的 2/3 左右，并留有过负荷指示裕度。对有可能双向运行的电力装置回路，应采用具有双向标度尺的仪表。

变配电装置中各部分仪表的配置：

①电源进线：装设一只电流表。当需要计量电能时，还应装设有功电能表和无功电能表各一只。

②母线：每条或每段母线上装设一只电压表。在小电流接地系统中，还需要加装三个绝缘监视电压表。图 2-41 所示为 6~10 kV 母线电压测量和绝缘监视接线图。

③降压变压器：装设电流表、有功功率表、无功功率表、有功电能表和无功电能表各一只。

④高压配电线路：装设电流表、有功电能表和无功电能表各一只。图 2-42 所示为 6~10 kV 高压线路电气测量仪表的接线图。

说明：图中无功电度表为 60°接线，其特点是在电压线圈中人为地串联了一个附加电阻，使电压线圈中的电流滞后电压 60°。

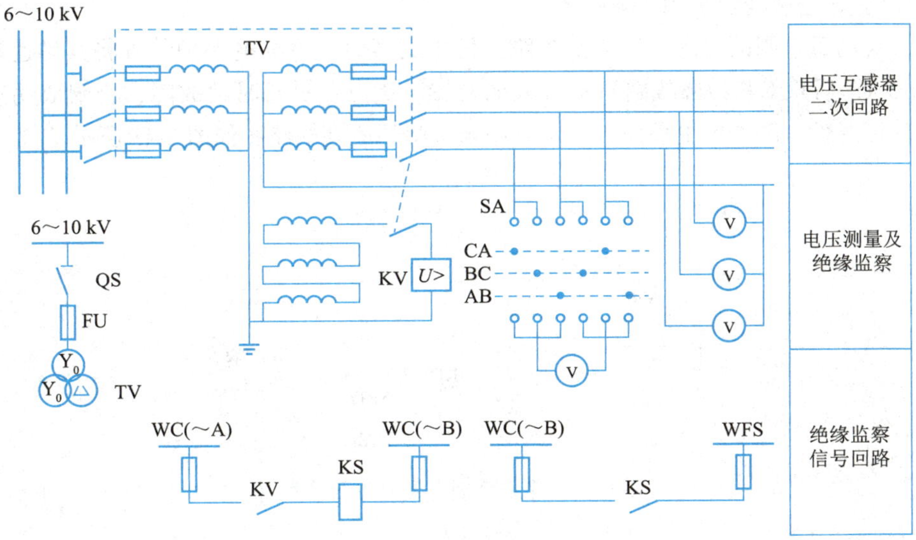

图 2-41　6~10 kV 母线电压测量和绝缘监视接线图

⑤低压配电线路：应装设一只（三相负荷平衡）或三只电流表（三相负荷不平衡）。如果需计量电能，还应加装一只三相四线制的有功电能表或一只单相有功电能表（三相负荷平衡）。

⑥静电电容器：需要装设三只电流表。如果需要计量其无功电能，还应加装一只无功电能表。

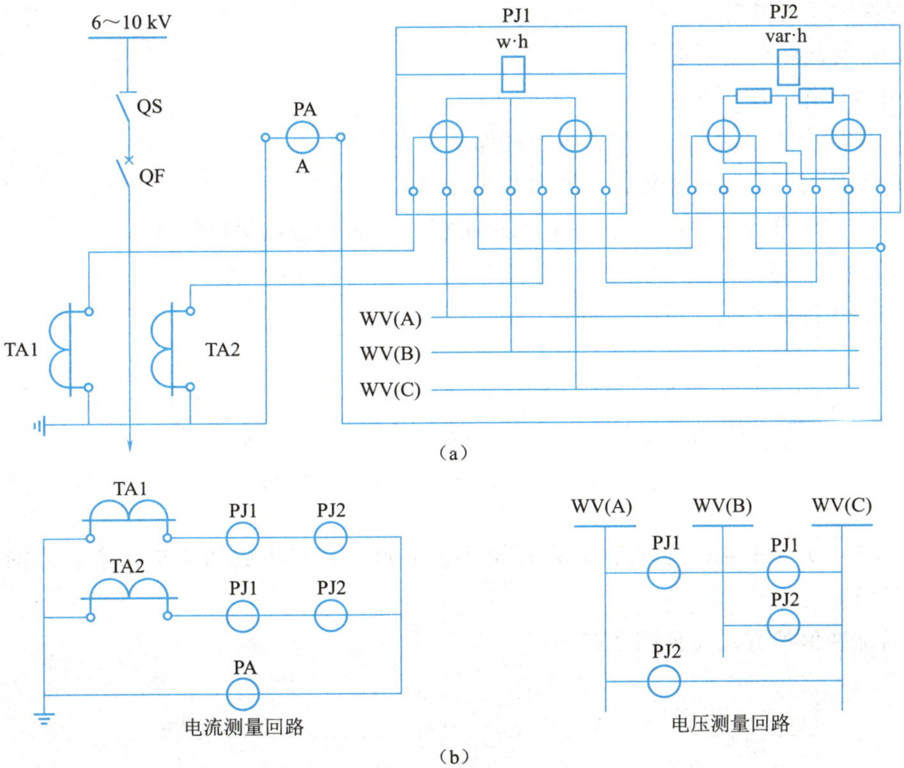

图 2-42　6~10 kV 高压线路电气测量仪表的接线图

视 频

自动重合闸装置

(四) 三相自动重合闸装置

自动重合闸的概念：当架空线路上发生故障时，由继电保护装置将其迅速断开，延时（0.5 s）后重新将故障线路自动投入的装置。优点：对暂时性故障，合闸成功后可保证供电的可靠性，减少停电损失。一次自动重合闸的原理电路图如图 2-43 所示。

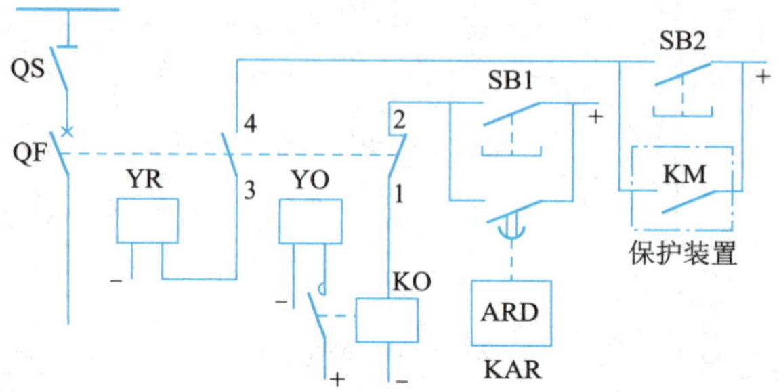

图 2-43 一次自动重合闸的原理电路图

手动合闸：按下 SB1，KO 通电，接通 YO 的回路，使断路器合闸；手动跳闸：按下 SB2，接通 YR 的回路，使断路器跳闸。当线路上发生故障时：保护装置动作→KM 闭合→接通 YR，使 QF 自动跳闸。同时，QF1-2 闭合→KAR 起动→经整定的时限后 KO 通电动作，使断路器 QF 重合闸。

1. 对自动重合闸装置的基本要求

①应采用控制开关手柄位置与断路器位置“不对应原则”起动 ARD。

②手动跳闸时不应重合。

③手动合闸与故障线路不重合。

④ARD 只能动作一次。

⑤ARD 动作后应能自动复归，准备再次动作。

⑥ARD 的动作时间应尽可能短，一般为 0.5~1.5 s。

⑦ARD 应能实现重合闸“后加速”或“前加速”，以便与继电保护配合。

2. 自动重合闸与继电保护配合

①ARD 前加速保护方式（见图 2-44）：

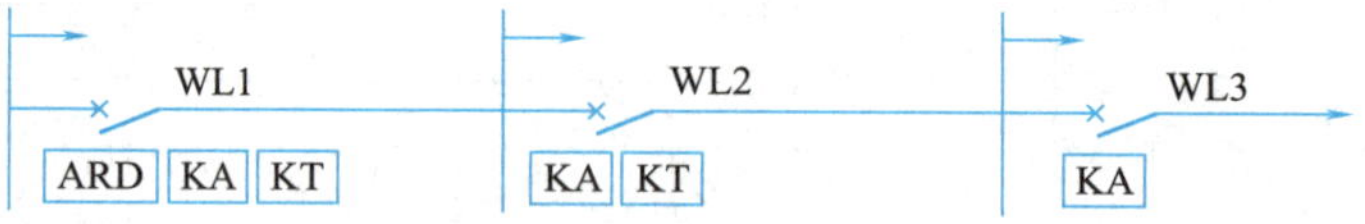

图 2-44 重合闸前加速保护动作原理图

优点：只需装设一套 ARD 装置，设备投资少。缺点：合闸不成功会扩大事故范围，主要用于 35 kV 及以下线路。

②ARD 后加速保护方式（见图 2-45）：

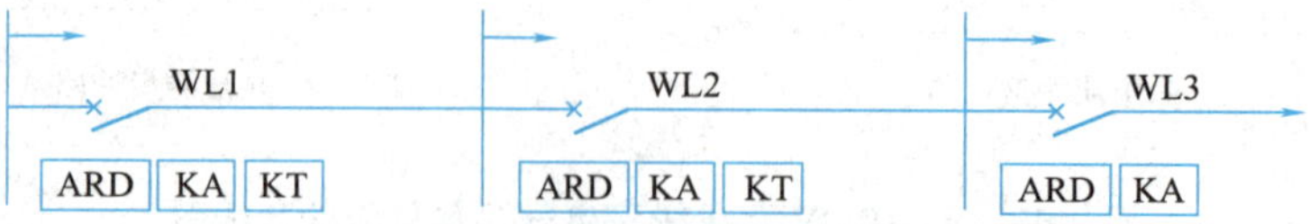

图 2-45 重合闸后加速保护动作原理图

优点：能快速切除永久性故障，不会扩大事故范围。缺点：在每个断路器处都装有一套 ARD 装置，投资大，主要用于 35 kV 以上线路。

（五）备用电源自动投入装置

视　频
备用电源自动投入装置

当工作电源电压消失时，使备用电源自动而迅速地投入工作，以保证供电连续性的自动装置，简称 APD。备用电源自动投入装置的基本形式分为两种（见图 2-46）：明备用，APD 装在备用进线断路器上；暗备用，APD 装在母线分段断路器上。

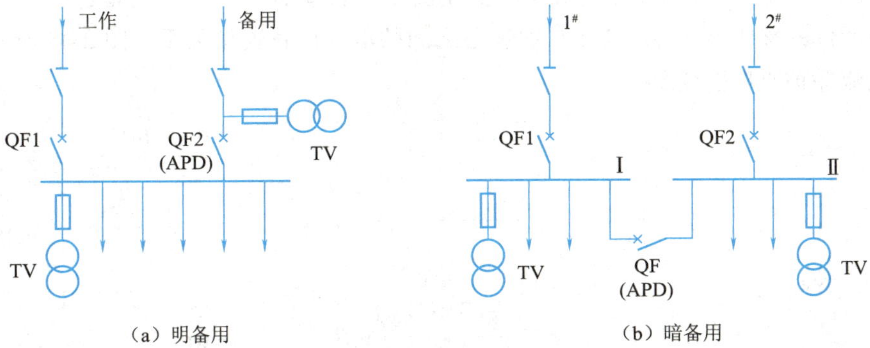

图 2-46　明备用和暗备用

APD 的基本原理和要求：当工作电源 WL1 断电时，QF1 跳闸→QF13-4 断开，使 KT 断电。KT 的延时断开触点尚未断开前，由于 QF11-2 闭合→KO 通电→YO 通电→QF2 合闸，使备用线路 WL2 投入运行。工作原理如图 2-47 所示。

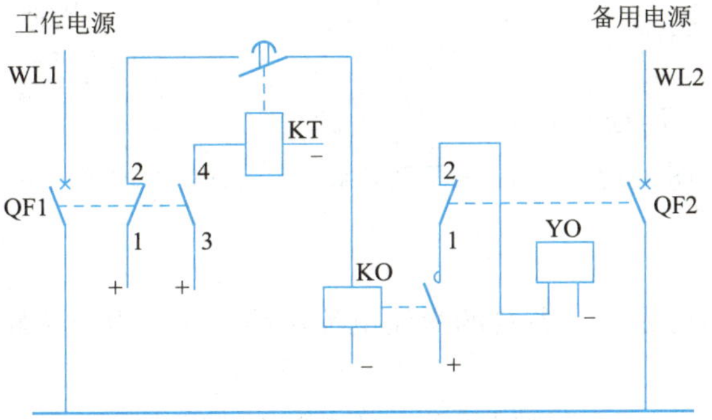

图 2-47　APD 的原理电路图

对备用电源自动投入装置的基本要求：

①工作电源不论任何原因断开，备用电源都应能自动投入。

②必须在工作电源确已断开，而备用电源电压也正常时，才允许投入备用电源。

③APD 的动作时间应尽可能短，以利于电动机的自起动和缩短停电时间。

④APD 只能动作一次，以免将备用电源重复投入到永久性故障上。

⑤当电压互感器的二次回路断线时，APD 不应误动作。

⑥若备用电源容量不足，应在 APD 动作的同时切除一部分次要负荷。

视 频

二次回路安装接线图

(六) 二次回路接线图的基本绘制方法

1. 二次回路接线图的基本知识

电力系统的二次回路是个非常负责的系统，为便于设计、制造、安装、调试及运行维护，通常在图纸上使用图形符号及文字符号按一定规则连接对二次回路进行描述。这类图纸称为二次回路接线图。接线图按用途可分为以下几种：

(1) 原理接线图

原理接线图用来表示继电保护、监视测量和自动装置等二次设备连接关系或系统的工作原理，它以元件的整体形式表示各个二次设备之间的电气设备连接关系。图 2-48 所示为 10 kV 线路定时限过电流保护原理接线图。

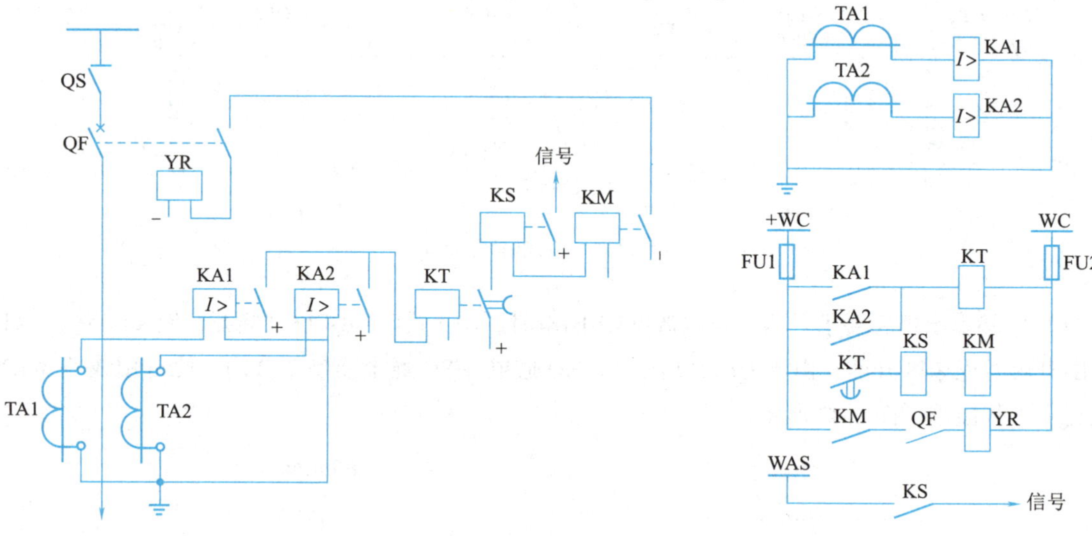

(a) 归总式原理图　　(b) 展开式接线图

图 2-48　10 kV 线路定时限过电流保护原理接线图

(2) 展开接线图

按二次接线使用的电源分别画出各自的交流电流回路、交流电压回路、操作电源回路中各元件的线圈和触点。

每一回路又分成许多行，各行的排列顺序，对于交流回路是按 U、V、W 的相序排列，直流回路则按动作顺序自左至右、自上而下排列。每一行中各元件的线圈和触点是按实际连接顺序排列的。识图展开图应遵循“自左往右看，自上往下看”“先看交流回路，后看直流回路以及分、合闸回路”等原则。

(3) 安装接线图

安装接线图反映的是二次回路中各电气元件的安装位置、内部接线及元件间的线路关系。它是施工用的图样，也是检修、运行、试验等工作的主要参考图样。安装接线图包括柜面布置图、端子排图和柜背面接线图。

2. 二次接线图中的标志方法

二次回路中的设备都是从属于某些一次设备或一次线路的，为对不同回路的二次设备加以区别，避免混淆，所有的二次设备必须按《线路保护及辅助装置标准化设计规范》《变压器、高压并联电抗器和母线保护及辅助装置标准化设计规范》中的规定，标注规定的项目、种类、代号。项目是指电气技术文件中出现的各种实物，如开关柜、控制盘、电动机等。项目代号是用来识别项目种类及其层次关系和实际位置的一种代号。它可将不同技术文件上的项目代号与实际设备中的该项目对应起来以便查找。

(1) 二次设备的表示方法

一个完整的项目代号包括四个代号段，每一代号段之前还有一个前缀符号作为代号段的特征标记，见表 2-8。

表 2-8　项目代号的层次与符号

项目层次（段）	代号名称	前缀符号	示例
第一段	高层代号	=	=A5
第二段	位置代号	+	+W3
第三段	种类代号	−	−PJ2
第四段	端子代号	:	:7

(2) 接线端子的表示方法

试验端子板用来在不断开二次回路的情况下，对仪表、继电器等进行试验。图 2-49 所示的两个试验端子，将工作电流表 PA1 与电流互感器 TA 的二次侧相连。

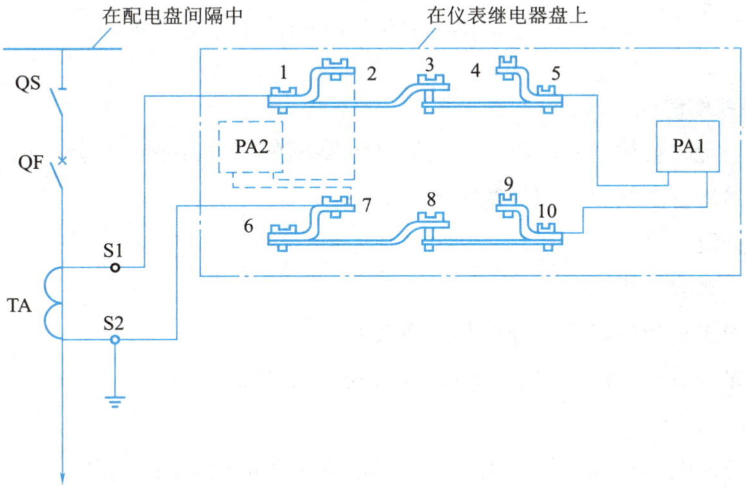

图 2-49　试验端子的结构及其应用

在二次回路接线图中，端子排中各种形式端子板的符号标志如图 2-50 所示。端子排的文字符号为 X，端子的前缀符号为“：”。

(3) 连接导线的表示方法

①连续线表示法：表示两端子之间连接导线的线条是连续的，如图 2-51（a）所示。

②中断线表示法：表示两端子之间连接导线的线条是中断的，如图 2-51（b）所示。

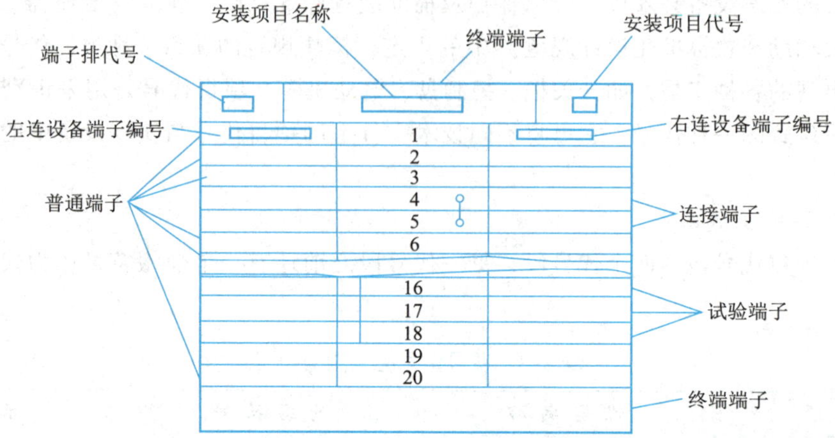

图 2-50　二次回路端子排标志图例

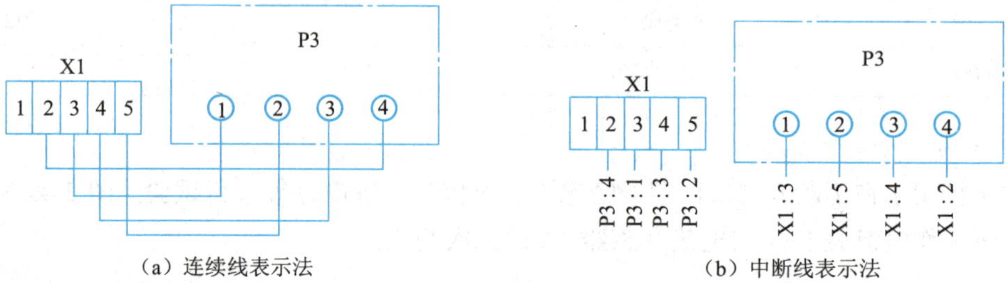

图 2-51　二次回路端子间连接导线的表示方法

3. 二次回路接线图的阅读方法

阅读时应遵循一定的规律，看图时应首先清楚电路图的工作原理、功能，以及图纸上所标符号代表的设备名称，然后看图纸。看图的基本要领如下：

①先交流、后直流。

②交流看电源，直流找线圈。

③查找继电器线圈和相应触点，分析其逻辑关系。

④先上后下，先左后右，针对端子排图和屏后安装图看图。

4. 阅读展开图基本要领

①直流母线或交流电压母线用粗线条表示，以区别于其他回路的联络线。

②继电器和每一个逻辑回路的作用都在展开图的右侧注明。

③展开图中各元件用国家统一规定的标准图形符号和文字符号表示、继电器和各种电气元件的文字符号与相应原理图中的方案符号应一致。

④继电器的触点和电气元件之间的连接线都有数字编号（回路编号），便于了解该回路的用途和性质，以及根据标号能进行正确的连接，以便安装、施工、运行和检修。

⑤同一个继电器的文字符号与其本身触点的文字符号相同。

⑥各种小母线和辅助小母线都有标号，便于了解该回路的性质。

⑦对于展开图中个别继电器，或该继电器的触点在另一张图中表示，或在其他安装单元中有表示，在图中均说明去向，并用虚线框起来，并对任何引进触点或回路也说明来处。

⑧直流正极按奇数顺序标号，负极回路按偶数顺序标号。回路经过元件，其标号也随之改变。

（七）填写项目设计单

教师：指导学生进行项目实施，进行系统安装，讲解项目实施的工艺规程和安全注意事项。

学生：分组进入实训工作区，实际操作，在教师指导下先把元器件选好，画出器件外部接线图进行硬件设计，安照接线图进行系统安装，填写好项目实施记录，见表 2-9。

表 2-9　供配电系统控制与保护电路的设计项目设计记录单

课程名称					总学时：
项　　目	供配电系统控制与保护电路的设计				参考学时：
班级		团队负责人		团队成员	
项目设计方案一					
项目设计方案二					
项目设计方案三					
最优方案					
电气图					
设计方法					
相关资料及资源	校本教材、实训指导书、数据手册、PPT 课件、电气安装工艺及职业资格考试标准等				

二、　供配电系统控制与保护电路的设计前期准备

（一）工具

测试笔、螺钉旋具、斜口钳、尖嘴钳、剥线钳、电工刀等。

（二）仪表

绝缘电阻表、万用表、钳形电流表。

（三）器材

①供配电实验模组一套（包括所用的低压电器器件）。

②导线及规格：电路导线规格由电路容量确定；导线的颜色要求主电路与控制电路必须有明显的区别。

注意：把所有的元器件选择完毕，并按线路连接图进行元器件安装及接线，各节点继电器规格不同，不同电路容量采用不同的导线。

三、 供配电系统控制与保护电路的设计安装及工艺要求

（一）选配并检验元件和电气设备

①按实验材料清单配齐电气设备和元器件，并逐个检验其规格和质量。

②根据电路容量、线路走向及要求和各元件的安装尺寸，正确选配导线的规格和数量、接线端子板、控制板和紧固件等。

（二）安装元器件

在实验模组上固定元件，并做好与原理图相同的标记。

（三）布线

按接线图在实验模组上进行布线，并在导线端部套上编码套管，号码与原理图一致。导线的走向要合理，尽量不要有交叉和架空。

四、 变电所操作电源设计实现

（一）蓄电磁个数确定

选用 12 V 阀控式密封铅酸蓄电池组合 8 个，6 V 1 个。浮充电压为 13.5 V，浮充时母线电压为 114.75 V；均充电压为 14.10 V，均充时母线电压为 1.09 U；放电终止电压为 11.22 V。母线最低电压为 0.867 U。

（二）蓄电池组容量选择

选用标称 20AH 电池组，直流负载统计见表 2-10。

表 2-10 直流负载统计表

序号	负荷名称	装置容量/kW	负荷系数	负荷电流/A	经常负荷电流/A	事故放电时间及电流				备注
						初期	持续/h		随机	
						1 min	0.5	1.0	5 s	
1	信号灯、位置指示器和位置及电器	0.3	0.6		1.6	1.6	1.6	1.6		
2	控制保护电源	0.5	0.6		2.72	2.72	2.72	2.72		
3	断路器跳闸	0.5	1			4.54				同时
4	恢复供电合闸	0.25	1						2.27	一台

（三）充电装置形式选择

选用一套高频开关充电装至。充电装置的交流电源输入采用三相制，额定频率为 50 Hz，额定电压为 380 V。充电装置的交流电源设两个回路（一用一备）。

（四）充电装置容量选择

充电装置的额定电流 6.72~7.32 A，选用 HD11005 系列高频开关充电模块，充电模块额定电流5 A，故选用 2 个模块，备用 1 个。

（五）直流馈电

对断路器储能回路、断路器控制回路、信号回路与微机保护装置电源单独馈线，馈线电缆型号采用 YJN-0.6/1-2＊4。

五、 交流所用电设计

变电所交流所用电：直流操作电源屏的交流充电装置、变压器温控显示装置、开关柜除湿装置和柜内照明、低压柜数字仪表辅助电源、变电所照明与维修用电，如图 2-52 所示。

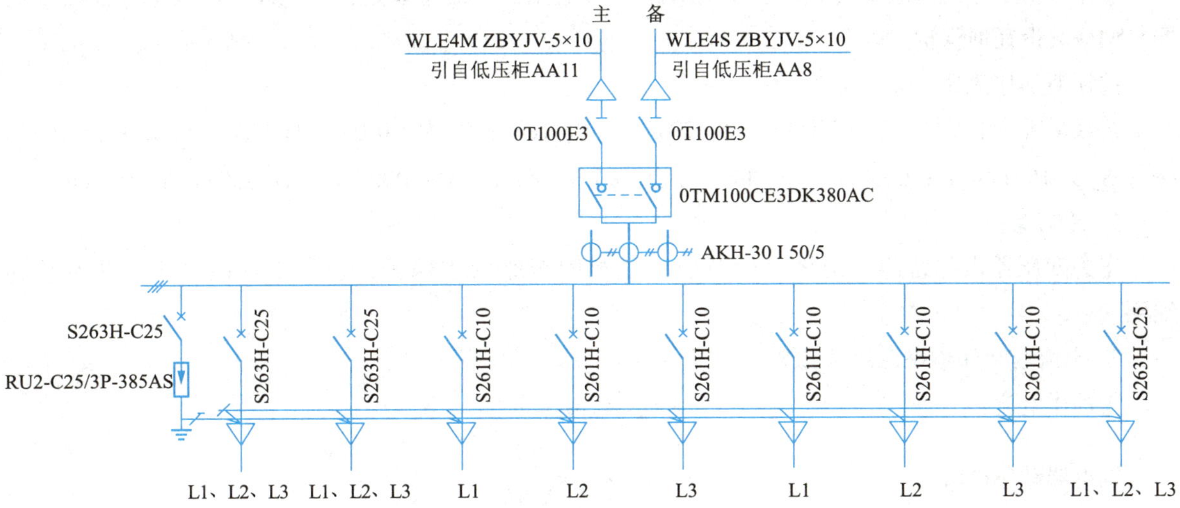

图 2-52 交流所用电系统图

六、 继电保护设计实现

（一）设计思路

本设计采用直流操作电源，采用静态电流继电器、时间继电器和信号继电器组成定时限过电流保护和短时限或无时限电流速断保护，保护采取三相三继电器式，见表 2-11。

表 2-11 继电器保护配置

序号	保护对象	保护配置	备注
1	电源进线	短时限电流速断保护，定时限电流保护、失压保护	失压保护根据供电部门要求装段

续表

序号	保护对象	保护配置	备注
2	分段母线	电流速断保护	电流速断保护合闸瞬间投入，合闸后自动解除
3	子式变压器	电流速断保护、定时限过电流保护、温度保护	Dyn11 连接变压器，利用高压侧的三粗式过电流保护兼作单相接地保护，利用其低压侧总断路器作过负荷保护

（二）整定计算

根据设计变压器低压侧无电动机自起动，变压器低压母线短路时低压断路器瞬时脱扣跳闸，供电部门要求电源进线定时限过电流保护动作延时不大于 0.8 s。根据整定计算公式，首先列出变电所高低压母线短路数据、然后进行干式变压器继电保护整定计算、分段母线继电器保护整定计算、电源继电保护整定计算，最后根据整定值进行继电器选型。整定计算公式如下：

1. 瓦斯保护

①作为变压器内部故障（相间、匝间短路）的主保护，根据规定，800 kV · A 以上的油浸变压器，均应装设瓦斯保护。

重瓦斯动作流速：0.7～1.0 m/s。

②轻瓦斯动作容积：S_b<1 000 kV · A：200×(1±10%)cm^3；S_b 为 1 000～15 000 kV · A：250×(1±10%)cm^3；S_b 为 15 000～100 000 kV · A：300×(1±10%)%cm^3；S_b>100 000 kV · A：350×(1±10%)cm^3。

2. 差动保护

作为变压器内部绕组、绝缘套管及引出线相间短路的主保护，包括平衡线圈Ⅰ、Ⅱ及差动线圈。

3. 电流速断保护整定计算公式

①动作电流：

$$I_{dz}=K_k\times I_{dmax2}^{(3)}$$

继电器动作电流：

$$I_{dzj}=K_k\times K_{jx}\times\frac{I_{dmax2}^{(3)}}{K_i\times K_u}$$

式中，K_k 为可靠系数，DL 型取 1.2，GL 型取 1.4；K_{jx} 为接线系数，接相为 1，相差为$\sqrt{3}$；$I_{dmax2}^{(3)}$ 为变压器二次最大三相短路电流；K_i 为电流互感器变比；K_u 为变压器的变比。一般计算公式：按躲过变压器空载投运时的励磁涌流计算速断保护值，其公式为

$$I_{dzj}=K_k\times K_{jx}\times\frac{I_{1e}}{K_i}$$

式中，K_k 为可靠系数，取 3～6；K_{jx} 为接线系数，接相为 1，相差为$\sqrt{3}$；I_{1e} 为变压器一次侧额定电流；K_i 为电流互感器变比。

②速断保护灵敏系数校验：

$$K_1=\frac{I_{dmin1}^{(2)}}{I_{dzj}\times K_i}>2$$

式中，$I_{dmin1}^{(2)}$ 为变压器一次最小两相短路电流；I_{dzj} 为速断保护动作电流值；K_i 为电流互感器变比。

4. 过电流保护整定计算公式

①继电器动作电流：

$$I_{dzj}=K_k\times K_{jx}\times\frac{I_{1e}}{K_f\times K_i}$$

式中，K_k 为可靠系数，取 2~3（井下变压器取 2）；K_{jx} 为接线系数，接相为 1，相差为$\sqrt{3}$；I_{1e} 为变压器一次侧额定电流；K_f 为返回系数，取 0.85；K_i 为电流互感器变比。

②过流保护灵敏系数校验：

$$K_1=\frac{I_{dmin2}^{(2)}}{I_{dzj}\times K_i\times K_u}>1.5$$

式中，$I_{dmin2}^{(2)}$为变压器二次最小两相短路电流；I_{dzj}为过流保护动作电流值；K_i 为电流互感器变比；K_u 为变压器的变比；过流保护动作时限整定，一般取 1~2 s。

5. 零序过电流保护整定计算公式

①动作电流：

$$I_{dz}=0.25\times K_k\times\frac{I_{2e}}{K_i}$$

式中，K_k 是可靠系数，取 2；I_{2e}是变压器二次侧额定电流；K_i 是零序电流互感器变比（适用于 Y-$Y_{0\sim12}$接线的变压器）。

②零序过电流保护灵敏系数校验：

$$K_1=\frac{I_{d1min2}}{I_{dz}\times K_i}>2$$

式中，I_{d1min2}为变压器二次最小单相短路电流；I_{dz}为零序过流继电器动作电流值；K_i 为零序电流互感器变比。

七、二次接线设计

（一）电气测量与电能计量回路设计

电源进线柜装设 1 只三相数字电流表、母联柜装设 1 只三相数字电压表、变压器柜装设 1 只三相数字电流表、1 只三相有功电能表和 1 只三相无功电能表。

电源进线电压互感器柜各装设 1 只三相数字电压表和 3 只低电压继电器以监测电源电压，并设有电压互感器切换装置，即当电源 B 进线断路器失电跳闸后，母线断路器合闸，Ⅱ段母线与Ⅰ段母线并联，Ⅱ段电压测量小母线也相应切换到Ⅰ段电压测量小母线，由电源 A 进线互感器供电。同时，电源 B 进线电压互感器手车不退出，仍应监测电源 B 电压。

（二）高压断路器控制与信号回路设计

由于工程变电所有人值守，高压断路器采用就地操作的灯光监视回路，采用“不对应接线”构成事故跳闸信号回路。二次电路如图 2-53~图 2-55 所示。两台进线断路器 QF1、QF2 与母断路器 QF3 实现电气联锁，以防止两路电源并联运行。同时，进线断路器还与进线隔离手车实现电气联锁，母线分段联络断路器与母线隔离手车实现电气联锁，以防止带负荷误分合隔离手车。每台断路器的合闸控制回路中还串联接入断路器手车处于工作位置的辅助触点 BQ1 及实验位置的辅助触点 BQ2，以确保断路器尽在断路器手车处于工作位置及试验位置时才能进行合闸。

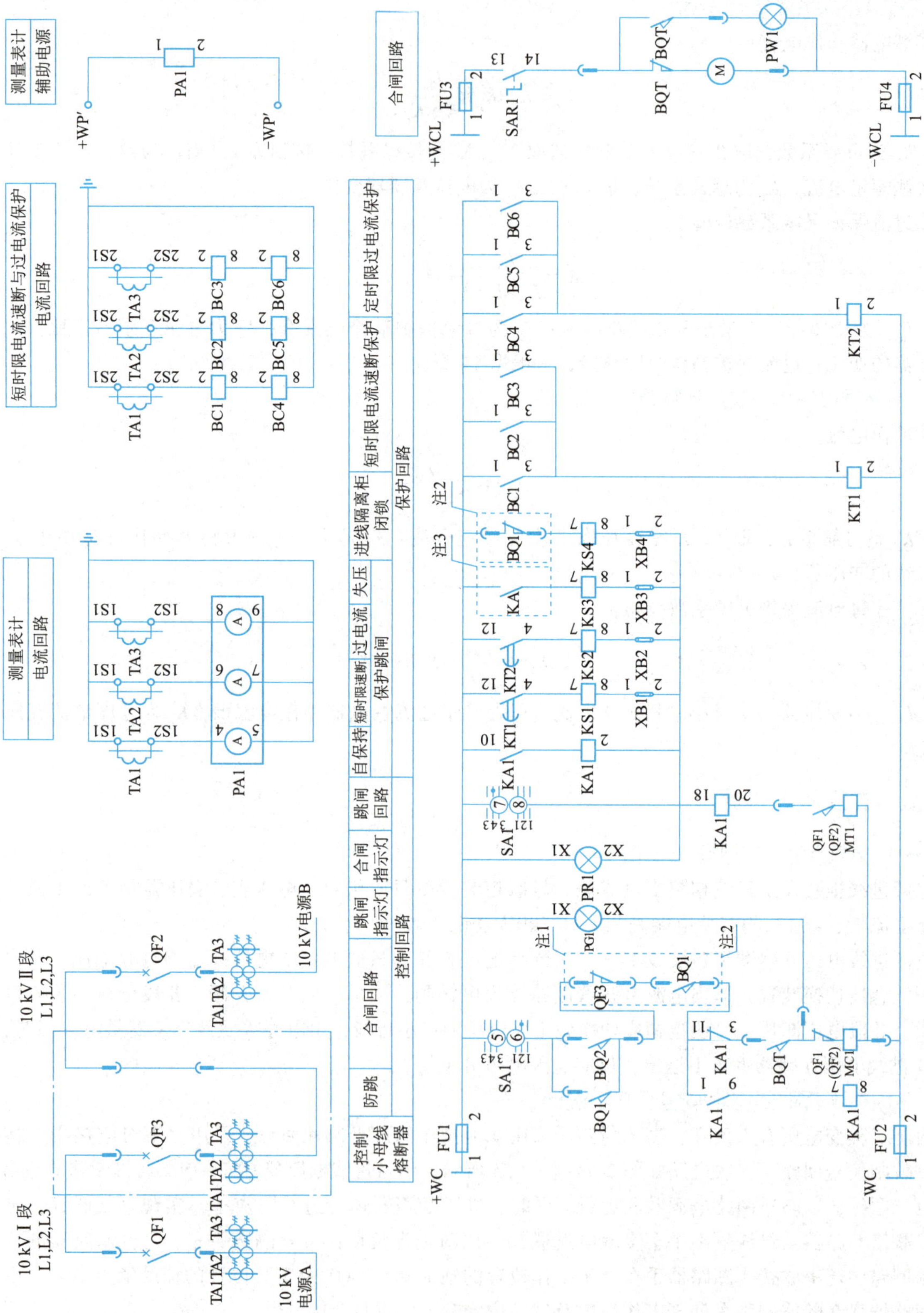

图 2-53　电源进线柜二次电路设计

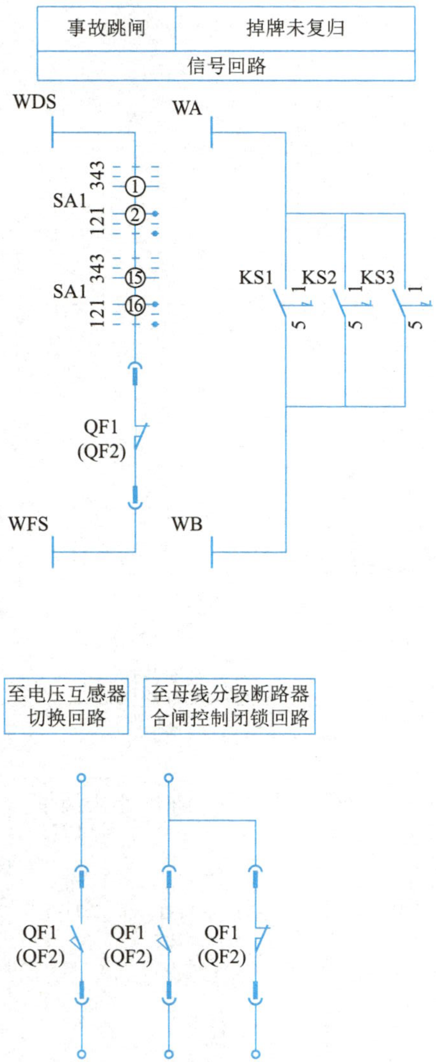

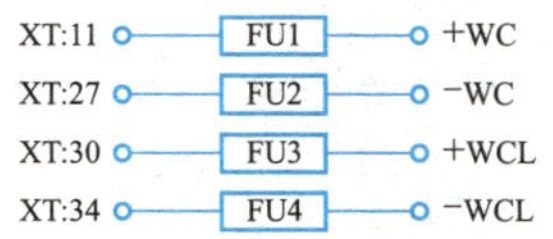

XT			
TA1:1S2	1	PA1:4	
TA2:1S2	2	PA1:6	
TA3:1S2	3	PA1:8	
TA3:1S1	4	PA1:9	
	5		
TA1:2S2	6	BC1:2	
TA2:2S2	7	BC2:2	
TA3:2S2	8	BC3:2	
TA3:2S1	9	BC6:8	
	10		
FU1:2	11	SA1:5	
KA1:10	12	XS	注2
	13	KA	注3
XS	14	SA1:6	
XS	15		
XS	16	XS	注1
XS（注2）	17	XS	注1
XS（注2）	18	KA1:1	
XS	19	KA1:3	
XS	20	PG1:X2	
KA1:18	21	PR1:X2	
XS	22	KA1:20	
KT1:4	23	KS1:7	
KT2:4	24	KS2:7	
KS3:7	25	KA	注3
KS4:7	26	XS	注2
FU2:2	27	KA1:8	
XS	28	KT2:2	
	29		
FU3:2	30	SAR1:13	
XS	31	SAR1:14	
XS	32	PW1:X1	
XS	33	PW1:X2	
FU4:2	34		

	35		
SA1:1	36	WDS	
XS	37	SA1:24	
XS	38	WFS	
KS1:1	39	WA	
KS1:5	40	WB	
	41		
XS	42		注4
XS	43		注4
XS	44		注5
XS	45		注5
XS	46		注5
	47		
PA1:1	48	+WP′	
PA1:2	49	−WP′	
	50		
	51		

注：
1. 由母线分段断路器柜引来。
2. 由进线隔离柜引来。
3. 由进线电压互感器柜引来。
4. 至进线电压互感器柜。
5. 至母线分段断路器柜。

二次接线元件表

序号	符号	名称	型号规格	数量	备注
			安装在开关柜上的设备		
1	PA1	三相交流电流表	数显表CL96-AT3，量程与互感器配套	1	电源DC110 V
2	BC1,2,3	电流继电器	静态继电器JL-84C/51 A	3	
3	BC4,5,6	电流继电器	静态继电器JL-83C/9.1 A	3	
4	KA1	中间继电器	静态继电器JZB-284 110 V,0.5 A	1	断路器自带时取消
5	KT1	时间继电器	静态继电器JS-114C/0.5 s 110 V	1	
6	KT2	时间继电器	静态继电器JS-114C/0.8 s 110 V	1	
7	KS1~4	信号继电器	静态继电器JX 31 110 V,0.05 A	4	
8	SA1	转换开关	LW12-16D/49.6781.7	1	
9	SAR1	主令开关	AK22A-20×2 110 V	1	
10	PR1	信号灯	AK22A D1/R 110 V	1	
11	PG1	信号灯	AK22A-D1/G 110 V	1	
12	PW1	信号灯	AK22A-D1/W 110 V	1	
13	FU1,2	熔断器	二次回路专用，额定电池6 A	2	
14	FU3,4	熔断器	二次回路专用，额定电池6 A	2	
15	XB1~4	连接片		4	

图 2-53 母线分断路器柜二次接线图(续)

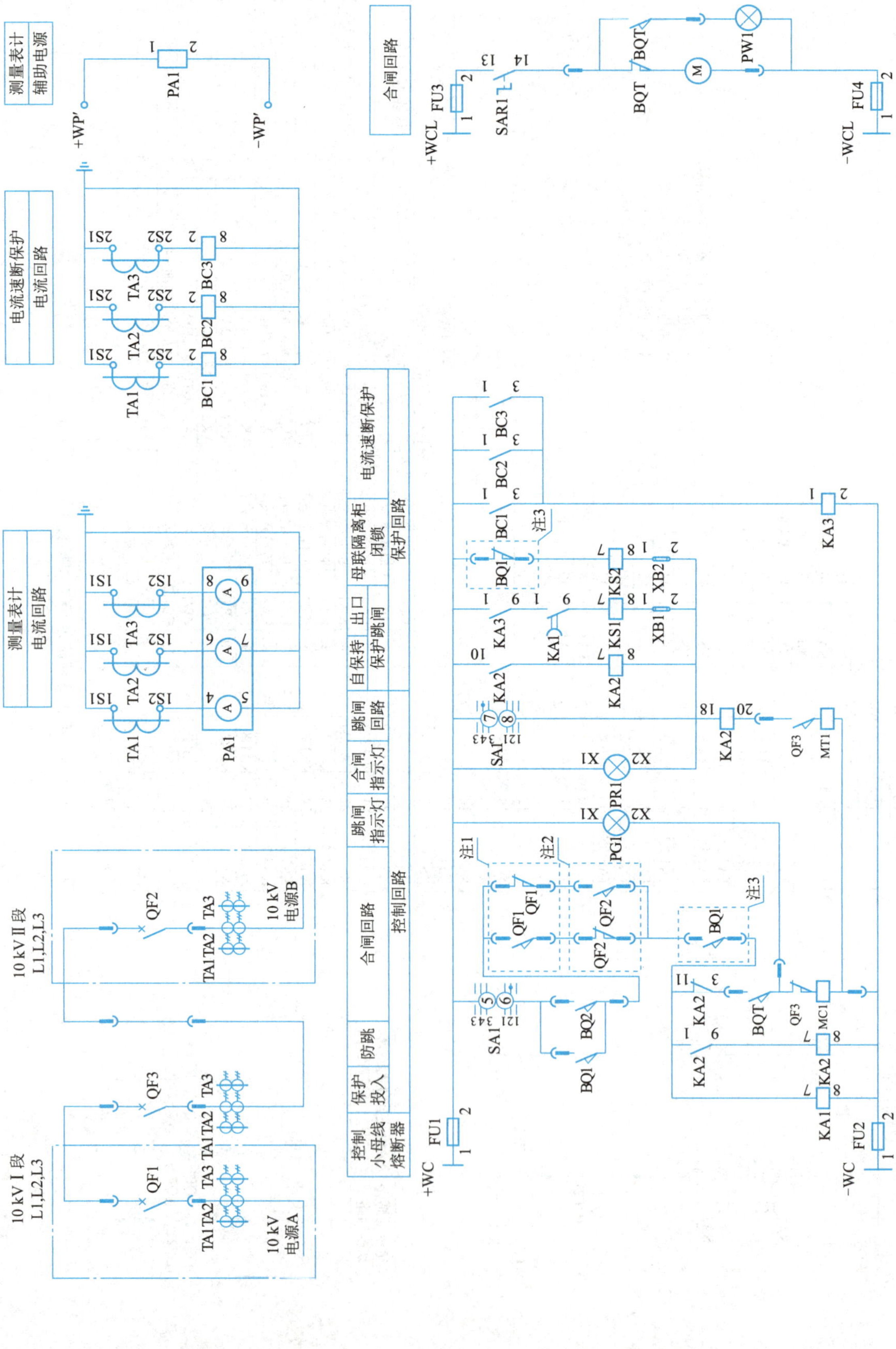

图 2-54 母线分断路器柜二次接线图

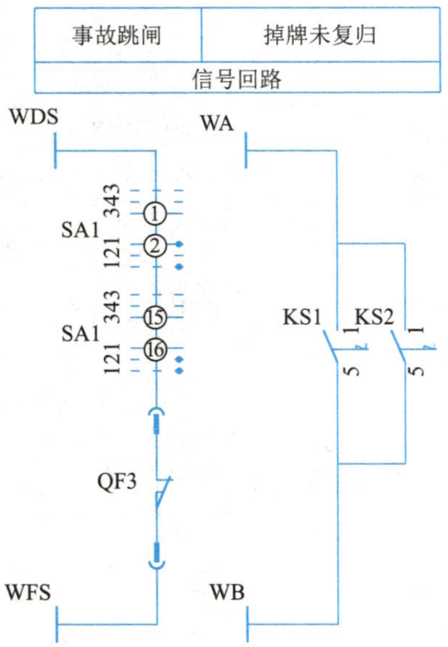

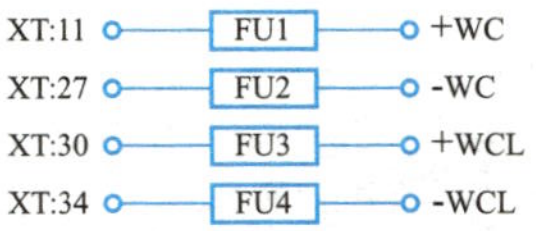

XT			
TA1:1S2	1	PA1:4	
TA2:1S2	2	PA1:6	
TA3:1S2	3	PA1:8	
TA3:1S1	4	PA1:9	
	5		
TA1:2S2	6	BC1:2	
TA2:2S2	7	BC2:2	
TA3:2S2	8	BC3:2	
TA3:2S1	9	BC3:8	
	10		
FU1:2	11	SA1:5	注3
KA2:10	12	XS	注3
XS	13	SA1:6	
XS	14		
XS	15	XS	注1
XS	16	XS	注1
XS	17	XS	注1
XS	18	XS	注3
KA1:1	19	XS	注3
XS	20	KA2:3	
XS	21	PG1:X2	
KA1:9	22	KS1:7	
XS	23	KS2:7	
KA2:18	24	PR1:X2	
XS	25	KA2:20	
	26		
FU2:2	27	KA1:8	
XS	28		
	29		
FU3:2	30	SAR1:13	
XS	31	SAR1:14	
XS	32	PW1:X1	
XS	33	PW1:X2	
FU4:2	34		
	35		

注2：XT 16、17、18 左侧的 XS；注3：XT 23 左侧的 XS。

SA1:1	36	WDS	
XS	37	SA1:24	
XS	38	WFS	
KS1:1	39	WA	
KS1:5	40	WB	
	41		
XS	42		注4
XS	43		注4
XS	44		注5
XS	45		注5
XS	46		注6
XS	47		注6
	48		
PA1:1	49	+WP′	
PA1:2	50	-WP′	
	51		
	52		

注：
1. 由电源进线A断路器柜引来。
2. 由电源进线B断路器柜引来。
3. 由母联隔离柜引来。
4. 至电源进线A断路器柜。
5. 至电源进线B断路器柜。
6. 至电压互感器柜。

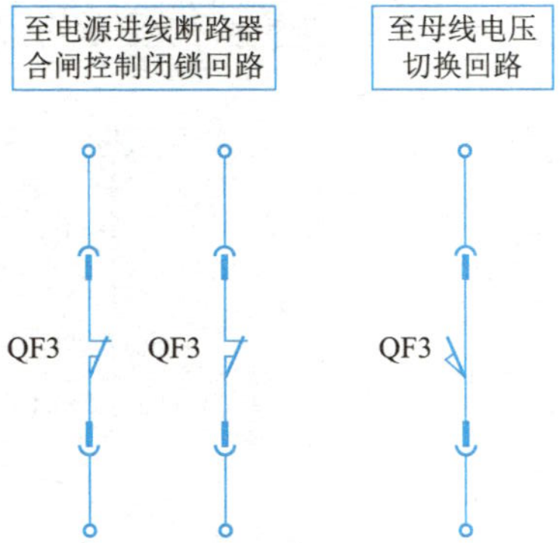

二次接线元件表

序号	符号	名称	型号规格	数量	备注
安装在开关柜上的设备					
1	PA1	三相交流电流表	数显表CL96-A13，量程与互感器配套	1	电源DC110 V
2	BC1,2,3	电流继电器	静态继电器JL-84C/84 A	3	
3	KA1	中间继电器	静态继电器JZS-254 110 V	1	
4	KA2	中间继电器	静态继电器JZB-284 110 V,0.5 A	1	断路器自带时取消
5	KA3	中间继电器	静态继电器JZY-206 110 V	1	
6	KS1,2	信号继电器	静态继电器JX 31 110 V,0.05 A	2	
7	SA1	转换开关	LW12-16D/49.6781.7	1	
8	SA1	主令开关	AK22A 20×2 110 V	1	
9	PR1	信号灯	AK22A-D1/R 110 V	1	
10	PG1	信号灯	AK22A-D1/G 110 V	1	
11	PW1	信号灯	AK22A-D1/W 110 V	1	
12	FU1,2	熔断器	二次回路专用，额定电池6 A	2	
13	FU3,4	熔断器	二次回路专用，额定电池6 A	2	
14	XB1,2,3	连接片		3	

图 2-54　母线分断路器柜二次接线图（续）

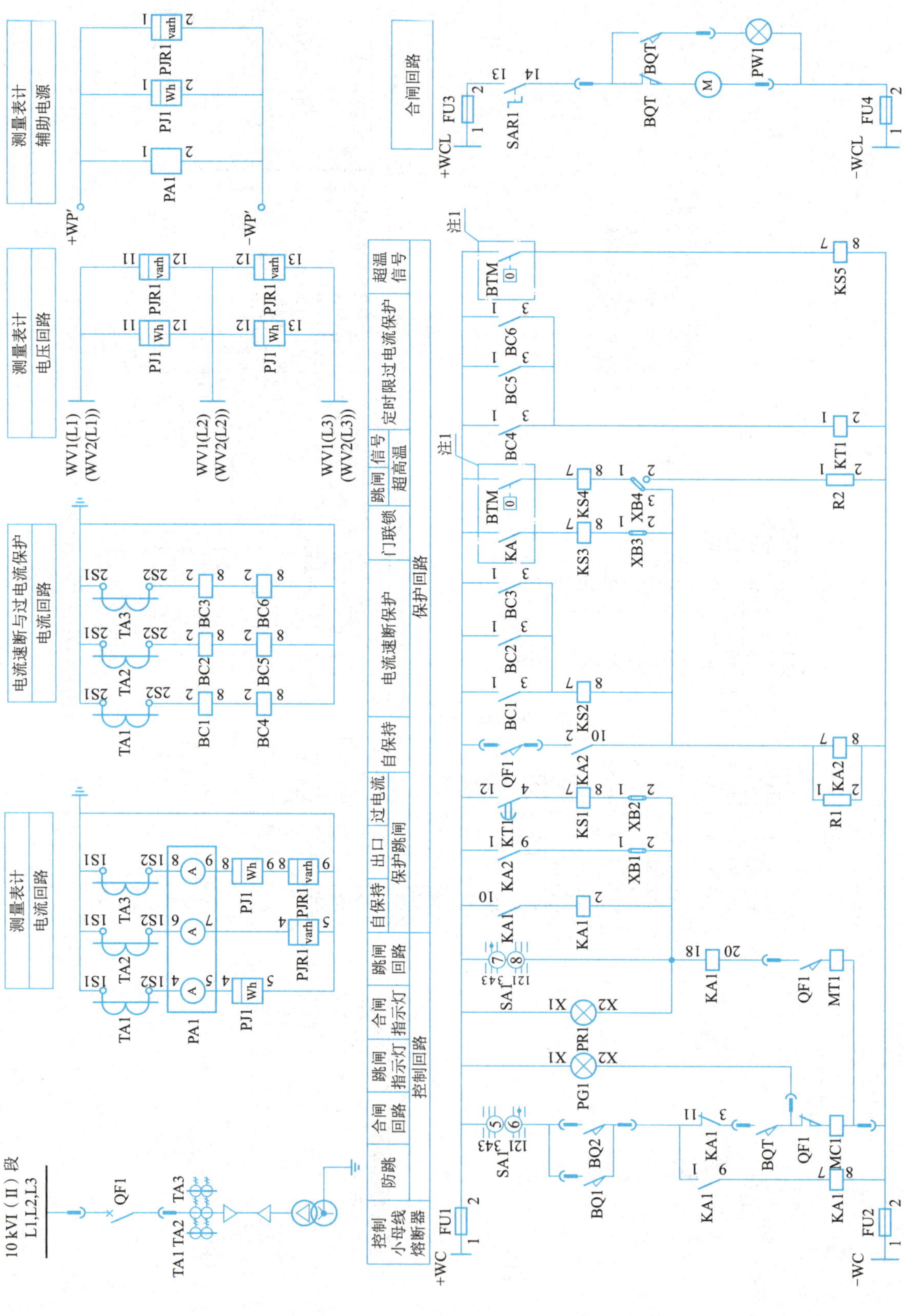

图 2-55 变压器柜二次接线电路图

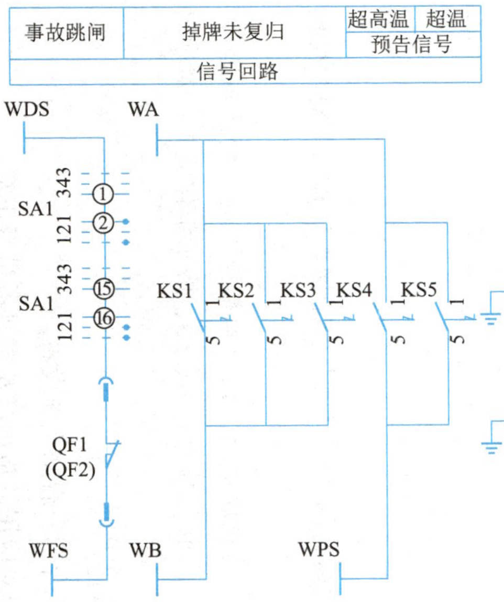

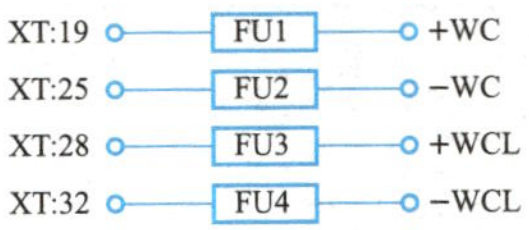

XT		
TA1:1S2	1	PA1:4
TA2:1S2	2	PA1:6
TA3:1S2	3	PA1:8
TA3:1S1	4	PJR1:9
	5	
TA1:2S2	6	BC1:2
TA2:2S2	7	BC2:2
TA3:2S2	8	BC3:2
TA3:2S1	9	BC6:8
	10	
	11	
PJ11:11	12	WV1(L1)
	13	(WV2(L1))
PJ11:12	14	WV1(L2)
	15	(WV2(L2))
PJ11:13	16	WV1(L3)
	17	(WV2(L3))
	18	
FU1:2	19	SA1:5
KA1:10	20	BTM（注1）
XS	21	
XS	22	SA1:6
XS	23	
XS	24	KA1:1
XS	25	KA1:3
XS	26	PG1:X2
KA1:18	27	PR1:X2
XS	28	KA1:20
KT1:4	29	KS1:7
XS	30	KA2:2
BC1:9	31	KS2:7
KS3:7	32	KA（注1）
KS4:7	33	BTM（注1）
KA2:7	34	XB4:3
R2:1	35	XB4:2
KS5:7	36	BTM（注1）
FU2:2	37	KA1:8
XS	38	KS5:8

	39	
FU3:2	40	SAR1:13
XS	41	SAR1:14
XS	42	PW1:X1
XS	43	PW1:X2
FU4:2	44	
SA1:1	45	WDS
XS	46	SA1:24
XS	47	WFS
KS1:1	48	WA
KS1:5	49	WPS
	50	
PA1:1	51	+WP′
PA1:2	52	−WP′
	53	
	54	

注：
由变压器本体引来。

二次接线元件表

序号	符号	名称	型号规格	数量	备注
安装在开关柜上的设备					
1	PA1	三相交流电流表	数显表CL96-A13，量程与互感器配套	1	电源DC110 V
2	PJ1	三相有功电能表	安装表DT96-3E,100 V,5 A	1	电源DC110 V
3	PJR1	三相无功电能表	安装表DT96-3RE,100 V,5 A	1	电源DC110 V
4	BC1,2,3	电流继电器	静态继电器JL-84C/66 A	3	
5	BC4,5,6	电流继电器	静态继电器JL-83C/6.1 A	3	
6	KA1	中间继电器	静态继电器JZB-284 110 V,0.5 A	1	断路器自带时取消
7	KA2	中间继电器	静态继电器JZY-206 110 V	1	
8	KT1	时间继电器	静态继电器JS-114C/0.5 s 110 V	1	
9	KS1	信号继电器	静态继电器JX-31 110 V,0.05 A	1	
10	KS2,3,4	信号继电器	静态继电器JX-31 110 V,0.1 A	3	
11	KS5	信号继电器	静态继电器JX-31 110 V	1	
12	SA1	转换开关	LW12-16D/49.6781.7	1	
13	SAR1	主令开关	AK22A-20×2 110 V	1	
14	PR1	信号灯	AK22A-D1/R 110 V	1	
15	PG1	信号灯	AK22A-D1/G 110 V	1	
16	PW1	信号灯	AK22A-D1/W 110 V	1	
17	R1,2	电阻	ZG11-75 250 Ω	2	
18	FU1,2	熔断器	二次回路专用，额定电流6 A	2	
19	FU3,4	熔断器	二次回路专用，额定电流6 A	2	
20	XB1,2,3	连接片		3	
21	XB4	切换片		1	
安装在变压器本体上的设备					
22	KA	中间继电器		1	与变压器配套
23	BTM	温度继电器		1	与变压器配套

图 2-55　变压器柜二次接线电路图（续）

填写出本项目实现工作记录单，见表2-12。

表2-12 项目实现工作记录单

课程名称					总学时：
项目名称	供配电系统控制与保护电路的设计				参考学时：
班　级		团队负责人		团队成员	
项目工作情况					
项目实施遇到的问题					
相关资料及资源					
执行标准或工艺要求					
注意事项					
备注					

项目运行

教师：指导学生进行系统调试、运行，讲解调试运行的注意事项及安全操作规程，并对学生的成果进行评价。

学生：检查大厦供配电系统控制与保护电路任务的完成情况，在教师指导下进行调试与运行，发现问题及时解决，直到调试成功为止。分析不足、汇报学习、工作心得、展示工作成果；对项目完成情况进行总结，完成项目报告。

供配电系统控制与保护电路的设计整机调试及运行：

①调试前先检查所有元器件的技术参数设置是否合理，否则重新设置。

②先空载调试，此时不接用电器，观察线路工作对应用的指示灯及接触器是否正常。

③带负荷调试，接上用电器，模拟故障，观察系统运行情况。

④调试成功后，先拆掉负载，再拆掉电源。清理工作台和工具，填写项目运行记录单，见表 2-13。

表 2-13　项目运行记录单

课程名称					**总学时：**
项目名称					**参考学时：**
班　　级		**团队负责人**		**团队成员**	
项目构思是否合理					
项目设计是否合理					
项目实现遇到了哪些问题					
项目运行时故障点有哪些					
调试运行是否正常					
备注					

项目验收

项目完成后，应对各组完成情况进行验收和评定，评分标准见表 2-14。具体验收指标包括：

（一）硬件设计

①继电器的规格、型号、数量。

②电路系统控制、保护电路的完整性。

③电路容量计算，导线的选择。

④系统整机调试。

（二）项目报告的完整性

①系统设计方案报告。

②编写过程报告（包含技术调试报告）。

表 2-14　供配电系统控制与保护电路的设计要求及评分标准

序号	考核内容	考核要求	评分标准	配分	扣分	得分
1	硬件电路的选择设计	根据电路要求确定继电器的技术参数、型号、价格	①功能满足可以正常工作，但导线或继电器有浪费，扣 10 分。 ②功能满足可以正常工作，但导线和继电器有浪费，扣 20 分。 ③电路能工作，但遇到故障无保护措施，扣 30 分。 ④有设计图，但电路不能工作，扣 40 分	50 分		
2	项目报告编写	根据要求设计系统方案，编写过程报告	①过程报告、方案每缺一次扣 10 分。 ②过程报告有，但不完整或有抄袭的，每次扣 5 分	25 分		
3	结合硬件控制系统对程序调试和整机联调	运行设备整机调试	①电路连接完成无法工作，扣 5 分。 ②整机调试二次不成功，扣 15 分。 ③整机调试三次不成功，扣 25 分	25 分		
4	安全文明生产	按生产规程操作	违反安全文明生产规程，扣 10~30 分			
5	定额工时	4 h	每超 5 分钟（不足 5 分钟以5 分钟计）			
起始时间			合计	100 分		
结束时间			教师签字	年　月　日		

拓展知识

一、继电保护与二次接线设计中常见问题

设计中常见问题见表 2-15。

表 2-15　设计中常见问题

序　号	常见问题	改进措施（由同学自主完成）
1	根据电源性质不合理或容量选择不当： ①重要或较大规模变配电所采用交流操作电源。 ②直流电源容量选择过大	

续表

序　号	常 见 问 题	改进措施（由同学自主完成）
2	继电保护配置不正确	
3	继电保护整定不完善： ①保护动作值整定过小造成误动作或为检验灵敏度。 ②保护动作时间整定未能保证上下级选择性	
4	继电保护二次回路不可靠： 变配电所采用交流操作的去分流跳闸操作方式时，未校验继电器强力切换触点容量是否满足要求	
5	进线断路器合闸控制回路中未接入本柜手车、进线隔离柜手车、计量柜手车及母联断路器的联锁触点	
6	电压互感器位置或中性点接地方式不正确： ①提供交流操作电源的电压互感器装设在进线断路器之后。 ②提供交流操作电源的电压互感器二次侧直接接地	
7	电压互感器切换回路不完善： 在采用双路电源进线时，每路电源进线电压互感器二次回路的电压切换回路不完善	
8	变配电所不设置中央信号装置或设置不完善	

二、 供配电系统的绝缘监视装置和电气测量仪表

（一）绝缘监视装置

绝缘监视装置用于非直接接地的电力系统中，以便及时发现单相接地故障，设法处理，以免故障发展为两相接地短路，造成停电事故。

6~35 kV 系统的绝缘监视装置，可采用三个单相双绕组的电压互感器和三只电压表，也可采用三个单相三绕组电压互感器或一个三相五芯柱三绕组电压互感器。当一次电路某一相发生接地故障时，电压互感器二次侧的对应相的电压表读数指零，其他两相的电压表读数则升高到线电压。由指零电压表的所在相即可得知该相发生了单相接地故障。但是，这种绝缘监视装置不能判明具体是哪一条线路发生了故障，所以它是无选择性的，只适于出线不多的系统及作为有选择性的单相接地保护的一种辅助指示装置。电压互感器接成开口三角（⊿）的辅助二次绕组，构成零序电压过滤器，供电给一个过电压继电器。在系统正常运行时，开口三角（⊿）的开口处电压接近于零，继电器不动作。当一次电路发生单相接地故障时，将在开口三角（⊿）的开口处出现近 100 V 的零序电压，使电压继电器动作，发出报警的灯光信号和音响信号。

注意： 三相三芯柱的电压互感器不能用来作绝缘监视装置。

因为在一次电路发生单相接地时，电压互感器各相的一次绕组均将出现零序电压（其值等于相电压），从而在互感器铁芯内产生零序磁通。如果互感器是三相三芯柱的，由于三相零序磁通是同相的，不可能在铁芯内闭合，只能经附近气隙或铁壳闭合，如图 2-56（a）所示。因此，这些零序磁通

不可能与互感器的二次绕组及辅助二次绕组交链，也就不能在二次绕组和辅助二次绕组内感应出零序电压，从而它无法反应一次电路的单相接地故障。如果互感器采用如图 2-53（b）所示的三相五芯柱铁芯，则零序磁通可经两个边芯柱闭合，这样零序磁通就能与二次绕组和辅助二次绕组交链，并在其中感应出零序电压，从而可实现绝缘监视功能。

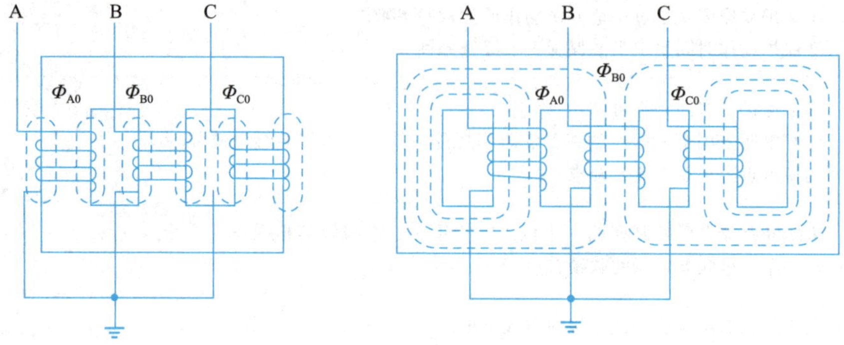

（a）三相三芯柱铁芯　　　　（b）三相五芯柱铁芯

图 2-56　电压互感器中的零序磁通分布（只画出互感器的一次绕组）

图 2-57 所示为 6～10 kV 母线的电压测量和绝缘监视电路图。图中电压转换开关 SA 用于转换测量三相母线的各个相间电压（线电压）。

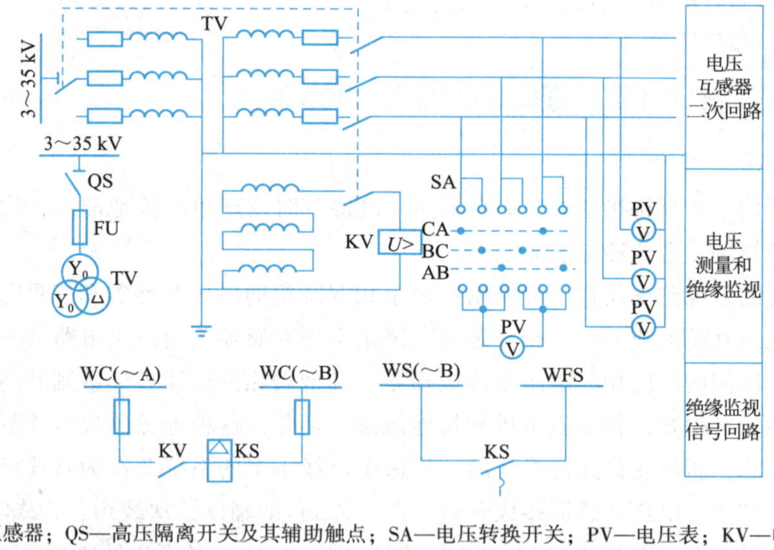

TV—电压互感器；QS—高压隔离开关及其辅助触点；SA—电压转换开关；PV—电压表；KV—电压继电器；KS—信号继电器；WC—控制小母线；WS—信号小母线；WFS—预告信号小母线。

图 2-57　6～10 kV 母线的电压测量和绝缘监视电路

（二）电气测量仪表

电测量仪表是对电力装置回路的电运行参数所经常测量、选择测量、记录用的仪表和作计费、技术经济分析考核管理用的计量仪表的总称。

为了监视供电系统一次设备（电力装置）的运行状态和计量一次系统消耗的电能，保证供电系统安全、可靠、优质和经济合理地运行，工厂供电系统的电力装置中必须装设一定数量的电测量仪表。电测量仪表按其用途分为常用测量仪表和电能计量仪表两大类。

1. 对常用测量仪表的一般要求

①常测仪表应能正确地反映电力装置的运行参数，能随时监测电力装置回路的绝缘状况。

②交流回路仪表的精确度等级，除谐波测量仪表外，不应低于 2.5 级；直流回路仪表的精确度等级，不应低于 1.5 级。

③1.5 级和 2.5 级的常测仪表，应配用不低于 1.0 级的互感器。

④仪表的测量范围（量限）和电流互感器变流比的选择，宜满足电力装置回路以额定值运行时，仪表的指示在标度尺的 70%~100% 处。对有可能过负荷运行的电力装置回路，仪表的测量范围，宜留有适当的过负荷裕度。对重载启动的电动机及运行中有可能出现短时冲击电流的电力装置回路，宜采用具有过负荷标度尺的电流表。对有可能双向运行的电力装置回路，应采用具有双向标度尺的仪表。

2. 对电能计量仪表的一般要求

①月平均用电量在 1×10^6 kW·h 及以上的电力用户电能计量点，应采用 0.5 级的有功电能表。月平均用电量小于 1×10^6 kW·h、在 315 kV·A 及以上的变压器高压侧计费的电力用户电能计量点，应采用 1.0 级的有功电能表。在 315 kV·A 以下的变压器低压侧计费的电力用户电能计量点、75 kW 及以上的电动机以及仅作为企业内部技术经济考核而不计费的线路和电力装置，均应采用 2.0 级有功电能表。

②在 315 kV·A 及以上的变压器高压侧计费的电力用户电能计量点和并联电力电容器组，均应采用 2.0 级的无功电能表。在 315 kV·A 以下的变压器低压侧计费的电力用户电能计量点及仅作为企业内部技术经济考核而不计费的电力用户电能计量点，均应采用 3.0 级的无功电能表。

③0.5 级的有功电能表，应配用 0.2 级的互感器。1.0 级的有功电能表，1.0 级的专用电能计量仪表，2.0 级计费用的有功电能表及 2.0 级的无功电能表，应配用不低于 0.5 级的互感器。仅作为企业内部技术经济考核而不计费的 2.0 级有功电能表及 3.0 级的无功电能表，宜配用不低于 1.0 级的互感器。

以上对常测仪表和计量仪表的要求，均为 GB/T 50063—2017《电力装置电测量仪表装置设计规范》的规定。

3. 变配电装置中各部分仪表的配置要求

①在工厂的电源进线上，或在经供电部门同意的电能计量点，必须装设计费的有功电能表和无功电能表，而且应采用经供电部门认可的标准的电能计量柜。为了解负荷电流，进线上还应装设一只电流表。

②变配电所的每段母线上，必须装设电压表测量电压。在中性点非直接接地的电力系统中，各段母线上还应装设绝缘监视装置。如果高压出线很少时，绝缘监视电压表可不装设，只装信号。

③35~110/6~10 kV 的电力变压器，应装设电流表、有功功率表、无功功率表、有功电能表、无功电能表各一只，装在哪一侧视具体情况而定。6~10/3~10 kV 的电力变压器，在其一侧装设电流表、有功和无功电能表各一只。6~10/0.4 kV 的电力变压器，在高压侧装设电流表和有功电能表各

一只；如为单独经济核算单位的变压器，还应装设一只无功电能表。

④3~10 kV 的配电线路，应装设电流表、有功和无功电能表各一只。如果不是送往单独经济核算单位，可不装设无功电能表。当线路负荷在 5 000 kV · A 及以上时，可再装设一只有功功率表。

⑤380 V 的电源进线或变压器低压侧，各相应装一只电流表。如果变压器高压侧未装电能表，低压侧还应装设有功电能表一只。

⑥低压动力线路上，应装设一只电流表。低压照明线路及三相负荷不平衡率大于 15% 的线路上，应装设三只电流表分别测量三相电流。如需计量电能，一般应装设一只三相四线有功电能表。对负荷平衡的三相动力线路，可只装设一只单相有功电能表，实际电能按其计量的 3 倍计。

⑦并联电容器组的总回路上，应装设三只电流表，分别测量三相电流，并应装设一只无功电能表。

图 2-58 所示为 6~10 kV 高压线路上装设的电测量仪表电路图，图 2-59 所示为低压 220/380 V 照明线路上装设的电测量仪表电路图。

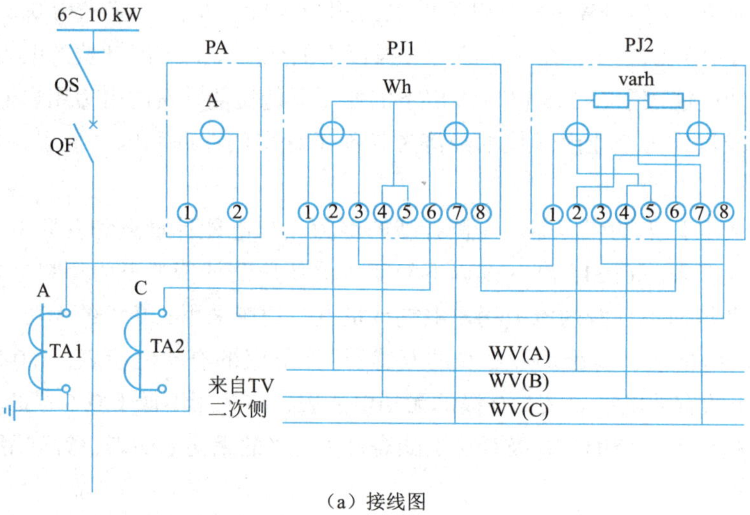

（a）接线图

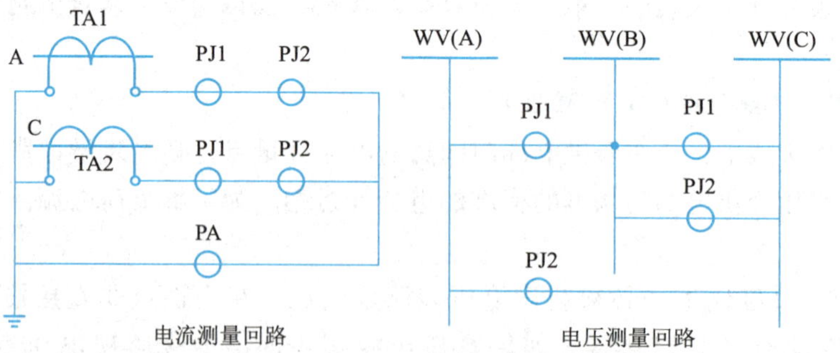

（b）展开图

TA—电流互感器；TV—电压互感器；PA—电流表；PJ1—三相有功电能表；
PJ2—三相无功电能表；WV—电压小母线。

图 2-58　6~10 kV 高压线路电测量仪表电路图

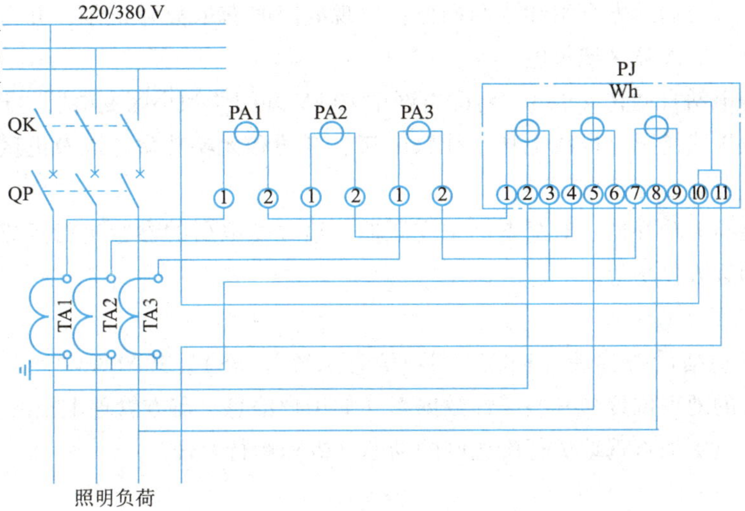

TA—电流互感器；PA—电流表；PJ—三相四线有功电能表。

图 2-59　220/380 V 照明线路电测量仪表电路图

三、 配电网自动化

（一） 配电网自动化简介

国家电力公司从 21 世纪初起对全国城乡电网进行大规模的建设与改造，并从总体上提出了明确目标：提高供电的可靠性，使我国城市供电可靠性达到 99.99%；提高供电质量，使电压合格率≥98%。

1. 配电自动化的主要内容

配电网自动化的主要两个系统：配电费管理系统（DMS），从变电、配电到用电过程的监视、控制和管理的综合配电网自动化系统；配电自动化系统（DAS），利用现代通信和计算机技术，对电网在线运行的设备进行远方监视和控制的自动化系统，主要内容如图 2-60 所示。

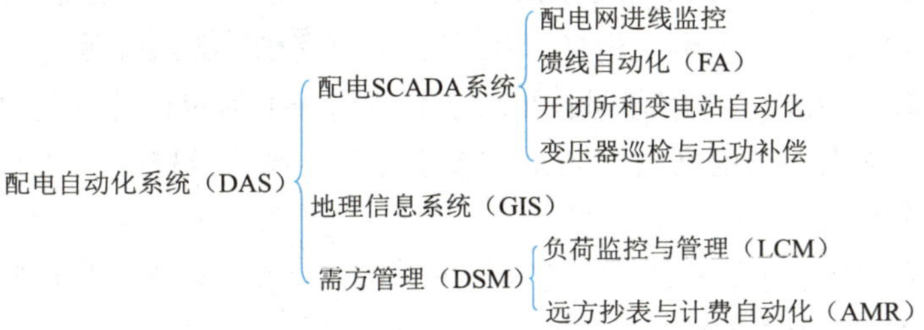

图 2-60　配电自动化的主要内容

2. 配电 SCADA 系统

①功能：采集安装在各个配电设备处终端单元上报的实时数据，并使调度员能够在控制中心遥控现场设备。

②配电网进线监控：对配电网进线变电所开关位置、保护动作信号、母线电压、线路电流、有功和无功功率以及电度量的监视。

③馈线自动化（FA）：正常时远方实时监视馈线分段开关与联络开关的状态和馈线电流、电压

情况，并实现线路开关的远方合闸和分闸操作；出现故障时获取故障记录，并自动判别和隔离馈线故障区段以及恢复对非故障区域供电。

④开闭所和变电站自动化（SA）：对配电网中 10 kV 开闭所和小区变电所的开关位置、保护动作信号、小电流接地选线情况、母线电压、线路电流、有功和无功功率，以及电度量的远方监视、开关远方控制、变压器远方有载调压等。

⑤变压器巡检与无功补偿：对配电网中变压器、箱式变电所的参数进行远方监视；对补偿电容器进行自动投切和远方投切等。

3. 地理信息系统（GIS）

地理信息系统包括设备管理（FM）、用户信息系统（CIS）、SCADA 功能及故障信息显示。功能：将配电网设备的地理位置与一些属性数据库（如用户信息、需方管理上报的实时数据等）结合，以便操作和管理人员更加直观地进行配电网的动态分析和运行管理。

4. 需方管理（DSM）

①功能：电力的供需双方对用电市场进行管理，以达到提高供电可靠性，减少能源消耗及供需双方费用支出的目的。

②负荷监控与管理（LCM）：根据用户情况进行综合分析，确定最优运行和负荷控制计划，对集中负荷及部分工厂用电负荷进行监视、控制和管理，并通过合理的电价结构引导用户转移负荷以及平坦负荷曲线。

③远方抄表与计费自动化（AMR）：通过各种通信手段读取远方用户电表数据，并将其传至控制中心，自动生成电费报表或曲线等。

（二）配电自动化的通信

1. 配电自动化通信系统的层次分为主站级通信及现场设备级通信

①主站级通信：指配电自动化主站和子站间的通信、子站和现场监控单元间的通信。

②现场设备级通信：指各种远方监控单元相互之间的通信，包括馈线远方终端（FTU）相互间的通信、配电变压器远方终端（TTU）相互间的通信，以及 FTU 和 TTU 之间的通信。

2. 配电自动化通信方式配电线载波通信（DLC）、光纤通信、无线通信

①配电线载波通信（DLC）：将信息调制在高频载波信号上通过已建成的电力线路（主要是 10 kV 线路）进行传输 。优点：与电网建设同步，通道可靠性高、投资少、见效快、组网灵活方便、运行维护成本低 。

②光纤通信：以光波作为信息载体，以光导纤维为传输媒介。优点：传输频带宽、通信容量大、传输速率高、传输损耗小、误码率低、可靠性高、不受电磁干扰、组网灵活方便。

③无线通信：不需要传输线，可以构成双向通信系统，包括调幅（AM）广播、调频（FM）广播、无线寻呼网、高频通信（HF）、无线扩频通信、微波通信、卫星通信、数控电台等。优点：结构简单，架设方便，价格便宜，所有的无线通信方式都能够与停电区域进行通信。

3. 现场设备级通信方式：现场总线、RS-485 标准接口

①现场总线：连接智能现场设备与控制系统和控制室之间的一种数字式、双向、串行、多点通信的系统。其传输介质主要采用双绞线。优点：可靠性高，稳定性好，抗干扰能力强，通信速率高，造价低廉，维护成本低。

②RS-485 标准接口：一种改进的串行接口标准，其接口环节简单且不含 CPU。用于一些对实时性要求不高的场合，如远方自动抄表。

③配电自动化的通信方案：配网自动化系统一般可分为主站层、子站层和馈线层三层，在不同的层次上应采用不同的通信介质。主站与子站之间一般采用单模光纤通信。组网方式分为光纤以太网和光纤环网。子站与馈线之间一般采用光纤、双绞线、电力线载波、无线等多种通信手段混合的方式。低压抄表系统采用低压配电线载波通信。图 2-61 所示为某公司生产的配电自动化系统的总体结构图。

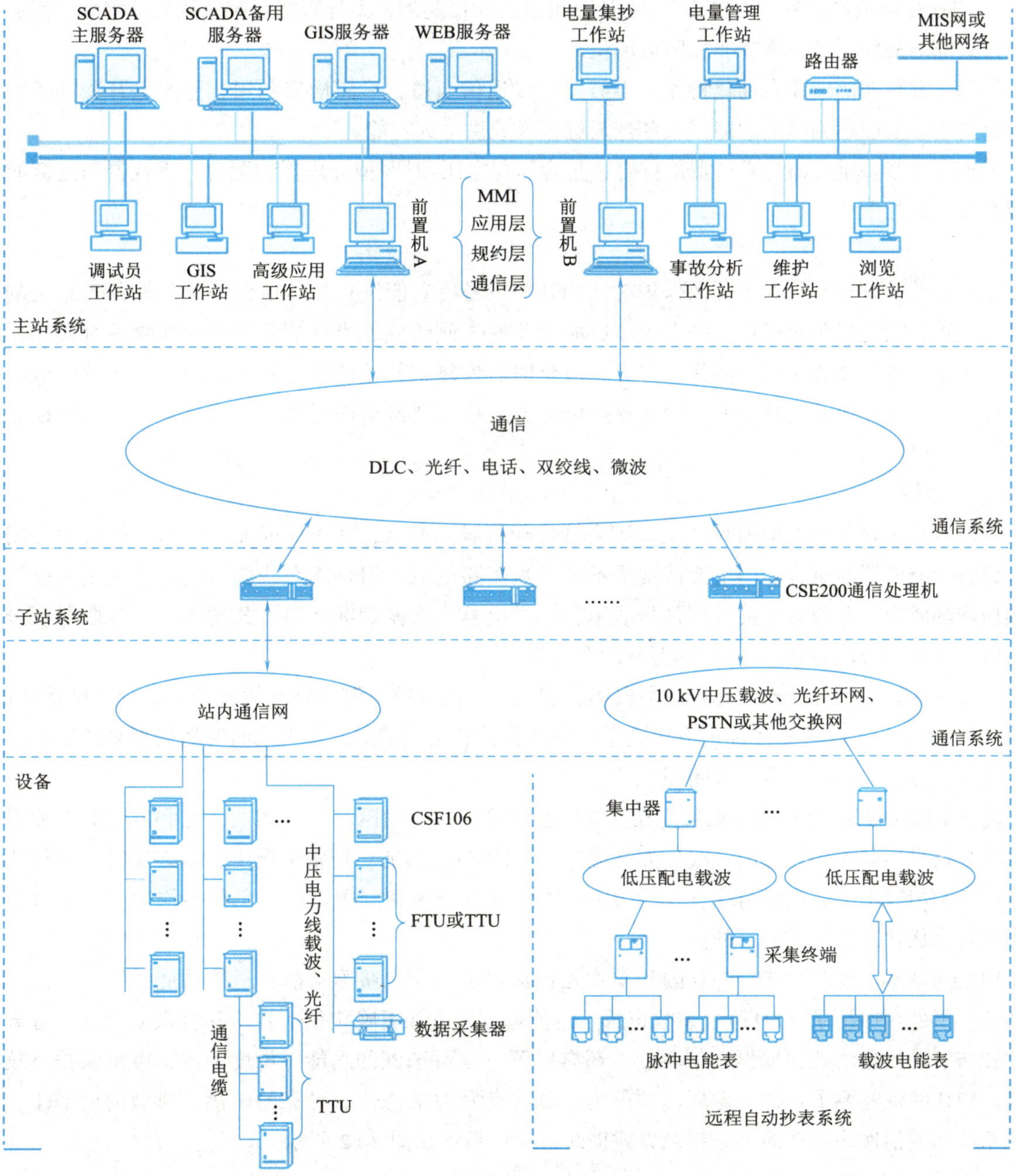

图 2-61　配电网自动化系统的总体结构

（三）配电网的馈线自动化

①功能：监视馈线的运行方式和负荷，当发生故障时，及时准确地判断故障区段，迅速隔离故障区段并恢复健全区段的供电。

②基于重合器的馈线自动化系统（当地控制方式）：依靠智能配电开关设备（重合器和分段器等）间的相互配合来实现故障区域自动隔离和健全区域自动恢复供电的功能。

③基于 FTU 的馈线自动化系统（远方控制方式）：通过通信网络及配电子站把户外分段开关处的柱上 FTU 和配电网控制中心的 SCADA 计算机系统连接起来，由计算机系统完成故障定位，然后以遥控方式隔离故障区域，恢复非故障区域供电。

④基于重合器的馈线自动化特点：不需要建设通信通道，只需恰当利用智能配电开关设备的相互配合关系，就能达到隔离故障区域和恢复健全区域供电的功能。

⑤配合方案：重合器与重合器的配合；重合器与电压-时间型分段器的配合、重合器与过流脉冲计数型分段器的配合等。

1. 重合器

重合器是一种自身具有控制及保护功能的开关设备。它能进行故障电流检测和按预先整定的分合操作次数自动完成分合操作，并在动作后能自动复位或闭锁。当事故发生后，如果重合成功，线路恢复供电，则自动终止后续动作，并经一段延时后恢复到初始的整定状态，为下一次故障做好准备；如果重合器完成预先整定的重合次数后仍重合失败，则自动进行闭锁，不再重合，保持在分闸状态。

2. 分段器

分段器是一种与电源侧前级开关（重合器或断路器）配合，在失压或无流的情况下自动分闸的开关设备。分段器与重合器的主要区别是不能开断短路电流，但是能在线路短路时承受短路电流的力效应和热效应。分段器的关键部件是故障检测继电器，根据判断故障方式的不同，分段器可分为过流脉冲计数型分段器和电压-时间型分段器两类。

过流脉冲计数型分段器又称自动分段器，它是以检测线路电流来判断故障并进行分合闸操作的。电压-时间型分段器又称自动配电开关或重合分段器，它是凭借加压或失压的时间长短来控制其动作的，失压后分闸，加压后合闸或闭锁。

基于 FTU 的馈线自动化特点建立在计算机监控系统和通信网络的基础上，它所需用的主要设备是具有数据采集和通信能力的馈线远方终端单元（FTU）。功能：正常情况下，远方实时监视馈线开关的状态和馈线电流、电压情况，实现线路开关的远方合闸和分闸操作；负荷不均匀时，通过负荷均衡化达到优化运行方式的目的。

FTU 的基本功能和性能：FTU 的基本功能包括遥信功能、遥测功能、遥控功能、统计功能、对时功能、事件顺序记录（SOE）、事故记录、定值远方修改和召唤定值、自检和自恢复功能、远方控制闭锁与手动操作功能、远程通信功能，还有以下三项可选配的功能：电度采集、微机保护、故障录波。FTU 的性能要求：抗恶劣环境的能力、具有良好的维修性、可靠的电源。典型的由 FTU、计算机系统和通信网络组成的远方控制方式馈线自动化系统如图 2-62 所示。

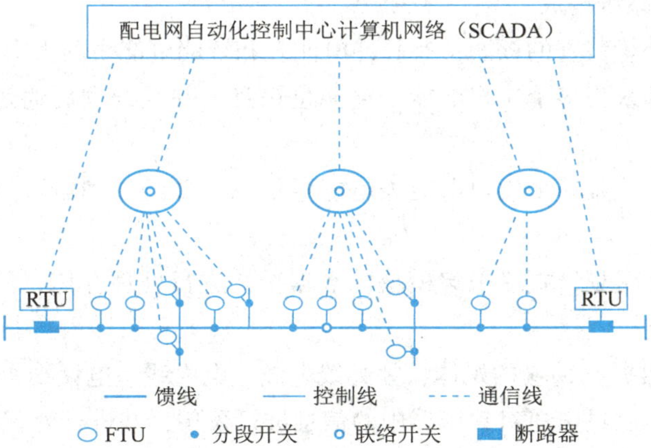

图 2-62　远方控制方式馈线自动化系统的组成

（四）配电及用电管理自动化

1. 配电图资地理信息系统的概念与功能

配电图资地理信息系统是自动绘图（AM）、设备管理（FM）和地理信息系统（GIS）的总称，它是利用地理信息技术和配电网规划技术、生产运行管理技术等，实现配电管理的计算机系统，可简记为 AM/FM/GIS。

AM/FM/GIS 系统的功能：拓扑网络着色、自动动态连接、小区分割管理、AutoCAD 双向接口、跳闸事件报告、能接入第三方软件。

2. AM/FM/GIS 系统在配电网中的实际应用

①在设备管理系统中的应用：在以地理图为背景所绘制的单线图上，能分层显示变电站、线路、变压器、断路器、隔离开关直至电杆路灯和电力用户的地理位置。

②在用电管理系统中的应用：业务报表、查表收费、负荷管理等是供电部门最为繁重的几项用电管理任务。

③在规划设计上的应用：采用地理图上所提供的设备管理和用电管理信息和数据，与小区预报的数据相结合，共同构成配电网规划和设计计算的基础。

④反映配电网的运行状况：读取 SCADA 系统遥信量，通过网络拓扑着色，能直观地反映配电网运行实时状况。

⑤在线操作：可在地理图上直接对开关进行遥控，对设备进行各种挂牌、解牌操作。

⑥客户呼叫服务系统（TCS）的作用：为了快速、准确地利用用户打来的大量故障投诉电话，判断发生故障的地点和故障影响范围，并根据抢修队目前所处的位置，及时地派出抢修人员，使停电时间最短。

3. 远程自动抄表与电能计量系统

①多功能电子式电能表主要功能：用电计测功能（包括累计计量和实时计量两种功能）、监视功能、控制功能、管理功能、存储功能、自恢复与自检测功能。抄表计费方式：手工抄表、无线电自动抄表、预付电能计费和远程自动抄表方式。

②远程自动抄表系统：一般由电能表、采集终端/采集模块、集中抄表器（也称为集抄器或者集

中器）、信道和后台主站系统构成。

③电能表：是电能计量装置的核心，有脉冲电能表和智能电能表两大类。

④采集终端：指用于采集多个用户电能表电能量信息，并经处理后通过信道传送到系统上一级的设备。

⑤采集模块：指用于采集单个用户电能表电能量信息，并经处理后通过信道传送到系统上一级的专用模块。

⑥集中器：指收集各采集终端或采集模块的数据，并进行处理存储，同时能和主站或手持式抄表器进行数据交换的设备。

⑦信道：指信号（数据）传输的媒体，如无线电波、电力线、电话线等。

⑧后台主站系统：指通过信道对集中器中的信息进行采集，并进行处理和管理的计算机系统。

4. 远程自动抄表系统的通信方式

电能表到抄表集中器，以及抄表集中器到抄表中继器之间的通信，采用RS-485或低压配电线载波等方式；抄表中继器至电能计费中心采用光纤、电话线或者无线电台等方式。

目前，供电企业比较常用的是低压配电线载波集中抄表技术。它是在每块机械式电能表中安装一块采集模块，完成对电能量信息的采集和处理，并具有单向通信功能，把各分散电能表的电能量数据通过低压配电线传至接在同一低压配电网上的若干数据集中器，然后通过手持抄收机或公用电话网将收集到的配电小区内所有电能表的电能量数据传送到用电管理中心。

图 2-63 所示的基于低压载波技术构成的远程抄表系统是一个基于客户电能表集中安装的方式，其中双线表示用于通信的数据地址总线，单线表示一种连接关系。这种方式一般是将电能表进行改造，将抄表计数器、低压电力载波通信模块与电能表集成在一起，通过低压电力线和集中抄表器互连通信。

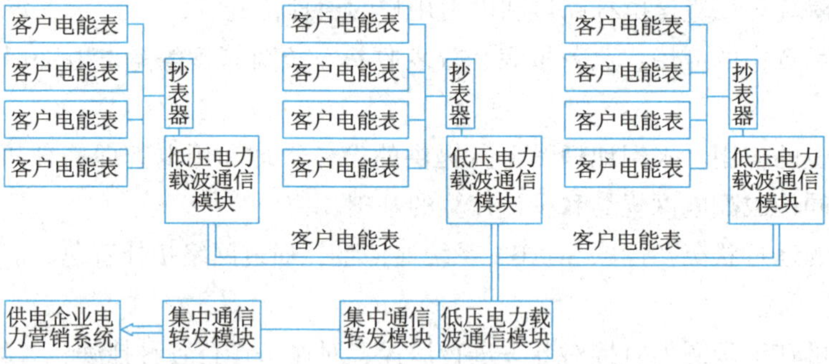

图 2-63 利用低压载波技术构成的远程抄表系统

四、 变电站综合自动化简介

1. 常规变电站的缺点

安全可靠性不高、电能质量可控性不高、实时计算控制性不高、占地面积大、维护工作量大。将变电站的二次设备（包括测量仪表、信号系统、继电保护、自动装置和远动装置等）经过功能的组合和优化设计，利用先进的计算机技术、现代电子技术、通信技术和信号处理技术，实现对全变电站的主要设备和输、配电线路的自动监视、测量、自动控制和微机保护，以及与调度通信等综合性的自动化功能。

2. 变电站综合自动化系统的优点

①功能综合化：综合了变电站内除一次设备和交、直流电源以外的全部二次设备。

②结构分层分布化：变电站综合自动化系统结构可以分为集中式、分布集中式、分层分布式三种类型。其中分层分布式是目前的主流（微机保护、数据采集和控制以及其他智能设备等子系统按分布式结构设计的，而综合自动化系统的总体结构又按分层原则来组成）。

③操作监视屏幕化：通过计算机上的显示器，可以监视全变电站的实时运行情况和对各开关设备进行操作控制。

④通信局域网络化：计算机局域网络技术和光纤通信技术在综合自动化系统中得到普遍应用。

⑤运行管理智能自动化：除了可以实现常规变电站的自动报警、自动报表、电压无功自动调节、小电流接地选线、故障录波、事故判别与处理等自动化功能外，还可实现本身的在线故障自诊断、自闭锁、自调节和自恢复等功能。

（一）变电站综合自动化系统的基本功能

1. 监控系统功能

①实时数据采集与处理：采集变电站电力运行实时数据和设备运行状态，包括各种模拟量、状态量和脉冲量。

②运行监视和报警功能：对变电站的运行工况和设备状态进行自动监视。当变电站有非正常状态发生和设备异常时，监控系统能及时发出事故音响或语音报警。

③事件顺序记录（SOE）与事故追忆功能：对变电站内的继电保护、自动装置、断路器等在出现事故时动作的先后顺序自动记录。

④事故追忆：对变电站内的一些主要模拟量，如线路、主变压器各侧的电流、有功功率、主要母线电压等，在事故前后一段时间内作连续测量记录。

⑤故障录波和故障测距功能：用微机保护装置兼作故障记录和测距，再将记录和测距的结果送监控机存储及打印输出或直接送调度主站。

⑥采用专用的微机故障录波器，并且录波器应具有串行通信功能，可以与监控系统通信。

⑦控制和操作功能：对断路器、隔离开关进行分、合闸操作；对变压器分接头进行调节控制；对电容器组进行投、切控制，同时能接受遥控操作命令进行远方操作。

⑧人机联系功能：操作人员面对显示器的屏幕，可对全站的运行情况和运行参数一目了然，并可对全站的断路器和隔离开关等进行分、合操作。

⑨数据处理与记录功能：计算功率、功率因数、电能；计算出日、月、年最大、最小值及出现的时间；电能量的累计值和分时统计；母线电压运行参数不合格时间及合格率统计；功率总加；变电站送入、送出负荷及电量平衡率；主变压器的负荷率及损耗统计；断路器的正常及事故跳闸次数统计；主要设备运行小时数统计；变压器、电容器、电抗器的停用时间及次数；所用电率计算统计；安全运行天数累计等。

⑩制表打印功能：定时打印报表和运行日志；开关操作记录打印；事件顺序记录打印；越限打印；事故追忆打印；设备运行状态变位打印、召唤打印等。

⑪自诊断和自恢复功能：自诊断：对监控系统的全部硬件和软件故障的自动诊断，并给出自诊断信息供维护人员及时检修和更换。

⑫自恢复：当系统停机时，能自动产生恢复信号，对外围接口重新初始化，保留历史数据，实现软、硬件自恢复。

2. 远动系统功能

①远动的概念：应用远程通信技术，对远方的运行设备进行监视和控制，以实现远程测量、远程信号、远程控制和远程调节等各项功能。

②远动的任务：将表征电力系统运行状态的各发电厂和变电所的有关实时信息采集到调度控制中心；把调度控制中心的命令发往发电厂和变电所，对设备进行控制和调节。

③“四遥”功能遥测（YC），即远程测量，将采集到的被监控变电站的主要参数传送给调度中心；遥信（YX），即远程信号，将用采集到的被监控变电站设备状态信号传送给调度中心；遥控（YK），即远程命令，从调度中心发出改变运行设备状况的命令；遥调（YT），即远程调节，从调度中心发出命令实现远方调整变电站的运行参数。

④远动系统其他功能：事件顺序记录、时钟同步、自检和自调功能。

3. 微机保护系统功能

主要包括输电线路保护、变压器保护、母线保护、电容器保护、小电流接地系统自动选线、自动重合闸。附加功能：与监控系统通信的功能；远方整定功能；远方投切保护功能；界面显示、存储和打印功能；自动校时功能；自诊断、自闭锁和自恢复功能等。

4. 电压、无功综合控制系统功能

系统通过实时监测变电站的电压和无功功率，自动调整无功补偿设备的运行状态，以保持系统的电压稳定和无功平衡，提高电力系统的运行效率和电能质量。

5. 低频减载功能

在系统频率下降或电力负荷过载时，系统自动启动减载装置，合理分配负荷，减少对系统稳定性的冲击，确保电力系统的安全运行。

6. 备用电源自投功能

系统具备自动切换备用电源功能，在主电源出现故障时，能够迅速切换至备用电源，保障电力供应的连续性和可靠性。

（二）变电站综合自动化系统的基本功能

一是综合自动化系统内部各子系统或各种模块间的数据通信；二是变电站监控系统与控制中心的数据通信。

1. 变电站内的信息传输

①现场一次设备与间隔层间的信息传输：正常情况和事故情况下的电压值和电流值；设备的状态信息和故障诊断信息（包括断路器和隔离开关位置，变压器分接头位置，变压器、互感器、避雷器的诊断信息，以及断路器的操作信息）。

②间隔层之间的信息交换：在一个间隔层内部相关的功能模块间，即继电保护和控制、监视、测量之间的数据交换，包括测量数据、断路器状态、器件的运行状态、同步采样等信息。在不同间隔层之间的信息交换，包括主、后备继电保护工作状态、互锁，相关保护动作闭锁，电压无功综合

控制装置等信息。

③间隔层与变电站层的通信。测量及状态信息：正常及事故情况下的测量值和计算值，主变压器分接头位置、各间隔层运行状态、保护动作信息等。操作信息：断路器和隔离开关的分、合闸命令，主变压器分接头位置的调节，自动装置的投入与退出等。参数信息：微机保护和自动装置的整定值等。

④变电站层的内部通信：变电站层内部不同设备之间的通信，要根据各设备的任务和功能特点，传输所需要的测量信息、状态信息和操作命令等。

2. 综合自动化系统与控制中心的通信

上行信息：变电站向控制中心传送的信息。下行信息：由控制中心向变电站发送的信息。综合自动化系统与控制中心的通信内容："四遥"信息。

3. 变电站自动化系统的通信方案

微机保护、微机监控和其他微机型自控装置间的通信多通过 RS-422/485 通信接口相连。当变电站规模稍大时，多采用现场总线网进行通信，常用的现场总线有 LonWorks 总线和 CAN 总线。变电站监控系统与控制中心的通信方式有电力载波通信、音频电缆通信、微波通信和光纤通信等。

工程训练

思考训练

1. 在电力系统中继电保护的任务是什么？对继电保护的基本要求是什么？

2. 什么是继电保护的接线系数？星形、不完全星形和两相电流差接线方式的接线系数有何不同？什么是继电器的动作电流、返回电流和返回系数？

3. 过电流保护装置的动作电流应如何整定？什么叫三段式电流保护？各段的保护范围和动作时限是如何进行配合的？在小电流接地系统中发生接地故障时，通常采取哪些保护措施？简要说明其基本原理。

4. 变压器常见的故障和不正常运行状态有哪些？应装设哪些保护？变压器差动保护产生不平衡电流的原因是什么？如何减小不平衡电流？

5. 微机保护装置的硬件构成分为几部分？各部分的作用是什么？

6. 变配电所二次回路按用途分为哪几部分？二次接线图有几种形式？各有什么特点？

7. 什么叫操作电源？对操作电源的要求是什么？变电所常用操作电源有哪几种类型？各有什么特点？

8. 断路器的控制回路应满足哪些基本要求？为什么要采用防跳装置？跳跃闭锁继电器如何起到防跳作用？

9. 变电所信号装置按用途可分为哪几种？各有什么作用？

10. 直流系统绝缘监察的目的是什么？交流系统绝缘监察的目的是什么？

11. 什么叫自动重合闸？对自动重合闸的基本要求是什么？自动重合闸与继电保护的配合方式有几种？备用电源自动投入装置的作用是什么？有哪些基本要求？

12. 配电自动化系统（DAS）包括哪些内容？各部分的功能是什么？馈线自动化有哪两种实现方

式？配电图资地理信息系统（AM/FM/GIS）有哪些特点？在配电网中有哪些具体应用？

13. 远程自动抄表系统由哪几部分组成？各部分的作用是什么？

14. 什么是变电站综合自动化？实现变电站综合自动化的优点是什么？

15. 简述变电站综合自动化系统的基本功能。

16. 某 10 kV 电力线路，采用两相两继电器接线的去分流跳闸原理的反时限过流保护，电流互感器变比为 150 A/5 A，线路最大负荷电流为 85 A，线路末端三相短路电流为 1.2 kA，是整定该装置 GL-15 型感应式过电流继电器的动作电流和速断电流倍数。

17. 根据整定计算和某校实际用电情况，重新设计一下某校的供配电系统。

项目三
电力负荷及短路电流的计算

项目名称	电力负荷及短路电流的计算	参考学时	12 学时
项目导入	以工厂供配电电力负荷计算与方案设计展开实施。现代生产和生活离不开电，将电能安全、可靠地输送到千家万户是供配电系统的主要功能。为保障供配电设备的正常运行，满足用户生产、生活对安全用电需要，掌握必要的电力负荷计算及短路电流计算的相关知识。		
学习目标	1. 知识目标 ①了解安全用电技术的基本知识。 ②熟悉供配电系统的防雷。 ③掌握节约用电的技术。 ④掌握电力负荷的计算。 ⑤掌握短路电流的计算。 ⑥掌握供配电系统的运行管理与维护。 2. 能力目标 ①通过某变电站的电力负荷及短路电流的计算，学习需要系数法、标幺值法等常用的计算方法。 ②学习和训练熟练掌握这些方法，并能够将这些方法应用于工程实践，进一步提升 CDIO 工程实践能力。 3. 素质目标 ①养成良好的职业习惯。 ②具有安全用电、节约用电的理念。 ③具有克服困难的信心和决心。 ④具有实事求是的科学态度。 ⑤具有自学和可持续发展的能力		
项目要求	完成某机械制造厂供配电电力负荷计算与方案设计，包括： ①负荷计算和无功功率计算及补偿。 ②短路电流计算。 ③高低压线路导线的选择。 ④变压器的容量、型号及其他元器件的选择		
实施思路	构思（C）：项目构思与任务分解，学习相关知识，制订计划与流程，建议参考学时为 2 学时。 设计（D）：学生分组设计项目方案，建议参考学时为 6 学时。 实现（I）：绘图、元器件安装与布线，建议参考学时为 2 学时。 运作（O）：调试运行与项目评价，建议参考学时为 2 学时		

项目构思

一、项目分析

负荷计算是电力系统运行中的重要组成部分，其结果是要求出：有功计算负荷 P_j（kW）；无功计算负荷 Q_j（kvar），视在计算负荷 S_j（kV · A）；计算电流 I_j（A）。求取计算负荷的目的：其一，向电业部门申请用电；其二，以此作为按正常发热条件选择电气设备、导线及电缆的依据。计算负荷的实质就是工厂或车间的真实负荷在设计时的预算值。工厂或车间投产后，可绘制出负荷曲线，它反映出真实负荷随时间变化的规律。由此曲线可得出半小时平均最大负荷：P_{30}、Q_{30}、S_{30}、I_{30}。从理论上讲，计算负荷应等于半小时平均最大负荷，即 $P_j = P_{30}$，$Q_j = Q_{30}$，$S_j = S_{30}$，$I_j = I_{30}$。若 $P_j \leqslant P_{30}$，电气设备将会过热，加速绝缘老化。甚至烧毁绝缘，造成短路；若 $P_j \geqslant P_{30}$，选择电气设备时，必然选得过大，导线及电缆截面也会偏大。这样，一方面造成有色金属的浪费，设备费用的增大；另一方面，变压器会长期轻载运行，使其技术经济指标下降，即出现“大马拉小车”现象。因此，对电力系统规划和设计，电力系统安全、可靠、经济运行，电力市场交易等多个方面起着重要的作用。在当前节能减排的特殊背景下，电力企业对电力负荷预测的预测精度提出更高的要求。

在供配电技术中，电力负荷的大小是至关重要的，它的正确选择是配电系统各元件的基础，也是保障系统安全可靠运行的重要环节。因此，本项目的首要任务是了解电力负荷与负荷曲线的有关概念、电力负荷计算的方法及短路电流的计算。通过计算结果选择变压器的容量、型号及其他元器件等。

二、相关知识

视 频

电力负荷

（一）电力负荷和负荷曲线的有关概念

电力负荷就是指使用电能的用电设备消耗的电功率。电力负荷包括异步电动机、同步电动机、各类电弧炉、整流装置、电解装置、制冷制热设备、电子仪器和照明设施等。它们分属于工农业、企业、交通运输、科学研究机构、文化娱乐和人民生活等方面的各种电力用户。根据电力用户的不同负荷特征，电力负荷可区分为各种工业负荷、农业负荷、交通运输业负荷和人民生活用电负荷等。

1. 负荷分级及供电要求

我国的电力负荷按照对供电可靠性的要求及中断供电在政治、经济上所造成损失或影响的程度一般可分为三级：一级负荷、二级负荷和三级负荷。

①一级负荷及对供电的要求。一级负荷为中断供电，将造成人身伤亡和重大设备损坏，使生产长期停顿且难以恢复生产，使用重要原料生产的产品大量报废，造成极大的经济损失；或者中断供电将在政治上造成重大影响。例如，重要交通枢纽、重要通信枢纽、重要宾馆、大型体育场馆、经常用于国际活动的大量人员集中的公共场所等用电单位中的重要电力负荷。在一级负荷中，中断供电将发生中毒、爆炸和火灾等情况的负荷，以及特别重要场所的不允许中断供电的负荷，应视为特别重要的负荷。

一级负荷属于重要负荷，应该由两个独立电源供电，当一个电源发生故障时，另一个电源不应同时受到损坏。

②二级负荷及对供电的要求。这类负荷如果停电将造成生产设备局部破坏、生产流程紊乱且恢复较困难、工人窝工、企业内部运输停顿、出现大量废品或大量减产，在经济上造成一定损失，或者在政治上造成较大影响。这类负荷允许短时停电几分钟，例如，交通枢纽、通信枢纽等用电单位中的重要电力负荷。中断供电将造成大型影剧院、大型商场等较多人员集中的重要公共场所秩序混乱。

二级负荷要求由两回路供电，供电变压器也应有两台（这两台变压器不一定在同一变电所）。

③三级负荷及对供电的要求。三级负荷为一般电力负荷，包括所有不属于一级和二级负荷的一般电能用户。

三级负荷对供电无特殊要求。停电后影响不大，可由单一回路供电。

2. 负荷曲线

负荷是随机变化的。用电设备的起动或停止、负荷随工作的变化，完全是随机的，但却显示出某种程度的规律性。例如，某些负荷随季节（冬、夏季）、企业工作制（一班或倒班作业）的不同而出现一定程度的变化。其变化的规律性可用负荷曲线来描述。

（1）几种常见的负荷曲线

负荷曲线就是指在某一段时间内用电设备有功、无功负荷随时间变化的图形，分别构成有功负荷曲线（P）和无功负荷曲线（Q），常用的是有功负荷曲线。每类负荷曲线按时间坐标长短的不同，可分为日负荷曲线、年负荷曲线等，如图 3-1 所示。按描述的负荷范围不同还可区分为用户（变电所）负荷曲线、地区负荷曲线和电力系统、发电厂负荷曲线等。

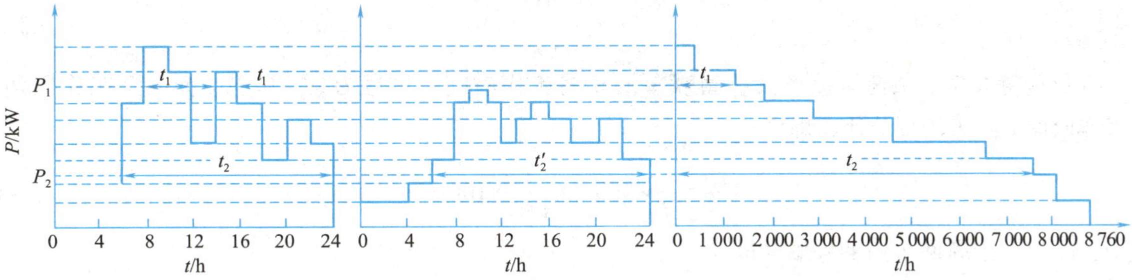

（a）日负荷曲线一　（b）日负荷曲线二　（c）年负荷曲线

图 3-1　负荷曲线

负荷曲线对变电所、发电厂和电力系统的运行有重要意义。它是变电所负荷控制，发电厂安排日发电计划，确定电力系统运行方式和主变压器、发电机组等设备检修计划，以及制订变电所、发电厂扩建新建规划的依据。各类电力用户的最大负荷和最小负荷出现的时刻是不尽相同的。因此，反映在变电所或发电厂日负荷曲线上的最大负荷 P_{max} 总是小于各用户最大负荷之和，而其最小负荷 P_{min} 一般均大于各用户最小负荷之和。通过合理地、有计划地安排用户的用电时间，可减小最大负荷和最小负荷的差值，使负荷曲线图形较为平坦，从而有利于充分利用发电、供电设备（主变压器等）容量，提高系统运行的经济性。

电力负荷取用的功率一般随电力系统运行电压和频率的改变而变化。

当频率f保持额定值不变时，以异步电动机为主的工业负荷取用的有功功率P和无功功率Q，随电压增大而分别呈非线性特性增加；而电压减小时，P、Q分别按非线性特性递减。当负荷的端电压保持不变，而系统频率f在允许范围内变动时，工业负荷取用的有功功率P随频率f的改变按正比例线性变化；其无功功率则随频率f的改变按非线性特性呈反比例变化。上述特性称为负荷的静态特性。

(2) 负荷曲线、负荷计算所用的物理量

①年最大负荷（P_{max}）：全年中负荷最大工作班内消耗电能最大的半小时的平均功率，又称半小时最大负荷P_{30}。

②年最大负荷利用小时（T_{max}）：这是一个假想时间，在此时间内，电力负荷按年最大负荷持续运行所消耗的电能，恰好等于该电力负荷全年实际消耗的电能。年最大负荷利用小时为

$$T_{max}=\frac{W_a}{P_{max}} \tag{3-1}$$

式中，W_a为年实际消耗的电能量。这个参数与工厂的生产班制度有很大关系，例如，一班制T_{max}=1 800~3 600 h；两班制T_{max}=3 500~4 800 h；三班制T_{max}=5 000~7 000 h。

③平均负荷（P_{av}）：就是电力负荷在一定时间内平均消耗的功率。

$$P_{av}=\frac{W_t}{t} \tag{3-2}$$

④负荷系数（K_L）：负荷系数（或称负荷率）是用电负荷的平均负荷与其最大负荷的比值。对于负荷曲线来说，负荷系数表示其平坦程度。一般情况下，总是希望此系数越接近于1越好。对于用电设备来讲，负荷系数也可理解为设备的输出功率与设备的额定容量的比值，即

$$K_L=\frac{P}{P_N} \tag{3-3}$$

⑤负荷持续率。负荷持续率又称暂载率或相对工作时间，符号为ε，其定义为一个工作周期T内工作时间t与T的百分比，即

$$\varepsilon=\frac{t}{T}\times100\%=\frac{t}{t+t_0}\times100\% \tag{3-4}$$

式中，t_0为工作周期T内的停歇时间。

对断续周期工作制的设备（如电焊机、起重机等）来说，其额定容量是对应于一定的负荷持续率的。同一设备，在不同荷持续率下运行时，其输出的功率是不同的。例如，某设备在ε_1下的设备容量为P_1，那么该设备在ε_2下的设备容量P_2为

$$P_2=P_1\sqrt{\frac{\varepsilon_1}{\varepsilon_1}} \tag{3-5}$$

(二) 短路的原因、类型及危害

1. 短路的类型

短路是供电系统中最常见的一种故障。短路故障通常会使得回路中电流大幅度增大，电压急剧下降，从而使系统的正常运行被破坏，电气设备遭到损坏。短路的基本类型有：三相短路$K^{(3)}$、两相短路$K^{(2)}$、单相短路$K^{(1)}$和两相接地短路$K^{(1.1)}$等，如图3-2所示。

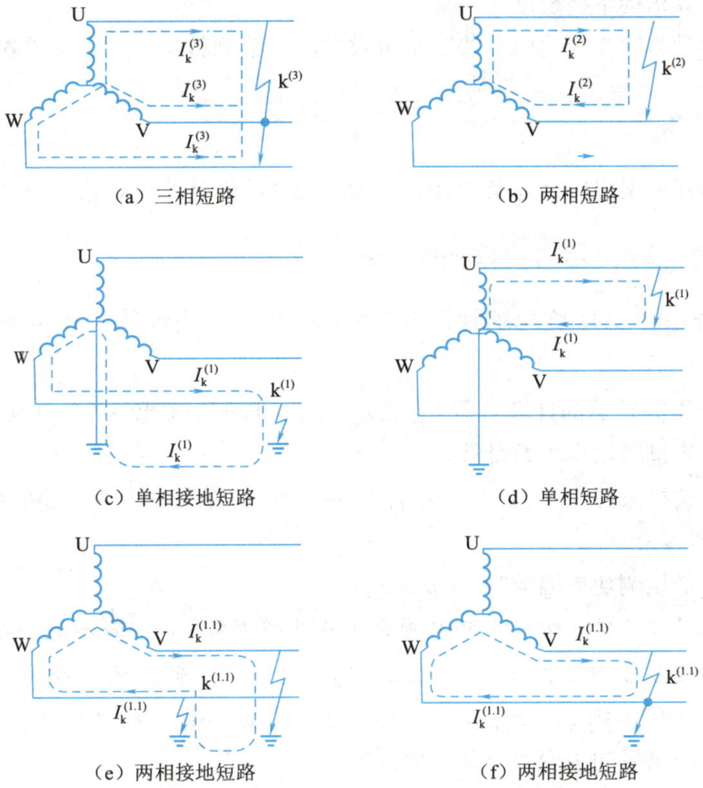

图 3-2　短路的形式（虚线表示短路电流路径）

2. 短路的原因及危害

造成短路的原因一般有：绝缘损坏，如绝缘的自然老化和脏污、过电压、绝缘设备因维护不周或外力损伤所致；误操作，有关操作人员违反安全操作规程导致；动物危害，如鸟、鼠等小动物跨接裸露导线或者咬坏导线电缆的保护等。

短路后，系统中短路电流往往是正常负荷电流的几倍甚至几十倍，达到几十千安甚至几百千安的量级，会使得导体严重发热，并往往伴有电弧，极易引发火灾事故。同时，短路会导致系统电压急剧下降，造成停电事故，影响系统运行的稳定。不对称接地短路故障还会产生较强的交流电磁场，对通信、临近的电子设备产生干扰等。

三、负荷计算设计构思

根据工厂负荷统计资料及供电电源情况确定电力负荷计算方法，采用需要系数法对各个车间进行计算，并将照明和动力部分分开计算，照明部分最后和宿舍区照明一起计算。

教师下发项目工单，布置本项目需要完成的任务及要求，介绍本项目的应用情况，进行项目分析。引导学生完成项目所需准备的知识准备，应查找的资料是电力负荷的计算方法及短路电流的计算。

学生自行小组分工，明确个人项目工作任务，团队成员讨论项目如何进行设计和实施，进行任务分解，学习完成项目所需的知识，查找相关计算数据资料，制订项目设计实施工作计划、制订计算流程，然后进行计算结构审核校准。

项目实施建议教学方法为项目引导法、小组教学法、案例教学法、启发式教学法、实物教学法。

项目设计

本项目要求根据任务书进行企业负荷计算和无功功率补偿计算、短路电流计算。

一、 企业负荷计算和无功功率补偿计算

①依据设计任务书“工厂负荷统计资料”，按需要系数法计算各用电单位的计算负荷 P_{30}、Q_{30}、S_{30}。

②计算全厂（低压侧）总的计算负荷 P_{30}、Q_{30}、S_{30}，取同时系数 $K_{\Sigma P}$取 0.95，$K_{\Sigma Q}$取 0.97。

③补偿前的主变容量和功率因数计算：

• 主变压器容量选择条件为 $S_{NT} \geqslant S_{30}$，参看 S_9 系列和 S_{C9}系列电力变压器的主要技术数据向上选择接近于 S_{30}的变压器容量。

• 补偿前变电所低压侧功率因数为 $\cos\varphi_2 = P_{30}/S_{30}$。

④计算无功功率补偿容量。按规定变电所高压侧功率因数 $\cos\varphi_1$ 应不低于 0.90，考虑到变压器的无功功率损耗，因此在变电所低压侧进行无功功率补偿时，低压侧补偿后的功率因数应略高于 0.90，这里取 $\cos\varphi_2 = 0.93$，则 $Q_C = P_{30}[\tan(\arccos\varphi_1) - \tan(\arccos\varphi_2)]$，计算结果取整数。

⑤计算无功功率补偿后的主变容量和功率因数。

• 无功补偿后低压侧视在计算负荷为

$$S'_{30} = \sqrt{P_{30}^2 + (Q_{30} - Q_C)^2}$$

• 用估算法计算变电所变压器的功率损耗

$$\Delta P_T = 0.015 S'_{30}$$

$$\Delta Q_T = 0.06 S'_{30}$$

• 变电所高压侧计算负荷为

$$P'_{30(1)} = P_{30} + \Delta P_T$$

$$Q'_{30(1)} = (Q_{30} - Q_C) + \Delta Q_T$$

$$S'_{30(1)} = \sqrt{P'^2_{30(1)} + Q'^2_{30(1)}}$$

• 无功补偿后用户高压侧功率因数提高为

$$\cos\varphi'_1 = P'_{30(1)} / S'_{30(1)}$$

这一功率因数应满足电业部门规定的用户高压侧功率因数不低于 0.9 的要求。

• 无功补偿前后主变压器容量的变化。无功补偿后主变压器容量减少为

$$S_{30} - S'_{30(1)}$$

二、 短路电流计算

依据设计任务书中提供的资料和选择的主变台数、容量、联结组别、运行方式画出计算电路图，短路计算电路图如图 3-3 所示。

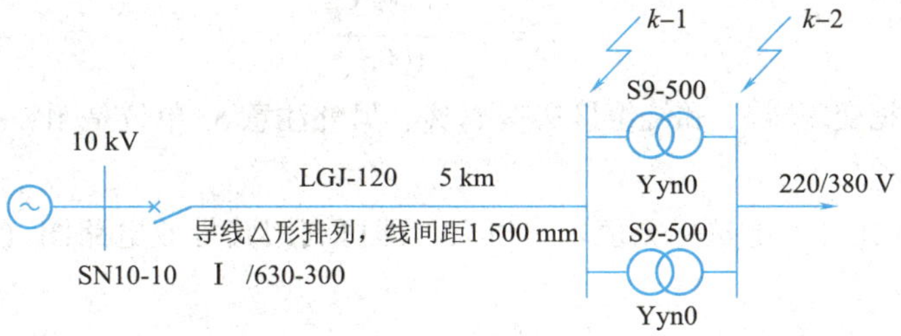

图 3-3　短路计算电路图

确定短路计算点 k-1、k-2，目的是选择电源进线开关和变压器低压出线开关。绘出等效电路图，如图 3-4、图 3-5 所示。

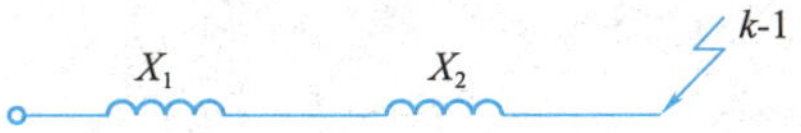

图 3-4　k-1 点的短路等效电路图

图 3-5　k-2 点的短路等效电路图

三、 采用标幺值法计算各元件参数和短路电流值

按标幺制法进行短路计算时，一般是先选定基准容量 S_d 和基准电压 U_d。基准容量，工程设计中通常取 $S_d=100$ MV · A。基准电压，通常取元件所在处的短路计算电压，即取 $U_d=U_c$。选定了基准容量和基准电压以后，基准电流 I_d 则按下式计算：

$$I_d=\frac{S_d}{\sqrt{3}U_d}=\frac{S_d}{\sqrt{3}U_c}$$

基准电抗 X_d 则按下式计算：

$$X_d=\frac{U_d}{\sqrt{3}I_d}=\frac{U_c^2}{S_d}$$

（1） 确定基准值

取 $S_d=100$ MV · A、$U_{c_1}=10.5$ kV、$U_{c_2}=0.4$ kV，则

$$I_{d1}=\frac{S_d}{\sqrt{3}U_{c1}}\quad I_{d2}=\frac{S_d}{\sqrt{3}U_{c2}}$$

（2） 计算短路电路中各主要元件的电抗标幺值

①电力系统的电抗标幺值，由表查得 SN10-10 I /630 型断路器的断流容量 $S_{OC}=300$ MV · A，则

$$X_1^*=\frac{S_d}{S_{oc}}$$

②架空线路的电抗标幺值，查得导线电缆的单位长度电抗 $X_0=0.35$ Ω/km，因此

$$X_2^*=x_0 l\frac{S_d}{U_{c1}^2}$$

③电力变压器的电抗标幺值，由查得 $U_Z\%$，因此

$$X_3^*=X_4^*=\frac{U_z\%S_d}{100S_N}$$

此公式中关键是依据变压器 S_N 和绕组接法查 $U_Z\%$，另外注意 S_d 单位是 MV · A，S_N 单位是 kV · A。应注意相互间单位换算。

短路计算中各主要元件的电抗标幺值求出以后，即可利用其等效电路图（图 3-3 进行电路化简，求出其总电抗标幺值 X_Σ^*。

(3) 求 k-1 点的短路电路总电抗标幺值及三相短路电流和短路容量

①总电抗标幺值为

$$X_{\Sigma(k-1)}^*=X_1^*+X_2^*$$

②三相短路电流周期分量有效值为

$$I_{k-1}^{(3)}=\frac{I_{d1}}{X_{\Sigma(k-1)}^*}$$

③其他三相短路电流为

$$I''^{(3)}=I_\infty^{(3)}=I_{k-1}^{(3)}$$

$$i_{sh}^{(3)}=2.55I''^{(3)}$$

$$I_{sh}^{(3)}=1.51I''^{(3)}$$

④三相短路容量为

$$S_{k-1}^{(3)}=\frac{S_d}{X_{\Sigma(k-1)}^*}$$

(4) 求 k-2 点的短路电路总电抗标幺值及三相短路电流和短路容量

①总电抗标幺值为

$$X_{\Sigma(k-2)}^*=X_1^*+X_2^*+\frac{X_3^*X_4^*}{X_3^*+X_4^*}$$

②三相短路电流周期分量有效值为

$$I_{k-2}^{(3)}=\frac{I_{d2}}{X_{\Sigma(k-2)}^*}$$

③其他三相短路电流为

$$I''^{(3)}=I_\infty^{(3)}=I_{k-2}^{(3)}$$

$$i_{sh}^{(3)}=1.84I''^{(3)}$$

$$I_{sh}^{(3)}=1.09I''^{(3)}$$

④三相短路容量为

$$S_{k-2}^{(3)}=\frac{S_d}{X_{\Sigma(k-2)}^*}$$

四、 电力负荷的计算

供电系统要安全可靠地正常运行，各个元件的选择都必须恰当。除了满足工作电压的要求之外，最重要的就是满足负荷电流的要求，因此对电力负荷的计算是必要的环节。通过统计计算求出的供电系统中各元件的负荷值就是计算负荷。它的合理性至关重要，若结果过大，将造成投资浪费；若计算结果太小，又将造成电路的过负荷运行，增加损耗，导致用电安全隐患甚至出现事故。但是，负荷实际情况复杂，影响因素众多而十分难计算，因此，计算负荷只能力求尽量接近实际值。

1. 需用系数法和二项式系数法确定三相用电设备组计算负荷的方法

目前，对于新建或改建一个工厂时需要进行的电气设计，对其电力负荷计算通常采用需用系数法和二项式系数法。

(1) 需用系数法

视　频

三相用电设备负荷计算需要系数法

对于用电设备很多的变电所及全厂负荷，一般采取需用系数法计算电力负荷。

计算范围内各用电设备额定功率之和 P_e 即设备容量。因为通常不可能很多用电器同时满负荷工作，所以为了描述用电设备的真实负荷和设备额定负荷之间的长期关系，可以通过需用系数 K_d 来计算计算负荷。需用系数是由同时系数 K_Σ 乘以负荷系数 K_L 得来的，即

$$K_d = \frac{K_\Sigma K_L}{\eta_e \eta_{Wl}} \tag{3-6}$$

考虑到设备组电器不可能同时都运行，因此引入同时系数 K_Σ，它是指设备组在最大负荷时运行的设备容量与全部设备容量之比；同样设备组电器不太可能都满负荷工作，因此引入负荷系数 K_L，它是指设备组在最大负荷时输出功率与运行的设备容量之比；η_e 为设备组的平均效率，即设备组在最大负荷时输出功率与取用功率之比，η_{Wl} 为配电线路的平均效率，即配电线路在最大负荷时的末端功率（设备组的取用功率）与首端功率（计算负荷）之比。

$$P_{30} = K_d P_e \tag{3-7}$$

对断续周期工作制的用电设备组，其设备容量应为各设备在不同负荷持续率的铭牌容量换算到一个统一的负荷持续率下的容量之和。断续周期工作制的用电设备常用的有电焊机、起重机和电动机，电焊机组的容量换算要求统一换算到 $\varepsilon = 100\%$，起重机电动机的容量换算要求统一换算到 $\varepsilon = 25\%$。

需用系数法是常用的两种计算负荷的方法之一，也是最常用和简单的方法。K_d 通常可以查表得到（见表 3-1），例如是大范围办公照明，还是电镀车间、电解车间等。

表 3-1　用电设备组的需用系数、二项式系数及功率因数值

用电设备组名称	需要系数 k_d	二项式系数		最大容量设备台数 x①	$\cos\varphi$②	$\tan\varphi$②
		b	c			
小批生产的金属冷加工机床电动机	0.16~0.2	0.14	0.4	5	0.5	1.73
大批生产的金属冷加工机床电动机	0.18~0.25	0.14	0.5	5	0.5	1.73
小批生产的金属热加工机床电动机	0.25~0.3	0.24	0.4	5	0.6	1.33
大批生产的金属热加工机床电动机	0.3~0.35	0.26	0.5	5	0.65	1.17
通风机、水泵、空压机及电动发电机组电动机	0.7~0.8	0.65	0.25		0.8	0.75

续表

用电设备组名称	需要系数 K_d	二项式系数		最大容量设备台数 x①	$\cos\varphi$②	$\tan\varphi$②
		b	c			
非连锁的连续运输机械及铸造车间整砂机械	0.5~0.6	0.4	0.2	5	0.75	0.88
连锁的连续运输机械及铸造车间整砂机械	0.65~0.7	0.6	0.2	5	0.75	0.88
锅炉房和机加、机修、装配等类车间的吊车（$\varepsilon=25\%$）	0.1~0.15	0.06	0.2	—	0.5	1.73
铸造车间的吊车（$\varepsilon=25\%$）	0.15~0.25	0.09	0.2	3	0.5	1.73
自动连续装料的电阻炉设备	0.75~0.8	0.7	0.3	2	0.95	0.33
实验室用的小型电热设备（电阻炉、干燥箱等）	0.7	0.7	0	—	1.0	0
工频感应电炉（未带无功补偿设备）	0.8	—	—	—	0.35	2.68
高频感应电炉（未带无功补偿设备）	0.8	—	—	—	0.6	1.33
电弧熔炉	0.9	—	—	—	0.87	0.57
电焊机、缝焊机	0.35	—	—	—	0.6	1.33
对焊机、铆钉加热机	0.35	—	—	—	0.7	1.02
自动弧焊变压器	0.5	—	—	—	0.4	2.29
单头手动弧焊变压器	0.35	—	—	—	0.35	2.68
多头手动弧焊变压器	0.4	—	—	—	0.35	2.68
单头弧焊电动发电机组	0.35	—	—	—	0.6	1.33
多头弧焊电动发电机组	0.7	—	—	—	0.75	0.88
生产厂房及办公室、阅览室、实验室照明②	0.8~1	—	—	—	1.0	0
变配电所、仓库照明②	0.5~0.7	—	—	—	1.0	0
宿舍（生活区）照明②	0.6~0.8	—	—	—	1.0	0
室外照明、事故照明②	1	—	—	—	1.0	0

①如果用电设备组的设备总台数 $n<2x$ 时，则取 $x=n/2$，且按“四舍五入”的修约规则取其整数。

②这里的 $\cos\varphi$ 和 $\tan\varphi$ 值均为白炽灯照明的数值，若为荧光灯照明，则取 $\cos\varphi=0.9$，$\tan\varphi=0.48$；若为高压汞灯或钠灯，则取 $\cos\varphi=0.5$，$\tan\varphi=1.73$。

【例 3-1】 已知某机械加工车间 380 V 干线路上接有金属切削机床组，其中 7.5 kW 电动机 3 台，4 kW 电动机 8 台，3 kW 电动机 17 台，1.5 kW 电动机 10 台，求其计算负荷。

解：此机床组的总容量为

$$P_e=7.5\ \text{kW}\times3+4\ \text{kW}\times8+3\ \text{kW}\times17+1.5\ \text{kW}\times10=120.5\ \text{kW}$$

查表 3-1 中“小批生产的金属冷加工机床电动机”项，得 $K_d=0.16\sim0.2$（取 0.2），$\cos\varphi=0.5$ 得 $\tan\varphi=1.73$。因而求得

有功计算负荷：$P_{30}=K_dP_e=0.2\times120.5\ \text{kW}=24.1\ \text{kW}$

无功计算负荷：$Q_{30}=P_{30}\times\tan\varphi=24.1\ \text{kW}\times1.73=41.7\ \text{kvar}$

视在计算负荷：$s_{30}=\sqrt{P_{30}^2+Q_{30}^2}=48.2\ \text{kV}\cdot\text{A}$

计算电流：$I_{30}=48.2\ \text{kV}\cdot\text{A}/380\ \text{V}/1.73=73.2\ \text{A}$

(2) 二项式系数法

视 频

三相用电设备负荷计算二项式法

对于设备台数较少且容量差别较大的电力负荷计算采用二项式系数法。计算方法为

$$P_{30}=bP_e+cP_x \tag{3-8}$$

式中，bP_e 为用电设备的平均负荷，其中 P_e 为用电设备组的设备总容量，其计算方法与需要系数法相同；cP_x 为用电设备中 x 台容量最大的设备投入运行时增加的附加负荷，其中 P_x 为 x 台容量最大设备的容量之和；b、c 为二项式系数，二项式系数 b、c 及最大容量设备台数 x 和 $\tan\varphi$，可查表 3-1。

【例 3-2】 试用二项式系数法确定例 3-1 中的计算负荷。

解：查表 3-1 可得 $b=0.14$，$c=0.4$，$x=5$，$\cos\varphi=0.5$，$\tan\varphi=1.73$。

设备总容量为：$P_e=7.5\ \text{kW}\times3+4\ \text{kW}\times8+3\ \text{kW}\times17+1.5\ \text{kW}\times10=120.5\ \text{kW}$

x 台最大容量设备的容量为 $P_x=P_5=7.5\ \text{kW}\times3+4\ \text{kW}\times2=30.5\ \text{kW}$

因此按二项式系数法可得：

有功计算负荷：$P_{30}=bP_e+cP_x=0.14\times120.5\ \text{kW}+0.4\times30.5\ \text{kW}=29.1\ \text{kW}$

无功计算负荷：$Q_{30}=P_{30}\times\tan\varphi=29.1\ \text{kW}\times1.73=50.3\ \text{kvar}$

视在计算负荷：$s_{30}=\sqrt{p_{30}^2+Q_{30}^2}=58.2\ \text{kV}\cdot\text{A}$

计算电流：$I_{30}=58.2\ \text{kV}\cdot\text{A}/380\ \text{V}/1.73=88.4\ \text{A}$

比较上述两个例题的结果，不难发现，按照二项式系数法计算的结果比按照需用系数法计算的结果稍大些，特别是在设备台选择低压分支干线或支线时，按照需用系数法计算的结果往往偏小，为了安全，宜采用二项式系数法计算。

2. 单相用电设备组计算负荷的确定

在生产单位，除了广泛使用三相设备外，还有电灯、电焊、电炉等大量的单相设备。单相设备在三相供电线路中连接时应该尽量均衡分布。由于确定计算负荷安全性的考虑，在接有较多单相设备的三相电路中，只要三相不平衡（实际应用中一般三相都不可能平衡），就以最大负荷相的有功负荷乘以 3（3 倍）进行计算。单相设备组等效三相负荷的计算方法可以归纳为以下三点：

①单相设备接于相电压。等效三相设备容量 P_e 应该按照最大负荷相所接单相设备容量 $P_{e\cdot m\varphi}$ 的 3 倍计算，即 $P_e=3P_{e\cdot m\varphi}$，其等效三相计算负荷则按照前述需用系数法计算。

②单相设备接于线电压。容量为 $P_{e\cdot\varphi}$ 的单相设备接于线电压工作时产生的电流为 $I=P_{e\cdot\varphi}/(U\cos\varphi)$，此电流等于三相设备容量 P_e 产生的电流 $I=P_e/(\sqrt{3}U\cos\varphi)$，因此其等效三相设备容量应该为 $P_e=\sqrt{3}P_{e\cdot\varphi}$。

③单相设备分别接于线电压和相电压。首先将接于线电压的单相设备换算成接于相电压的设备容量，然后分相计算，再运用第一种方法计算等效三相计算负荷。

3. 企业计算负荷的确定

企业计算负荷是企业选择电源进线及主要电气设备（包括主变压器）的基本依据，也是计算功

率因数和无功补偿容量的基本依据。可根据具体情况的不同选用不同的方法。

(1) 按需用系数法确定企业计算负荷

把企业用电设备总容量（不包括备用）乘上一个需用系数 K_d（见表 3-2），即得有功计算负荷。

表 3-2 部分企业需用系数、功率因数及年最大有功负荷利用小时参考值

企业类别	需用系数 K_d	功率因数 $\cos\varphi$	年最大有功负荷利用小时
汽轮机制造厂	0. 38	0. 88	5 000
锅炉制造厂	0. 27	0. 73	4 500
柴油机制造厂	0. 32	0. 74	4 500
重型机械制造厂	0. 35	0. 79	3 700
重型机床制造厂	0. 32	0. 71	3 700
机床制造厂	0. 2	0. 65	3 200
石油机械制造厂	0. 45	0. 78	3 500
量具刃具制造厂	0. 26	0. 60	3 800
工具制造厂	0. 34	0. 65	3 800
电机制造厂	0. 33	0. 65	3 000
电器开关制造厂	0. 35	0. 75	3 400
电线电缆制造厂	0. 35	0. 73	3 500
仪器仪表制造厂	0. 37	0. 81	3 500
滚珠轴承制造厂	0. 28	0. 70	5 800

(2) 按年产量估算企业计算负荷

$$W_a = Aa \tag{3-9}$$

各类企业的单位产品耗电量一般可以根据实测统计资料确定，或查阅有关设计手册确定。求得企业的年耗电量 W_a 后，除以年最大负荷利用小时 T_{max}，就可以求出企业的有功计算负荷。

$$P_{30} = \frac{W_a}{T_{max}} \tag{3-10}$$

(3) 按逐级计算法确定企业计算负荷

所谓逐级计算法即按照企业供配电线路的设计由用电末端逐级向上推至电源进线端，各级计算负荷和各级损耗的总和就是企业的计算负荷。各级损耗主要包括各级的线路损耗和变压器损耗。不过，对于一般的供电系统而言，由于配电线路一般不是很长，在确定其计算负荷时往往不计线路损耗。而变压器的损耗，一般可以近似按下列公式进行计算。

$$\Delta P_T \approx 0.01\ S_{30} \tag{3-11}$$

$$\Delta Q_T \approx 0.05\ S_{30} \tag{3-12}$$

(4) 企业用电功率因数提高后，负荷的计算

《供电营业规则》规定，100 kV · A 及以上高压供电的用户其功率因数应达到 0. 9 以上，其他电力用户的功率因数应达到 0. 85 以上（这里的功率因数即为最大负荷时功率因数），如达不到此标准，必须进行无功补偿，以提高功率因数。

①企业用电的无功补偿。企业用电由于有大量的异步电动机、电焊机、电力变压器等感性设备，

从而使企业的功率因数降低。如果在充分发挥设备潜能、改善运行性能、提高自然功率因数的情况下，仍达不到规定的功率因数要求时，则需采用人工无功功率补偿设备提高功率因数。人工无功功率补偿的方法有多种，企业常用并联电容的方法进行补偿。补偿装置的容量记为 Q_c，一般有

$$Q_{30}=Q_{30}-Q'_{30}=P_{30}(\tan\varphi-\tan\varphi') \tag{3-13}$$

或者

$$Q_c=\Delta q_c P_{30} \tag{3-14}$$

式中，$\Delta q_c=\tan\varphi-\tan\varphi'$，称为无功补偿率，或比补偿容量。它表示要使 1 kW 的有功功率由 $\cos\varphi$ 提高到 $\cos\varphi'$ 所需要的无功补偿容量 kvar 值。并联电容器的无功补偿率，可从有关手册中直接查出。

无功补偿容量确定后，就可以根据单个电容器的容量 q_c 来确定并联电容器的数量，即

$$n=Q_c/q_c \tag{3-15}$$

②无功补偿后的企业计算负荷。企业增加无功功率补偿装置后，总的有功计算负荷 P_{30} 不变，而总的无功计算负荷变为

$$Q'_{30}=Q_{30}-Q_c \tag{3-16}$$

所以，现在总的计算负荷变为

$$S'_{30}=\sqrt{P_{30}^2+(Q_{30}-Q_c)^2} \tag{3-17}$$

由此可见，提高企业的功率因数，既对整个电力系统大有益处，对于企业本身也能节省大量的电费开支，是一个一举两得的改良措施。

下面通过企业计算负荷确定的实例进行说明。

【例 3-3】 某石化涤纶厂变电所的双回路 10 kV 电缆线路给 6 个车间及全厂照明供电。用电设备均为 380 V，各车间负荷大部分是二级负荷。负荷情况及计算负荷的确定见表 3-3。

表 3-3　全厂计算负荷表

车间	设备容量	需用系数 K_d	$\tan\varphi$	最大负荷时 $\cos\varphi$	计算负荷			
					P_{30}/kW	Q_{30}/kvar	S_{30}/kV·A	I_{30}/A
冷冻	449.7	0.49	0.8	0.78	220.43	163.3	282.2	428.8
固聚	533.0	0.68	0.54	0.88	362.4	195.7	411.9	625.8
空压	309.1	0.41	0.43	0.92	126.7	54.5	137.9	209.5
纺丝	410.3	0.45	0.65	0.84	221.6	144.0	264.3	401.6
长丝	886.7	0.65	0.94	0.73	576.4	541.8	779.1	1 202.0
三废	488.8	0.4	0.48	0.9	195.5	93.8	216.8	329.4
照明	110.9	0.36	0.54	0.88	39.9	21.5	45.4	68.8
合计	3 188.5			—	1 733.8	1 227.5	2 124.3	—
合计（K_Σ = 0.8）				—	1 387	982	1 699.4	—
全厂补偿低压电容器总容量				—		-420	—	—
全厂补偿后合计（低压侧）				0.93	1 387	562	1 496.5	—
变压器损耗				—	22.5	89.8	—	—
合计（高压侧）				0.908	1 409.5	651.8	1 552.9	89.66

其中，冷冻车间的计算负荷确定如下：

$$P_{30(1)}=K_dP_e=0.49\times449.7\ \text{kW}=220.4\ \text{kW}$$

$$Q_{30(2)}=P_{30}\tan\varphi=220.4\times0.8\ \text{kvar}=176.3\ \text{kvar}$$

$$S_{30(1)}=\sqrt{P_{30}^2+Q_{30}^2}=\sqrt{220.4^2+176.3^2}=282.2\ \text{kV}\cdot\text{A}$$

$$I_{30(1)}=\frac{S_{30}}{\sqrt{3}U_{2N}}=\frac{282.2}{\sqrt{3}\times0.38}\ \text{A}=428.8\ \text{A}$$

其他车间计算过程相同（此处从略）。

考虑到全厂负荷的同时系数（$K=0.8$）后，工厂的变电所变压器低压侧的计算负荷为

$$P_{30(2)}=K_\Sigma\sum P_{30(i)}=0.8\times1\ 733.8\ \text{kW}=1\ 387\ \text{kW}$$

$$Q_{30(2)}=K_\Sigma\sum Q_{30(i)}=0.8\times1\ 227.5\ \text{kW}=982\ \text{kvar}$$

$$S_{30(2)}=\sqrt{P_{30(2)}^2+Q_{30(2)}^2}=\sqrt{1\ 387^2+982^2}\ \text{kV}\cdot\text{A}=1\ 699.4\ \text{kV}\cdot\text{A}$$

$$\cos\varphi_{(2)}=\frac{P_{30(2)}}{S_{30(2)}}=\frac{1\ 387}{1\ 699.4}=0.82$$

欲将功率因数 $\cos\varphi_{(2)}$ 从 0.82 提高到 0.93，低压侧所需的补偿容量为

$$Q_c=P_{30(2)}(\tan\varphi-\tan\varphi')=P_{30(2)}(\tan\cos^{-1}0.82-\tan\cos^{-1}0.93)$$

$$=1\ 387\times(0.698-0.395)\ \text{kvar}=420\ \text{kvar}$$

补偿后的计算负荷为

$$P'_{30(2)}=1\ 387\ \text{kW}$$

与补偿前相同。

$$Q'_{30(2)}=Q_{30(2)}-Q_c=982-420\ \text{kvar}=562\ \text{kvar}$$

$$S'_{30(2)}=\sqrt{P_{30(2)}^2+Q_{30(2)}^2}=\sqrt{1\ 387^2+562^2}\ \text{kV}\cdot\text{A}=1\ 496.5\ \text{kV}\cdot\text{A}$$

变压器的损耗为

$$\Delta P_T\approx0.015S'_{30(2)}=0.015\times1\ 496.5\ \text{kW}=22.5\ \text{kW}$$

$$\Delta Q_T\approx0.006S'_{30(2)}=0.06\times1\ 496.5=89.8\ \text{kvar}$$

全场高压侧的计算负荷为

$$S'_{30(1)}=\sqrt{(P_{30(2)}+\Delta P_T)^2+(Q'_{30(2)}+\Delta Q_T)^2}$$

$$=\sqrt{(1\ 387+22.5)^2+(562+89.8)^2}\ \text{kV}\cdot\text{A}=1\ 552.9\ \text{kV}\cdot\text{A}$$

$$I'_{30(1)}=\frac{S'_{30(1)}}{\sqrt{3}U_{1N}}=\frac{1\ 552.9}{\sqrt{3}\times10}\ \text{A}=89.6\ \text{A}$$

工厂功率因数为

$$\cos\varphi'_{(1)}=\frac{P'_{30(1)}}{S'_{30(1)}}=\frac{1\ 387+22.5}{1\ 552.9}=0.908$$

视　频

尖峰电流及其计算

五、 尖峰电流及其计算

尖峰电流是指持续时间 1~2 s 的短时最大电流。在电气设备运行中，由于电动机启动、电压波动等各方面因素就会出现 1 s 短时间的尖峰电流。尖峰电流是选择熔断器、低压断路器、整定继电保护装置以及计算电压波动时的重要依据。

1. 单台用电设备尖峰电流的计算

单台用电设备尖峰电流 I_{PK} 就是其启动电流 I_{st}，即

$$I_{PK}=I_{st}=K_{st}I_{N} \tag{3-18}$$

式中，I_N 为用电设备的额定电流；K_{st} 为用电设备的起动电流倍数，笼形异步电动机一般为 5~7，绕线转子异步电动机一般为 2~3，直流电动机为 1.7，电焊变压器为 3 或更大。

2. 多台用电设备尖峰电流的计算

多台用电设备尖峰电流的计算一般按照下列方法进行：

$$I_{PK}=K_{\Sigma}\sum_{i=1}^{n-1}I_{Ni}+I_{stmax} \tag{3-19}$$

或

$$I_{PK}=I_{30}+(I_{st}-I_{N})_{max} \tag{3-20}$$

其中，I_{stmax} 与 $(I_{st}-I_{N})_{max}$ 分别为所有设备中起动电流与额定电流之差为最大的那台设备的启动电流及其启动电流与额定电流之差，$\sum_{i=1}^{n-1}I_{Ni}$ 为除了启动电流与额定电流之差为最大的那台设备之外的其他所有设备的额定电流之和，K_{Σ} 为上述 $n-1$ 台设备的同时系数，按照台数多少选取，一般为 0.7~1，I_{30} 为全部设备投入运行时的计算电流。

在供配电系统实际运行中，不可避免要发生故障。在各种供电故障中，以短路故障最为常见，所以下面讲解短路电流的计算。

视　频

短路电流及其计算

六、 短路电流的计算

（一）无限大容量电力系统供电时短路过程的分析

所谓无限大容量电力系统，是指电力系统中电源总阻抗不超过短路电路总阻抗 10%，或者电力系统的容量超过用户供电系统容量的 50 倍时，该电力系统就可以视为无限大容量电力系统。其特点是：当用户供电系统负荷发生变化甚至出现短路故障时，电力系统的电压能基本维持不变。

一般的工厂供电系统都可以看作无限大容量电力系统，因此对其短路过程的分析具有十分重要的实际意义。下面以三相短路为例来分析其过程。

1. 三相短路过程分析

如图 3-6 所示，一个电源为无限大容量的供电系统发生三相短路的电路图。由于三相短路是对称的，所以此电路可以等效为单相电路来分析。

供电系统正常工作时，电路中的电流取决于电源电压和电路中所有元件的阻抗。短路时，根据欧姆定律，因为阻抗变小，电流要突然增大。但由于电路包含有电感元件，由楞次定律可知，会引发一个暂态过程。然后，短路电流达到一个新的稳定状态。

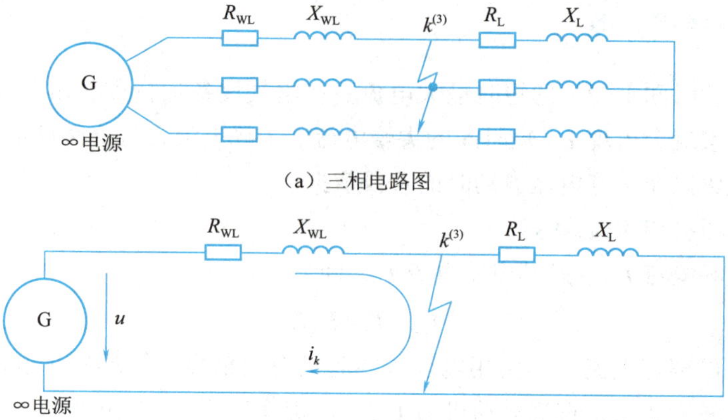

(a) 三相电路图

(b) 等效单相电路图

图 3-6 无限大容量电力系统发生三相短路

短路后电压电流的变动应符合如图 3-7 所示的变化曲线。

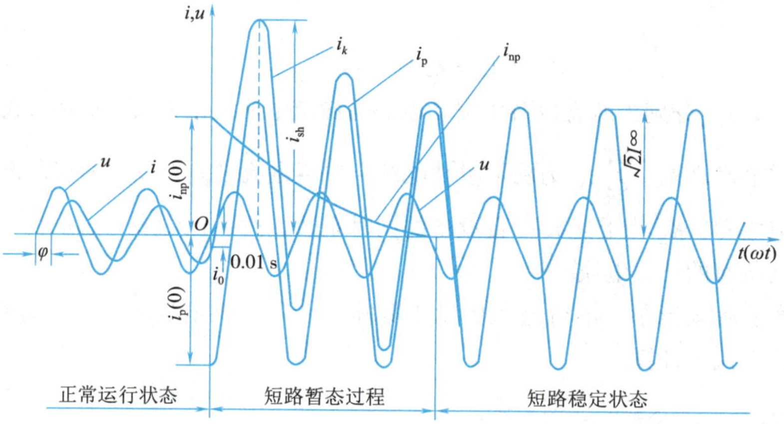

图 3-7 无限大容量系统发生三相短路时的电压、电流变动曲线

2. 三相短路的有关物理量

(1) 短路电流周期分量 i_p

假设在电压 $u=0$ 时发生三相短路，等效单相电路如图 3-6（b）所示。短路电流分量为

$$i_p=I_{k\cdot m}\sin(\omega t-\varphi_k) \tag{3-21}$$

式中，$I_{k\cdot m}$为短路电流周期分量的幅值，φ_k 为短路电路的阻抗角。由于短路电路为无限大容量电力系统，故而又有 $\varphi_k\approx 90°$，短路初瞬间的短路电流周期分量为

$$i_{p(0)}=-I_{k\cdot m}=-\sqrt{2}I'' \tag{3-22}$$

式中，I''为短路后第一个周期的短路电流周期分量的有效值。

(2) 短路电流非周期分量 i_{np}

由于短路电流存在电感，在短路瞬间，产生一个感生电动势阻碍其变化，即为短路电流的非周期分量，与短路电流周期分量反向。

$$i_{np(0)}=\left|i_0-I_{k\cdot m}\right|\approx I_{k\cdot m}=\sqrt{2}I'' \tag{3-23}$$

由于短路电路还存在电阻，故 i_{np} 要按照指数规律衰减。其表达式为

$$i_{np}=i_{np(0)}e^{-\frac{t}{T}}\approx\sqrt{2}I''e^{-\frac{t}{T}} \tag{3-24}$$

式中，T 为短路电流非周期分量衰减时间常数。

(3) 短路全电流 i_k

短路电流周期分量与非周期分量之和即为短路全电流。其有效值为：

$$I_{k(t)}=\sqrt{t_{p(t)}^2+i_{np(t)}^2} \tag{3-25}$$

式中，$I_{p(t)}$ 是时间 t 为中点的一个周期内 i_p 的有效值。

(4) 短路冲击电流 i_{sh}

短路冲击电流为短路全电流中的最大瞬时值。高压电路发生三相短路时，一般可以取 $i_{sh}=1.51I''$，在 1 000 kV · A 以下的电力变压器二次侧和低压电路中，一般可取 $I_{sh}=1.09I''$。

(5) 短路稳态电流 i_∞

短路稳态电流是短路电流非周期分量衰减完毕后的短路全电流，用 i_∞ 表示。在无限大容量电力系统中，一般有 $I''=I_\infty=I_k$。

(二) 三相短路电流的计算

三相短路电流的计算常用欧姆法和标幺值法。其中，欧姆法是最基本的短路计算方法，适用于电压等级小于等于 2 的供电系统；标幺值法适用于电压等级大于 2 的供电系统。

1. 欧姆法

(1) 短路计算公式

欧姆法又称单位制法，因其计算过程中阻抗都采用单位“欧姆”而得名。对于无限大容量系统，三相短路电流周期分量计算式为

$$I_k^{(3)}=\frac{U_c}{\sqrt{3}\,|Z_\Sigma|}=\frac{U_c}{\sqrt{3}\sqrt{R_\Sigma^2+X_\Sigma^2}} \tag{3-26}$$

式中，$|Z_\Sigma|$、R_Σ 和 X_Σ 分别为短路电路的总阻抗、总电阻和总电抗值；U_c 为短路点的短路计算电压，一般取为比线路额定电压 U_N 高 5%。按照我国电压标准，U_c 值为 0.4 kV、0.69 kV、3.15 kV、6.3 kV、10.5 kV、37 kV、69 kV、115 kV、230 kV 等。

在高压电路短路计算中，由于总电抗一般总要远大于总电阻，所以一般只计算电抗而忽略电阻。若忽略电阻，则短路电流的周期分量有效值为

$$I_k^{(3)}=\frac{U_c}{\sqrt{3}X_\Sigma} \tag{3-27}$$

三相短路容量为

$$S_k^{(3)}=\sqrt{3}U_cI_k^{(3)} \tag{3-28}$$

(2) 供配电系统的阻抗计算

电力系统的电阻相对于电抗很小，可以不予考虑。可以用下式计算

$$X_S=\frac{U_c^2}{S_{oc}} \tag{3-29}$$

式中，U_c 为短路点的短路计算电压，S_{oc} 为系统出口断路器的断流容量。

(3) 电力变压器的阻抗计算

变压器的阻抗计算分为变压器的电阻 R_T 和变压器的电抗 X_T 两部分：

变压器的电阻 R_T 可由短路损耗 ΔP_k 近似求得，即

$$R_T \approx \Delta P_k \left(\frac{U_c}{S_N}\right)^2 \tag{3-30}$$

变压器的电抗 X_T 可由短路电压 $U_k\%$ 近似求得，即

$$X_T \approx \frac{U_k\%}{100} \cdot \frac{U_c^2}{S_N} \tag{3-31}$$

式中，短路损耗 ΔP_k 和短路电压百分数 $U_k\%$ 均可从有关手册和产品样本中查得。

(4) 电力线路的阻抗计算

线路的阻抗计算分为线路的电阻 R_{WL} 和线路的电抗 X_{WL} 两部分。

线路的电阻 R_{WL} 可由线路的长度 L 和已知导线或电缆的单位长度电阻 R_0 求得，即

$$R_{WL} = R_0 L \tag{3-32}$$

线路的电抗 X_{WL} 可由线路的长度 L 和已知导线或电缆的单位长度电抗 X_0 求得

$$X_{WL} = X_0 L \tag{3-33}$$

位长度电阻 R_0 和单位长度电抗 X_0 可以查阅相关手册得到。一般电力线路每相的单位长度电抗平均值可以参考表 3-4。

表 3-4 电力线路每相的单位长度电抗平均值 （单位：Ω/km）

线路结构	线路电压		
	35 kV 及以上	6~10 kV	220/380 V
架空线路	0.40	0.35	0.32
电缆线路	0.12	0.08	0.066

(5) 欧姆法计算短路电流的注意事项

在计算电路阻抗时，若电路含有变压器，则各元件阻抗应换算到短路点的短路计算电压，换算公式为

$$R' = R\left(\frac{U_c'}{U_c}\right)^2 \tag{3-34}$$

$$X' = X\left(\frac{U_c'}{U_c}\right)^2 \tag{3-35}$$

2. 标幺值法

标幺值法是指其短路计算中的有关物理量是采用标幺值的计算方法。

(1) 标幺值

任一物理量的标幺值是其实际值与所选定的基准值的比值。

$$A_d^* = \frac{A}{A_d} \tag{3-36}$$

(2) 电抗标幺值的计算

基准容量（可以任意选取，一般取 100 MV · A）为

$$S_d = 100\ \text{MV}\cdot\text{A}$$

基准电压（通常取短路计算电压）为

$$U_d = U_c \tag{3-37}$$

基准电流为

$$I_d = \frac{S_d}{\sqrt{3}U_d} = \frac{S_d}{\sqrt{3}U_c} \tag{3-38}$$

基准电抗为

$$X_d = \frac{U_d}{\sqrt{3}I_d} = \frac{U_c^2}{S_d} \tag{3-39}$$

电力系统电抗标幺值为

$$X_s^* = \frac{X_s}{X_d} = \frac{U_c^2/S_{oc}}{U_c^2/S_d} = \frac{S_d}{S_{oc}} \tag{3-40}$$

电力变压器电抗标幺值为

$$X_T^* = \frac{X_T}{X_d} = \frac{U_k\%}{100}\cdot\frac{U_c^2}{S_N}\Big/\frac{U_c^2}{S_d} = \frac{U_k\% S_d}{100\ S_N} \tag{3-41}$$

电力线路电抗标幺值为

$$X_{WL}^* = \frac{X_{WL}}{X_d} = \frac{X_0 l}{U_c^2/S_d} = X_0 l\cdot\frac{S_d}{U_c^2} \tag{3-42}$$

(3) 标幺值法短路计算公式

$$I_k^{(3)*} = \frac{I_k^{(3)}}{I_d} = \frac{U_c/\sqrt{3}X_\Sigma}{S_d/\sqrt{3}U_c} = \frac{U_c^2}{S_d X_\Sigma} = \frac{1}{X_\Sigma^*} \tag{3-43}$$

$$I_k^{(3)} = I_k^{(3)*} I_d = \frac{I_d}{X_\Sigma^*} \tag{3-44}$$

根据 $I_k^{(3)}$ 可以计算出其他短路电流。

三相短路容量则可以由

$$S_d^{(3)} = \sqrt{3}I_k^{(3)}U_c = \frac{\sqrt{3}I_d U_c}{X_\Sigma^*} = \frac{S_d}{X_\Sigma^*} \tag{3-45}$$

求得。

(三) 两相短路电流的计算

在无限大容量系统中发生两相短路时，其短路电流周期分量有效值（简称两相短路电流）可以用下式计算求得

$$I_k^{(2)} = \frac{U_c}{2|Z_\Sigma|} \tag{3-46}$$

式中，U_c 为短路点的短路计算电压，也就是电源的线电压。

两相短路电流和三相短路电流应该满足如下关系：

$$I_k^{(2)}/I_k^{(3)}=\sqrt{3}/2=0.866 \tag{3-47}$$

因此，对于两相短路电流的计算，实际上也可以在短路点求出三相短路电流后再运用上式进行计算。

（四）单相短路电流的计算

在大接地电流的电力系统或三相四线制低压配电系统中发生单相短路时，其短路电流根据对称分量法可以用下式计算求得：

$$\dot{I}_k^{(1)}=\frac{3\dot{U}_\varphi}{Z_{1\Sigma}+Z_{2\Sigma}+Z_{0\Sigma}} \tag{3-48}$$

式中，$\dot{U}_\varphi$为电源相电压；$Z_{1\Sigma}$、$Z_{2\Sigma}$、$Z_{0\Sigma}$为单相短路回路的正序、负序、零序阻抗。

在工程设计中，也可以用下式简单计算：

$$\dot{I}_k^{(1)}=\frac{\dot{U}_\varphi}{|Z_{\varphi-0}|} \tag{3-49}$$

式中$|Z_{\varphi-0}|$为单项短路回路的阻抗。

$$|Z_{\varphi-0}|=\sqrt{(R_T+R_{\varphi-0})^2+(X_T+X_{\varphi-0})^2} \tag{3-50}$$

式中，R_T、X_T分别为变压器单相的等效电阻和阻抗；$R_{\varphi-0}$、$X_{\varphi-0}$分别为相线与N线或PEN线的回路的电阻和阻抗，包括回路中低压断路器过电流线圈的阻抗、开关触点的接触电阻及电流互感器一次绕组的阻抗等。

综上所述，在无限大容量系统中，两相短路电流和单相电路电流均比三相短路电流小，电气设备的选择与校验应采用三相短路电流，相间短路保护及灵敏度校验应采用两相短路电流，单相短路电流主要用于单相短路保护的整定热稳定的校验。

（五）短路电流的效应与设备短路稳定度的校验

供电系统中发生短路时，电流是相当大的。如此大的电流通过电气设备和导体，一是要产生很大的电动力，即电动效应；另外则要产生很高的温度，即热效应。要使电路元件能承受这两种效应的作用，就必须具有足够的稳定度。

1. 短路电流的电动效应

处于两平行位置的导线通过电流时，会彼此产生电磁作用力，即电动力。当短路发生时，突然增加的短路电流，特别是短路冲击电流将在相邻导体间产生很大的电动力并造成破坏，所似电路元件需要具备足够的动稳定度。

（1）短路时的最大电动力

空气中的两平行导体分别通过电流I_1、I_2（单位为A）时，两导体间的电动力（单位：N）为

$$F=\mu_0 i_1 i_2\frac{1}{2\pi a}=2i_1 i_2\frac{l}{a}\times10^{-7} \tag{3-51}$$

式中，a为两导体的轴线间距离；l为导体的两个相邻支持点间的距离，即挡距（跨距）；μ_0为真空和空气中的磁导率，$\mu_0=4\pi\times10^{-7}$ N/A^2。

如果无限大容量系统发生两相短路，根据电工学理论可知两相短路冲击电流$i_{sh}^{(2)}$产生的电动力（单位：N）为

$$F^{(2)}=2[i_{sh}^{(2)}]^2\cdot\frac{l}{a}\times10^{-7}\ \text{N/A}^2 \tag{3-52}$$

如果发生三相短路，则三相短路冲击电流 $i_{sh}^{(3)}$ 产生的电动力（单位：N）为

$$F^{(3)}=\sqrt{3}[i_{sh}^{(3)}]^2\cdot\frac{l}{a}\times10^{-7}\ \text{N/A}^2 \tag{3-53}$$

因为 $i_{sh}^{(3)}/i_{sh}^{(2)}=2/\sqrt{3}$，所以

$$F^{(3)}/F^{(2)}=2/\sqrt{3}=1.15 \tag{3-54}$$

由此可知，无限大容量系统发生三相短路时，中间相导体所受到的电动力比两相短路时导体所受到的电动力大，一般采用三相短路冲击电流 $i_{sh}^{(3)}$ 校验电器的动稳定度。

（2）短路动稳定度的校验

①一般电器的动稳定度校验条件：

$$i_{max}\geqslant i_{sh}^{(3)} \tag{3-55}$$

或

$$I_{max}\geqslant I_{sh}^{(3)} \tag{3-56}$$

式中，i_{max} 和 I_{max} 分别为电器的极限通过电流（动稳定电流）的峰值和有效值，可查有关手册或产品样本。

②绝缘子的动稳定度校验条件：

$$F_{al}\geqslant F_c^{(3)} \tag{3-57}$$

式中，F_{al} 为绝缘子的最大允许载荷，可查有关手册或产品样本。如果手册或产品样本给出的是绝缘子的抗弯破坏载荷值，将其值乘以 0.6 作为 F_{al} 值；$F_c^{(3)}$ 为三相短路时作用于绝缘子上的计算应力；如果母线在绝缘子上平放，如图 3-8（a）所示，则 $F_c^{(3)}=F^{(3)}$［按式（3-51）计算］；如果母线为竖放，则 $F_c^{(3)}=1.4F^{(3)}$。

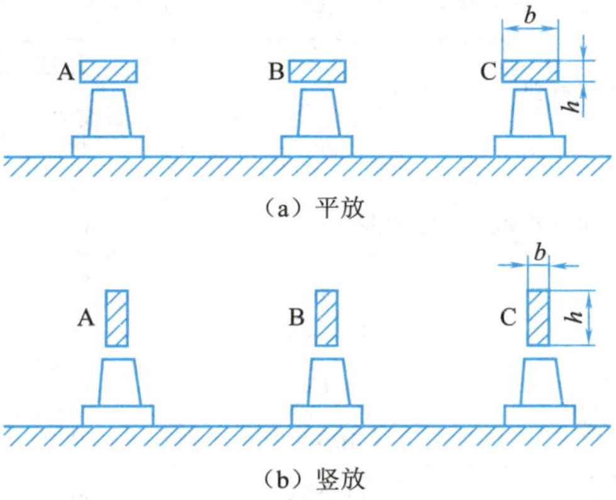

图 3-8　水平排列的母线

③硬母线的动稳定度校验条件：

$$\sigma_{al}\geqslant\sigma_c \tag{3-58}$$

式中，σ_{al} 为母线材料的最大允许应力，σ_c 为母线通过 $i_{sh}^{(3)}$ 时所受到的最大计算应力，即

$$\sigma_c = \frac{M}{W} \tag{3-59}$$

式中，M 为母线通过 $i_{sh}^{(3)}$ 时所受到的弯曲力矩，当母线挡数为 1～2 时，$M=F^{(3)}l/8$；当母线挡数大于 2 时，$M=F^{(3)}l/10$；l 为母线的挡距；W 为母线的截面系数；当母线水平放置时，$W=b^2h/6$，b 为母线截面水平宽度，h 为母线截面的垂直高度。

电缆的机械强度很高，一般无须进行动稳定度的校验。

2. 短路电流的热效应

当导体通过正常的工作电流时，导体内产生的热量与导体向周围空间散发的热量达到平衡状态，这种平衡使导体维持在一定的温度值。当线路发生短路时，短路电流将使导体温度迅速升高。同时，由于电路保护装置的作用，短路电流的作用时间一般很短，通常在 2～3 s。因此，短路过程中可以不考虑导体的散热而近似地认为短路电流产生的热全部用来使导体升温。

（1）短路时导体的发热过程和发热计算

图 3-9 所示曲线为短路前后导体的温度变化情况。短路前，导体正常工作的温度为 θ_L。电路在 t_1 时刻发生短路，导体温度迅速升高（指数规律），t_2 时刻电路保护作用切断电路，导体温度达到 θ_k。从这时起，导体不再产生热量，而是按指数规律向周围散热，直到导体温度等于周围环境温度 θ_0 为止。

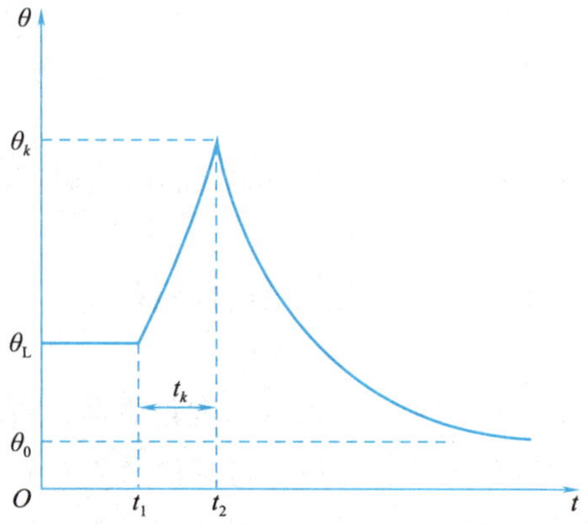

图 3-9 短路前后导体的温度变化情况

依据导体的允许发热条件，导体在正常负荷和短路时最高允许温度及热稳定系数见表 3-5。如果导体和电器在短路时的发热温度不超过允许值，则认为导体和电器满足短路热稳定度要求。

表 3-5 导体在正常负荷和短路时最高允许温度及热稳定系数

导体种类和材料			最高允许温度/℃		热稳定系数 C
			正常 θ_0	短路 θ_k	
母线	铜		70	300	171
	铜（接触面有锡层时）		65	200	164
	铝		70	200	87
油浸纸绝缘电缆	铜芯	1～3 kV	80	250	148
		6 kV	65	220	145
		10 kV	60	220	148
	铝芯	1～3 kV	80	200	84
		6 kV	65	200	90
		10 kV	60	200	92
橡皮绝缘导线和电缆		铜芯	65	150	112
		铝芯	65	150	74

续表

导体种类和材料		最高允许温度/℃		热稳定系数 C
		正常 θ_0	短路 θ_k	
聚氯乙烯绝缘导线和电缆	铜芯	65	130	100
	铝芯	65	130	65
交联聚乙烯绝缘电缆	铜芯	80	230	140
	铝芯	80	200	84
有中间接头的电缆（不包括聚氯乙烯绝缘电缆）	铜芯		150	
	铝芯		150	

短路全电流 i_k 在导体中产生的热量 Q_k 的计算一般可以用恒定的短路稳态电流 I_∞ 来等效计算求得。因此需要假定一个时间，在此时间内 I_∞ 产生的热量恰好与实际短路电流在实际短路时间 t_k 内产生的热量相等。这一假定的时间称为短路发热的假想时间，也称为短路热效时间，用 t_{ima} 表示，如图 3-10 所示。

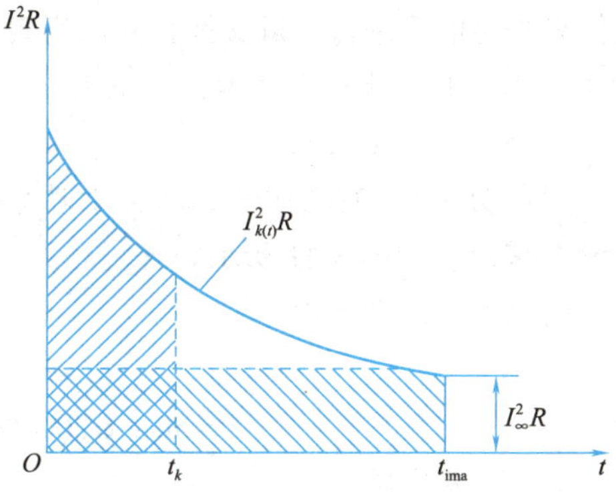

图 3-10　短路发热假想时间

短路发热假想时间可以近似地用式（3-58）计算

$$t_{ima}=t_k+0.05\left(\frac{I''}{I_\infty}\right)^2\ \text{s} \tag{3-60}$$

在无限大系统中发生短路时，因为有 $I''=I_\infty$ 所以又有

$$t_{ima}=t_k+0.05\ \text{s} \tag{3-61}$$

当 t_k>1 s 时，可以认为 $t_{ima}=t_k$。t_k 为短路保护装置实际最长的动作时间 t_{op} 与断路器的断路时间 t_{oc} 之和，记作

$$t_k=t_{op}+t_{oc} \tag{3-62}$$

对于一般高压油断路器，可取 $t_{oc}=0.2$ s；对于高速断路器，如真空断路器等，可取 $t_{oc}=0.1\sim0.15$ s。

实际短路电流通过导体在短路时间内产生的热量为

$$Q_k=\int_0^{t_k}I^2_{k(t)}R\mathrm{d}t=i^2_\infty Rt_{ima} \tag{3-63}$$

（2）短路热稳定度的校验

①一般电器的热稳定度校验条件为

$$I_t^2t\geqslant I_\infty^{(3)2}t_{ima} \tag{3-64}$$

式中，I_t 为电器的热稳定电流；t 为电器的热稳定试验时间，可由有关手册或产品样本查得。

②母线及绝缘导线和电缆等导体的热稳定度校验条件

$$\theta_{k.\max}\geqslant\theta_k \tag{3-65}$$

式中，$\theta_{k.\max}$ 为短路时的最高允许温度。但是，由于 θ_k 计算比较麻烦，工程上一般根据短路的热稳定度要求来确定其最小允许截面积 A_{min}（单位：mm^2）。

$$A_{min}=I_\infty^{(3)}\frac{\sqrt{t_{ima}}}{C} \tag{3-66}$$

式中，C 为导体热稳定系数，可由表 3-5 查得。

视 频

功率因数及补偿方法

七、 功率因数与节约电能技术

1. 供电系统功率因数知识

(1) 交流电路中的电功率

①有功功率：在具有电阻和电抗的交流电路中，是指在电路中电阻部分所消耗的功率（即电路实际消耗的功率），以字母 P 表示，单位千瓦（kW）。

②视在功率：在具有电阻和电抗的交流电路中，电压与电流的乘积叫作视在功率，用字母 S 来表示，单位千伏安（kV · A）。

③无功功率：在具有电感和电容的交流电路里，这些储能元件在半周期的时间里把电源能量变成磁场（或电场）的能量存起来，在另半周期的时间里对已存的磁场（或电场）能量送还给电源。它们只是与电源进行能量交换，并没有真正消耗能量。通常把与电源交换能量的速率的振幅值叫作无功功率，用字母 Q 来表示，单位千乏（kvar）。

三个功率的关系如下：

视在功率 S、有功功率 P 和无功功率 Q 三者在数值上的关系可由“功率三角形”表示，如图 3-11 所示。

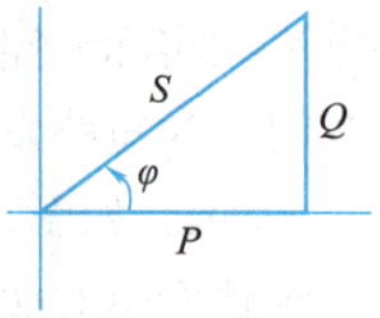

图 3-11 功率三角形关系图

由功率三角形可得

$$S^2=P^2+Q^2$$

$$P=S\cos\varphi, Q=S\sin\varphi=P\tan\varphi$$

对于三相电路

$$P=\sqrt{3}UI\cos\varphi$$

$$Q=\sqrt{3}UI\sin\varphi$$

$$s=\sqrt{3}UI=\sqrt{P^2+Q^2}$$

(2) 功率因数

在交流电路里，有功功率总是小于视在功率，有功功率与视在功率之比叫作功率因数，以 $\cos\varphi$ 表示 。

企业的功率因数，是反映有功功率在一定条件下含有无功功率多少的一个指标，若取用的无功功率越多，则功率因数就越低。因此，功率因数是衡量企业供电系统经济运行的一个重要指标。功率因数过低将对供电系统有如下影响：

①使电力系统内的电气设备容量得不到充分利用。

②增加供电设备的电能损耗。

③增加电网的电压损失。

(3) 功率因数的计算

企业的功率因数有以下几种。

①瞬时功率因数：由功率因素表（相位表）直接读出，或由功率表、电流表和电压表的读数按照下列公式求出。

$$\cos\varphi=\frac{P}{\sqrt{3}UI} \tag{3-67}$$

式中，P 为功率表测出的三相功率读数（单位：kW）；U 为电压表测出的线电压的读数（单位：kV）；I 为电流表测出的线电流读数（单位：A）。

瞬时功率因数值代表工厂或设备在生产过程中某一瞬时无功功率的变化情况。

②平均功率因数：指某一规定的时间内，功率因数的平均值，也称均权功率因素。计算公式如下：

$$\cos\varphi=\frac{W_p}{\sqrt{W_P^2+W_Q^2}}=\frac{1}{\sqrt{1+\left(\frac{W_q}{W_p}\right)^2}} \tag{3-68}$$

式中，W_p 为某一时间内消耗的有功电能（可由有功电能表读出）（单位：kWh）；W_Q 为某一时间内消耗的无功电能（可由无功电能表读出）（单位：kvarh）。

我国的电力部门每月向工业用户收取电费，就规定电费要按照月平均功率因数的高低来调整，如果功率因数过低，则要求采取无功补偿，来提高功率因数。

③最大负荷时的功率因数：指在年最大负荷（计算负荷）时的功率因数。计算公式为

$$\cos\varphi=\frac{P_{30}}{S_{30}}=\frac{P_{30}}{\sqrt{P_{30}^2+Q_{30}^2}} \tag{3-69}$$

式中，P_{30}为整个企业的有功计算负荷（单位：kW）；Q_{30}为整个企业的无功计算负荷（单位：kvar）；S_{30}为整个企业的视在计算负荷（单位：kV·A）。

功率因数是供配电的一项重要经济指标，《全国供用电规则》明确规定：功率因数低于0.7，电力局坚决不予供电，对高压供电的工厂，最大负荷时的功率因数不得低于0.9。如果达不到这个要求，则采用人工补偿措施。而供电设计考虑无功功率补偿时，就是按照最大负荷时的功率因数来计算的。

2. 提高功率因数的方法

提高功率因数就是要提高电力系统的有功功率，其方法有许多种，在供配电系统中一般可分为两类：一类为提高自然功率因数；另一类为人工补偿无功功率。

（1）提高自然功率因数

不添置任何补偿设备，采取措施减少供配电系统中无功功率的需要量，称为提高自然功率因数。

工业企业中提高自然功率因素的方法主要有：

①合理选择电动机的规格、型号。

②防止电动机空载运行。

③保证电动机的检修质量。

④合理选择变压器的容量。

⑤交流接触器的节电运行。

（2）人工补偿无功功率，提高功率因数

我国电力设计规程规定：对高压供电的工厂，平均功率因数的标准为0.9。对低压供电的工厂，平均功率因数的标准为0.85。如果达不到这个要求，则采用人工补偿措施。提高功率因数的人工补偿装置有多种：并联电容器人工补偿、同步电动机补偿、动态无功功率补偿。企业经常采用并联电容器人工补偿的措施来提高功率因数。

在一般情况下，工业企业生产中所需的大量动力负荷都是感性负荷，如异步电动机、电焊机和电弧炉。这些负荷消耗无功功率，使工厂的功率因数偏低，往往达不到《全国供用电规则》所要求的功率因数值，因此，需要采取人工补偿措施来提高功率因数。

图 3-12 所示为功率因数提高与无功功率和视在功率变化的关系。假设功率因数由原来的 $\cos\varphi$ 提高到 $\cos\varphi_1$，这时在负荷所需的有功功率 P_{30}不变的情况下，使无功功率 Q_{30}和视在功率 S_{30}相应减小，从而使负荷电流 I_{30}也相应减小。

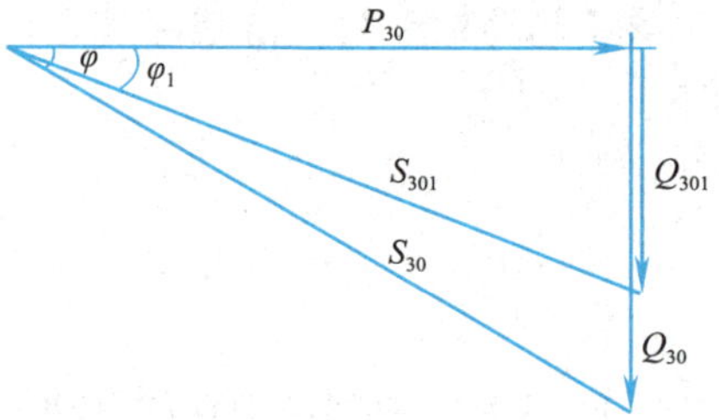

图 3-12 功率因素提高与无功功率和视在功率变化的关系

这样就降低了电力系统的电能损耗和电压损耗，既节约了电能，又提高了电压质量，而且还可以选用较小的导线或电缆截面，节约有色金属和降低投资。所以，提高功率因数对整个电力系统是有益的，也是节约电能应用的一项举措。

节约电能对发展国民经济具有重要意义，努力创造高效、节能、绿色、环保的用电环境是我们共同的责任和义务，节约用电可以通过管理节电、结构节电和技术节电三种方式。管理节电是通过改善和加强用电管理和考核工作，来挖掘潜力减少消费的节电方式；结构节电是通过调整产业结构、工业结构和产品结构来达到节电的方式；技术节电则是通过设备更新、工艺改革、采取先进技术达到节电的方式。

要使电力用户的功率因数由 $\cos\varphi$ 提高到 $\cos\varphi_1$，必须装设人工补偿设备，通常是装设并联电容器。并联电容器的容量可以用下列公式确定：

$$Q_C = Q_{30} - Q_{301} = P_{30}(\tan\varphi - \tan\varphi_1) \qquad (3\text{-}70)$$

或者

$$Q_C = \Delta Q_C P_{30}$$

式中，P_{30}为最大有功计算负荷（单位：kW）$Q_C = \tan\varphi - \tan\varphi_1$ 是无功补偿率或比补偿容量（单位为 kvar）；$\tan\varphi$ 为补偿前用电设备自然功率因数的正切值；$\tan\varphi_1$ 为补偿后用电设备功率因数的正切值，一般按 $\cos\varphi_1$ 不小于 0.9 考虑。

上述无功功率表示，要使 1 kW 的有功功率由自然功率因数 $\cos\varphi$ 提高到 $\cos\varphi_1$ 所需要的无功补偿量 kvar 值，并联电容器的无功补偿率，可以根据补偿前后的功率因数，从有关手册中直接查出，见表 3-6。

表 3-6 并联电容器的无功补偿率（kvar/kW）

补偿前 cos φ	补偿后 cos φ							
	0. 80	0. 82	0. 85	0. 88	0. 90	0. 92	0. 94	0. 95
0. 5	0. 982	1. 034	1. 112	1. 192	1. 243	1. 036	1. 369	1. 404
0. 55	0. 769	0. 821	0. 899	0. 979	1. 035	1. 093	1. 156	1. 191
0. 60	0. 584	0. 636	0. 714	0. 794	0. 850	0. 908	0. 971	1. 006
0. 65	0. 419	0. 471	0. 549	0. 629	0. 685	0. 743	0. 806	0. 841
0. 68	0. 328	0. 380	0. 458	0. 538	0. 594	0. 652	0. 715	0. 750
0. 70	0. 271	0. 323	0. 401	0. 481	0. 537	0. 595	0. 658	0. 693

续表

补偿前 cos φ	补偿后 cos φ							
	0.80	0.82	0.85	0.88	0.90	0.92	0.94	0.95
0.72	0.214	0.266	0.344	0.424	0.480	0.538	0.601	0.636
0.75	0.132	0.184	0.262	0.342	0.398	0.456	0.519	0.554
0.78	0.052	0.104	0.182	0.262	0.318	0.376	0.439	0.474
0.80		0.052	0.130	0.210	0.266	0.324	0.387	0.422
0.81		0.026	0.104	0.840	0.240	0.298	0.361	0.396
0.82			0.078	0.158	0.214	0.272	0.335	0.370
0.85				0.080	0.136	0.194	0.257	0.292

在确定了总的补偿容量后，就可根据所选并联电容器的单个容量 q_C 来确定并联电容器的个数，即

$$n=Q_C/q_C \tag{3-71}$$

由上式计算的电容器个数 n，对三相电容器应取相近偏大值。若为单相电容器，则应取 3 的整数倍，以便三项均衡分配。常用的 BW 系列并联电容器的主要技术数也可从有关手册中直接查出，见表 3-7。

表 3-7　BW 系列并联电容器的主要技术数据

型　号	额定容量/kvar	额定电容/μF	型　号	额定容量/kvar	额定电容/μF
BW0.4-12-1	12	240	BW6.3-40-1W	40	3.2
BW0.4-12-3	12	240	BW6.3-50-1W	50	4.0
BW0.4-13-1	13	259	BW6.3-100-1W	100	8.0
BW0.4-13-3	13	259	BW10.5-12-1W	12	0.35
BW0.4-14-1	14	280	BW10.5-16-1W	16	0.46
BW0.4-14-3	14	280	BW10.5-22-1W	22	0.64
BW6.3-12-11T	12	0.96	BW10.5-25-1W	25	0.72
BW6.3-12-1W	12	0.96	BW10.5-30-1W	30	0.87
BW6.3-16-1W	16	1.28	BW10.5-40-1W	40	1.15
BW6.3-22-1W	22	1.76	BW10.5-50-1W	50	1.44
BW6.3-25-1W	25	2.0	iBWlO.5-100-1W	100	2.89
BW6.3-30-1W	30	2.4	BW10.5-120-1W	120	3.47

(3) 并联电容器的型号及含义

并联电容器的型号由文字和数字两部分组成，型号各部分表示的意义如图 3-13 所示。

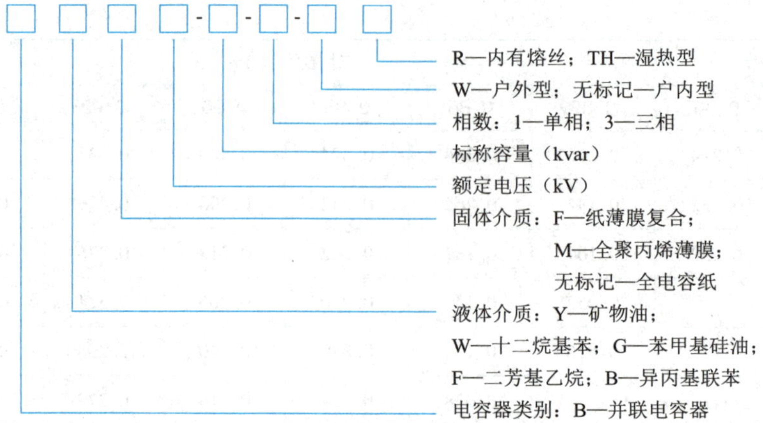

图 3-13　并联电容器型号各部分表示的意义

例如，BW0. 4-12-1 型即为单相户内型十二烷基苯浸渍的并联电容器，额定电压为 0. 4 kV、容量为 12 kvar。

在计算补偿用电力电容器的容量和个数时，还要考虑到实际运行电压与电容器的额定电压的不同，此时电容器能补偿的实际容量将比额定容量要小，为此需要对额定容量进行修正。对应电容器铭牌上的额定容量是在额定电压时的无功容量，而电容器实际运行电压不等于额定电压，用下列公式进行换算：

$$Q_C = Q_n (U/U_n)^2 \tag{3-72}$$

式中，Q_n 电容器铭牌上的额定容量（单位为 kvar）；Q_C 为电容器在实际运行电压下的容量（单位为 kvar）；U_n 为电容器的额定电压（单位：kV）；U 为电容器实际运行电压（单位为 kV）。

例如，BW0. 4-12-3 型电力电容器接在 380 V 低压母线上，作无功补偿设备，则每个电容器的无功容量由额定值 1 kvar 降低为

$$Q_C = Q_n (U/U_n)^2 = 12 \times (0.38/0.4)^2 \text{ kvar} = 10.83 \text{ kvar}$$

【例 3-4】　某工厂的 380 V 低压母线上的计算负荷为 630 kW，平均功率因数为 0. 80。要使其平均功率因数提高到 0. 9（在 10 kV 侧固定补偿），问需要装设多大容量的并联电容器？如果采用 BWF0. 4-12-3 型 400 V 耐压、12 kvar 的三相并联电容器，接在 380 V 的母线上，需装设多少个？

解：

$$\tan\varphi = \tan(\arccos 0.8) = 0.75$$

$$\tan\varphi_1 = \tan(\arccos 0.9) = 0.4843$$

$$Q_C = P_{30}(\tan\varphi - \tan\varphi_1) = 630 \times (0.75 - 0.4843) \text{ kvar} = 167.391 \text{ kvar}$$

由上可知 $q_C = 10.83$ kvar

$$n = Q_C / q_C = 167.391/10.83 = 15.46$$

如果采用 BWF0. 4-12-3 型并联电容器应选 16 只。

项目实现

本项目要求学生运用所学习的电力负荷计算方法和短路电路计算方法进行计算，完成某工厂供配电电力负荷计算的确定，并利用虚拟实训软件或设施进行仿真实现。

教师：指导学生进行项目实施，讲解项目实施的工艺规程和安全注意事项，引导学生按照设计方案，准确进行电力负荷计算和短路电流计算。

学生：分组进入实训区，熟悉岗位工作职责及生产环境相关管理规定，在教师指导下进行工厂负荷及短路电流计算。

具体要求如下：

（一）项目任务书

题目　某工厂供配电电力负荷计算与方案设计

1. 项目主要内容

①负荷计算和无功功率计算及补偿；

②短路电流计算。

2. 项目的主要技术指标

（1）工厂负荷情况

该厂多数车间为两班制，年最大负荷小时数为 4 600 h，日最大负荷持续时间为 6 h。该厂除铸造车间、电镀车间和锅炉房属二级负荷外，其余为三级负荷。

该厂的负荷统计资料如下：

厂房编号	厂房名称	负荷类别	设备容量/kW	需要系数 K_d	功率因数 $\cos\varphi$	$\tan\varphi$
1	铸造车间	动力	520	0.4	0.7	1.02
		照明	10	0.9	1.0	0
2	锻压车间	动力	240	0.3	0.65	1.17
		照明	10	0.9	1.0	0
3	金工车间	动力	390	0.32	0.65	1.12
		照明	10	0.9	1.0	0
4	工具车间	动力	290	0.35	0.65	1.33
		照明	10	0.9	1.0	0
5	电镀车间	动力	450	0.6	0.8	0.75
		照明	10	0.9	1.0	0
6	热处理车间	动力	260	0.62	0.82	0.82
		照明	10	0.9	1.0	0
7	装配车间	动力	170	0.4	0.75	1.02
		照明	10	0.9	1.0	0
8	机修车间	动力	100	0.3	0.7	1.17
		照明	5	0.9	1.0	0
9	锅炉房	动力	115	0.8	0.8	1.05
		照明	3	0.9	1.0	0
10	仓库	动力	50	0.4	0.9	0.75
		照明	2	0.9	1.0	0
11	生活区	照明	400	0.8	1.0	0.48

（2）供用电协议

按照工厂与当地供电部门的供电用电协议规定，本厂由附近一条 10 kV 的公用电源干线取得工作电源。该干线的走向参照工厂总平面图。该干线的导线牌号为 LGT-150（0.36 Ω/km），干线首端距离本厂约 8 km。干线首端所装设的高压断路器的断流容量为 500 MV · A。为满足工厂的二级负荷要求，可采用高压联络线由邻近单位取得备用电源。

（二）负荷计算

采用需要系数法对各个车间进行计算，并将照明和动力部分分开计算，照明部分最后和宿舍区照明一起计算。

计算结果见表 3-8。

表 3-8 计算结果

序号	车间	动力部分	照明部分
1	铸造车间	$P_{30(11)}=520\ \text{kW}\times0.9=468\ \text{kW}$ $Q_{30(11)}=468\ \text{kW}\times1.02=477.36\ \text{kvar}$ $S_{30(11)}=\sqrt{468^2+477.36^2}\ \text{kV}\cdot\text{A}=668.5\ \text{kV}\cdot\text{A}$ $I_{30(11)}=\dfrac{668.5\ \text{kV}\cdot\text{A}}{1.732\times0.38\ \text{kV}}=1\ 015.71\ \text{A}$	$P_{30(12)}=10\ \text{kW}\times0.9=9\ \text{kW}$ $Q_{30(11)}=0$
2	锻压车压	$P_{30(21)}=240\ \text{kW}\times0.3=72\ \text{kW}$ $Q_{30(21)}=72\ \text{kW}\times1.17=84.24\ \text{kvar}$ $S_{30(21)}=\sqrt{72^2+84.24^2}\ \text{kV}\cdot\text{A}=110.82\ \text{kV}\cdot\text{A}$ $I_{30(21)}=\dfrac{110.82\ \text{kV}\cdot\text{A}}{1.732\times0.38\ \text{kV}}=168.37\ \text{A}$	$P_{30(22)}=10\ \text{kW}\times0.9=9\ \text{kW}$ $Q_{30(22)}=0$
3	金工车间	$P_{30(31)}=390\ \text{kW}\times0.32=124.8\ \text{kW}$ $Q_{30(31)}=124.8\ \text{kW}\times1.12=139.78\ \text{kvar}$ $S_{30(31)}=\sqrt{124.8^2+139.78^2}\ \text{kV}\cdot\text{A}=187.38\ \text{kV}\cdot\text{A}$ $I_{30(31)}=\dfrac{187.38\ \text{kV}\cdot\text{A}}{1.732\times0.38\ \text{kV}}=284.71\ \text{A}$	$P_{30(32)}=10\ \text{kW}\times0.9=9\ \text{kW}$ $Q_{30(32)}=0$
4	工具车间	$P_{30(41)}=290\ \text{kW}\times0.35=101.5\ \text{kW}$ $Q_{30(41)}=101.5\ \text{kW}\times1.33=135\ \text{kvar}$ $S_{30(41)}=\sqrt{101.5^2+135^2}\ \text{kV}\cdot\text{A}=168.9\ \text{kV}\cdot\text{A}$ $I_{30(41)}=\dfrac{168.9\ \text{kV}\cdot\text{A}}{1.732\times0.38\ \text{kV}}=256.62\ \text{A}$	$P_{30(42)}=10\ \text{kW}\times0.9=9\ \text{kW}$ $Q_{30(42)}=0$
5	电镀车间	$P_{30(51)}=450\ \text{kW}\times0.6=270\ \text{kW}$ $Q_{30(51)}=270\ \text{kW}\times0.75=202.5\ \text{kvar}$ $S_{30(51)}=\sqrt{270^2+202.5^2}\ \text{kV}\cdot\text{A}=337.5\ \text{kV}\cdot\text{A}$ $I_{30(51)}=\dfrac{337.5\ \text{kV}\cdot\text{A}}{1.732\times0.38\ \text{kV}}=512.79\ \text{A}$	$P_{30(52)}=10\ \text{kW}\times0.9=9\ \text{kW}$ $Q_{30(52)}=0$
6	热处理车间	$P_{30(61)}=260\ \text{kW}\times0.62=161.2\ \text{kW}$ $Q_{30(61)}=161.2\ \text{kW}\times0.82=132.18\ \text{kvar}$ $S_{30(61)}=\sqrt{161.2^2+132.18^2}\ \text{kV}\cdot\text{A}=208.47\ \text{kV}\cdot\text{A}$ $I_{30(61)}=\dfrac{208.47\ \text{kV}\cdot\text{A}}{1.732\times0.38\ \text{kV}}=316.74\ \text{A}$	$P_{30(62)}=10\ \text{kW}\times0.9=9\ \text{kW}$ $Q_{30(62)}=0$

续表

序号	车　间	动力部分	照明部分
7	装配车间	$P_{30(71)}=170\ \text{kW}\times0.75=127.5\ \text{kW}$ $Q_{30(71)}=127.5\ \text{kW}\times1.02=130.05\ \text{kvar}$ $S_{30(71)}=\sqrt{127.5^2+130.05^2}\ \text{kV}\cdot\text{A}=182.12\ \text{kV}\cdot\text{A}$ $I_{30(71)}=\dfrac{182.12\ \text{kV}\cdot\text{A}}{1.732\times0.38\ \text{kV}}=276.72\ \text{A}$	$P_{30(72)}=10\ \text{kW}\times0.9=9\ \text{kW}$ $Q_{30(72)}=0$
8	机修车间	$P_{30(81)}=100\ \text{kW}\times0.3=30\ \text{kW}$ $Q_{30(81)}=30\ \text{kW}\times1.17=35.1\ \text{kvar}$ $S_{30(81)}=\sqrt{30^2+35.1^2}\ \text{kV}\cdot\text{A}=46.17\ \text{kV}\cdot\text{A}$ $I_{30(81)}=\dfrac{46.17\ \text{kV}\cdot\text{A}}{1.732\times0.38\ \text{kV}}=70.1\ \text{A}$	$P_{30(82)}=5\ \text{kW}\times0.9=4.5\ \text{kW}$ $Q_{30(82)}=0$
9	锅炉房	$P_{30(91)}=115\ \text{kW}\times0.8=92\ \text{kW}$ $Q_{30(91)}=92\ \text{kW}\times1.05=96.6\ \text{kvar}$ $S_{30(91)}=\sqrt{92^2+96.6^2}\ \text{kV}\cdot\text{A}=133.4\ \text{kV}\cdot\text{A}$ $I_{30(91)}=\dfrac{133.4\ \text{kV}\cdot\text{A}}{1.732\times0.38\ \text{kV}}=202.69\ \text{A}$	$P_{30(92)}=3\ \text{kW}\times0.9=2.7\ \text{kW}$ $Q_{30(92)}=0$
10	仓库	$P_{30(101)}=50\ \text{kW}\times0.4=20\ \text{kW}$ $Q_{30(101)}=20\ \text{kW}\times0.75=15\ \text{kvar}$ $S_{30(101)}=\sqrt{20^2+15^2}=25\ \text{kV}\cdot\text{A}$ $I_{30(101)}=\dfrac{25\ \text{kV}\cdot\text{A}}{1.732\times0.38\ \text{kV}}=37.98\ \text{A}$	$P_{30(102)}=2\ \text{kW}\times0.9=1.8\ \text{kW}$ $Q_{30(102)}=0$
11	生活区照明	$P_{30(112)}=400\times0.8\ \text{kW}=320\ \text{kW}\quad Q_{30(112)}=0$ 取全厂的同时系数为：$K_{\Sigma p}=0.95$，$K_{\Sigma q}=0.97$，则全厂的计算负荷为 $P_{30}=0.95\left(\sum_{i=1}^{11}P_{30(i1)}+\sum_{i=1}^{11}P_{30(i2)}\right)=0.95\times1\ 859\ \text{kW}=1\ 766.05\ \text{kW}$ $Q_{30}=0.97\sum_{i=1}^{11}Q_{30(i1)}=0.97\times1\ 447.81\ \text{kvar}=1\ 404.38\ \text{kvar}$ $S_{30}=\sqrt{1\ 766.05^2+1\ 404.38^2}\ \text{kV}\cdot\text{A}=2\ 256.37\ \text{kV}\cdot\text{A}$ $I_{30}=\dfrac{2\ 256.37\ \text{kV}\cdot\text{A}}{\sqrt{3}\times0.38\ \text{kV}}=3\ 428.3\ \text{A}$	

（三）无功功率补偿计算

由以上计算可得变压器低压侧的视在计算负荷为 $S_{30}=2\ 256.37\ \text{kV}\cdot\text{A}$，这时低压侧的功率因数为 $\cos\varphi_{(2)}=\dfrac{1\ 766.05}{2\ 256.37}=0.78$，为使高压侧的功率因数≥0.90，则低压侧补偿后的功率因数应高于0.90，取 $\cos\varphi'=0.95$。要使低压侧的功率因数由0.78提高到0.95，则低压侧需要装设的并联电容器容量为：

$$Q_C = 1\ 404.38 \times (\tan \arccos 0.78 - \tan \arccos 0.95)\ \text{kvar} = 665.11\ \text{kvar}$$

取 $Q_C = 700$ kvar，则补偿后变电所低压侧的视在计算负荷为：

$$S'_{30(2)} = \sqrt{1\ 766.05^2 + (1\ 440.38 - 700)^2} = 1\ 914.97\ \text{kV} \cdot \text{A}$$

计算电流

$$I'_{30(2)} = \frac{1\ 914.37\ \text{kV} \cdot \text{A}}{\sqrt{3} \times 0.38\ \text{kV}} = 2\ 909.58\ \text{A}$$

变压器的功率损耗为：

$$\Delta P_T \approx 0.02 S'_{30(2)} = 0.02 \times 1\ 914.97\ \text{kV} \cdot \text{A} = 38.30\ \text{kW}$$

$$\Delta Q_T \approx 0.06 S'_{30(2)} = 0.06 \times 1\ 914.97\ \text{kV} \cdot \text{A} = 114.90\ \text{kvar}$$

变电所高压侧的计算负荷为：

$$P'_{30(1)} = 1\ 766.05\ \text{kW} + 38.3\ \text{kW} = 1\ 804.35\ \text{kW}$$

$$Q'_{30(1)} = (1\ 440.38 - 700) + 114.9\ \text{kvar} = 855.28\ \text{kvar}$$

$$S'_{30(1)} = \sqrt{1\ 804.35^2 + 855.28^2}\ \text{kV} \cdot \text{A} = 1\ 996.79\ \text{kV} \cdot \text{A}$$

$$I'_{30(1)} = \frac{1\ 996.79\ \text{kV} \cdot \text{A}}{\sqrt{3} \times 10\ \text{kV}} = 115.29\ \text{A}$$

补偿后的功率因数为：$\cos \varphi' = \dfrac{1\ 804.35}{1\ 996.79} = 0.904$ 满足（大于 0.90）的要求。

（四）短路电流计算

本厂的供电系统简图如图 3-14 所示。采用两路电源供电，一路为距本厂 8 km 的馈电变电站经 LGJ-150 架空线（系统按∞电源计），该干线首段所装高压断路器的断流容量为 500 MV · A；一路为邻厂高压联络线。下面计算本厂变电所高压 10 kV 母线上 k-1 点短路和低压 380 V 母线上 k-2 点短路的三相短路电流和短路容量。

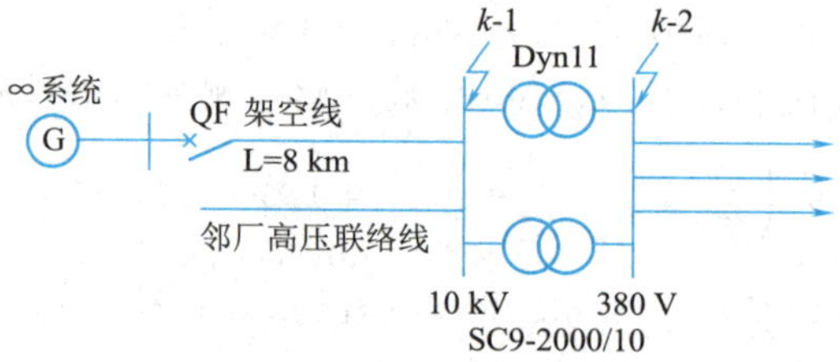

图 3-14 供电系统简图

下面采用标么值法进行短路电流计算。

(1) 确定基准值

取 $S_d = 100$ MV · A，$U_{c1} = 10.5$ kV，$U_{c2} = 0.4$ kV

则

$$I_{d1} = \frac{S_d}{\sqrt{3} U_{c1}} = \frac{100\ \text{MV} \cdot \text{A}}{\sqrt{3} \times 10.5\ \text{kV}} = 5.500\ \text{kA}$$

$$I_{d2} = \frac{S_d}{\sqrt{3} U_{c2}} = \frac{100\ \text{MV} \cdot \text{A}}{\sqrt{3} \times 0.4\ \text{kV}} = 144.000\ \text{kA}$$

(2) 计算短路电路中各主要元件的电抗标幺值

①电力系统的电抗标幺值：$X_1^*=\dfrac{100\ \text{MV}\cdot\text{A}}{500\ \text{MV}\cdot\text{A}}=0.200$。

②架空线路的电抗标幺值：$X_2^*=0.35(\Omega/\text{km})\times8\ \text{km}\times\dfrac{100\ \text{MV}\cdot\text{A}}{(10.5\ \text{kV})^2}=2.538\ 7$。

③电力变压器的电抗标幺值：由所选的变压器的技术参数得 $U_k\%=6$，因此

$$X_3^*=X_4^*=\frac{6\times100\ \text{MV}\cdot\text{A}}{100\times2\ 000\ \text{kV}\cdot\text{A}}=3.000$$

短路等效电路图如图 3-15 所示。图上标出各元件的序号（分子）和电抗标幺值（分母），并标出短路计算点 k-1 和 k-2。

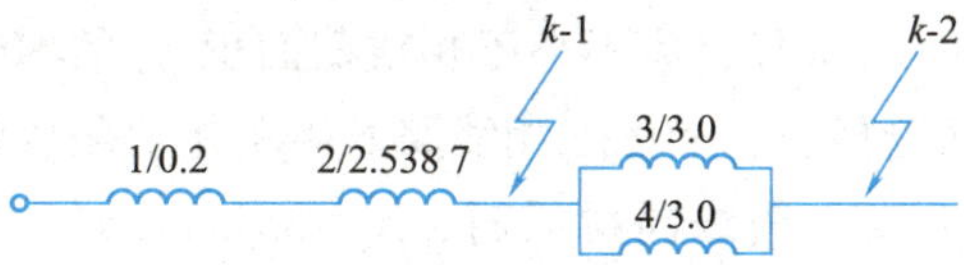

图 3-15　短路等效电路图

(3) 计算 k-1 点的短路电路总电抗标幺值及三相短路电流和短路容量

①总电抗标幺值：$X_{\Sigma(k-1)}^*=X_1^*+X_2^*=0.200+2.538\ 7=2.738\ 7$

②三相短路电流周期分量有效值：$I_{k-1}^{(3)}=\dfrac{I_{d1}}{X_{\Sigma(k-1)}^*}=\dfrac{5.50\ \text{kA}}{2.738\ 7}=2.008\ \text{kA}$

③其他三相短路电流：$I_{\infty}^{(3)}=I_{k-1}^{(3)}=2.008\ \text{kA}$

$$i_{sh}^{(3)}=2.55\times2.008\ \text{kA}=5.120\ \text{kA}\quad I_{sh}^{(3)}=1.51\times2.008\ \text{kA}=3.032\ \text{kA}$$

④三相短路容量：$S_{k-1}^{(3)}=\dfrac{S_d}{X_{\Sigma(k-1)}^*}=\dfrac{100\ \text{MV}\cdot\text{A}}{2.738\ 7}=36.514\ \text{MV}\cdot\text{A}$

(4) 计算 k-2 点短路电路总电抗标幺值及三相短路电流和短路容量

①总电抗标幺值：

$$X_{\Sigma(k-2)}^*=X_1^*+X_2^*+(X_3^*\parallel X_4^*)==0.200+2.738\ 7+3/2=4.438\ 7$$

②三相短路电流周期分量有效值：$I_{k-2}^{(3)}=\dfrac{I_{d2}}{X_{\Sigma(k-2)}^*}=\dfrac{144\ \text{kA}}{4.438\ 7}=32.442\ \text{kA}$

③其他三相短路电流：$I_{\infty}^{(3)}=I_{k-2}^{(3)}=32.442\ \text{kA}$

$$i_{sh}^{(3)}=1.84\times32.442\ \text{kA}=59.693\ \text{kA}\quad I_{sh}^{(3)}=1.09\times32.442\ \text{kA}=35.362\ \text{kA}$$

④三相短路容量：$S_{k-2}^{(3)}=\dfrac{S_d}{X_{\Sigma(k-2)}^*}=\dfrac{100\ \text{MV}\cdot\text{A}}{4.438\ 7}=22.529\ \text{MV}\cdot\text{A}$

项目运行

为了保证供电的安全、可靠、优质、经济，选择导线和电缆时应满足下列条件：发热条件、电压损耗条件、经济电流密度、机械强度。

一、 高压线路导线的选择

架空进线后接铜芯交联聚氯乙烯绝缘钢铠护套电力电缆 BLV-95，因高压侧计算电流 $I'_{30}=115.29$ A，所选电缆的允许载流量 $I_{al}=125$ A$>I'_{30}=115.29$ A 满足发热条件。

二、 低压线路导线的选择

由于没有设单独的车间变电所，进入各个车间的导线接线采用 TN-C-S 系统；从变电所到各个车间及宿舍区用埋地电缆供电，电缆采用 LGJ-185 型钢芯铝线电缆，根据不同的车间负荷采用不同的截面。其中导线和电缆的截面选择满足以下条件：

①相线截面按发热条件选择，应使其允许载流量 I_{al}不小于通过相线的计算电流 I_{30}，即 $I_{al}\geqslant I_{30}$。

②一般三相四线中性线截面 A_0选择，应不小于相线截面积 A_φ 的 50%，即 $A_0\geqslant 0.5A_\varphi$。

③保护线（PE 线）的截面选择，要考虑三相线路发生单相短路故障时的单相短路热稳定度。根据短路热稳定度的要求，如 PE 线与相线同材质时，$A_\varphi>35\ \text{mm}^2$ 时，$A_{PE}\geqslant 0.5A_\varphi$；$A_\varphi\leqslant 16\ \text{mm}^2$ 时，$A_{PE}\geqslant A_\varphi$；$16\ \text{mm}^2<A_\varphi\leqslant 35\ \text{mm}^2$ 时，$A_{PE}\geqslant 16\ \text{mm}^2$。

④保护中性线（PEN）的选择，取（N 线）与（PE）的最大截面。

结合计算负荷，可得到由变电所到各个车间的低压电缆的型号为：

①铸造车间：LGJ-240　两根并联 $I_{al}=610\times2$ A$>1\ 015.71$ A

②锻压车间：LGJ-50　$I_{al}=220$ A>168.37 A

③金工车间：LGJ-95　$I_{al}=335$ A>284.71 A

④工具车间：LGJ-70　$I_{al}=275$ A>256.62 A

⑤电镀车间：LGJ-240　$I_{al}=610$ A>512.79 A

⑥热处理车间：LGJ-120　$I_{al}=380$ A>316.74 A

⑦装配车间：LGJ-95　$I_{al}=335$ A>276.72 A

⑧机修车间：LGJ-16　$I_{al}=105$ A>70.1 A

⑨锅炉房：LGJ-70　$I_{al}=275$ A>202.69 A

⑩仓库：LGJ-16　$I_{al}=105$ A>37.98 A

⑪生活区：LGJ-185　$I_{al}=515$ A>486.20 A

另外，送至各车间的照明线路采用铜芯聚氯乙烯绝缘导线 BV 型号。

三、 变电所主变压器容量选择

每台变压器的容量 $S_{N\cdot T}$应同时满足以下两个条件：

①暗备用条件：任一台变压器单独运行时，宜满足：$S_{N\cdot T}=(0.6\sim0.7)\times S_{30}$。

②明备用条件：任一台变压器单独运行时，应满足：$S_{N\cdot T}\geqslant S_{30(\text{I}+\text{II})}$，即满足全部一、二级负荷需求。代入数据可得：

$$S_{N\cdot T}=(0.6\sim0.7)\times1\ 996.79\ \text{kV}\cdot\text{A}=(1\ 198.07\sim1\ 397.75)\ \text{kV}\cdot\text{A}$$

考虑到未来 5~10 年的负荷发展，初步取 $S_{N\cdot T}=2\ 000$ kV · A。考虑到安全性和可靠性的问题，确定变压器为 SC9 系列箱型干式变压器。

型号：SC9-2000/10，其主要技术指标见表 3-9。

表 3-9　主要技术指标

变压器型号	额定容量/kVA	额定电压/kV		联结组型号	损耗/kW		空载电流 I_0%	短路阻抗 U_k%
		高压	低压		空载	负载		
SC9-2000/10	2 000	10. 5	0. 4	Dyn11	2. 7	13. 3	0. 8	6

项目验收

（一）考核评分结构

考核的总成绩满分为 100 分，平时所考核项目及所占比见表 3-10。

表 3-10　考核项目及占比

项　　目	出勤率 A	日常作业 B	课堂表现 C	项目演练 D	考试成绩 E
占比	15%	10%	5%	20%	50%

（二）考核内容

①出勤率：指标满分为 100 分，缺勤率超过 20% 的学员，取消考试资格。作为考核学员基本学习素质的一项指标，考核标准要求要严格，迟到 3 次算作缺勤一次。

②日常作业：指标满分为 100 分，根据学员日常的作业表现情况、作业的认真程度及优劣程度由老师给出具体分数。

③课堂表现：指标的满分为 100 分，老师根据学员在平时课堂上的表现（包括是否认真听讲，是否踊跃提出问题等）给出相应的成绩。

④参观实习：指标的满分为 100 分，参观过程中学生的表现，由指导教师和变电所师傅共同打分。

⑤实训报告：指标的满分为 100 分，学生参观完成后，提交一份实训报告，阐述参观收获和心得。

（三）合格标准

①出勤率≥80 分为合格。

②日常作业≥60 分为合格。

③课堂表现≥60 分为合格。

④参观实习≥60 分为合格。

⑤实训报告≥60 分为合格。

（四）总成绩计算

如果学员对于“3. 合格标准”所列各项全部合格方可认为通过考试，颁发相应的证书。

平均成绩 $= A\times15\% + B\times10\% + C\times5\% + D\times20\% + E\times50\%$

拓展知识

一、安全、环保、节约用电

(一) 电气安全技术

在供配电工作过程中要特别注意电气安全，不能有半点麻痹大意和工作疏忽，否则将造成生产和人身事故，给国家和人民带来重大损失，因此必须有保障电气设备安全使用的规程和措施。

1. 普及安全用电知识

①用电要申请，不准私自使用电炉、乱拉乱接电线。

②晒衣服的铁丝和电线要保持足够距离，不要在电线上晒、挂衣服。

③低压线路应安装漏电保护器，合理选用熔体（熔丝）或熔管，严禁用铜、铝、铁丝代替。

④不要使用不合格的灯头、灯线、开关、插座等用电设备。用电设备要保持清洁完好，灯线不要过长，也不能拉来拉去。

⑤用电线路及电气设备绝缘必须良好，灯头、插座、开关等的带电部分绝对不能外露，以防触电。

⑥拆装电气设备和电线电缆时要请专业电工。

⑦当发生电气故障或漏电而引起火灾时，应立即切断电源。

⑧当有裸导线断落在地上时人员不可靠近，如果落地的为高压线，应该离开落地点 10 m 以上，以免跨步电压伤人，千万不能用手去捡。并且要设警示标志，同时告知电工或者供电部门。

2. 企业电气安全的一般措施

(1) 加强电气安全教育，明确安全用电的意义

触电事故的发生是突发的，只有不断加强安全教育，人人树立安全第一的观点，力争供配电系统无事故运行，才能促进经济发展，才能保障社会和谐稳定，才能彻底消除人身触电事故。

(2) 严格执行安全工作规程

建立和健全规章制度供、配电系统中很多事故都是由于制度不健全或违反操作规程而造成的。

(3) 严格遵循设计、安装规范；确保供、配电工程的设计安装质量

必须“精心设计，精心施工”，严格设计审批手续和竣工验收制度，确保供电工程的质量。

(4) 加强运行维护和检修试验工作

加强日常的运行维护工作和定期的检修试验工作，力求“防患于未然”。

(5) 采用安全电压及符合安全要求的相应电器

根据场合采用安全电压和防爆电器。对于易触电的场所使用手持操纵电器，按规定应采用安全电压。在易燃易爆场所，应采用密闭式防爆电器。

(6) 按规定使用电气安全用具

电气安全用具分为基本安全用具和辅助安全用具两类。

①基本安全用具的绝缘足以承受电气设备的工作电压，操作人员必须使用它，才能操作带电设备。例如，操作隔离开关的绝缘钩棒和用来装拆熔断器、熔管的操作手柄用具。

②辅助安全用具的绝缘不足以完全承受电气设备的工作电压，但是操作人员使用它，可使人身安全有进一步的保障。例如，绝缘手套、绝缘靴、绝缘地毯、绝缘垫台、高压验电器、低压试电笔

和临时接地线，以及“有人工作，禁止合闸”之类的警示牌。

3. 安全用电的技术措施

在供配电系统的运行、维护过程中，电气工作人员在全部停电或部分停电的电气设备上工作，必须采取下列技术措施。

(1) 停电

停电时，必须把来自各途径的电源全部断开，且各途径至少有一个明显的断开点（如隔离开关、刀开关等）。工作人员在工作时，应与带电部分保持一定的安全距离。

(2) 验电

通过验电可以明显地验证停电设备确实无电压，从而可以防止重大事故发生。验电时，工作人员应戴绝缘手套，使用电压等级合适、试验合格、试验期限有效的验电器。在验电前，还必须将验电器在带电设备上检验使用是否良好。

(3) 装设临时接地线

装设临时接地线是为了防止工作地点突然来电，以保证人身安全可靠的措施。装设临时接地线必须先接接地端。拆除临时接地线的顺序与此相反。装拆临时接地线应使用绝缘棒或戴绝缘手套。

(4) 悬挂标志牌和装设临时遮拦

标志牌用来对所有人员提出危及人身安全的警告以及注意的事项，如“禁止合闸，有人工作”“高压、危险”等；临时遮拦是为了防止工作人员误碰或靠近带电体，以保证安全检修。

4. 安全用电的组织措施

安全用电的组织措施是为了保证人身和设备安全而制定的各种制度、规定和手续。

(1) 工作票制度

工作票是准许在电气设备或线路上工作的书面命令，也是执行保证安全技术措施的书面依据。工作票主要内容应包括工作内容、工作地点、停电范围、停电时间、许可开始工作时间、工作终结及安全措施等。

(2) 操作票制度

在全部停电或部分停电的电气设备或线路上工作，必须执行操作票制度。该制度是人身安全和正确操作的重要保证。操作票的内容应包括：操作票编号、填写日期、发令人、受令人、操作开始和结束时间、操作任务、顺序、项目、操作人、监护人以及备注等。

(3) 任务交底制度

此制度规定在接班之前应做好各项准备工作，以保障人身安全及施工工作进展顺利。对工作负责人来说，应根据工作票的内容向全体人员交代工作任务、时间、要求以及各种安全措施。

(4) 工作许可制度

此制度是为了进一步加强工作责任感。工作许可负责人审查工作票所列安全措施是否完备，是否符合现场条件，在确认安全措施到位后，与工作负责人在工作票上分别签字。工作负责人和工作许可负责人任何一方不得擅自改变安全措施和工作项目。

(5) 工作监护制度

该制度是保护人身安全及操作正确的主要措施。监护人的主要职责是监护工作人员的活动范围、工具使用、操作方法正确与否等。

(6) 工作间断及工作转移制度

在工作时如遇间断（如吃饭休息等），间断后重新开始工作无须再通过工作许可负责人的许可。工作地点如果发生转移，则应通过工作许可负责人的许可办理转移手续。

(7) 工作终结及送电制度

全部工作完备后，工作人员应该清理现场、清点工具。一切正确无误后，全体人员撤离现场。宣布工作终结，方可办理送电手续。

（二）人体触电常识

1. 触电的类型

人体接触或接近带电体而引起的局部受伤或死亡现象称为触电。触电分为电伤和电击。

电伤，主要指电弧或金属熔化物渗入人体皮肤而引起的外部伤害。常见的有灼伤、烙伤和皮肤金属化等现象。

电击，指电流通过呼吸、心脏或神经系统造成人体内部组织的损伤。它可使肌肉抽搐、内部组织损伤，造成发热、发麻、神经麻痹等。严重时将引起昏迷、窒息、甚者心脏停止跳动、血液循环停止等而死亡。

电击和电伤可能同时发生。实际事故证明，绝大多数触电事故都是由电击造成的。电流对人体的危害程度与触电时间、电流的大小和性质以及电流在人体中的路径有关，触电时间越长，电流越大，频率接近工作频率，电流流过心脏最为危险。此外，还与人的体重、健康状况有关。

2. 安全电流和安全电压

安全电流是指人体触电后最大的摆脱电流。一般情况下通过人体的工频电流超过 50 mA 时，心脏就会停止跳动，我国规定安全电流为 30 mA。

安全电压与人体的电阻有关系。一般情况下，人体的电阻可高达几十千欧，但在恶劣情况下（如出汗且有导电粉尘）可能降至 1 000 Ω，而且人体电阻还会随着作用于人体电压的升高而急剧下降，因此按安全电流和人体电阻大致可算出安全电压。国家标准规定允许人体接触的安全电压见表 3-11。

表 3-11 安全电压

安全电压（交流有效值）/V	选 用 举 例
65	干燥无粉尘地面环境
42	在有触电危险场所使用手提电动工具
36	矿井有较多导电粉尘时使用行灯等
12	对于特别潮湿或有蒸汽游离物质等及其他危险环境
6	

3. 触电事故的形式

(1) 单相触电

当人体直接碰、触带电设备其中的一相时，电流从带电体通过人体流入大地或中性线（零线）形成回路，这种触电现象称为单相触电。对于高压带电体，人体虽未直接接触，但由于超过了安全距离，高电压对人体放电，造成单相接地而引起的触电，也属于单相触电，如图 3-16、图 3-17所示。

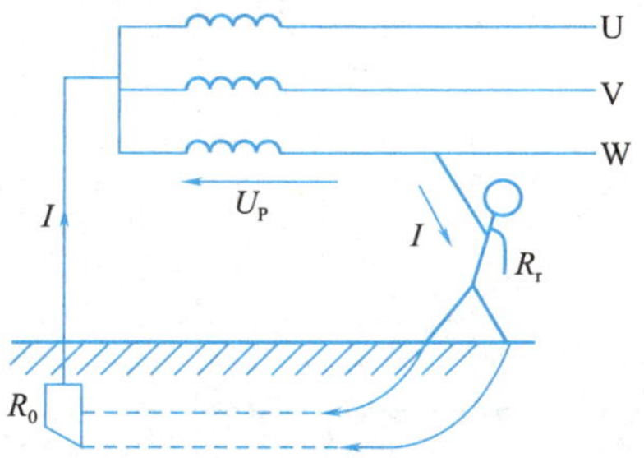

图 3-16　中性点接地系统的单相触电

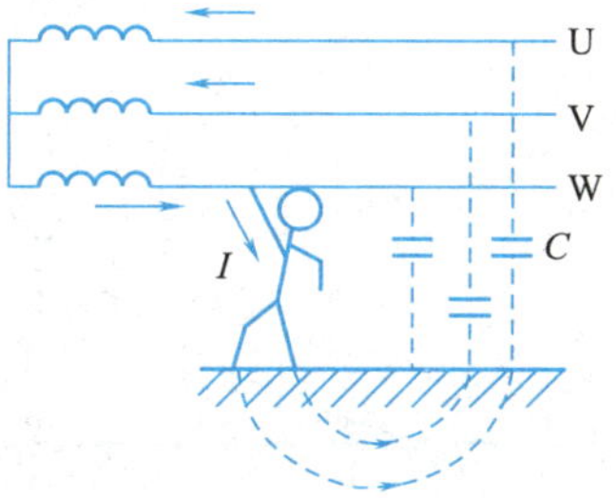

图 3-17　中性点不接地系统的单相触电

（2）两相触电

人体同时接触带电设备或线路中的两相导体，或在高压系统中，人体同时接近不同相的两相带电导体，而发生电弧放电，电流从一相导体通过人体流入另一相导体，构成一个闭合回路，这种触电方式称为两相触电。发生两相触电时，作用于人体上的电压等于线电压，这种触电是最危险的。两相触电如图 3-18 所示。

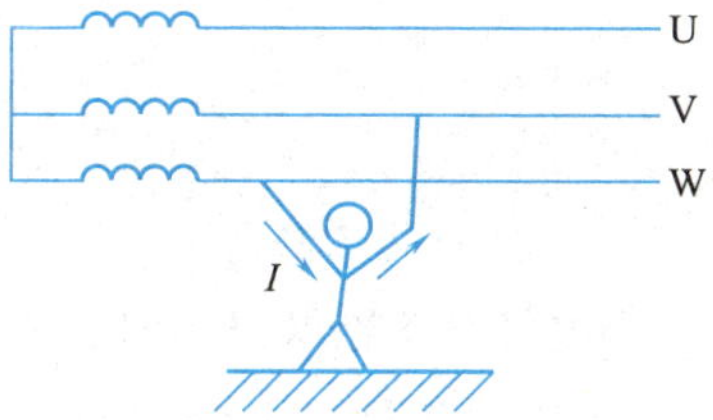

图 3-18　两相触电

（三）电气安全与接地保护

1. 跨步电压触电和接触电压触电

发生触电事故除上述直接接触带电体触电外，还有跨步电压触电与接触电压触电两种形式。

（1）接地电流、对地电压和接地电阻

电气设备发生接地故障时，电流经接地装置流入大地并作半球形散开，这一电流称为接地电流。在半球形球面距接地体越远的地方面积越大，所以距接地体越远的地方，散流电阻越小。试验表明，在单根接地体或接地故障点 20 m 远处，实际散流电阻已趋近于零。在电位为零的地方，称为电气上的“地”或“大地”。

电气设备接地部分与零电位的“大地”之间的电位差，称为接地部分的对地电压。接地体与“地”之间的电阻称为接地电阻。

（2）跨步电压触电

在接地故障点附近行走，人的双脚（或牲畜前后脚）之间所呈现的电位差称为跨步电压 U_{step}，由于跨步电压的作用，电流从人的一只脚经下身，通过另一只脚流入大地形成的回路，造成触电事故，这种由于跨步电压而造成的触电称为跨步电压触电。触电者首先感到两脚麻木，然后跌倒。人跌倒后，由于头和脚之间的距离加大，电流将通过人体重要器官，就可能有生命危险。

跨步电压与接触电压触电示意图如图 3-19 所示。跨步电压的大小与离接地点的远近及跨步的长短有关，离接地点越近，跨步越长，跨步电压就越大。离接地点达 20 m 时，跨步电压通常为零。

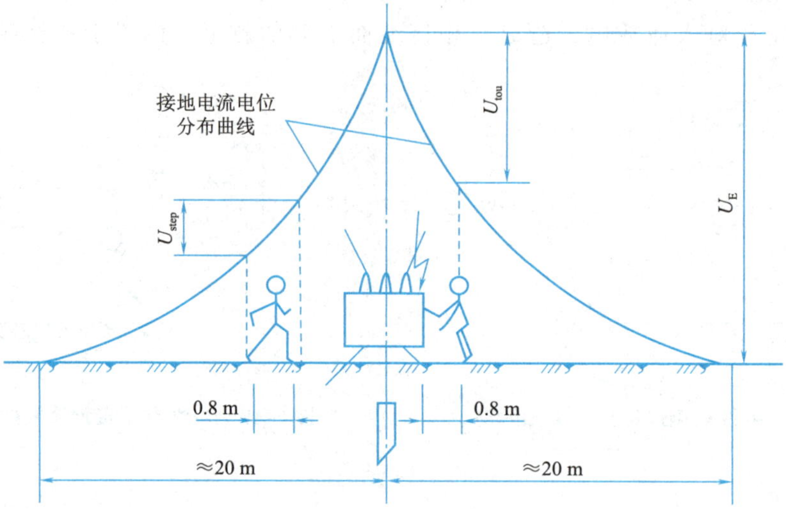

图 3-19　跨步电压与接触电压触电示意图

(3) 接触电压触电

当电气设备绝缘损坏时，人站在地面上接触该电气设备，人体所承受的电位差称为接触电压 U_{tou}。例如，当设备发生接地故障时，以接地点为中心的地表约 20 m 半径的圆形范围内，便形成了一个电位分布区。这时如果有人站在该设备旁边，手触及带电外壳，那么手与脚之间所呈现的电位差，即为接触电压。当人体站在距离接地短路故障点 20 m 以外的地方，触及漏电设备外壳时，接触电压达到最大值，相当于漏电设备的对地电压。

2. 接地保护

(1) 接地和接地装置

电气设备的某部分与大地之间做良好的电气连接称为接地。埋入地中并直接与土壤相接触的金属导体，称为接地体或接地极，如埋地的钢管、角铁等。电气设备应接地部分与接地体（极）相连接的金属导体（线）称为接地线。接地线在设备正常运行情况下是不载流的，但在故障情况下要通过接地故障电流。接地体与接地线总称为接地装置。由若干接地体在大地中用接地线相互连接起来的一个整体，称为接地网。其中，接地线又分接地干线和接地支线，如图 3-20 所示。接地干线一般应采用不少于两根导体，在不同地点与接地网连接。

(2) 接地保护的类型

电力系统及其设备的接地保护，按其功能分为工作接地和保护接地两大类。工作接地是为保证电力系统和电气设备达到正常工作要求而进行的一种接地，如电源中性点的接地、防雷装置的接地等。

保护接地是为了保障人身安全，将电力设备正常情况不带电的外壳与接地体之间作良好的金属连接，称为保护接地，常用代号 PE 表示。

3. 保护接地

保护接地有保护接地和保护接零两种形式。

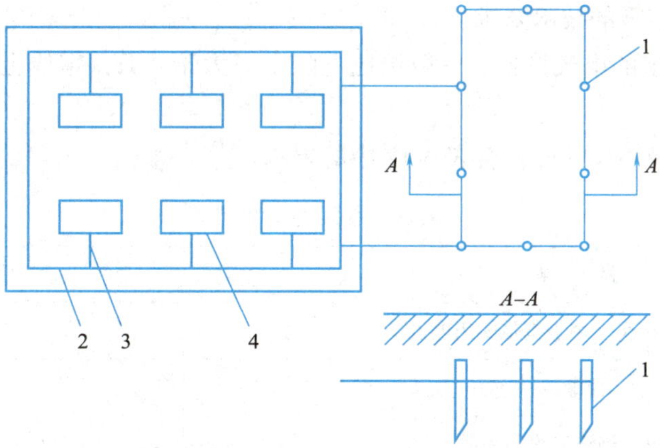

1—接地体；2—接地干线；3—接地支线；4—电气设备。

图 3-20　接地装置示意图

(1) 保护接地的保护原理及实施范围

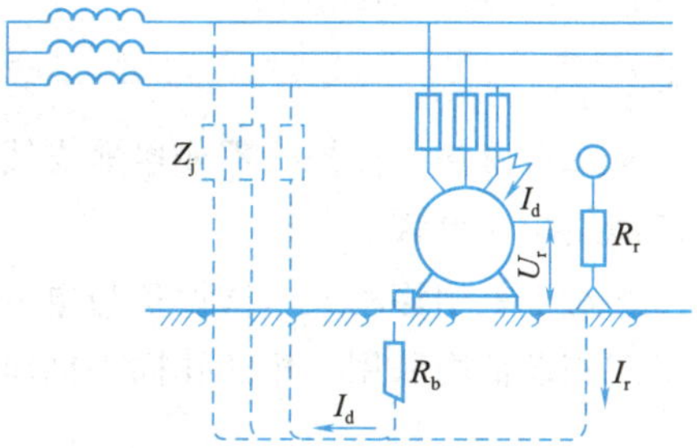

图 3-21　保护接地原理图

①保护接地：为了防止因电气设备的绝缘损坏、漏电或感应电而造成的触电事故，将电气设备在正常情况下不带电的金属外壳及构架，与大地之间做良好的金属连接称为保护接地。在电源中性点不直接接地的供电系统中，所有的电气设备及装置均应采用保护接地的安全技术措施。

②保护接地原理：如图 3-21 所示，其中 Z_j 表示电网对地存在的分布电容和绝缘电阻所形成的阻抗；R_r 为人体电阻；U_f 为人体接触电压；I_r 为流过人体的电流；R_h 为外壳保护接地电阻；I_d 为电源某相碰壳产生的故障电流。

如果设备外壳不接地，人体的接触电压会很大，无疑将导致触电事故。若采用接地保护，则加在人体上的接触电压不超过危及人体安全的电压，防止触电事故的发生。

(2) 保护接零的保护原理及实施范围

①保护接零：为了防止因电气设备的绝缘损坏、漏电或感应电而造成的触电事故，将电气设备在正常情况下不带电的金属外壳及构架，与供电系统中的公共接地线（PE 或 PEN 线）可靠地连接起来，称为保护接零。在电源中性点直接接地的三相四线制供电系统中，所有电气设备及装置都应采取保护接零的安全技术措施。

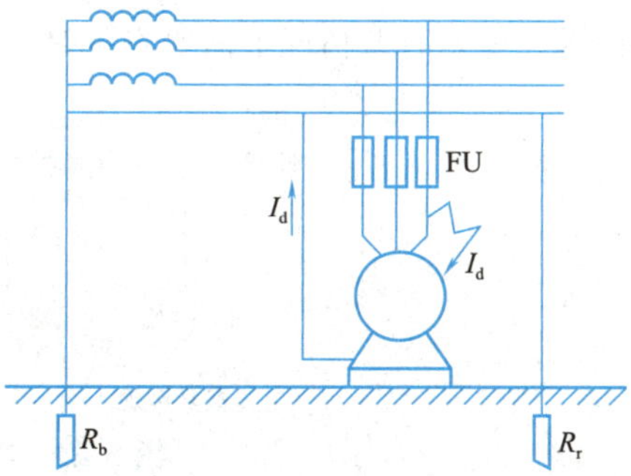

图 3-22　保护接零原理图

②保护接零原理：如图 3-22 所示，保护接零因中性点接地，并且是多次接地。这是在电源中性点直接接地的 TN 系统中，为确保公共 PE 线或 PEN 线安全可靠，除在电源中性点进行工作接地外，在架空线的干线和分支线的终端，以及架空线和电缆在引入车间或大型建筑物处采用的重复接地，保证接地可靠，使设备的金属外壳与大地的电位几乎相等，防止漏电及感应电而导致触点事故，保障了人身设备的安全。

③保护接地和保护接零的技术要求：

• 对于 10 000 V 以下的电气设备，一般接地电阻不应大于 4 Ω；零线上的重复接地电阻不大于 10 Ω。

• 接地、接零线的最小尺寸应符合表 3-12 中的要求。

表 3-12 零线的最小尺寸

材　料		最小尺寸/mm
多股绝缘铜导线（用于携带式用电设备）		1.5
裸铜线		4
绝缘铝线		2.5
裸铝线		6
圆钢（直径）	室内	5
	室外	6

• 每台设备的保护接零或接地支线都应该直接接零线或接地干线上，不允许各台设备的接零线或接地线相互串联。

• 对于单相移动式电气设备与电源均采用单相三孔插头插座连接，它们的接法如图 3-23 所示。对于三相设备均采用三相四孔插头插座连接。

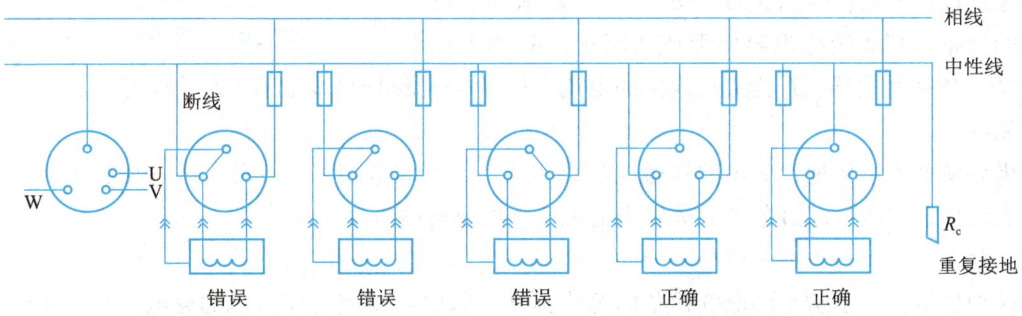

图 3-23 单相三孔插头插座连接

• 在三相四线线路中不允许安装熔断器等，在有接零保护要求的单相线路上，一般也不允许装熔断器，但是有些情况下需要安装时，应按照图 3-24 所示进行安装。

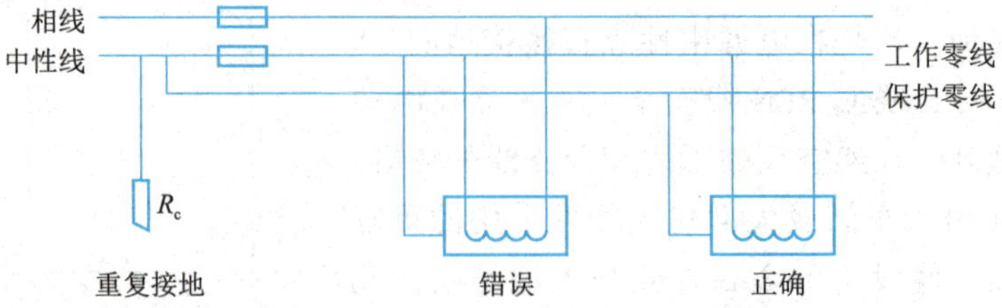

图 3-24 零线上装熔断器时保护接零正误接线

（四）触电的急救与处理

1. 注意事项

一旦发生触电事故，触电人员的现场急救，是抢救过程中的关键。如果处理及时和正确，就可能使呈假死的触电者获救，反之，会造成触电者死亡。因此，进行触电急救的要点是镇静、迅速和方法得当。

（1）镇静

救护人员必须保持沉着、冷静，不可惊慌失措、束手无策。

（2）迅速

使触电者迅速脱离电源，迅速进行抢救。

（3）救护得法

发现有人触电，首先是迅速使触电者脱离电源，然后迅速进行急救处理。具体做法及应注意的问题如下：

①就近断开电源开关或拔去电源插头。但应该注意在切断开关时，是否会因带电负荷拉闸而造成更大的事故。

②如果触电事故点离电源开关太远或立即拉开就近电源开关时将导致更大的故障，救护人员可用干燥的衣服、绝缘手套、木棒等绝缘物做工具拉开触电者或挑开电线，使之脱离电源。

③如果触电者因抽筋而握紧电线，可用干燥的木柄斧、电工绝缘钳等将电线一根一根地切断，并把触电者手握点两头的线均切断。要防止电线断落到别人和自己身上。

④如果触电者处于较高的位置，在使触电者脱离电源的同时，还要采取防摔伤的措施。

⑤如果触电事故发生在高压设备上，应通知电力部门停电，或由从事高压的电工人员，采用相应的电压等级的绝缘工具，使触电者脱离电源。

（4）迅速组织现场抢救

触电者迅速脱离电源后，为了突出“快”字，应尽量组织现场抢救。对触电的治疗必须争分夺秒，并强调就地进行，以免延误时机。具体分三种情况：

①触电者神志清醒，只是感觉心慌，四肢发麻、无力。此时应使触电者在空气流通的地方休息1~2 h，让其自己慢慢恢复正常，并注意观察。症状严重的，小心护送医院检查治疗。

②病人心跳尚存，但神志不清、昏迷，应保持病人周围空气流通，注意保暖，做好人工呼吸和心脏按压的准备工作，并立即通知医疗部门或用担架送病人去医院抢救。

③如果触电者伤势严重，心跳和呼吸均已停止，病人处于“假死”状态，则在通畅气道后，立即同时进行口对口（鼻）的人工呼吸和胸外按压心脏，并速请医生诊治或送往医院，应特别注意急救要尽早地进行，不能等待医生的到来，在送往医院的途中，也不能停止急救工作。

2. 急救方法

（1）口对口人工呼吸法

口对口人工呼吸法是人工呼吸法中最有效的一种，在施行前，应迅速将触电者身上妨碍呼吸的衣领、上衣、裤带等解开，并且清理触电者口腔内脱落的假牙、血块、呕吐物等，使呼吸道畅通。

然后使触电者仰卧，头部充分后仰，使鼻孔朝上，如图3-25所示。具体操作步骤如下：

一只手捏紧触电者鼻孔，另一只手将其下颌拉向前下方（或托住其颈后），救护人深吸一口气后紧贴触电者的口向内吹气，同时观察胸部是否隆起，以确保吹气有效，为时约 2 s。吹气完毕，立即离开触电者的口，并放松捏紧的鼻子，让他自动呼气，注意胸部的复原情况，为时约 3 s。按照上述步骤连续不断地进行操作，直到触电者开始呼吸为止。

触电者如果是儿童，只可小口吹气（或不捏紧鼻子，任其自然漏气，以免肺泡破裂；若发现触电者胃部充气膨胀，可一面用手轻轻加压于其上腹部，一面继续吹气和换气；若无法使触电者的嘴张开，可改口对鼻人工呼吸。

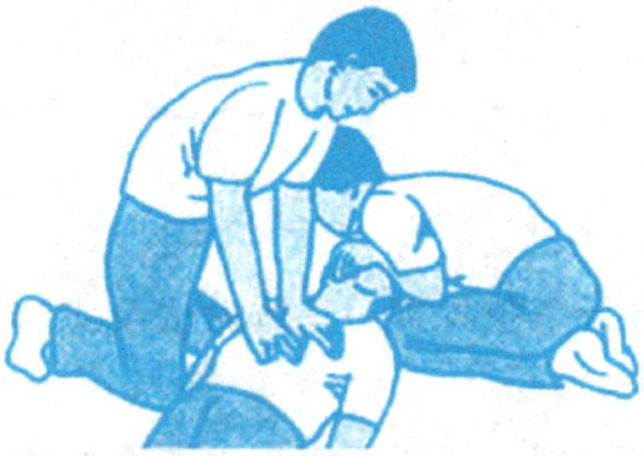

（a）使触电者仰卧

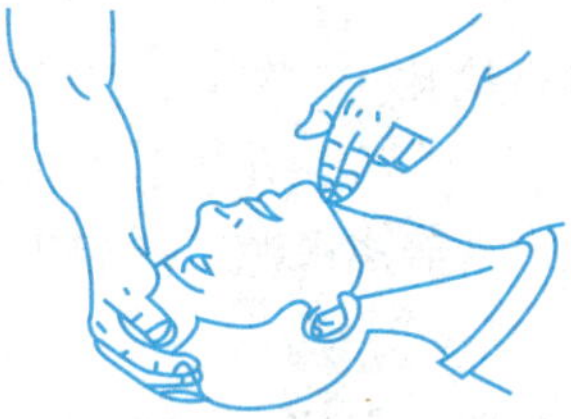

（b）仰头举颏

（c）边吹气边观察胸部膨起

图 3-25　人工呼吸抢救

（2）胸外心脏按压法

胸外心脏按压法是触电者心脏停止跳动后的急救方法，其目的是强迫心脏恢复自主跳动，采用胸外心脏按压法时，应该使触电者在比较坚实、平整、稳固的地方，保持呼吸道畅通（具体要求用口对口人工呼吸法）。施救者要跨腰跪在病人腰部，动作方法如下：

一只手用中指指尖对准病人颈部凹陷部分的下缘，手掌按在胸部，另一只手压在该手的手背上，掌跟用力向下压，使胸骨下段与相连的肋骨下陷 3~4 cm，压迫心脏使心脏内血液搏击。按压后突然放松，掌根不必离开胸膛，依靠胸廓弹性，使胸骨复位，此时，心脏舒张，大静脉的血液回流心脏。按照上述步骤，连续有节奏地进行，每秒一次，一直到触电者的嘴唇及身上皮肤的颜色转为红润，以及摸到动脉搏动为止，如图 3-26 和图 3-27 所示。

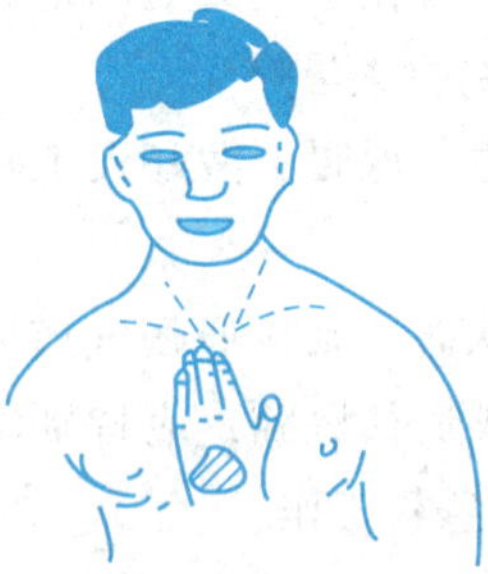

图 3-26　胸外按压心脏的正确压点

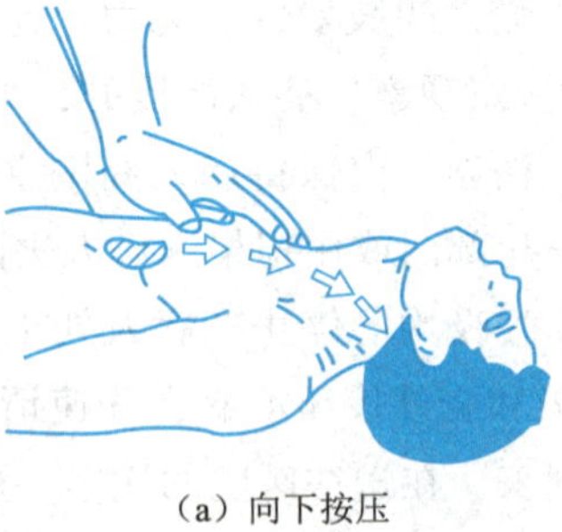

（a）向下按压

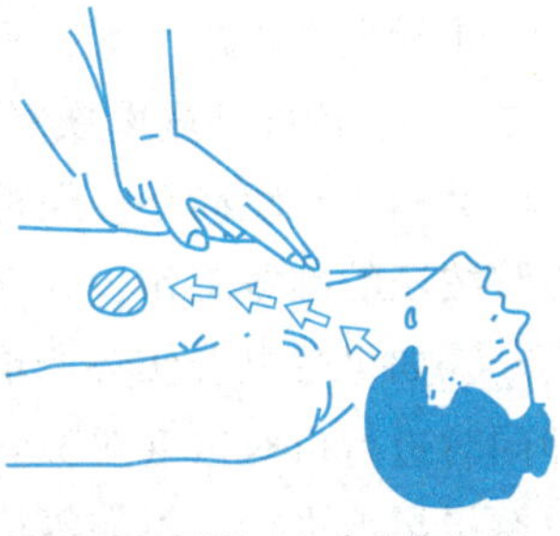

（b）放松回流（⇨为血流方向）

图 3-27　人工胸外按压心脏法

进行胸外心脏按压时，靠救护者的体重和肩肌适度用力，要有一定的冲击力量，而不是缓慢用力，但也不要用力过猛。如果触电者是儿童，可以用一只手按压，要轻一些，以免损伤胸骨，而且每分钟以按压 100 次左右为宜。另外，注意防止有的触电者经抢救苏醒后会突然出现狂奔现象，以免引起心力衰竭而死亡。

（五）雷电及过电压概述

雷电是大气中的放电现象。有关雷电形成过程的学说较多，随着高电压技术及快速摄影技术的发展，雷电现象的科学研究取得了很大进步。常见的一种说法是：在闷热、潮湿、无风的天气里，接近地面的湿气受热上升，遇到冷空气凝成冰晶。冰晶受到上升气流的冲击而破碎分裂，气流挟带一部分带正电的小冰晶，形成“正雷云”，而另一部分较大的带负电的冰晶则形成“负雷云”，随着电荷的积累，雷云电位逐渐升高。由于高空气流的流动，正、负雷云均在空中飘浮不定，当带不同电荷的雷云相互接近到一定程度时，就会产生强烈的放电，放电时瞬间出现耀眼的闪光和震耳的轰鸣，这种现象称为雷电。聚集了大量电荷的雷云在其周围产生强大的电场，这个电场会使地面的建筑物或电气设备，特别是架空输电线路上的束缚电荷被释放成自由电荷，产生很高的过电压。

所谓过电压是指在电气设备或线路上出现的超过正常工作要求并对其绝缘构成威胁的电压。过电压会使绝缘遭到破坏。

在电力系统中，按照过电压产生的原因不同，分为内部过电压和雷电过电压两大类。

1. 内部过电压

内部过电压是由于电力系统正常操作、事故切换、发生故障或负荷骤变时引起的过电压，可分为操作过电压、弧光接地过电压及谐振过电压。

内部过电压的能量来自电力系统本身，经验证明，内部过电压一般不超过系统正常运行时额定相电压的 3~4 倍，对电力线路和电气设备绝缘的威胁不是很大。

2. 雷电过电压

雷电过电压是由雷击引起的，所以又称为大气过电压或外部过电压。雷电过电压产生的雷电冲击波，其电压幅值可高达上亿伏［特］，其电流幅值可高达几十万安培。

雷电可分为直击雷与感应雷两大类。

（1）直击雷过电压

当雷电直接击中电气设备、线路或建筑物时，强大的雷电流通过其流入大地，在被击物上产生较高的电位降，称为直击雷过电压。

有时雷云很低，周围又没有带异性电荷的雷云，这样有可能在地面凸出物上感应出异性电荷，在雷云与大地之间形成很大的雷电场。当雷云与大地之间在某一方位的电场强度达到 25~30 kV/cm 时就开始放电，这就是直击雷，如图 3-28 所示。

据观测，在地面上产生雷击的雷云多为负雷云。

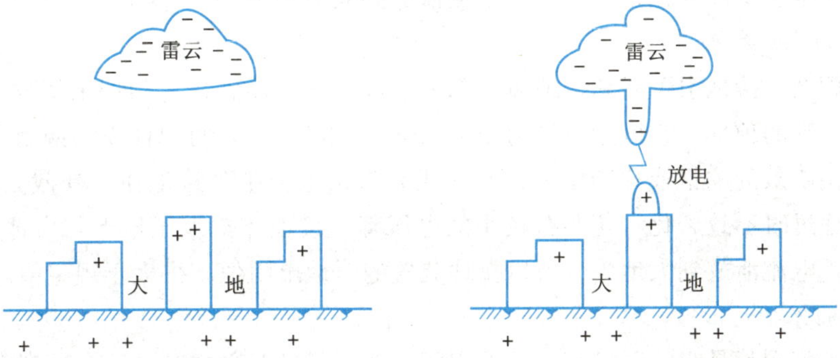

（a）负雷云在建筑物上方时　（b）雷云对建筑物放电

图 3-28　直击雷示意图

(2) 感应雷过电压

当雷云在架空线路上方时，使架空线路感应出异性电荷。雷云对其他物体放电后，架空线路上的电荷被释放，形成自由电荷流向线路两端，产生电位很高的过电压，称为感应雷过电压，如图 3-29 所示。

图 3-29 架空线路上的感应过电压

架空线路上的感应过电压可达几万甚至几十万伏，对供电系统的危害很大。

在雷云放电的附近，还存在雷电感应（感应雷），雷电感应分为静电感应和电磁感应两种。

静电感应是由于雷云接近地面，在地面凸出物顶部感应出大量异性电荷引起的，在雷云与其他部位放电后，感应电荷失去束缚，以雷电波的形式，极快地向周围传播。电磁感应是由雷击时强大的雷电流在周围空间产生迅速变化的强磁场引起的，这种磁场能使附近金属导体或金属结构感应出很高的危险电压。

(3) 雷电侵入波

雷云消失后，在线路上感应的自由电荷形成过电压波，这些由于直击雷或感应雷而产生的高电压雷电波，会沿架空线路或金属管道侵入变配电所或用户，称雷电侵入波。雷电波侵入造成的危害占雷害总数的一半以上，因此对雷电波侵入的防护必须足够重视。

(六) 防雷设备

1. 避雷针

避雷针的功能实质是引雷通道。由于避雷针安装高度高于被保护物，并有良好的接地，因此当雷电先导临近地面时，它能使雷电场畸变，改变雷电先导的通道方向，吸引到避雷针本身，然后经与避雷针相连的接地引下线和接地装置将雷电流泄放到大地中去。

(1) 避雷针的基本结构

避雷针由接闪器、接地引下线和接地体三部分组成。接闪器就是专门用来接收直接雷击的 金属物体，安装在避雷针的顶部，它可用直径为 10~12 mm、长 1~2 m 的钢管或圆钢制成，头部成尖形。接地引下线常采用明敷的圆钢或扁钢制成，其作用是将雷电流引到接地体，其截面不能过小，并保证强大的雷电流通过时不致熔化，还要有较小的电压降。接地体是埋于地下与大地直接接触的金属体，其作用是将雷电流泄放到大地中，所以接地装置的对地电阻值不得大于规定值。

(2) 避雷针的保护范围

避雷针的保护范围就是它能防护直击雷的空间，在此保护范围内基本不会遭到直接雷击。

避雷针能否对被保护物进行保护，被保护物是否在其有效的保护范围内是很重要的。避雷针的保护范围，以其能防护直击雷的空间来表示，按新颁国家标准采用“滚球法”来确定。

“滚球法”就是选择一个半径为滚球半径 h_r，沿需要防护直击雷的部分滚动，如果球体只触及接闪器或接闪器和地面，而不触及需要保护的部位，则该部位就在这个接闪器的保护范围之内。

图 3-30 所示为单支避雷针的保护范围。

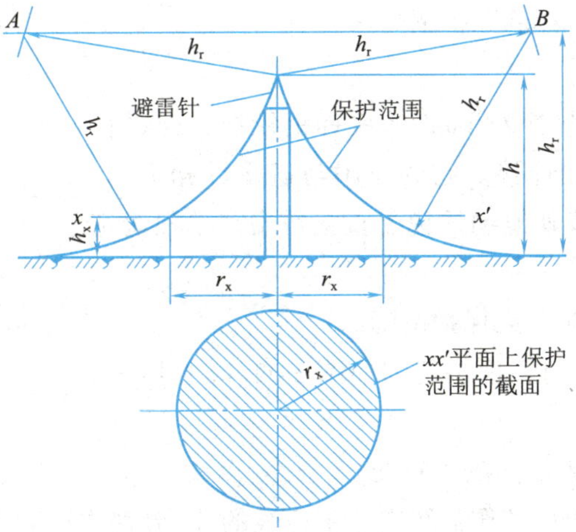

图 3-30　单支避雷针的保护范围

单支避雷针的保护范围按下列方法确定：

①当避雷针高度 $h \leqslant h_r$ 时：

- 距地面 h_r 处作一平行于地面的平行线。
- 以避雷针的针尖为圆心、h_r 为半径，作弧线交平行线于 A、B 两点。
- 以 A、B 为圆心，h_r 为半径作弧线，该弧线与针尖相交，并与地面相切。由此弧线起到地面为止的整个锥形空间就是避雷针的保护范围。

避雷针在被保护物高度 h_r 的 xx' 平面上的保护半径按下式计算

$$r_x = \sqrt{h(2h_r - h)} - \sqrt{h_x(2h_r - h_x)}$$

式中，h 为避雷针高度；h_x 为保护物高度；h_r 为滚球半径，按表 3-13 确定。

表 3-13　各类防雷建筑物的滚球 r 半径和避雷网格尺寸

建筑物防雷类别	滚球半径 h_r/m	避雷网格尺寸/m
第一类防雷建筑物	30	≤5×5 或≤6×4
第二类防雷建筑物	45	≤10×10 或≤12×8
第三类防雷建筑物	60	≤20×20 或≤24×16

②当避雷针高度 $h > h_r$ 时，在避雷针上取高度 h_r 的一点代替避雷针的针尖作为圆心。余下作法与避雷针高度相同。

【例 3-5】　某厂锅炉房烟囱高 40 m，烟囱上安装一支高2 m 的避雷针，锅炉房（属第三类防雷建筑物）尺寸如图 3-31 所示，试问此避雷针能否保护锅炉房？

解：查表 3-13 得滚球半径 $h_r = 60$ m，而避雷针顶端高度 $h = (40+2)$ m $= 42$ m，$h_x = 8$ m，根据公式

计算得到避雷针保护半径为

$$r_x=\sqrt{42\times(2\times60-42)}-\sqrt{8\times(2\times60-8)}\ \text{m}=27.3\ \text{m}$$

现锅炉房在 $h_x=8$ m 高度上最远屋角距离避雷针的水平距离为

$$r=\sqrt{(12-0.5+10)^2+10^2}=27.3\ \text{m}<r_x$$

由此可见，烟囱上的避雷针能保护锅炉房。

2. 避雷线

避雷线一般用截面和不小于 25 mm^2 的镀锌钢绞线，架设在架空线路上方，并与大地直接连接。它的作用与避雷针相类似，起引雷的作用，保护架空线或其他物体免受直接雷击。单根避雷线的保护范围如下：

①当避雷线高度 $h\leqslant 2h_r$ 时，无保护范围。

②当避雷线的高度 $h\leqslant h_r$ 时，保护范围如图 3-32（a）所示。保护范围应按下列方法确定：

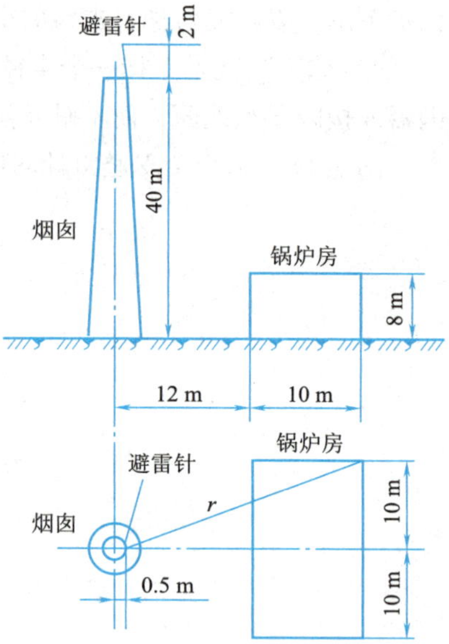

图 3-31　例 3-5 图示

- 距地面 h_r 处作一平行于地面的平行线。
- 以避雷线为圆心，h_r 为半径作弧线交于平行线的 A、B 两点。
- 以 A、B 为圆心、h_r 为半径作弧线，这两条弧线相交或相切，并与地面相切。这两条弧线与地面围成的空间就是避雷线的保护范围。

③当 $h_r<h<2h_r$ 时确定保护范围，应在避雷线离地面直线 h_r 高度上作一条与地面平行的直线，然后仍以避雷线为圆心，h_r 为半径作弧线，重复上述步骤，即得到其保护范围，如图 3-32（b）所示。

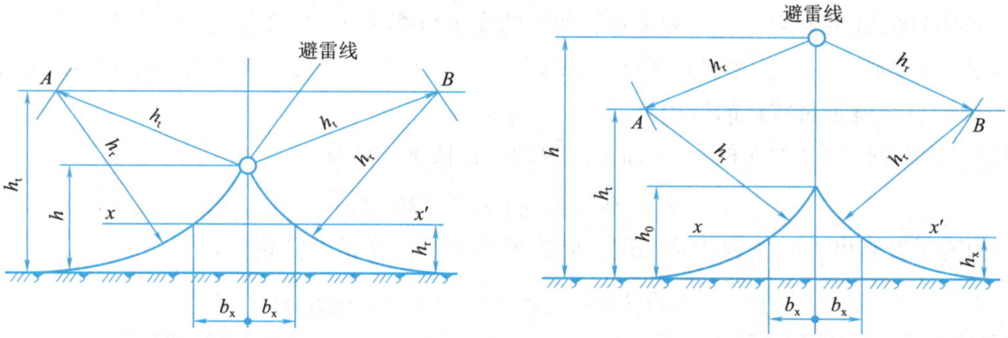

（a）当 $h<h_r$ 时　　（b）当 $h_r<h<2h_r$ 时

图 3-32　单根避雷线的保护范围

当 $h_r<h<2h_r$ 时，其保护范围的最高点的高度 h_0 应按下式计算：

$$h_0=2h_r-h \tag{3-73}$$

式中，h_r 为滚球半径，仍按表 3-13 确定。

避雷线的保护范围，是伞状保护带，是由无数圆弧连成的一条带，在被保护物高度 h_x 的平面上，保护带宽度的一半用 b_x 表示，可按下式计算：

$$b_x=\sqrt{h(2h_r-h)}-\sqrt{h_x(2h_r-h_x)}$$

注意： 确定架空避雷线的高度时，应考虑弧垂。在无法确定弧垂的情况下，等高支柱间的挡距小于 120 m 时，其避雷线中点的弧垂宜选用 2 m；挡距为 120~150 m 时宜选用 3 m。

3. 避雷器

避雷器是用来防止雷电产生的过电压波沿线路侵入变配电所或其他建筑物内，以免危及被保护设备的绝缘。

避雷器的类型主要有阀型避雷器、磁吹阀式避雷器、管式避雷器、保护间隙和金属氧化物避雷器等几种。

（1）阀型避雷器

阀型避雷器如图 3-33、图 3-34 所示，由单元火花间隙和阀片组成，装在密封的瓷套管内。火花间隙是用铜片冲制而成的，每对为一个间隙，中间用云母片（垫圈式）隔开，其厚度为 0.5~1 mm。在正常工作电压下，火花间隙不会被击穿从而隔断工频电流，但在雷电过电压时，火花间隙被击穿放电。阀片是用碳化硅制成的，具有非线性特征。在正常工作电压下，阀片电阻值较高，起到绝缘作用，而在雷电过电压下电阻值较小。当火花间隙击穿后，阀片能使雷电流泄放到大地中。而当雷电压消失后，阀片又呈现较大电阻，使火花间隙恢复绝缘，切断工频续流，保证线路恢复正常运行。

（a）单元火花间隙　（b）阀片　（c）阀电阻特性曲线

图 3-33　阀型避雷器的组成部件及特性

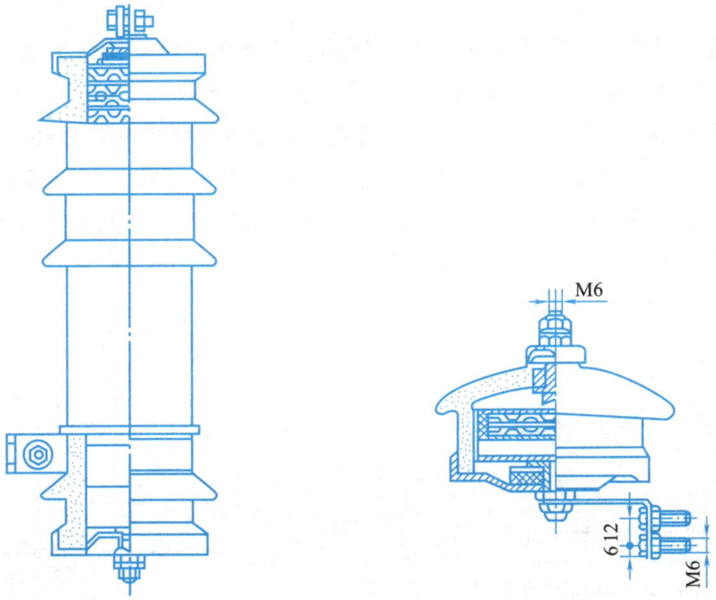

（a）FS4-10型　（b）FS-0.38型

图 3-34　FS4-10 型和 FS-0.38 型阀型避雷器外形图

注意： 雷电流流过阀片时会形成电压降（称为残压），加在被保护电力设备上，残压不能超过设备绝缘允许的耐压值，否则会使设备绝缘击穿。

（2）磁吹阀式避雷器

磁吹阀式避雷器主要是指由磁吹型火花间隙和高温阀构成的避雷器。磁吹间隙分为拉长电弧型和旋转电弧型两种，二者的基本原理都是利用永久磁铁的磁场与工频持续电流的相互作用，使电弧拉长或旋转，从而将其分割和冷却，借以产生强烈的去游离而熄灭。专门用来保护重要的或绝缘较为薄弱的设备，如高压电动机等。

（3）管式避雷器

管式避雷器由产气管、内部间隙和外部间隙三部分组成，这种避雷器实质上是一个具有灭弧能力的保护间隙，如图 3-35 所示。当雷电波过电压来临时，管式避雷器的内外间隙被击穿，雷电流通过接地线泄入大地。接踵而来的工频电流产生强烈的电弧，电弧燃烧管壁并产生大量气体从管口喷出，很快地吹灭电弧。同时，外部间隙恢复绝缘，使灭弧管或避雷器与系统隔开，系统恢复正常运行。

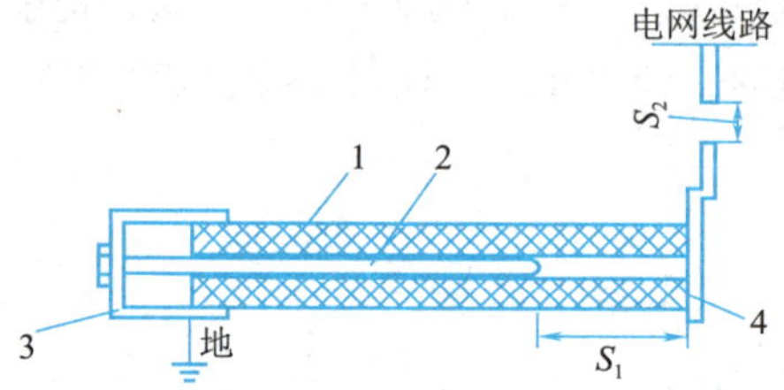

1—产气管；2—棒形电极；3—接地支座；4—环形电极；
S_1—内部火花间隙；S_2—外部火花间隙。

图 3-35 管型避雷器结构示意图

（4）保护间隙

保护间隙又称角式避雷器，其结构如图 3-36 所示。它简单经济，维护方便，但保护性能差，灭弧能力差，雷电流泄放完毕后工频短路电流将继续存在，会导致继电保护动作而造成停电。因此，对于装有保护间隙的线路，一般要装自动重合闸装置，才能保证供电的可靠性。

保护间隙安装时，一个电极接线路，另一个电极接地。但为了防止间隙被外物短接而造成接地或短路，通常在其接地引下线中还串联一个辅助间隙（见图 3-37），以提高工作地可靠性。保护间隙用于室外且次要的线路上。

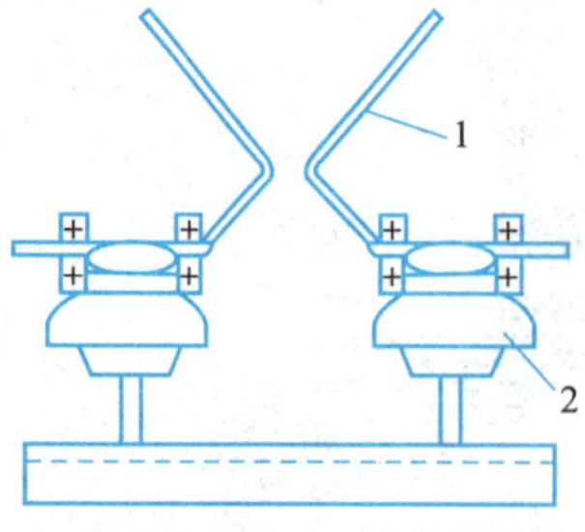

1—羊角形电极；2—支持绝缘子。

图 3-36 保护间隙

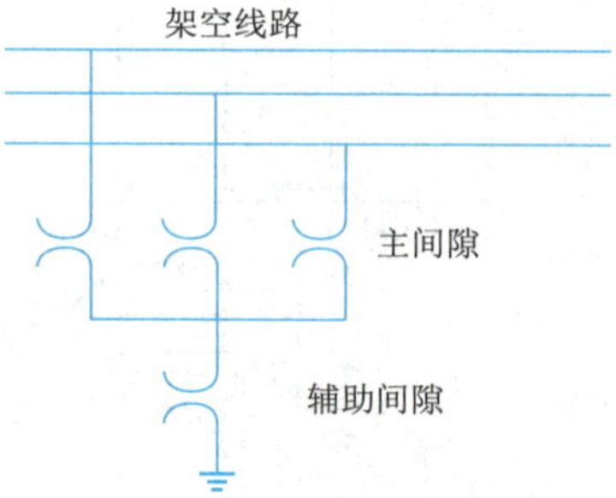

图 3-37 辅助间隙

(5) 金属氧化物避雷器

金属氧化物避雷器（亦称压敏避雷器）是20世纪70年代开始出现的一种新型避雷器，与传统的碳化硅阀型避雷器相比，金属氧化物避雷器没有火花间隙，且用氧化锌代替碳化硅，在结构上采用压敏电阻制成的阀片叠装而成。该阀片具有优异的非线性伏安特性，在工频电压下，它呈现极大电阻，有效地抑制工频电流；而在雷电波过电压下，它又呈现极小的电阻，能很好地泄放雷电流。

(七) 防雷保护措施

1. 架空线路的防雷措施

①架设避雷线。这是线路防雷的最有效措施，但成本很高，只有66 kV及以上线路才沿全线装设。

②提高线路本身的绝缘水平。在线路上采用瓷横担代替铁横担，改用高一绝缘等级的瓷瓶都可以提高线路的防雷水平，这是10 kV及以下架空线路的基本防雷措施。

③利用三角形排列的顶线兼做防雷保护线。由于3~10 kV线路其中性点通常是不接地的，因此如果在三角形排列的顶线绝缘子上装设保护间隙，则在雷击时顶线承受雷击，保护间隙被击穿，通过引下线对地泄放雷电流，从而保护了下面两根导线，一般不会引起线路断路器跳闸。

④加强对绝缘薄弱点的保护。线路上个别特别高的电杆、跨越杆、分支杆、电缆头、开关等处，就全线路来说是绝缘薄弱点，雷击时最容易发生短路。在这些薄弱点，需要装设管型避雷器或保护间隙加以保护。

⑤采用自动重合闸装置。遭受雷击时，线路发生相间短路是难免的，在断路器跳闸后，电弧自行熄灭，经过0.5 s或稍长一点时间后又自动合上，电弧一般不会复燃，可恢复供电，停电时间很短，对一般用户影响不大。

⑥绝缘子铁脚接地。对于分布广密的用户低压线路及接户线的绝缘子铁脚宜接地，当其上落雷时，就能通过绝缘子铁脚放电，把雷电流泄入大地而起到保护作用。

2. 变配电所的防雷保护

①装设避雷针。用来防护整个变配电所，使之免遭雷击。如果变配电所附近高大的建（构）筑物上的避雷针保护范围以内或变配电所本身为室内型，不必考虑直击雷击的防护。

②高压侧装设阀式避雷器。主要用来保护变压器，以免雷电冲击波沿高压线侵入变电所，损坏变电所的关键设备。为此，要求避雷器应尽量靠近变压器安装，其接地线应与变压器低压侧接地中性点及金属外壳连在一起接地。6~10 kV配电装置对雷电波侵入的防护是在每路进线终端和母线上，都装有阀式避雷器。

③低压侧装设阀式避雷器或保护间隙。主要是在多雷区用来防止雷电波沿低压线路侵入而击穿变压器的绝缘。当变压器低压侧中性点不接地时，其中性点可装设阀式避雷器或保护间隙。

3. 高压电动机的防雷保护

高压电动机的绕组由于制造条件的限制，其绝缘水平比变压器低，它不能像变压器线圈那样可以浸在油里，而只能靠固体介质来绝缘。电动机长期在空气中运行，容易受潮，受粉尘污染及受酸碱气体的侵蚀。另外，长时间的发热，绕组中的固体介质很容易老化，所以电动机的绝缘只能达到 $1.5\times\sqrt{2}U_N$。

对高压电动机一般采用如下防雷措施：对于定子绕组中性点能引出的大功率高压电动机，就在中性点加装磁吹阀式避雷器（FCD 型）或金属氧化物避雷器；对于定子绕组中性点不能引出的高压电动机，目前普遍采用 FCD 型磁吹阀型避雷器与电容并联的方法来保护。如图 3-38 所示，电容 C 的容量为 1.5~2 μF，其耐压值可按被保护电动机的额定电压选用，电容接成星形，并将其中性点直接接地。

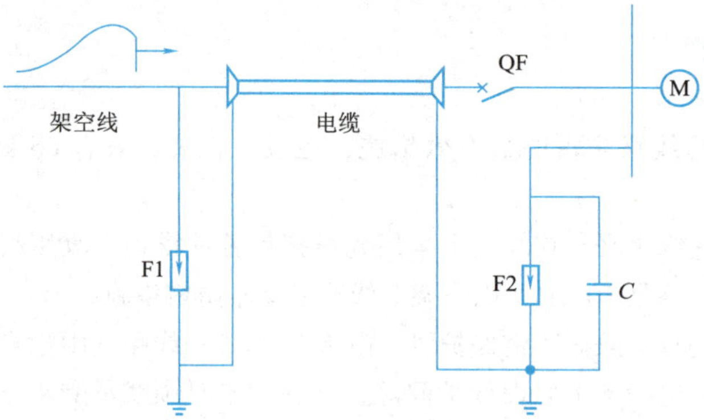

F1—排气式避雷器或普通阀式避雷器；F2—磁吹阀式避雷器。

图 3-38 高压电动机防雷保护接地示意图

（八）环保、节约用电的意义和途径

1. 环保、节约用电的意义

环保用电除了绿化、美化供用电环境，使用环保电力材料外，主要是节约用电，保护资源，减少污染。

节约用电是指在满足生产、生活所必需的用电条件下，减少电能的消耗，提高用户的电能利用率和减少供电网络的电能损耗。

节约电能，也就是节约发电所需的一次能源，从而使全国的能源得到节约，可以减轻能源和交通运输的紧张程度；节约电能，也就意味着相应地节省国家对发电、供电、用电设备需要投入的基建投资；节约电能，能够减少不必要的电能损失为企业减少电费支出，降低成本，提高经济效益，从而使有限的电力发挥更大的社会经济效益，提高电能利用率，更加有效地利用好电力资源。

2. 工厂节约电能的措施

工厂节约电能可以通过科学管理和技术改造，以及制定电能平衡计划等几方面采取措施。

(1) 加强工厂节约电能的科学管理

①加强电能管理，建立和健全合理的管理机构和制度。

②实行统筹兼顾、适当安排、确保重点、兼顾一般、择优供应的原则，做好电力供需平衡，对用电单位进行合理的电力分配。

③实行计划供用电，提高电能利用率。

④实行“削峰填谷”的负荷调整。供电部门根据用户的不同用电规律，合理地、有计划地安排各用户的用电时间，以降低负荷高峰，填补负荷低谷（即“削峰填谷”）。

⑤加强电力设备的运行维护和管理。

(2) 深化工厂供、用电系统的技术改造

①充分利用工业余热发电供电。

②改进旧设备，提高旧设备性能及效率。

③采用新技术、新工艺，改造现有能耗大的用电设备。

④改善工艺、改进操作，合理使用现有设备，提高其自然功率因素。

⑤改造工厂内现有的旧供配电系统，降低线路损耗。

⑥加强设备维修，减少机械摩擦及工业用气、用风、用水的漏失等。

(3) 制订电能平衡计划，挖掘节电潜力

企业每年必须制订电能的平衡计划，包括电能的输入和电能的消耗两部分，做到心中有数。

①电能的输入部分包括：

- 工厂由电力系统输入的电能。
- 工厂由电力系统其他用户转供的电能。
- 工厂自用发电设备，包括同步补偿器、静电电容器发出的无功功率等。

②电能的消耗部分包括：

- 不计算电能损耗，直接用于生产过程中为生产产品所需的电能消耗量。
- 在生产过程中消耗电能，但因工艺制定过程中标准尚不完备，以及由于设备缺陷而需要增加的电能消耗量。
- 生产辅助耗用电能（如通风、运输、车间照明）。
- 供电系统的电能损耗。
- 转供用户及其他生活福利设施消耗的电能等。

企业可根据上述五方面内容，参考前述内容，结合本厂具体情况制订电能平衡计划，便可得到用在生产上主要产品所需的电能总量，求出其实际电能消耗，分析比较，从而找出薄弱环节，采取措施，弥补漏洞，尽量压缩不合理的非生产用电，以及减少工厂各个环节的电能损耗等。

③电能平衡计划应包括：

- 全厂用电计划。
- 车间用电计划。
- 大型、特殊用电设备的计划。
- 特殊指定的个别车间无功用电计划。

二、供配电系统的维护与巡检

1. 接地电阻测量方法

接地装置是电力系统中的重要保护装置，其安全运行非常重要。变电所发生的很多事故，如变电所电气设备在运行中烧毁、变电所在雷电过电压作用下出现大面积电气设备及主变设备烧毁等事故，多数情况下均为接地装置的阻抗过大引起的。因此，必须经常性地对接地装置进行巡检，对接地电阻进行测量。

(1) 电压电流表法

电压电流表测量接地电阻法的电流辅助极用来与被测接地电极构成电流回路，电压辅助极用来测得被测接地电位。采用该方法保证测量准确度的关键在于电流辅助极和电压辅助极的位置要选择适合。例如，在辅助电流极以前，电压表已有读数，说明存在外来干扰。

(2) 手摇式地阻表测量原理

手摇式地阻表是一种较为传统的测量仪表，其基本原理是采用三点式电压落差法，测量手段是在被测地线接地极（暂称为X）一侧地上打入两根辅助测试极，要求这两根测试极位于被测地极的同一侧，三者基本在一条直线上，距被测地极较近的一根辅助测试极（称为Y）距离被测地极20 m左右，距被测地极较远的一根辅助测试极（称为Z）距离被测地极40 m左右。测试时，按要求的转速转动摇把，测试仪通过内部磁电机产生电能，在被测地极X和较远的辅助测试极（称为Z）之间"灌入"电流，此时在被测地极X和辅助测试极Y之间可获得一电压，仪表通过测量该电流和电压值，即可计算出被测接地极的地阻。

(3) 钳形地阻表测量原理

钳形地阻表是一种新颖的测量工具，它方便、快捷，外形酷似钳形电流表，测试时不需要辅助测试极，只需往被测地线上一夹，几秒即可获得测量结果，极大地方便了地阻测量工作。钳形地阻表还有一个很大的优点是可以对在用设备的地阻进行在线测量，而不需要切断设备电源或断开地线。

虽然钳形地阻表测试时使用一定频率的信号以排除干扰，但在被测线缆上有很大电流存在的情况下，测量也会受到干扰，导致结果不准确。所以，按照要求，在使用时应先测线缆上的电流，只有在电流不是非常大时才可进一步测量地阻。有些仪表在测量地阻时自动进行噪声干扰检测，当干扰太大以致测量不能进行时会给出提示。

地阻表测量注意事项：

由以上介绍可以看出，钳形地阻表和手摇式地阻表的测量原理完全不同。手摇式地阻表在使用时，应将接地极与设备断开，以避免设备自身接地体影响测量的准确性。手摇式地阻表可获得较高的精度，而不管是单点接地和多点接地系统；对于钳形地阻表，其最理想的应用是用在分布式多点接地系统中，此时应对接地系统的所用接地极依次进行测量，并记录下测量结果，然后进行对比，对测量结果明显大于其他各点的接地桩，要着重检查，必要时将该地极与设备断开后用手摇式地阻表进行复测，以暴露出不良的接地极。

在单点接地系统中应慎用钳形地阻表，从它的工作原理中可以看出：钳形地阻表测出的电阻值是回路中的总电阻，只有 $R_x \gg 1/(1/R_1+1/R_2+\cdots+1/R_n)$ 时，该阻值才近似于要测的接地极地阻，而这个条件，在很多情况下，尤其是在单点接地系统中是不满足的。对于已埋设好而尚未与设备连接的开路接地极，其地阻根本不能用该仪表进行测量。钳形地阻表在使用中应注意以下几点：

①注意是否单点接地，被测地线是否已与设备连接，有无可靠的接地回路。开路接地极，不能测量；接地回路不可靠，测量结果不准确（偏高）。

②注意测量位置，选取合适的测量点；选取的测量点不同，测得的结果是不同的，测量有时会遇到无处可夹的情况。在条件允许的情况下，可暂时断开原地线连线，临时接入一段可夹持的跳线进行测量。

③注意"噪声"干扰；地线上较大的回路电流对测量会造成干扰，导致测量结果不准确，甚至

使测试不能进行，很多仪表在这种情况下会显示出“Noise”或类似符号。

2. 企业供配电系统的维护与巡检

(1) 变配电所电气设备维护与巡检要求

为更好地监视变配电所电气设备的运行情况，以便能及时发现和及时消除变配电所电气设备存在的设备缺陷，预防事故的发生，确保电气设备长期、安定、稳定地运行，在变配电所的日常工作中有必要对全部的电气设备，按巡视检查规定，认真进行巡视检查。这就对每一个电气运行值班员提出必须严格按照规程要求，认真负责，一丝不苟地做好电气设备的巡视检查工作。

①变电所电气设备的巡视检查工作，由变配电所值班长按照电气规程规定，安排定期性巡视检查和特殊巡视检查。定期性巡视检查，要求值班人员认真按时巡视设备，及时发现设备的缺陷和异常状态，认真分析，正确处理，做好记录，并及时向上级有关部门汇报。

- 要求每 2 h 至少对运行设备进行巡视检查 1 次，包括交接班巡视检查，班中巡视检查和晚间熄灯巡视检查。
- 变压器、调相变压器和电抗器每 4 h 检查 1 次。
- 调相机及其辅机、内冷机、油泵、油箱、水箱必须每 2 h 检查 1 次。
- 控制设备、操作过的设备，带有紧急或有重要缺陷的设备，在交接班时必须检查。
- 变配电所的所有设备，每 24 h 检查 3 次。
- 每周 1 次关灯巡视检查导线接点及绝缘子的异常情况。对污秽严重的变电所的户外设备，在雨天、雾天放电严重时要增加巡视次数。
- 每天检查、测量蓄电池温度、电压，进行全面检查。
- 继电保护设备每月核对一次，如保护压板的投退情况，保护整定值核对检查，各继电器的状态是否正常，触点有无抖动现象，有无黏死现象；触点的胶木绝缘有无烧糊、腐蚀现象等。
- 变配电所所长应同安全员或值班长一起，每月对全所的设备进行一次全面的详细检查，并对设备的状况做出评价。

②特殊性巡视检查是指在特殊情况下，根据设备的运行状况和运行要求，为确保设备的正常运行而进行的巡视检查。在下列情况，应进行特殊巡视检查。

- 冬季应重点检查充油设备油面是否过低，导线是否过紧，接头有无裂痕、发热等现象，绝缘子有无积雪结冰，管道有无冻裂等现象；还要修复门窗破损缝隙，电缆沟竖井室内出口要封堵严密，控制室、电缆沟封墙、电缆沟出线孔要封堵严密以防止小动物进入室内。夏季重点检查充油设备油面是否过高，油温是否超过规定。检查变压器是否油温过高（允许温升为 55 ℃，允许油温为 85 ℃）及接头发热，蜡片熔化等现象，检查变压器冷却装置、断路器室、母线室、蓄电池室的排风机，检查导线是否松动等。
- 大风大雨时，重点检查户外设备的底部附近有无杂物，检查导线有无剧烈摆动、有无大风刮来的悬挂物等情况。检查门窗是否关好，屋顶、墙壁有无漏渗水现象。检查生产区有无积水，有无危及设备安全运行的可能。接头有无异常情况，采取的安全措施是否松动等。雷击后检查绝缘子，套管有无闪络痕迹，检查避雷器动作情况，在专用记录本中做好记载。平时要做好记录，做到现场数字、记录器、记录簿数据一致。
- 大雾霜冻季节和污秽地区，重点检查设备瓷质绝缘部分的污秽程度，检查设备的瓷质绝缘有无放电电晕等异常现象，必要时关灯检查。

• 事故后重点检查信号和继电保护装置动作情况，故障记录仪的动作情况，检查事故范围内的设备情况，绝缘子有无烧闪、断路等到情况。

• 高峰负荷期间重点检查主变线路等回路的负荷是否超过额定值，检查过负荷设备有无过热现象。主变压器严重过负荷时，应每小时检查一次油温，监视回路触点高温片是否熔化，根据主变压器规程监视主变压器，并汇报电气调度，开启备用冷却器，转移负荷，监视发热点。

• 新设备投入运行后，每半小时巡视检查 1 次，4 h 后按正常巡视，对主设备投入后的正常巡视要延长到 24 h 后。重点检查有无异常声音，接点是否发热，有无漏油、渗油现象等。主变压器投入运行后，重瓦斯先作用于信号，24 h 后才作用于跳闸。

③担任变配电所副值班长及以上的值班员，允许单独巡视检查。在检查电气设备时，应遵守"高压电气设备巡视检查"的有关规定。

④变配电所值班人员在进行巡视时，必须做到以下几点：

• 变配电所值班员在对电气设备进行巡视检查时，应随身携带好记录的小本子，对所检查的情况认真做好记录。

• 在变配电的巡视检查中，要做到四细：细看、细听、细嗔、细摸（细摸是指摸不带电的电气设备的外壳），严格按照电气设备运行规程中的检查项目进行检查，防止漏检，要及时发现电气设备出现的缺陷。

• 对于检查中发现的设备缺陷及异常情况，应在巡视现场及时做好记录，并及时向变电所长汇报，然后将电气设备出现的异常情况和缺陷按类别记录在变电所的电气设备缺陷记录簿中。对发现严重的电气设备缺陷及异常情况，变电所值班长、所长应立即到现场复查，并进行分析，同时向上级电气主管部门汇报，加强对电气设备薄弱环节的监视。

• 在进行巡视检查过程中，若遇到有威胁人身和设备安全的情况，应按事故处理的有关规定进行处理，如尽快限制事故的发展，消除事故发生根源，解除对人身和设备安全的威胁等。

• 变配电所的巡视检查人员，在巡视中要做到五不准：不准做与工作无关的事情，不准观望检查范围以外的外景，不准交谈与巡视检查无关的内容，不准嬉笑打闹，不准移开或越过遮栏。

(2) 变压器运行维护、巡检的要求

①变压器运行中如漏油、油位过高或过低，温度异常，音响不正常及冷却系统不正常等，应设法尽快消除。

②当变压器的负荷超过答应的正常过负荷值时，应按规定降低变压器的负荷。

③变压器内部声响很大，很不正常，有爆裂声；温度不正常并不断上升；储油柜或安全气道喷油；严重漏油使油面下降，低于油位计的指示限度；油色变化过快，油内出现碳质，套管有严重的破损和放电现象等，应立即停电修理。

④当发现变压器的油温较高时，而其油温所应有的油位显著降低时，应立即加油。加油时应遵守规定，如因大量漏油而使油位迅速下降时，应将瓦斯保护改为只动作于信号，而且必须迅速采取堵塞漏油的措施，并立即加油。

⑤变压器油位因温度上升而逐渐升高时，若最高温度时的油位可能高出油位指示计，则应放油，使油位降至适当的高度，以免溢油。

(3) 架空线路的运行维护要求

①一般要求：对厂区架空线路，一般要求每月进行一次巡视检查。当遇大风、大雨及发生故障等特殊情况时，需要临时增加巡视次数。

②巡视项目：

• 电杆有无倾斜、变形、腐朽、损坏及基础下沉等现象，若有，应设法修理。

• 沿线路的地面是否堆放有易燃易爆和强腐蚀性物体，若有，应立即设法挪开。

• 沿线路周围有无危险建筑物，应尽可能保证在雷雨季节和大风季节，这些建筑物不致对线路造成损坏。

• 线路上有无树枝、风筝等杂物悬挂，若有，应设法消除。

• 拉线和扳桩是否完好，绑扎线是否坚固可靠，若有缺陷，应设法修理或更换。

• 导线的接头是否接触良好，有无过热发红、严重氧化、腐蚀或断脱现象，绝缘子有无破损和放电现象，若有，应设法修理或更换。

• 避雷装置的接地是否良好，接地线有无锈断情况，在雷电季节到来之前，应重点检查，以确保防雷安全。

• 其他危及线路安全运行的异常情况。

在巡视中发现的异常情况，应记入专用记录本内，重要情况应及时汇报上级，请示处理。

(4) 电缆线路的运行维护与巡检要求

①一般要求：电缆线路大多是敷设在地下的，要做好电缆的运行维护工作，就要全面了解电缆的敷设方式、结构布置、线路走向及电缆头位置等。对电缆线路，一般要求每季进行一次巡视检查，并经常监视其负荷大小和发热情况。当遇大雨、洪水及地震等特殊情况及发生故障时，需要临时增加巡视次数。

②巡检项目：

• 电缆头及瓷套管有无破损和放电痕迹；对填充有电缆胶（油）的电缆头，还应检查有无漏油溢胶现象。

• 对明敷电缆，还须检查电缆外皮有无锈蚀、损伤，沿线支架或挂钩有无脱落，线路上及附近有无堆放易燃易爆及强腐蚀性物体。

• 对暗敷及埋地电缆，应检查沿线的盖板和其他保护物是否完好，有无挖掘痕迹，路线标桩是否完整无缺。

• 电缆沟内有无积水或渗水现象，是否堆有杂物及易燃易爆危险品。

• 线路上各种接地是否良好，有无松脱、断股和腐蚀现象。

• 其他危及电缆安全运行的异常情况。

在巡视中发现的异常情况，应记入专用记录本内，重要情况应及时汇报上级，请示处理。

(5) 车间配电线路的运行维护与巡检要求

①一般要求：要搞好车间配电线路的运行维护工作，必须全面了解车间配电线路的布线情况、结构形式、导线型号规格及配电箱和开关、保护装置的位置等到，并了解车间负荷的要求、大小及车间变电所的有关情况。对车间配电线路，有专门的维护电工时，一般要求每周进行一次巡视检查。

②巡视项目：

• 检查导线的发热情况。例如，裸母线在正常运行时的最高允许温度一般为 70 ℃。当温度过高时，将使母线接头处氧化加剧，接触电阻增大，运行情况迅速恶化，最后可能引起接触不良或断线。所以，一般要在母线接头处涂以变色漆或示温蜡，以检查其发热情况。

• 检查线路的负荷情况。线路的负荷电流不得超过导线的允许截流量，否则导线要过热。对于绝缘导线，导线过热还可能引起火灾。因此，运行维护人员要经常注意线路的负荷情况，一般用钳形电流表来测量线路的负荷电流。

• 检查配电箱、分线盒、开关、熔断器、母线槽及接地保护装置等的运行情况，着重检查母线接头有无氧化、过热变色和腐蚀等情况，接线有无松脱、放电和烧毛的现象，螺栓是否紧固。

• 检查线路上和线路周围有无影响线路安全的异常情况。绝对禁止在绝缘导线上悬挂物体，禁止在线路近旁堆放易燃易爆危险品。

• 对敷设在潮湿、有腐蚀性物质的场所的线路和设备，要作定期的绝缘检查，绝缘电阻一般不得低于 0.5 MΩ。

在巡视中发现的异常情况，应记入专用记录本内，重要情况应及时汇报上级，请示处理。

(6) 线路运行过程中突然停电的处理

电力线路在运行过程中突然停电，可按下述不同情况进行处理：

①当进线没有电压时，说明是电力系统方面暂时停电。这时总开关不必拉开，但出线开关应该全部拉开，以免突然来电时，用电设备同时启动，造成过负荷和电压骤降，影响供电系统的正常运行。

②当两条进线中的一条进线停电时，应立即进行切换操作，将负荷（特别是其中重要的负荷）转移给另一条进线供电。

③厂内配电线路发生故障使开关跳闸时，可试合一次（如果开关的断流容量允许），争取尽快恢复供电。由于多数故障属暂时性的，试合可能成功。如果试合失败，开关再次跳闸，说明线路上故障尚未消除，这时应该对线路进行停电检修。

④车间线路在使用中发生故障时，首先向用电人员了解故障情况，找出原因。检查故障时，先查看用电设备是否损坏及熔断器中的熔丝是否烧断，然后逐级检查线路。

另外，可以通过检查熔丝来寻找故障原因。具体方法如下：

熔丝未烧断，一般是断电故障。用试电笔测试电源端，氖泡不亮表示电源无电，说明是上一级的线路或开关出了故障，应检查上一级线路或开关；也可能是电源中断供电，此时等待供电恢复。用试电笔测试电源端，氖泡发亮表示电源有电，说明是本熔断器以下的故障。如果用电设备未损坏（如灯丝完好未断），这就可能是导线接头松脱，导线与用电设备的连接处松脱，导线线芯被碰断或拉断等，应逐级检查，寻找故障点。

熔丝已烧断，一般是短路故障。多数故障可能是用电设备损坏，发生碰线或接地等事故（例如灯座内短路），应先对用电设备进行检查，发现用电设备的故障并修复后，便可继续供电使用。经检查用电设备若无短路点，就是线路本身有短路点，这时应逐段检查导线有无因绝缘层老化和碰伤而发生相间短路或接地短路，然后采取措施恢复绝缘或更换导线。

工程训练

一、 设计训练

1. 设计任务

供水工程配变电所电气设计。

2. 基本资料

①站内设 45 kW 供水泵 3 台，355 kW 农灌泵 3 台（均为 380 V）。农灌季节 3 台农灌泵运行，负责灌浇同时分水供给城区（供水泵不运行）；非农灌季节仅由 3 台供水泵运行为城区供水。为安放机组设备及管理，设 5 层建筑，底层机组设备，值班室（控制室）设在二层，三层布置高压配电装置及变压器低压柜等；四层、五层作为办公室、会议室用。

②站内设 10 kV 变电所一座，变配电设备主要考虑布置在三层（三层直通交通桥），如果需要亦可占用四层。

③所用电的主要负荷见表 3-14。

表 3-14　所用电的主要负荷

序　号	设备名称	安装台数	备用台数	容量/kW	功率因数
1	农灌泵	3	0	355	0. 89
2	供水泵	3	0	45	0. 88
3	吊车	1		20	0. 82
4	出水闸阀	6		2. 2	
5	真空泵	2		3	
6	排水泵	1		5	
7	通风机	3		1	
8	照明			60	

④电源条件：

- 距工程所在地 6 km 处有 35 kV 变电所，可引入 10 kV 架空线两路。
- 按供电部门要求，本工程采用高压侧计量电能，并要求功率因数不低于 0. 9。

二、 思考训练

1. 确定计算负荷的需用系数法和二项式系数法各有什么特点，各自适用什么场合。
2. 什么叫尖峰电流？
3. 什么叫短路电流？短路故障的原因有哪些？短路的危害主要有哪些？
4. 什么叫无限大容量电力系统？它有什么特点？
5. 触电事故方式有哪些？
6. 避雷器的主要功能有哪些？
7. 如何做好架空线路的运行维护？
8. 如何做好电缆线路的运行维护？
9. 根据本项目的学习，阐述如何应用专业知识实现节能减排。

附　录

附录 A　供配电系统的运行管理制度

一、变配电所运行管理相关职责、制度

企业变配电所运行管理的职责、制度主要有：变配电所的值班制度、变配电所值班员的工作职责、变配电所各级人员的岗位责任、变配电所值班注意事项、供配电系统维护管理制度等。

（一）变配电所值班制度概述

工厂变配电所的值班制度，主要有轮班制和无人值班制，轮班制通常采取三班轮换的值班制度，即全天分为早、中、晚三班，而值班员则分成三组或四组，轮流值班，全年都不间断。这种值班制度对于确保变配电所的安全运行有很大好处，这是我国工厂变配电所最普遍采用的一种值班制度。但这种轮班制耗用人力较多。我国有些小型工厂变配电所及大中型工厂的一些车间变电所，则往往采用无人值班制，仅由工厂的维修电工或工厂总变配电所的值班电工每天定期巡视检查。

有高压设备的变配电所，为保证安全，一般应至少由两人值班。但当室内高压设备的隔离室设有遮栏的高度在 1.7 m 以上，安装牢固并加锁，而且室内高压开关的操作机构用墙或金属板与该开关隔离，或装有远方操作机构时，按电力行业标准 DL408—2023《电力安全工作规程　发电厂和变电站电气部分》规定，可以由单人值班。但单人值班时不得单独从事检修工作。

（二）变配电所值班员的工作职责

①遵守变配电所值班工作制度，坚守工作岗位，做好变配电所的安全保卫工作，确保变配电所的安全运行。

②积极钻研本职工作，认真学习和贯彻有关规程，熟悉变配电所的一、二次系统的接线以及设备的安装位置、结构性能、操作要求和维护保养方法等，掌握安全工具和消防器材的使用方法及触电急救法，了解变配电所现在的运行方式、负荷情况及负荷调整、电压调节等措施。

③监视所内各种设施的运行情况，定期巡视检查，按照规定抄报各种运行数据，记录运行日志。

发现设备缺陷和运行不正常时，及时处理，并做好有关记录，以备查考。

④按上级调度命令进行操作，发生事故时进行紧急处理，并做好有关记录，以备查考。

⑤保管所内各种资料图表、工具仪器和消防器材等，并做好和保持所内设备和环境的清洁卫生。

⑥按规定进行交接班。值班员未办完交接手续时，不得擅离岗位。在处理事故时，一般不得交接班。接班的值班员可以在当班的值班员的要求和主持下，协助处理事故。如果事故一时难以处理完毕，在征得接班的值班员同意或上级同意后，可进行交接班。

（三）变配电所各级人员的岗位责任

各级人员是指变配电所的所长、技术人员、值班长和值班员。

1. 变配电所所长的职责

变配电所所长是全所的负责人，应对本配电所的安全、经济运行、设备管理、人员业务培训和生活方面等工作，负全面的领导责任。

①组织好本配电所人员的政治学习，做好政治思想工作，要关心职工的生活，搞好所内团结，建设和谐变电所，带领全所人员做好变配电所的日常运行维护工作。

②带领全所人员认真贯彻落实各种规章制度，加强安全思想教育，组织安全文明活动，主持变电所事故故障的情况调查分析。

③根据变配电所设备运行状态，全体人员的基本情况及以上的要求，主持编制年、季、月的安全生产工作计划，并及时签发上报的各种报表和总结等。

④经常到现场查阅有关记录，掌握生产运行情况，抓好安全可靠、经济运行及电能质量的分析工作。

⑤结合新设备、新技术的应用，组织全体人员进行技术、业务知识的学习，进行不定期的测试和考核，提高全体人员的业务水平，组织参与新建、扩建设备的安装调试工作，并参加验收。

⑥做好变配电所的设备维护、环境整洁、安全文明工作、所容所貌等工作。

⑦对巡视中发现的电气设备运行异常情况和缺陷，按类别记录在变电所电气设备记录簿 中，并向电气主管部门和电气调度汇报，并组织加强对电气设备薄弱环节的监视。

2. 变配电所技术人员的职责

①变配电所技术人员是全所的技术负责人，应协助所长做好运行技术管理工作和全所人员的培训工作。

②监视检查现场规章制度执行情况，参加大型停电工作和进行较复杂操作的监护，组织处理现场发现的技术问题。

③负责分析并掌握设备的状况，按时完成设备的定级工作，并按规定做好可靠性管理工作。

④负责检查督促各项技术资料、记录、图纸的整理归档、审查签署意见，保持资料正确、完整、符合实际。

⑤负责编写、修改现场运行规程。

⑥按培训计划要求，完成对值班人员的技术培训和考核工作。

3. 变配电所值班长的职责

值班长是本班值班人员的负责人，负责本班值日的安全、运行检查和维护工作。其职责是领导全体值班员接受和执行调度的命令，正确迅速地进行倒闸操作和事故处理；及时发现和处理存在的缺陷；受理和审查工作票，并参加验收工作；组织好设备维护工作；审核本班值日记录；完成本班值日工作任务。

4. 变配电所值班员的职责

值班员的职责是在值班长的领导下，执行调度命令进行倒闸操作和事故处理。按要求进行巡视设备、抄表，并计算有功功率和无功功率。核算母线电压不平衡和电压合格率，进行无功功率调整和电压调整，做到设备的经济运行，负责填写好各种记录，保管好各种工展、仪表、钥匙和备件等，做好设备的维护工作，做好所内清洁卫生工作。

（四）变配电所值班注意事项

①不论高压设备带电与否，值班员都不得单独移开或跨越高压设备的遮栏进行工作。当有必要移开遮栏时，须有监护人在场，并符合 DL/T 408—2023《电力安全工作规程　发电厂和变电站电气部分》规定的设备不停电时的安全距离：10 kV 及以下，安全距离为 0.7 m；20～5 kV，安全距离为 1 m。

②雷雨天巡视室外高压设备时，应穿绝缘靴，并且不得靠近避雷针和避雷器。

③高压设备发生接地时，室内不得接近故障点 4 m 以内，室外不得接近故障点 8 m 以内。进入上述范围的人员必须穿绝缘靴。接触设备的外壳和构架时，应戴绝缘手套。

（五）供配电系统维护管理制度

变配电所的运行维护，对变配电所设备的正常运行起着极其重要的作用。为此，对变配电所的运行维护提出如下要求：

1. 运行维护的基本要求

①根据变配电所的实际情况，制订完善所内的运行维护工作计划。运行维护工作计划分为年度维护工作计划和定期维护工作计划两部分。制订运行维护计划要具体、全面，要有针对性。对应该列入工作计划的维护项目必须全面，不漏维护内容。

②运行维护人员必须遵照本配电所制订的工作计划和要求进行维护工作，并认真做好记录。

③对维护过程中发现的问题，应及时处理，自己不能解决的，应及时汇报上级有关部门，并要求上级有关部门及时解决，同时做好记录。

2. 定期维护工作的主要内容

①电工安全器具及仪表的检查、试验。

②备用物品、部件的检查、试验。

③消防器材的检查。

④防汛、保暖及用水设施的检查。

⑤照明灯具的检查、维修、更换。

⑥各种机构、锁加油。

⑦主变压器冷控及所有变切换试验检查。

⑧设备标志的检查、完善。

⑨电缆层、电缆室的清扫。

⑩端子箱防潮设施维护、蓄电池的定期均衡充电、防小动物侵入措施的检查、修复、完善等。

另外，如果有新增设备投入运行，需要增加运行维护内容时，必须及时增补进定期维护计划中。

定期维护的周期，可根据设备的情况和变配电所的实际情况合理安排，目的是满足安全生产可靠供电的需要。

3. 年度维护的主要内容

①汛期前全面、仔细检查防汛设备和设施，保证是完好的。

②干燥的秋、冬季前，要详细全面检查防火设施。

③寒冬季节前，要详细检查设备的保暖装置，在气温下降时及时使用保暖装置。

④做好寒冬季节室外设施的防冻工作，如室外水管包扎保温层等。

⑤做好春秋季节安全大检查前的自查和迎检准备工作。

⑥雷雨季节到来之前，要检查防雷设施，确保其完好性。

⑦做好每季度的设备评级工作。

⑧做好高温季节前的空调设备检查维护工作。

制定变配电所的其他制度，如交接班制度，规范化倒闸操作制度等，其他规定可参阅相应的规程。

二、 变配电所的一般操作

连接在电气主要接线系统中的电气设备分为运行状态、热备用状态、冷备用状态和检修状态四种状态。将设备由一种状态转变为另一种状态的过程称为倒闸，所进行的操作称为倒闸操作。变配电所的一般操作主要是指倒闸操作。它包括以下方面：变配电所的电气设备常因周期性检修、试验或处理事故等原因，需要通过操作断路器、隔离开关等电气设备，改变运行方式。倒闸操作既重要又复杂，若发生误操作事故，可能会导致设备损坏，危及人身安全及造成大面积停电，给生产带来巨大损失。

为防止误操作，必须采取相应的组织措施和技术措施加以保证，以确保变配电所的安全运行。

组织措施是指电气运行人员必须要树立高度的主人翁责任感和牢固的安全思想，认真执行操作票制度和监护制度等。例如，绝不允许个人单独操作；值班人员进行倒闸操作时，必须按操作命令进行。同时电气运行人员必须熟悉电气运行方式、电气设备相互之间的连接、负荷分配、继电保护及自动装置的整定值等。在执行倒闸操作时，注意力必须集中，严格遵守电气设备倒闸操作的规定，以避免发生误操作。

技术措施是采用在断路器和隔离开关之间装设机械或电气闭锁装置。闭锁装置的作用是使断路器在未断开前，该电路的隔离开关就不能断开（以防止带负荷拉隔离开关）；在断路器接通后，该电路的隔离开关就合不上（以防止带负荷合隔离开关）。此外，在线路隔离开关与接地开关之间也装有闭锁装置，使任一开关在合闸位置时，另一开关就无法操作，以避免在设备送电或运行时误合接地开关而造成三相接地短路事故。同时避免设备检修时，误合线路隔离开关而突然送电，造成设备和人身事故等。

为了确保运行安全，防止误操作，电气设备运行人员必须严格执行倒闸操作票制度和监护制度。表 A-1 所示为倒闸操作票格式。

表 A-1 倒闸操作票格式

操作开始时间：××年×月×日 9 时		操作终了时间：××年×月×日 9 时 48 分
操作任务：10 kV Ⅰ段线路停电		
√	顺 序	操 作 项 目
√	(1)	拉开 LW1 线路 101 断路器
√	(2)	检查 LW1 线路 101 断路器确在开位，开关柜表计指示正确（0 A）
√	(3)	取下 LW1 线路 101 断路器操作直流保险
√	(4)	拉下 LW1 线路 101 甲闸刀
√	(5)	检查 LW1 线路 101 甲闸刀确在开位
√	(6)	拉开 LW1 线路 101 乙闸刀
√	(7)	检查 LW1 线路 101 乙闸刀确在开位
√	(8)	停用 LW1 线路保护跳闸压板
√	(9)	在 LW1 线路 101 断路器至 101 乙闸刀间三相验电确无电压
√	(10)	在 LW1 线路 101 断路器至 101 乙闸刀间装设 1 号接地线一组
√	(11)	在 LW1 线路 101 断路器至 101 甲闸刀间三相验电确无电压
√	(12)	在 LW1 线路 101 断路器至 101 甲闸刀间装设 2 号接地线一组
√	(13)	全面检查
		以下空白
备注： 已执行章		

操作人： 监护人： 值班负责人： 值长：

倒闸操作票应由操作人根据操作任务通知，按供配电系统一次接线模拟图的运行方式正确填写，设备应使用双重名称，即设备名称和编号。操作票应用钢笔或圆珠笔填写，票面应整洁，字迹应清楚，不得随意涂改。填写完毕后须经监护人核对无误后，分别签名，然后经值班负责人（工作许可人）审核签名。操作前，应先在模拟接线图上预演，以防误操作。倒闸操作应根据安全工作规定，正确使用安全工具。倒闸操作必须由二人及二人以上执行，并应严格执行监护制度，操作人和监护人都必须明确操作目的和顺序，由监护人按顺序口述操作任务，操作人按口述内容核对设备名称、编号正确无误后复诵一遍，监护人确认复诵无误即发出“对！执行”的口令，此时操作人方可执行操作。操作完毕二人共同检查无误后，由监护人在操作票上做一个“V”记号，而后再执行下一项操作，全部操作完毕后进行复查。操作中发生疑问时，应立即停止操作，向值班负责人或上一级发令人报告并弄清问题后再进行操作。

倒闸操作票应预先编号，按照编号顺序使用。作废的操作票和已执行的操作票，应明确注明，执行完的操作票应由有关负责人保管三个月备查。

1. 操作的基本原则

断路器和隔离开关是进行倒闸操作的主要电气设备。为了减少和避免因断路器未断开或未合好而引起带负荷拉、合隔离开关，倒闸操作的中心环节和基本原则是围绕着不能带负荷拉、合隔离开关的问题。因此，在倒闸操作时，应遵循下列基本原则。

①在拉、合闸时，必须用断路器接通或断开负荷电流或短路电流，绝对禁止用隔离开关切断负荷电流或短路电流。

②在合闸时，应先从电源侧进行，依次到负荷侧。在检查断路器确在断开位置后，先合上母线（电源）侧隔离开关，再合上线路（负荷）侧隔离开关，最后合上断路器。

这是因为在线路合闸送电时，也可能断路器在合闸位置而未查出，若先合线路侧隔离开关，后合母线侧隔离开关，则造成带负荷隔离开关，可能引起母线短路事故，影响其他设备的安全运行。如果先合母线侧隔离开关，后合线路侧隔离开关，虽然同样带负荷隔离开关，但由于线路断路器的继电保护动作，使其自动跳闸，隔离故障点，不致影响其他设备的安全运行。同时，线路侧隔离开关检修较简单，且只需停一条线路，而检修母线侧隔离开关时必须停用母线，影响面扩大。

③在拉闸时，应先从负荷侧进行，依次到电源侧。对供电线路进行停电操作时，应先断开断路器，检查其确在断开位置后，先拉负荷侧隔离开关，后拉电源侧隔离开关。此时若断路器在合闸位置未检查出来，会造成带负荷拉隔离开关，使线路上发生故障，因线路继电保护动作，使断路器自动跳闸，隔离故障点，不致影响其他设备的安全运行。若先拉开电源侧隔离开关，虽然同样是带负荷拉隔离开关，则故障点发生母线上，扩大了故障范围，影响其他设备运行，甚至影响全厂供电。

2. 倒闸操作的基本要求

（1）操作隔离开关的基本要求

①在手动合隔离开关时，必须迅速果断。在合闸开始时如发生弧光，则应毫不犹豫地将隔离开关迅速合上，严禁将其再拉开。因为带负荷拉开隔离开关，会使弧光更大，造成设备的更严重损坏，这时只能用断路器切断该回路后，才允许将误合的隔离开关拉开。

②在手动拉开隔离开关时，应缓慢而谨慎，特别是在刀片刚离开固定触点时，如发生电弧，应立即反向重新将刀闸合上，并停止操作，查明原因，做好记录。但在切断允许范围内的小容量变压器空载电流、一定长度的架空线路和电缆线路的充电电流、少量的负荷电流时，拉开隔离开关时都会有电弧产生，此时应迅速将隔离开关拉开，使电弧立即熄灭。

③在拉开单极操作的高压熔断器刀闸时，应先拉中间相再拉两边相。因为切断第一相时弧光最小，切断第二相时弧光最大，这样操作可以减少相间短路的机会。合刀闸时顺序则相反。

④在操作隔离开关后，必须检查隔离开关的开合位置，因为有时可能由于操作机构的原因，隔离开关操作后，实际上未合好或未拉开。

（2）操作断路器的基本要求

在运行和操作中，断路器本身的故障一般有拒绝合分闸、假合闸、三相不同期、操作机构不灵、短路电流切断能力不够等现象。要避免或减少这类故障，应注意以下几方面：

①在改变运行方式时，首先应检查断路器的断流容量是否大于该电路的短路容量。

②在一般情况下，断路器不允许带电手动合闸。因为手动合闸的速度慢，易产生电弧，但特殊需要时例外。

③遥控操作断路器时，扳动控制开关不能用力过猛，以防止损坏控制开关；也不得使控制开关返回太快，防止断路器合闸后又跳闸。

④在断路器操作后，应检查有关信号灯及测量仪表（如电压表、电流表、功率表）的表示，确认断路器触点的实际位置。必要时，可到现场检验断路器的机械位置指示器来确定实际开、合位置，以防止在操作隔离开关时，发生带负荷拉、合隔离开关事故。

附录 B 变电站第一种工作票

变电站（发电厂）第一种工作票

单位：××厂××车间

1. 工作负责人：__________________

2. 工作班人员（不包括工作负责人）

××、××、××、××、××等 8 人共__9__人。

3. 工作的变配电站名称：110 kV 化工变

4. 工作任务

工作地点及设备双重名称	工 作 内 容
1 号主变、110 kV 中性点避雷器	主变取油样，清扫消缺，避雷器预试
1 号主变 110 kV 侧 101 开关、CT、101-3 刀闸	清扫，开关、CT 预试
1 号主变 35 kV 侧 301 开关（在 35 kV 高压开关室）	清扫预试
1 号主变 6 kV 侧 601 开关、601-3 刀闸（在 6 kV 高压开关室）	清扫，开关预试
1 号主变保护屏（主控室）	保护校验

5. 计划工作时间

自__2024__年__10__月__25__日__8__时__00__分

至__2024__年__10__月__26__日__17__时__00__分

6. 安全措施（必要时可附页绘图说明）

应拉断路器（开关）、隔离开关（刀闸）	已执行 *
拉开 601、301、101 开关，601-3、-1，35-X1，101-3、-1 刀闸	
拉出 301、601 小车至柜外	
拉开 601、301、101 开关控制、储能电源开关，拉开 1 号主变冷却风机	
电源开关	
应装接地线、应合接地刀闸（注明确实地点、名称及接地线编号 * ）	已执行
在 1 号主变 601 开关与 601-3 刀闸之间装设接地线	
在 1 号主变 35 kV 中性点与 35-X1 刀闸之间装设接地线	
在 1 号主变 35 kV 侧装设接地线	
合上 1 号主变 110 kV 侧 101-D2 接地刀闸	
应设遮栏、应挂标示牌及防止二次回路误碰等措施	已执行
在 1 号主变、601、301 小车周围及 101 开关间隔相邻××、××间隔装设遮栏，悬挂“止步，高压危险！”标示牌	
在 1 号主变、601、301 小车遮栏内及 101 开关间隔内设“在此工作！”标示牌	

续表

在601、301、101开关及101-1、601-1刀闸操作把手上悬挂“禁止合闸，有人工作!”标示牌，并闭锁	
在1号主变保护屏相邻××、××屏前后悬挂警告布幔，在1号主变保护屏设“在此工作!”标示牌	

*已执行栏目及接地线编号由工作许可人填写。

工作地点保留带电部分或注意事项（由工作票签发人填写）:	补充工作地点保留带电部分和安全措施（由工作许可人填写）:
2号主变、35 kV消弧线圈、1号主变35 kV中	
性点35-X1刀闸、6 kV侧601-1刀闸及110 kV	
侧101-1刀闸、6 kV Ⅰ母线、35 kV Ⅰ母线设备带电	
1号主变工作前将其线圈充分放电	

工作票签发人签名___李四___签发日期：_2024_年_10_月_24_日_9_时_10_分

7. 收到工作票时间

_2024_年_10_月_24_日_9_时_40_分

值班负责人签名___王五___　　工作负责人签名__张三___

8. 确认本工作票1~7项

工作负责人签名________　　工作许可人签名________

许可开始工作时间：_____年___月___日___时___分

9. 确认工作负责人布置的任务和本施工项目安全措施。工作班组人员签名：

____

____

10. 工作负责人变动情况：

原工作负责人________离去，变更________为工作负责人

工作票签发人________ _____年___月___日___时___分

工作人员变动情况（变动人员姓名、日期及时间）：____________________

____

11. 工作票延期：

有效期延长到_____年___月___日___时___分

工作负责人签名______ _____年___月___日___时___分

工作许可人签名______ _____年___月___日___时___分

12. 每日开工和收工时间（使用一天的工作票不必填写）

收工时间				工作负责人	工作许可人	开工时间				工作许可人	工作负责人
月	日	时	分			月	日	时	分		

13. 工作终结

全部工作于________年____月____日____时____分结束，设备及安全措施已恢复至开工前状态，工作人员已全部撤离，材料工具已清理完毕，工作已终结。

工作负责人签名____________ 工作许可人签名____________

14. 工作票终结

临时遮栏、标示牌已拆除，常设遮栏已恢复。未拆除的接地线或未拉开的接地刀闸编号______________________________等共____组，已汇报调度值班员。

工作许可人签名____________ ________年____月____日____时____分

15. 备注

（1）指定专责监护人____________负责监护__________________________（地点及具体工作）。

（2）其他事项天气原因计划工作取消____
____

附录 C　变电站第二种工作票

变电站（发电厂）第二种工作票

单位____________________编号____________________

1. 工作负责人（监护人）____________________班组____________________

2. 工作班人员（不包括工作负责人）

____

____

____

____共____人。

3. 工作的变配电站名称及设备双重名称：

____

____

4. 工作任务

工作地点或地段	工 作 内 容

5. 计划工作时间

自________年____月____日____时____分

至________年____月____日____时____分

6. 工作条件（停电或不停电，或邻近及保留带电设备名称）

____

____

____

____

7. 注意事项（安全措施）____

____

____

____

____

工作票签发人签名____________签发日期：________年____月____日____时____分

8. 补充安全措施（工作许可人填写）

____

____

____

9. 确认本工作票1~8项

许可开始工作时间：________年____月____日____时____分

工作负责人签名________________　　工作许可人签名________________

10. 确认工作负责人布置的任务和本施工项目安全措施。

工作班组人员签名

____

____

____

____

11. 工作票延期

有效期延长到________年____月____日____时____分

工作负责人签名________　________年____月____日____时____分

工作许可人签名________　________年____月____日____时____分

12. 工作票终结

全部工作于________年____月____日____时____分结束，工作人员已全部撤离，材料工具已清理完毕。

工作负责人签名________　________年____月____日____时____分

工作许可人签名________　________年____月____日____时____分

13. 备注

____

____

____

附录 D　CDIO 项目报告模板

哈尔滨职业技术大学

《供配电技术》

CDIO 项目报告书

项目名称：______________________________

专　　业：______________________________

班级及组号：____________________________

组长姓名：______________________________

组员姓名：______________________________

指导老师：______________________________

时　　间：______________________________

1. 项目目的与要求

2. 项目计划

3. 项目内容

4. 心得体会

5. 主要参考文献